职业教育食品类专业教材系列

# 水产品质量检验技术

## （修订版）

主　编　吴云辉
主　审　孙少锋　林旭吟
副主编　苏秋芳
参　编　叶江雷　蔡真珍　张　媛

科学出版社
北京

# 内 容 简 介

本书根据最新的食品检验文件规定，分别介绍了水产品样品的采集和前处理、水产品感官检验法、水产品物理检测法、水产品主要成分的测定、水产品常见的食品添加剂检测、水产品中常见的矿物质元素测定、水产品中农残有害成分的检测等内容。本书可供高职、中职院校食品类专业的学生作为教材使用，也可以供水产企业检验部门作为参考书阅读。

图书在版编目（CIP）数据

---

水产品质量检验技术/吴云辉主编. —北京：科学出版社，2013.1
（职业教育食品类专业教材系列）
ISBN 978-7-03-036173-8

Ⅰ.①水… Ⅱ.①吴… Ⅲ.①水产品－质量检验－高等职业教育－教材
Ⅳ.①TS254.7

中国版本图书馆 CIP 数据核字（2012）第 296952 号

---

责任编辑：沈力匀 / 责任校对：刘玉靖
责任印制：吕春珉 / 封面设计：耕者设计工作室

科 学 出 版 社 出版
北京东黄城根北街 16 号
邮政编码：100717
http://www.sciencep.com
天津市新科印刷有限公司 印刷
科学出版社发行 各地新华书店经销

*

2013 年 1 月第 一 版 开本：787×1092 1/16
2022 年 1 月修 订 版 印张：23 1/2
2023 年 1 月第五次印刷 字数：558 000
定价：72.00 元
（如有印装质量问题，我社负责调换〈新科〉）
销售部电话 010-62134988 编辑部电话 010-62135120

# 前　言

　　随着人们生活水平的提高，水产品生产和消费的产量都大大提高，但目前，水产食品的质量问题又令广大老百姓担忧，如何检验水产品的质量优劣，是普通老百姓非常关注的问题。本书根据最新的相关食品法规、食品检验规定的要求，从水产食品的感官检验、物理检验、化学检验等方面进行较全面的介绍，并且，还介绍实验室建设和实验室安全管理要求，目的是为了培养学生水产品质量检验的技术水平、实验室的建设和管理水平，提高实验人员的安全意识，为提高全民族的生活水平贡献一份力量。

　　本书可作为高职学校和中职学校食品相关专业的专业课程教材，总学时可安排在60～120学时。共分9章，分别介绍水产品质量检验技术的任务与要求、水产品样品的采取和前处理、水产品感官检验、水产品的物理检测、水产品主要成分的测定、水产品常见食品添加剂的检测、水产品中矿物质元素的测定、水产品中农残等有害成分的检测等内容，在第九章部分编辑了检验分析的主要实验实训项目，供老师、学生根据各校的实际情况选用。

　　本书由厦门海洋职业技术学院的相关老师编写，本书由吴云辉副教授作为主编进行统稿，副主编由苏秋芳老师担任，其中的第一章、第三章、第四章、第五章、第七章由吴云辉副教授编写；第六章、第九章由苏秋芳副教授编写；第八章由叶江雷老师编写；第二章由蔡真珍老师编写；并邀请厦门源水水产有限公司孙少锋副总经理进行审稿。

　　由于编者水平有限，编写时间受限等原因，书中难免存在错误与诸多不足之处，敬请读者批评、赐教！

# 目　　录

# 第一章 绪 论

☞ **学习目标**

了解水产品质量检验的任务和主要内容。了解水产品质量检验的基本程序和主要方法。了解实验室对建筑结构的要求、实验室安全管理要求、水产品质量检验分析主要方法等。

## 第一节 水产品质量检验技术的任务和方法

### 一、水产品质量检验技术的任务和内容

#### （一）水产品质量检验技术的任务

水产品质量检验是依据水产品质量的物理、化学性质、感官性质和国家水产品卫生检验标准，运用分析的手段，对各类水产品的成分和含量进行检测，以监督企业生产出质量合格的水产食品。

水产品质量检验贯穿于水产品开发研制、原料供应、生产和销售的全过程，是水产品质量管理的一个重要环节，它检验与监督原材料品质、生产工艺和最终产品的品质。作为水产品质量检验分析工作人员，应根据待测样品的性质和项目的特殊要求选择合适的分析方法，分析结果的成功与否取决于分析方法的合理选择、样品的制备、分析操作的准确以及对分析数据的正确处理。要正确地做到这一切，有赖于分析工作者坚实的理论基础知识，对分析方法的全面了解，熟悉各种法规、标准和指标，并应有熟练的操作技能和高度的责任心。

水产品质量检验也是质量监督和科学研究不可缺少的手段，在水产品资源的综合利用、新型保健水产品的研制开发、水产品加工技术的创新提高、保障人类身体健康等方面都具有十分重要的作用。

#### （二）水产品中的潜在危害分析

1）与脊椎动物品种有关的潜在危害

（1）来自捕捞水域的致病菌（生物的）危害。存在来自捕捞水域的致病菌潜在危害的无脊椎动物有（但不限于）：从近岸可能受污染水域捕捞的或受渔船污染的或受不良养殖作业污染的脊椎动物。

（2）寄生虫（生物的）危害。存在寄生虫潜在危害的脊椎动物有（但不限于）：鳕科、鲽科、鲱科、鲷科、鲭科、金枪鱼科、海鲈科、姥科、银鱼科、罗非鱼属、竹荚鱼属、马鲛属、鲛鳒属、鳗鲡属、鲆鱼、石斑鱼、大麻哈鱼、乌鲷鳢、青鱼、草鱼、鲢鱼、鳙鱼、鲤鱼、鲫鱼、泥鳅、鲥鱼、鲮鱼、鳜鱼、虹鳟、三角鲂、黄鳝、团头鲂、鲈鱼、斑点叉尾鮰等。

（3）天然毒素（化学的）的危害。脊椎动物中的天然毒素主要有：遗忘性贝类毒素（ASP）、麻痹性贝类毒素（PSP）、鱼肉毒素（CFP）、鲭鱼毒素（scombroid toxin）或组胺、蛇鲭毒素（gempylotoxin）、河豚毒素（tetrodotoxin）等。遗忘性贝类毒素（ASP）与个别脊椎动物有关，如鳀科鱼类的内脏；在太平洋鲐鱼肺中有麻痹性贝类毒素（PSP）发现；存在鱼肉毒素（CFP）的水生脊椎动物有（但不限于）：鲈科、鲷科、马鲛属、鳗鲡属、石斑鱼等；存在鲭鱼毒素（scombroid toxin）的水生脊椎动物有（但不限于）：鲭科、鲱科、鳀科、鲣科、鲷科、竹刀鱼科、竹荚鱼属、马鲛属、金枪鱼、鲐鱼、沙丁鱼、刺鲅鱼等；蛇鲭毒素（gempylotoxin）与某几种异鳞蛇鲭或蛇鲭科、远洋鲐鱼有关；河豚毒素（tetrodotoxin）来自河豚鱼。

（4）环境化学污染物和农药残留（化学的）危害。存在环境化学污染物和农药残留潜在危害的脊椎动物有（但不限于）：养殖鳎或鲽形目、鲳科、鲤科、鲑科、石首鱼科、鲽科、鲱科、鲻科、海卿鱼科、大海鲢科、养殖鳗鲡属、养殖鮰属、罗非鱼属、尖吻鲈、狗鱼以及其他各种淡水鱼类、养殖鱼类和受污染港湾、近海水域捕捞的鱼类等。

（5）水产养殖药物（化学的）危害。存在水产养殖药物潜在危害的脊椎动物有各种养殖鱼类。

2）与无脊椎动物品种有关的潜在危害

（1）来自捕捞水域的致病菌（生物的）危害。存在来自捕捞水域的致病菌潜在危害的无脊椎动物有（但不限于）：蚶、蛤、牡蛎、贻贝、扇贝以及所有养殖无脊椎动物等。

（2）寄生虫（生物的）的危害。存在寄生虫潜在危害的无脊椎动物有（但不限于）：章鱼、乌贼等。

（3）天然毒素（化学的）的危害。无脊椎动物中天然毒素主要来自各种双壳贝类、部分蟹类以及养殖的无脊椎动物。这些天然毒素主要包括：遗忘性贝类毒素（ASP）、腹泻性贝类毒素（DSP）、神经性贝类毒素（NSP），麻痹性贝类毒素（PSP）。这些天然毒素主要与双壳贝类生长的海域有关，我国海域的贝类产生的天然毒素以腹泻性贝类毒素（DSP）和麻痹性贝类毒素（PSP）为主。

（4）环境化学污染物和农药残留（化学的）的危害。存在化学污染物潜在危害的无脊椎动物有（但不限于）：蛤、梭子蟹、养殖鳌虾、牡蛎、贻贝、扇贝、海参、海胆卵、养殖虾以及其他各种养殖无脊椎动物。

（5）水产养殖药物（化学的）的危害。存在此类潜在危害的无脊椎动物主要是各种养殖的无脊椎动物。

3）与加工方式和成品相关的潜在危害

（1）温度控制不当导致致病菌的生长和产毒（生物危害）。存在此类潜在危害的加工方式和成品有（但不限于）：所有的熟产品（如虾、蟹、龙虾和其他水产品、以鱼糜为原料的模拟产品）和巴氏杀菌的产品（如蟹、龙虾和其他水产品、以鱼糜为原料的模拟产品）；所有的烟熏产品；所有的填馅蟹、虾、其他产品；所有的干制产品；所有的生牡蛎、蛤和贻贝类产品；所有的真空包装（如机械真空、蒸汽排气、热充填）的、气调（MAP）/气控（CAP）的、密封或包装于油内的非冷冻的产品；所有的经部分加热或未加热的预处理产品；所有的发酵、酸化、盐渍、盐腌产品和低酸罐头食品。

（2）肉毒梭状芽孢杆菌的产毒危害（生物危害）。存在此类潜在危害的加工方式和成品有（但不限于）：所有的熟的、巴氏杀菌的或烟熏的真空包装（如机械真空、蒸汽排气、热充填）的、气调（MAP）/气控（CAP）的、密封或包装于油内的非冷冻的产品（如虾、蟹、龙虾、鱼和其他水产品、以鱼糜为原料的模拟产品）；所有的干制产品；所有的生的真空包装（如机械真空、蒸汽排气、热充填）的、气调（MAP）/气控（CAP）的、密封或包装于油内的非冷冻的牡蛎、蛤、贻贝、鱼类产品或经部分加热或未加热的非冷冻的预处理产品；所有的发酵、酸化、盐渍、盐腌的产品和低酸罐头食品。

（3）干燥不充分导致致病菌生长和产毒（生物危害）危害。此类潜在危害存在于所有的干制产品中。

（4）面糊中的金黄色葡萄球菌的产毒（生物危害）危害。存在此类潜在危害的加工方式和成品有（但不限于）：所有的蘸面糊加工的产品。

（5）蒸煮后致病菌残存（生物危害）危害。存在此类潜在危害的加工方式和成品有（但不限于）：所有的熟的产品（如虾、蟹、龙虾和其他水产品、以鱼糜为原料的模拟产品）；所有的经充分加热的预处理产品。

（6）巴氏杀菌后致病菌残存（生物危害）危害。存在此类潜在危害的加工方式和成品有（但不限于）：所有的巴氏杀菌的产品（如蟹、龙虾和其他水产品、以鱼糜为原料的模拟产品）；所有的经充分加热的预处理产品。

（7）巴氏杀菌和加热后致病菌的污染（生物危害）危害。存在此类潜在危害的加工方式和成品有（但不限于）：所有的巴氏杀菌的产品（如蟹、龙虾和其他水产品、以鱼糜为原料的模拟产品）；所有的经充分加热的预处理产品。

（8）致敏成分/添加剂（化学危害）危害。所有加工方式和成品都可能存在致敏成分/添加剂的潜在危害。

（9）金属杂质（物理危害）危害。所有加工方式和成品都可能存在金属杂质的潜在危害。

（10）玻璃杂质（物理危害）危害。存在此类潜在危害的加工方式和成品有（但不限于）：所有在原料与加工过程中有可能受玻璃杂质污染的产品，如生牡蛎、蛤和贻贝；所有的经部分加热或未加热的预处理产品；所有的发酵、酸化、盐渍、盐腌产品和低酸罐头食品。

（三）水产品质量检验技术的内容

水产品质量检验技术主要包括以下三方面的内容：

（1）水产品营养成分及功能性成分的分析。水产品中含有各种营养元素，如水分、蛋白质、脂肪、碳水化合物、维生素、矿物质元素等。水产品质量检验分析就包括常见的六大营养素以及水产品商品标签所要求的所有项目的检测。营养成分的检测是水产品分析的经常性项目和主要内容，检测对象包括动物性水产品、植物性水产品以及饮料、调味品等。

（2）水产品中污染物质的分析。水产品中的污染物质是指水产品中原有的或加工、储藏时由于污染混入的，对人体有急性或慢性危害的物质。就其性质而言，这些污染物质可分为两类：一类是生物性污染，另一类是化学性污染。生物性污染，如霉菌毒素等微生物危害，此类污染物种危害最大的是黄曲霉毒素。化学性污染的来源主要是环境污染。另外，使用不合格要求的设备和包装材料以及加工不当都会对水产品造成污染。这类污染物主要有残留农药、有毒重金属、亚硝胺、3,4-苯并芘、多氯联苯等。

（3）水产食品中添加剂的分析。食品添加剂是指食品在生产、加工、保存过程中，添加到食品中期望达到某种目的的物质。添加剂本身通常不作为食品来食用，也不具有一定的营养价值，但加入后却能起到防止腐败变质、增强色、香、味的作用，因而在食品加工中使用十分广泛。食品添加剂多是化学合成的物质，如果使用的品种或数量不当，将会影响水产品质量，甚至危害食用者的健康。因此，对添加剂的鉴定和检测也具有十分重要的作用。

## 二、水产品质量检验技术的基本程序

水产品质量检验技术基本程序一般包括以下步骤：取样—预处理—分析检测—数据处理—判断品质。

（1）取样。即样品的采集，从大量的待检水产品中抽取一部分具有代表性的样品作为分析材料。取样是一项困难而又非常谨慎的操作过程。要求采集的样品必须具有代表性，能反映整批水产品的品质。

（2）预处理。也称前处理，是进行分析检测前的一项重要工序。由于水产品组成复杂，组分之间往往会相互干扰，因此要先进行样品预处理，目的是使被测组分和其他组分分开，或消除干扰物质，或使被测组分浓缩，或使样品适于后续步骤分析。预处理过程要求完整保留被测组分。

（3）分析检测。使用物理分析法、化学分析法和仪器分析法对待测组分进行测定，这是水产品质量分析的核心步骤。

（4）数据处理。利用数学方法对分析数据进行处理分析，从而评判分析过程的合理性、重现性、分析数据的准确性，可靠性，由此得出科学的分析结果。

（5）判断品质。在分析结果的基础上，参照有关标准，对被测水产品的某方面品质做出科学合理的判断。

## 三、水产品质量检验技术的主要方法

水产品分析所采用的方法主要有感官分析法、理化分析法、微生物分析法和酶分析法。根据测定原理、操作方法的不同，理化分析法又分为物理分析法、化学分析法和仪器分析法。

### 1. 物理分析法

物理分析法是通过对被测水产品的某些物理性质，如温度、密度、折射率、旋光度、沸点、黏度等的测定，可间接求出水产品中某种成分的含量，进而判断被检水产品的纯度和品质。物理分析法简便、实用，在实际工作中应用广泛。

### 2. 化学分析法

化学分析法是以物质的化学反应为基础的分析方法，主要包含称量分析法和滴定分析法两大类。化学分析法适用于水产品中常量组分的测定，所用仪器设备简单，测定结果较为准确，是水产品分析中应用最广泛的方法。同时化学分析法也是其他分析法的基础。

### 3. 仪器分析法

仪器分析法是以物质的物理和物理化学性质为基础的分析方法，这类方法需要借助较特殊的仪器，如光学或电学仪器，通过测量试样溶液的光学性质或电化学性质从而求出被测组分的含量。在水产品质量检验中常用的仪器分析方法有以下几种：

（1）光学分析法。根据物质的光学性质所建立的分析方法，主要包括吸光光度法、发射光谱法、原子吸收分光光度法和荧光分析法等。

（2）电化学分析法。根据物质的电化学性质所建立的分析方法，主要包括电位分析法、电导分析法、电流滴定法、库仑分析法、伏安法和极谱法等。

（3）色谱分析法。此法是一种重要的分离富集方法，可用于多组分混合物的分离和分析，主要包括气相色谱法、液相色谱法（又分为柱色谱和纸色谱）以及离子色谱法。

此外，还有许多用于检验分析的专用仪器，如氨基酸自动分析仪等。仪器分析方法具有简便、快速、灵敏度和准确度较高等优点，是水产品分析发展的方向。随着科学技术的发展，将有更多的新技术、新方法在水产品分析中得到应用，这将使水产品分析的自动化程度进一步提高。

## 第二节 实验室安全管理要求

### 一、实验室布局及室内设施要求

实验室是进行检测分析的场所，需要注意位置选择、室内布置、通风等要求。各个实验室既有共同的特点，又有各自的分工。建筑要求应结合具体要求进行。

#### （一）实验室位置选择

实验室的位置最好距离生产车间、锅炉房、交通要道稍远些，以减少车间排出的有害气体及烟囱和马路上的灰尘的侵袭，避免机器开动及车辆行驶带来的震动。

房屋结构应能防震、防火、防尘，光线要充足。实验室房屋应划分为样品处理室、化学分析室、天平室、精密仪器室、药品储藏室等几部分，至少也应建成套间相互隔开。

（二）实验室布置要求

室内的布置应有利于分析人员高效率的工作、保护仪器及保障安全。

实验室可采用水泥、水磨石地面，也可用耐腐蚀陶瓷板铺地，或用过氯乙烯涂料地面。对精密仪器室和产生有毒蒸气（如汞等）的房间，为减少毒物和灰尘吸附也可采用油漆墙面、过氯乙烯涂料地面。

实验室内的主要设施有实验台、药品架、通风柜等。实验室的安放位置应使光线从侧面射入，并有日光灯照明。可于实验台两侧设水盆，便于洗涤容器，水盆的容积应能满足试验的需要。下水管应耐腐蚀，实验台中间设试剂架，并有水龙头（用于蒸馏操作）、气源开关盒、电源插座，实验室的电力总负荷应根据用电设备的需要设计。要求每间都有电源总开关，方便安全管理。

实验台面根据需要铺瓷砖、玻璃板、塑料板或橡皮板等耐腐蚀性能良好的台面。放置精密仪器的工作台须稳固。

（三）实验室通风系统要求

在样品处理和分析工作中经常会产生各种有毒、有腐蚀性或易爆的气体，这些气体必须及时排除室外，实验室通风系统分为以下三类。

1. 通风柜

通风柜一般长 1500～1800mm（单个），深 800～850mm，空间高度大于 1500mm。前门及侧室安装玻璃，前门可开启。内有照明、加热、冷却水装置。排气管最好用不燃性材料制作，内壁涂防腐层。通风机应有减震和减少噪声的措施。排气口应高于屋顶2000mm 以上。

2. 排气罩

仪器设备较大或无法在通风柜中进行操作时，在有害气体上方设排气罩，通过管道将有害气体用风机排出室外。

3. 全室通风

安装排风扇通过机械通风进行室内换气，或室内设通风竖井，利用自然风通风换气。

二、理化实验室安全操作的一般要求

（1）实验室每一位检验分析工作者都应有严肃认真的工作态度，做到工作应有计划，做好必须的准备，有条不紊地进行。

(2) 要养成精密细致的观察、操作和整齐、清洁的实验习惯，工作前要打扫实验室卫生。工作前后要洗手，以避免玷污实验仪器和试剂、样品，引进实验误差，防止有毒有害物质玷染人体或者传出室外，感染或传染疾病。

(3) 实验仪器应放置整齐，实验台面及地面应经常保持干燥、清洁，不得向地上甩水，实验告一段落后应及时进行整理。火柴头、碎滤纸等物应放在专设的废物箱内，不得随地乱扔或倒入下水道。对可造成环境污染的废品、废液（包括有毒、有害、易燃）等物品应专门的收集和处理。

(4) 工作服应经常洗换，不得在非工作时穿用，以防有害物质扩散。实验室内严禁吸烟、饮食。

(5) 要养成一切用品工作用毕放回原处的习惯。

(6) 实验记录应记在专门的本子上，记录要求：真实、及时、齐全、清楚、整洁、规范化。应该用钢笔或圆珠笔记录，如有记错应将原字划掉，在旁边重写清楚，不得涂改、刀刮、补贴。

(7) 实验记录及结果报告单应根据本单位规定保留一段时间，以备查考。

## 三、化学药品的安全管理要求

### （一）化学药品的储存及管理

(1) 较大量的化学药品应放在药品储藏室中，储藏室应是朝北的房间，以避免阳光照射，要控制室温，以免室温过高致使试剂变质，储藏室内应干燥通风，严禁明火。

(2) 试剂应分类存放，并分类造册，以便查找，一般试剂的存放可做如下分类：

① 固体试剂：盐类及氧化物（按元素周期表分类存放）；碱类（NaOH、KOH、$NH_4OH$……）；指示剂（酸碱指示剂、氧化还原指示剂、金属指示剂、荧光指示剂、染料……）；有机试剂（按测定对象或功能团分类）。

② 液体试剂：酸类［硫酸（$H_2SO_4$）、盐酸（HCl）、硝酸（$HNO_3$）、乙酸（$CH_3COOH$）……］；有机溶剂（醇类、醚类、醛类、酮类……）。

固体试剂和液体试剂应分开存放。

### （二）危险物品的分类及管理

#### 1. 危险物品的分类

(1) 爆炸品。此类物质具有猛烈的爆炸性。当受到高热摩擦、撞击、振动等外来因素的作用就会发生剧烈的化学反应，产生大量的气体和高热，引起爆炸。代表物有：三硝基甲苯（TNT）、苦味酸、硝酸铵、叠氮化物、雷酸盐、乙炔银及其他过三个硝基的有机化合物等。

(2) 氧化剂。氧化剂具有强烈的氧化性，与酸、碱、受潮、强热或与易燃物、有机物、还原剂等物质混存时，易发生分解，引起燃烧和爆炸，这类物质主要包括碱金属、碱土金属的氯酸盐、硝酸盐、过氧化物、高氯酸及其盐、高锰酸盐、过氧化二苯甲酰、过氧乙酸等。

（3）压缩气体和液化气体。气体经压缩后储于耐压钢瓶内均具有危险性。钢瓶如果在太阳下暴晒或受热，当瓶内压力升至大于容器耐压限度时，即能引起爆炸。实验室常用的钢瓶气体主要有乙炔、氢、氧、氮、氦、氖等。

（4）自燃物品。此类物质暴露在空气中，领先自身的分解、氧化产生热量，使其温度升高达到自燃点，即能发生燃烧，如白磷等。

（5）遇水燃烧物品。此类物质遇水或在潮湿空气中能迅速分解，产生高热，并放出易燃易爆气体，引起燃烧爆炸，如金属钾、钠、电石等。

（6）易燃液体。易燃液体极易挥发成气体，遇明火即燃烧。可燃液体以闪点作为评定其火灾危险性的主要依据。在45℃以下的称为易燃液体，45℃以上的称为可燃液体（可燃液体不纳入危险品管理范围）。易燃液体根据其危险程度又分为二级：

① 一级易燃液体。闪点在28℃以下（包括28℃），如乙醚、石油醚、汽油、甲醇、乙醇、苯、甲苯、乙酸乙酯、丙酮、二硫化碳、硝基苯等。

② 二级易燃液体。闪点在28~45℃（包括45℃）的物质，如煤油等。

（7）易燃固体。此类物品着火点低，如受热、遇火星、受撞击、摩擦或氧化剂作用等能引起急剧的燃烧或爆炸，同时放出大量毒害气体，如赤磷、硫磺、萘、硝化纤维素等。

（8）毒害品。这类物质有强烈的毒害性，少量进入人体或接触皮肤即能造成中毒甚至死亡。毒品分为剧毒品和有毒品。凡生物试验半数致死量（$LD_{50}$）在50mg/kg收下者均称为剧毒品，如氰化物、三氧化二砷（砒霜）、二氯化汞、硫酸二甲酯等。有毒品，如氟化钠、一氧化钾、氨水、甲醛、液溴等。

（9）腐蚀物品。这类物品具有强腐蚀性，与其他物质如木材、铁等接触，会使其因受腐蚀作用而破坏，与人体接触会引起化学烧伤。有的腐蚀物品有双重性和多重性。如苯酚即有腐蚀性，还有毒性和燃烧性。主要腐蚀物品有硫酸、盐酸、硝酸、氢氟酸、冰乙酸、甲酸、氢氧化钠、氢氧化钾、氨水、甲醛、液溴等。

**2. 危险品的安全储存要求**

（1）危险品储藏室应干燥、朝北、通风良好。门窗应坚固，门应朝外开。并应设在四周不靠建筑物的地方。易燃液体储藏室的温度一般不许超过28℃，爆炸品储藏室温度不超过30℃。

（2）危险品应分类隔离储藏，量较大的应隔开房间，量小的也应设立铁板柜或水泥柜以分开储存。对腐蚀性物品应选用耐腐蚀性材料作为架子。对爆炸性物品可将瓶子存于铺有干燥黄沙的柜中。相互接触能引起燃烧爆炸及灭火方法不同的危险品应分开存放，绝不能混存。

（3）照明设备应采用隔离、封闭、防爆型。室内严禁烟火。

（4）经常检查危险品储藏情况，以消除事故隐患。

（5）实验室及库房中应准备好消防器材，管理人员必须具备防火灭火知识。

3. 标准物质和滴定溶液的安全管理

（1）自行配制的试剂溶液都应根据试剂的性质及用量盛装于有塞的试剂瓶中，见光易分解的试剂装入棕色瓶中，需要滴加的试剂及指示剂装入滴瓶中，整齐排列于试剂架上。排列的方法可以按各分析项目所需的试剂配套排列，指示剂可排列在小阶梯式的试剂架上。

（2）试剂瓶的标签大小应与瓶子大小相称，书写要工整，标签应贴在试剂瓶的中上部，上面刷一薄层蜡以防腐蚀脱落，应经常擦拭试剂瓶以保持清洁，过期失效的试剂应及时更换。

（三）高压钢瓶的安全使用

（1）装有各种压缩气体的钢瓶应根据气体的种类涂上不同的颜色及标志。如表 1-1 所示。

**表 1-1 压缩气体钢瓶的颜色及标志**

| 钢瓶名称 | 外表面颜色 | 字样 | 字样颜色 | 横条颜色 |
| --- | --- | --- | --- | --- |
| 氧气瓶 | 天蓝 | 氧 | 黑 | |
| 氢气瓶 | 深绿 | 氢 | 红 | 红 |
| 氮气瓶 | 黑 | 氮 | 黄 | 棕 |
| 压缩空气瓶 | 黑 | 压缩空气 | 白 | — |
| 乙炔气瓶 | 白 | 乙炔 | 红 | |
| 二氧化碳气瓶 | 黑 | 二氧化碳 | 黄 | |
| 氩气瓶 | 灰 | 氩 | 绿 | |
| 硫化氢瓶 | 白 | 硫化氢 | 红 | 红 |
| 氯气瓶 | 草绿 | 氯 | 白 | 白 |
| 氦气瓶 | 棕 | 氦 | 白 | — |
| 氨气瓶 | 黄 | 氨 | 黑 | |
| 其他可燃气 | 红 | （气体名称） | 白 | — |
| 其他非可燃气 | 黑 | （气体名称） | 黄 | — |

各种钢瓶应定期进行检验，并盖有检验钢印，不合格的钢瓶不能灌气。

（2）可燃气体瓶最好不要进楼房和实验室，钢瓶应避免日晒，不准放在热源附近，距离明火至少 5m，距离暖气片至少 1m。钢瓶要直立放置，用架子、套环固定。

（3）搬运钢瓶时，应套好防护帽和防震胶圈，不得摔倒和撞击，因为如果撞断阀门会引起爆炸。

（4）使用钢瓶时，必须装好规定的减压阀，拧紧丝扣，不得漏气，氢气表和氧气表结构不同，丝扣相反，不准改用。氧气钢瓶阀门有减压阀严禁黏附油脂。开启钢瓶阀门时要小心，应先检查减压阀螺杆是否松开，操作者必须站在气体出口的侧面。严禁敲打阀门，关气时应先关闭钢瓶阀门，放尽减压阀门中气体，再松开减压阀螺杆。

（5）钢瓶内气体不得用尽，应留有剩余残压，以免充气和再使用时发生危险。

## 四、仪器的管理

### （一）精密仪器的管理

（1）精密仪器室的要求。应按其性质、灵敏度要求以及精密程度，确定房间及位置。精密仪器室与化学处理室隔开，以防腐蚀性气体及水汽对仪器的腐蚀；烘箱、高温炉应放置在不燃的水泥台或坚固的铁架上，天平及其他精密仪器应放在防震、防晒、防潮、防腐蚀的房间内，并罩上棉布制的仪器罩。小件仪器用完应收藏在仪器柜中。精密仪器应该安装空调、除湿机，以控制温度和湿度。

（2）对精密仪器要建立技术档案。技术资料包括：说明书、装箱单、安装调试验收记录、检修记录等。精密仪器必须由专人操作，每使用一次要进行登记签名。对某种仪器没有使用过的人员，应进行培训后才能操作。

（3）精密仪器的购置、拆箱、验收、安装、调试都应由专人负责，未经批准不得任意拆卸。

### （二）玻璃仪器的管理

玻璃仪器应建立领用、破损登记制度，所用的容量仪器应进行校准。

## 五、实验室对建筑的基本要求

实验室的建筑结构最基本的要求是一定要科学合理，一是要考虑到实验室需要用水、电、煤气、压缩空气等管道，并需要排出冷却水和冲洗水，同时要考虑到安装检修的方便。二是要考虑到化学反应会产生有腐蚀性的气体和液体，因此，化学实验室的台面、柜壁等处要求做防腐蚀处理，下水管道要求有防腐的能力。下面介绍实验室的一般要求：

### （一）实验台相关要求

#### 1. 实验台的尺寸

（1）实验台的高度：通常为 850mm。
（2）实验台的宽度：通常为 750mm，少数为 850mm，生物实验台与化学实验台相似，物理实验台通常为 750～900mm。

#### 2. 实验台台面的用料

台面要求耐腐蚀（包括耐酸、碱、有机溶剂）、耐热，具有一定的强度，不易碰碎，表面光滑，耐渗透，不翘不裂。过去通常用木板、塑料板或钢筋混凝土板制成。目前可以选择酚醛树脂、环氧树脂、不锈钢、花岗岩等材料。前两种材料又分成实芯理化板、环氧树脂板和复合贴面板。

3. 实验台下的器皿橱

实验台下通常设有器皿橱，即可放实验用品，又方便实验人员坐在实验台边进行记录。高度为850mm的实验台以设置四个抽屉为宜，台下留有一两个伸腿凹口，其宽度为600~1100mm，高度为800mm，配用的实验椅高为650mm。为了便于实验操作时足尖伸入，器皿橱的踢脚部分往后缩进40~80mm以形成踢脚凹口，其高度为100~120mm。

4. 药品架的设计要求

药品架不宜过宽，以能并列放置二个中型试剂瓶（500mL）为宜，宽度约为300mm。药品架常分二层或三层，下层留空，以便设置滴水盆及方便实验台两面物品传递，上层可根据需要设置玻璃拉门，搁板的边缘设有突缘，以防止药品不慎跌落。若要安装灯管和实验仪器设备的使用，还要考虑电源插座、开关的位置布置。

（二）实验室高度的尺寸要求

（1）一般功能的实验室，操作空间高度不应小于2.5m，考虑到建筑结构、通风设备、照明设施及工程管网等因素，新建的实验室，建筑楼层高度宜采用3.6m或3.9m。底层的层高要求较高，一般为3.9~4.2m。

（2）专用的电子计算机室。工作空间净高一般要求为2.6~3m，加上架空地板（高约0.4m，用于安装通风管道、电缆等用途）以及天花板、装修等因素，建筑高度需高于一般实验室。

（三）实验室走廊的建设要求

（1）单面走廊。适用于狭长的条形建筑物，自然通风效果较好，各实验室之间的干扰较小，单面走廊净宽1.5m左右。

（2）双面走廊。适用于长而宽的建筑物，实验室成两列布置，中间为走廊，净宽1.8~2m，当走廊上空布置有通风管道或其他管线时，宜加宽到2.4~3m，以保证空气流通截面，改善各个实验室的通风条件。

（3）安全走廊。对于需要进行危险性较大的实验或安全性要求较高的实验室，或者工作危险性不是很大但工作人员较多，或因其他原因可导致发生事故时；人员疏散有困难、不便抢救的实验室，需在建筑物外侧建设安全走廊，直接连通安全楼梯，以利于紧急疏散。宽度一般为1.2m。

（四）实验室的朝向要求

实验室一般应取南北朝向，并避免在东西向（尤其是西向）的墙上开门窗，以防止阳光直射实验室仪器、试剂和影响实验工作进行。若条件不允许，或取南北朝向后仍有阳光直射入室内，则应设计局部"遮阳"，或采取其他补救措施。"遮阳"材料可以采用钢结构加玻璃、玻璃钢、有机玻璃或其他能耐受暴晒又能够遮挡阳光的材料制作，从而达到结构轻盈又美观耐用，并且不至于对建筑物构成"负担"的效果。但是要注意所用材料的颜色，避免对实验和工作人员产生干扰。此时透过光线的颜色的影响更加显著，一般情况下宜采用"乳白色"的材料。

（五）实验室建筑的防火要求

为了避免工作意外事故引起火灾的蔓延，实验室建筑设计时，必须注意以下几点：

（1）建筑、装修用材料。实验室建筑应按一、二级耐火等级设计，吊顶、隔墙及装修材料应采用非燃烧或难燃烧材料。

（2）实验室与楼梯的距离。位于两楼梯之间的实验室的门与楼梯之间的最大距离为30m，走廊末端实验室的门与楼梯间的最大距离不超过15m，以便于万一发生事故时人员疏散和抢救工作的进行。

当在不符合规定要求的非专用楼房里布置实验室的时候，应把比较容易发生问题的实验室布置在接近楼梯的位置，以利于人员疏散和抢救。

（3）通道净宽。净宽是指建筑物的各种通道，扣除由于安装各种管道、消防器材、各种储物柜、架等设施，以及打开的门、窗扇等因素占用的空间后，实际能够用于人员通行的道路宽度、实际设计时的最小宽度尺寸，楼梯为1.1m，走廊为1.4m，门为0.9m。当人数最多的楼层不在底层时，该楼层的人员通过的各层的楼梯、走廊、门等通道均应按该楼层的人数计算，当楼层的人数少于50人时，"最小宽度"可以适当减少。

为了确保人员安全疏散，走廊上应尽量不要放置储物柜、架和其他有碍于通行的物品。专用的安全走廊不得安装任何可能影响疏散的设施，并确保净宽达到1.2m。

（4）实验室门的设计要求。单开间的实验室可以设置一个门，双开间或以上的实验室应有两个出入口，如果两个出入口不能全部通向走廊时，其中之一可通向邻室，或在隔墙上留有可以方便地出入的安全通道。实验室的门一般向内开，但对于危险性的（如石油、有机、高压）以及防爆实验室的门应向外开。最好在门上设一玻璃观察窗，以便值班人员进行安全观察。

（5）实验室的窗要求。窗台离地以不低于1m为宜。检测、校准区域要与办公场所分离，以防止对检测、校准工作质量产生不利影响。

（六）实验室的采光和照明要求

光线过强或者过弱都不合适。过强过亮，会降低视力，给人炫目和疲劳的感觉，而且消费能源；过弱、过暗，则会增强眼睛的疲劳感。一般工作室照度最低为500lx（勒克斯），照度在1000lx以上，视力不会明显增加，但人眼感觉舒适。精密实验的工作室（精密仪器、化学分析室等）可采用局部照明且全面照明，局部照明照度在2000～3000lx，全面照明照度为500～1000lx最有效。办公室和教室、阅览室可采用500～1000lx标准。

电气照明灯具一般应布置在工作台上方，离工作台面不宜超过2m，尽量使室内照度均匀，并注意避免炫光对眼睛的影响。对于特别精细的工作区，还可以根据需要另加局部照明,以节约能源并提高照明效率。

在有裸露旋转机械的工作区,人工照明应避免使用荧光灯具,以免因灯光的"频闪"现象而产生"停转"的错觉。

使用具有感光性试剂(如银盐等)的实验室,因该类试剂易受强光(尤其是紫外线,包括大功率的日光灯、汞灯等)的影响,可能导致较大的测量误差,在采光和照明设计时应予以注意,必要时可以加"滤光"装置以削弱紫外线的影响。

凡可能由于照明系统引发危险或有强腐蚀性气体的环境的照明系统,在设计时应采取相应防护(如密封或使用"防爆灯具"等)措施。

为充分利用自然光线,布置实验台时应尽量避免背光摆放。

(七)实验室的环境要求

各种实验室及仪器室有不同的环境要求,对于一般要求的实验室,室温夏季不超过28℃,冬季不低于18℃,不做实验时可以关闭空调。精密仪器大都对于温度有更高的要求,一般夏季要求是 $22℃\pm2℃$,冬季为 $18℃\pm2℃$,湿度为 $55\%\sim65\%$,有的还要求要恒温,以利于仪器的保养与测量准确度。

(八)实验室的给水排水系统要求

1. 给水

实验楼里必须保证供水,以满足实验用水、生活用水和消防用水的需要。实验用水的水质除一般要求外,还需要给予特殊处理,采购专门设备,制造软化水、蒸馏水、去离子水等。

2. 排水

实验室的排水管网应畅通。对酸性、碱性水应中和后排入下水道,对同位素污水、细菌污水等应予妥善处理,达到排放标准后方可排出。

## 六、实验室的安全操作要求

(1)要建立安全员制度和安全登记卡,健全岗位责任制,每天下班前应检查水、电、煤气、窗、门等,确保安全。实验室中应备有急救药品、消防器材和个人防护器材。实验室工作人员要熟知这些器材的使用方法。

(2)用电应遵守安全用电规程。

(3)禁止使用实验室器皿盛装食物,也不要用茶杯、食具盛装药品,更不要用烧杯当茶具使用。

(4)所用药品、标样、溶液都应有标签。绝对不要在容器内装入与标签不相符的物品。

(5)稀释硫酸时,必须在硬质耐热烧杯或锥形瓶中进行,只能将浓硫酸慢慢注入水中,边倒边搅拌,温度过高时,应等冷却或降温后再继续进行,严禁将水倒入浓硫酸!

（6）开启易挥发液体试剂之前，先将试剂瓶放在自来水流中冷却几分钟。开启时瓶口不对人，最好在通风橱中进行。移动、开启大瓶液体药品时，不能将瓶直接放在水泥地板上，最好用橡皮布或草垫垫好，若为石膏包封的可用水泡软后打开，严禁锤砸、敲打，以防破裂。

（7）操作、倾倒易燃液体时应远离火源，瓶塞开不开时，切忌用火加热或贸然敲打。倾倒易燃液体量大时要有防静电措施。

（8）易燃溶剂加热时，必须在水浴或砂浴中进行，避免明火。

（9）装过强腐蚀性、可燃性、有毒有易爆物品的器皿，应由操作者亲手洗净。

（10）取下正在沸腾的溶液时，应用瓶夹先轻摇动以后取下，以免溅出伤人。

（11）将玻璃棒、玻璃管、温度计等插入或拔出胶塞、胶管时均应垫有棉布，且不可强行插入或拔出，以免折断刺伤人。

（12）开启高压气瓶时，应缓慢，并不得将出口对人。

（13）禁止用火焰在燃气管道上寻找漏气的地方。应用肥皂水来检查漏气。

（14）配制药品或试验中能放出 $HCN$、$NO_2$、$H_2S$、$SO_3$、$Br_2$、$NH_3$ 及其他有毒或腐蚀性气体时应在通风橱中进行。

（15）加热易燃溶剂必须在水浴或严密电热板上缓慢进行，严禁用火焰或电炉直接加热。

（16）点燃燃气灯时，必须先关闭风门，划着火柴，再开煤气，最后调节风量。停用时要先闭风门，后闭燃气。

（17）使用酒精灯时，注意酒精切勿装满，应不超过容量的 2/3，灯内酒精不足 1/4容量时，应灭火后添加酒精。燃着的灯焰应用灯帽盖灭，不可用嘴吹灭，以防引起灯内酒精起燃。

（18）在蒸馏可燃物时，要时刻注意仪器和冷凝器的正常工作。如需往蒸馏器内补充液体，应先停止加热，放冷后再进行。

（19）严禁可燃物与氧化剂一起研磨。工作中不要使用不知其成分的物质。

（20）身上或手上沾有易燃物时，应立即清洗干净，不得靠近灯火。

（21）易燃液体的废液应设置专用储藏收集，不得导入下水道。

（22）电炉周围严禁有易燃物品。电烘箱周围严禁放置可燃、易燃物及挥发性易燃液体。不能烘烤放出易燃蒸气的物料。

（23）易爆炸类药品，如苦味酸、高氯酸、高氯酸盐、过氧化氢等应放在低温处保管，不应和其他易燃物放在一起。

（24）易发生爆炸的操作不得对着人进行，必要时操作人员应戴面罩或使用防护挡板。

## 七、灭火预防措施

### （一）灭火预防的工作原则

实验室的着火除取决于易燃物本身的性质外，还与实验室操作人员粗心大意的工作态度有直接的关系，预防工作常遵循以下原则：

（1）实验室内应备有灭火消防器材、急救箱和个人防护器材。实验室工作人员应熟知这些器材的存放位置及使用方法。

（2）使用酒精灯时，盛装酒精量应不超过其容量的 2/3，灯内酒精不足 1/4 容量时，应先灭火后再向灯内添加酒精，熄灭酒精灯焰应用灯帽盖灭，不可用嘴吹灭，以防引起灯内酒精起燃。

（3）倾倒或使用易燃液体时，应远离火源；加热易燃液体必须在水浴上或密封电热板上进行，严禁用火焰或电炉直接加热。

（4）禁止用火焰检查可燃气体（如煤气、氢气、乙炔气等）泄露的地方。应该用肥皂水来检查其管道、阀门是否漏气。

（5）蒸馏、蒸发和回流可燃液体时，操作人员不能离开现场，要注意仪器和冷凝器的正常运行，需往蒸馏器内补充液体时，应先停止加热，放冷后再进行。

（6）易燃液体的废液应设置专门容器收集，不得倒入下水道，以免引起爆炸事故。

（7）不能在木制可燃台面上使用较大功率的电器如电炉、电热板等。也不能长时间使用煤气灯和酒精灯。

（8）点燃煤气灯时，必须先关闭风门、划着火柴，再开煤气，最后调节风量。停止使用时应先关闭风门再关闭煤气。

（9）可燃气体的高压气瓶，应安放在实验楼外专门建造的气瓶室内。

（10）身上、手上、台面上、地上沾有易燃物时，不得靠近火源，同时应立即清洗干净。

（11）实验室内不宜存放过多的易燃易爆物品，应分类低温存放，远离火源。加热含有高氯酸或高氯酸盐的溶液时，应防止蒸干和引入有机物，以免发生爆炸。

（12）易发生爆炸的操作不得对着人进行，必要时操作人员应戴保护罩或用防护挡板。

一旦发生火灾，要临危不惧，冷静沉着，及时采取灭火措施。若局部起火，应立即切断电源，并关闭燃气阀门，用湿抹布或石棉覆盖熄火。若火势较猛，应根据具体情况，选用适当灭火方法进行灭火，并立即与有关部门联系，请求救援。

根据燃烧物的物质，国际上统一将火灾分为 A、B、C、D 四类。

A 类火灾是指木材、纸张和棉花等物质的着火，最经济的灭火剂是水，另外可用酸碱式和泡沫式灭火器。

B 类火灾是指可燃性液体着火，如石油化工产品、食用油脂等。扑灭此类火灾可用泡沫式灭火器、二氧化碳灭火器、干粉灭火器和"1211"灭火器。

C 类火灾是指可燃性气体，如城市煤气、石油液化气等。扑灭这类火灾可用"1211"灭火器和干粉灭火器。

D 类火灾是指可燃性金属着火，如钾、钠、钙、镁等。扑灭 D 类火灾最经济有效的方法是用干砂覆盖。

（二）常用灭火器、材料及适用范围

（1）水（消火栓）。适用于一般木材即各种纤维以及可溶或半溶于水的可燃液体的着火。

（2）砂土。隔绝空气而灭火，适用于可燃性金属着火。如金属钾、钠着火。

（3）石棉毯或薄毯。隔绝空气而灭火，适用于人身上着火。

（4）二氧化碳泡沫灭火器。主要成分为硫酸铝、碳酸氢钠、皂粉等，经与酸作用生成二氧化碳的泡沫盖于燃烧物上隔绝空气而灭火。适用于油类着火，不宜用于精密仪器、贵重资料灭火，断电前禁止用于电器着火。

（5）干式二氧化碳灭火器。用二氧化碳压缩干粉（碳酸氢钠及适量滑润剂防潮剂等）喷于燃烧物上隔绝空气而灭火，适用于油类、可燃气体、易燃液体、固体电器设备及精密仪器等的着火，不适用于钾、钠着火。

（6）"1211"灭火器。"1211"即二氟一氯一溴甲烷，是一种阻化剂，能加速灭火作用，不导电，毒性较四氯化碳小，灭火效果好，适用于油类、档案资料、电气设备及贵重精密仪器等的着火。

## 八、化学毒物及中毒的救治

### （一）毒物分类

某些侵入人体的少量物质引起局部刺激或整体机体功能障碍的任何疾病都称为中毒，这类物质称为毒物。根据毒物侵入的途径，中毒分为摄入中毒、呼吸中毒和接触中毒。毒物的剂量与效应之间的关系称为毒物的毒性，习惯上用半致死剂量（$LD_{50}$）或半致死浓度（$LC_{50}$）作为衡量急性毒性大小的指标，通常将毒物的毒性分为剧毒、高毒、中等毒、低毒、微毒五级。根据毒物的 $LD_{50}$ 值、急慢性中毒的状况与后果、致癌性、工作场所最高允许浓度等 6 项指标全面权衡，将毒物的危害程度分为Ⅰ级至Ⅳ级。

### （二）职业性接触毒物危害程度分级

（1）Ⅰ级（极度危害）：汞及其化合物、苯、砷及其化合物（非致癌的除外）、氯乙烯、铬酸盐与重铬酸盐、黄磷、铍及其化合物、对硫磷、羰基镍、八氟异丁烯、氯甲醚、锰及其无机化合物、氰化物。

（2）Ⅱ级（高度危害）：三硝基甲苯、铅及其化合物、二硫化碳、氯、丙烯腈、四氯化碳、硫化氢、甲醛、苯胺、氟化氢、五氯酚及其钠盐、镉及其化合物、敌百虫、氯丙烯、钒及其化合物、溴甲烷、硫酸二甲酯、金属镍、甲苯二异氰酸酯、环氧氯丙烷、砷化氢、敌敌畏、光气、氯丁二烯、一氧化碳、硝基苯。

（3）Ⅲ级（中度危害）：苯乙烯、甲醇、硝酸、硫酸、盐酸、甲苯、二甲苯、三氯乙烯、二甲基酰胺、六氟丙烯、苯酚、氮氧化物。

（4）Ⅳ级（轻度危害）：溶剂汽油、丙酮、氢氧化钠、四氟乙烯、氨。

### （三）中毒症状及救治方法

应了解毒物的侵入途径、中毒症状和救治方法。一旦发生中毒时要争分夺秒、正确地采取自救互救措施，力求在毒物被吸收前实现抢救，并及时到医院救治。常见化学毒物的急性致毒作用与救治方法：

（1）硫酸、盐酸和硝酸主要经呼吸道和皮肤使人中毒，对皮肤的黏膜有刺激和腐蚀作用。急救方法：应立即用大量水冲洗，再用 2% 碳酸氢钠水溶液冲洗，然后用清水冲洗。如有水泡出现，可涂红汞；眼、鼻、咽喉受蒸气刺激时，可用温水或 2% 碳酸氢钠水溶液冲洗和含漱。

（2）氰化物或氢氰酸主要经呼吸道和皮肤使人中毒。轻者刺激黏膜、喉头痉挛，重者呼吸困难、昏迷、血压下降、口腔出血、胸闷、头痛。急救方法：脱离中毒现场、人工呼吸、吸氧或用亚硝酸异戊酯、亚硝酸钠解毒（医生进行）；皮肤烧伤可用大量水冲洗，一次用 0.01% 的高锰酸钾或硫化铵洗涤或用 0.5% 硫代硫酸钠冲洗。

（3）氢氟酸或氟化物主要经呼吸道和皮肤使人中毒。接触氢氟酸气体可使皮肤具有烧灼感，开始疼痛较小不易感觉，渗入皮下组织及血管时可引起化脓溃疡。吸入氢氟酸气体后，气管黏膜受刺激可引起支气管炎症。急救方法：皮肤被灼烧时，立即用大量水冲洗，将伤处浸入乙醇溶液（冰镇）或饱和硫酸镁溶液（冰镇）。

（4）汞及其化合物主要经呼吸道、皮肤和口服使人中毒。急性中毒表现为恶心、呕吐、腹痛、腹泻、全身衰弱、尿少或无尿，最后因尿毒症死亡。慢性中毒主要表现为头晕、头痛、失眠等精神衰弱症，记忆力减退，手指和舌头出现轻微震颤等症状。急救方法：急性中毒早起时用饱和碳酸氢钠液洗胃或迅速灌服牛奶、鸡蛋清、浓茶或豆浆，立即送医院治疗；皮肤接触用大量水冲洗后，湿敷 3%～5% 硫代硫酸钠溶液，不溶性汞化物用肥皂和水洗。

（5）砷及其化合物主要经呼吸道、皮肤和口服使人中毒。急性中毒表现为咽干、口渴、流涎、持续呕吐并混有血液、腹泻、剧烈头痛、全身衰弱、皮肤苍白、血压降低、脉弱而快、体温下降，最后死于心脏衰竭。急救方法：迅速脱离中毒现场，灌服蛋清水或牛奶，送至医院治疗；皮肤接触可用肥皂和水冲洗，可涂抹 2.5% 二巯基丙醇油膏或硼酸软膏。

（6）铬酸、重铬酸钾等镉（Ⅵ）化合物主要经皮肤和口服使人中毒。吸入含镉化合物的粉尘或溶液飞沫可使口腔鼻咽黏膜发炎，严重者形成溃疡。皮肤接触，最初出现发痒红点，以后侵入深部，继之组织坏死，愈合极慢。急救方法：皮肤损坏时，可用 5% 硫代硫酸钠溶液清洗；鼻咽黏膜损害，可用清水或碳酸氢钠水溶液灌洗。

（7）铅及其化合物主要经皮肤和口服使人中毒。急性中毒症状为呕吐、流眼泪、腹痛、便秘等。慢性中毒表现为贫血、肢体麻痹瘫痪。急救方法：急性中毒时用硫酸钠或硫酸镁灌肠，送医院急救。

（8）苯及其同系物主要经呼吸道和皮肤使人中毒。急性中毒症状为头晕、头痛、恶心，重者昏迷抽搐甚至死亡。慢性中毒主要是损害造血系统和神经系统。急救方法：皮肤接触用清水冲洗，脱离现场，人工呼吸，输氧，送医院。

（9）石油烃类（饱和烃和不饱和烃）主要经呼吸道和皮肤使人中毒。高浓度吸入后，出现头痛、头晕、心悸、神志不清等症状；皮肤接触汽油后，变得干燥、皲裂。急救方法：脱离现场至新鲜空气处，输氧；皮肤接触用温水洗。

（10）四氯化碳主要经呼吸道和皮肤使人中毒。皮肤接触使其脱脂而干燥皲裂；高浓度吸入使黏膜刺激，中枢神经系统抑制和胃肠道刺激。慢性中毒为神经衰弱症，损害肝、肾。急救方法：脱离现场，人工呼吸，输氧；皮肤可用2％碳酸氢钠或1％硼酸溶液冲洗。

（11）三氯甲烷主要经呼吸道和皮肤使人中毒。高浓度吸入会出现眩晕、恶心和麻醉；长期接触可发生消化障碍、精神不安和失眠等慢性中毒症状；皮肤接触使其干燥皲裂。急救方法：急性中毒脱离现场，人工呼吸或输氧，送至医院治疗；皮肤皲裂可选用10％尿素冷霜处理。

（12）甲醇主要经呼吸道和皮肤使人中毒。高浓度吸入出现神经衰弱、视力模糊；吞服15mL可导致失明，70～100mL致死；慢性中毒为视力下降，眼球疼痛。急救方法：皮肤污染用清水冲洗；溅入眼内，立即用2％碳酸氢钠溶液冲洗，误服立即用3％碳酸氢钠溶液洗胃后由医生处置。

（13）芳胺、芳香族硝基化合物主要经皮肤和呼吸道使人中毒。急性中毒导致高铁血红蛋白症、溶血性贫血及肝脏损伤。急救方法：送至医院治疗；皮肤接触可用温肥皂水洗，苯胺可用5％乙酸溶液洗。

（14）氮氧化物主要经呼吸道使人中毒。急性中毒症状为口腔、咽喉黏膜、眼结膜充血、头晕，支气管炎、肺炎、肺气肿；慢性中毒导致呼吸道病变。急救方法：移至户外，必要时输氧。

（15）硫化氢主要经呼吸道使人中毒。高浓度吸入出现头晕、头痛、恶心、呕吐，甚至抽搐昏迷，突然失去知觉，死亡。急救方法：立即离开现场，呼吸新鲜空气，必要时送至医院治疗。

（16）二氧化硫、三氧化硫主要经呼吸道使人中毒。吸入对黏膜有强烈的刺激作用，引起结膜炎、支气管炎。重度中毒能产生喉咙哑、胸痛、吞咽困难、喉头水肿以致窒息死亡。急救方法：立即离开现场，呼吸新鲜空气，必要时输氧；眼受刺激时用2％碳酸氢钠溶液冲洗。

（17）一氧化碳和煤气主要经呼吸道使人中毒。轻度中毒时出现头晕、恶心、全身无力，中度中毒时立即陷入昏迷、呼吸停止而死亡。急救方法：移至新鲜空气处，注意保温，人工呼吸，输氧，送至医院治疗。

（18）氯气主要经呼吸道和皮肤使人中毒。吸入后立即引起咳嗽、气急、胸闷、鼻塞、流泪等黏膜刺激症状，严重时可导致支气管炎、肺炎及中毒性肺水肿，心力逐渐衰竭而死亡。急救方法：立即离开现场，重者应保温，输氧，送至医院；眼受刺激时用2％碳酸氢钠溶液冲洗。

## 九、实验室的"三废处理"

环境污染是全球面临的一大难题，环保正成为百姓的迫切要求，要实现化学实验的环保，就必须对实验过程中产生的各种废液、废气、废渣（简称"三废"）进行处理。由于各类实验室的工作内容不同，所产生的三废的化学组成与毒性不同，数量差别较大。因此，为了保证实验人员的健康，防止环境的污染，实验室的三废的排放应遵守我国环境保护的有关规定。

（一）废液处理的注意事项

（1）处理及时。一些含有有害物质的废液，如果不立即处理，将会十分危险。

（2）应先采用物理分离法。将黏附有害物质的滤纸、称量纸、废活性炭、药棉及塑料容器等从废液中清出，并将沉渣分出单独处理，以减少废液的处理量。

（3）必须充分了解废液的主要性质。进行处理时一定要注意防止突发反应的发生，并对可能产生的有毒气体、发热、喷溅及爆炸等危险有所准备。

（4）尽量选用无害或易于处理的药品，防止二次污染。例如，用漂白粉处理含氰废水，用生石灰处理某些酸液等。还应尽量采用用"以废治废"的方法，如利用废酸液处理废碱液。但要注意有些废液绝不能互相混合。如过氧化物与有机物；氢氟酸、盐酸等挥发性酸与不挥发性酸；铵盐、挥发性胺与强碱；浓硫酸、磺酸、羟基酸、聚磷酸与其他的酸；硫化物、氰化物、次氯酸盐与酸之间不可相混。

（二）常见废液的处理方法

实验室的废液不能直接排入下水道，应根据污物性质分别收集处理，下面介绍几种常见的处理方法：

（1）中和法。对于酸含量小于3％～5％的酸性废液或者碱性含量小于1％～3％的碱性废液，常采用中和法处理，用 pH 试纸或 pH 计检验，中和至混合液的 pH7，溶液含盐量小于5％方可排放。例如，将废无机酸先收集于陶瓷缸或塑料桶中，然后以过量的碳酸钠或氢氧化钙的水溶液中和，或用废碱中和，中和后用大量水冲稀后排放；氢氧化钠、氨水用稀废酸中和后，用大量水冲稀后排放。

（2）化学沉淀法。此法适用于除去废液中的重金属离子（汞、镉、铜、铅、锌、镍、铬等）、碱土金属离子（钙、镁）及一些非金属（砷、氟、硫、硼等）。

① 氢氧化物共沉淀法。可用 NaOH 作沉淀剂处理含重金属离子的废液，先用过滤或倾泻法将生成的沉淀分离，检查滤液中不含重金属离子后再排放。如先控制含镉废液的 pH 为 10.6～11.2，调节含铅离子废液的 pH＞11，然后加入凝聚剂，将 pH 降至 7～8，生成 $Pb(OH)_2$ 共沉淀，检查滤液不含 $Cd^{2+}$、$Pb^{2+}$ 后，方可排放；在含砷量大的废液中加入石灰水，调 pH9.5 后过滤，在上述滤液中加入 $FeCl_3$，使 Fe/As（物质的量之比）达到 50，调 pH 至 7～10，除去沉淀，检查滤液不含砷，中和后排放；在含氟离子废液中加入石灰乳至呈现碱性，并充分搅拌后放置过夜，过滤，滤液按碱废液处理，将含无机卤化物（$AlBr_3$、$AlCl_3$、$SnCl_4$、$TiCl_4$ 等）的废液放入大号蒸发皿中，撒上高岭土/碳酸钠（1∶1）干燥混合物，充分混合后喷以 1∶1 的氨水，至无烟放出为止，中和静置，过滤（滤液中不含重金属离子），冲稀后排放。

② 硫化物共沉淀法：使用 $Na_2S$、$H_2S$、CaS 或 $(NH_4)_2S$ 等作沉淀剂除去汞、砷，如控制溶液酸度为 0.3mol/L 的 ［$H^+$］，再以硫化物形式沉淀，以废渣的形式处理。含烷基汞之类的有机汞废液，要先把它分解变为无机汞，但不能含有金属汞。

此外，用 NaOH 或 $Na_2CO_3$ 等碱性试剂沉淀除去废液中的三价铬，$Na_2SO_4$ 溶液作沉淀剂可除去废液中的钡离子，过滤除去沉淀后，废水即可排放。

（3）氧化还原法。利用氧化还原反应，使废液中氧化性或还原性的有害物质转化为无害的新物质或易于分离出去的其他形态。常见的氧化剂主要是漂白粉、次氯酸钠溶液、$KMnO_4$ 等，用于含氰废液、含氮废液、含硫废液、含酚废液及含氨氮废液的处理。如把含氰废液倒入废酸缸中是极其危险的，氰化物遇酸产生极毒的氰化氢气体，瞬间可使人丧命。含氰废液应先加入氢氧化钠使 pH 达到 10 以上，再加入漂白粉、次氯酸钠溶液或过量的 3%$KMnO_4$ 溶液，使 $CN^-$ 被氧化分解。若 $CN^-$ 含量过高，可以加入过量的次氯酸钙和氢氧化钠溶液进行破坏。查明废液中不含 $CN^-$ 后，方可排放；另外，氰化物在碱性介质中与亚铁盐作用可生成亚铁氰酸盐而被破坏。

常用的还原剂有 $FeSO_4$ 或 $Na_2SO_3$，用于还原六价铬离子。操作要在通风柜内进行，含铬废液要稀释至约 1% 以后方可还原，Cr（Ⅵ）还原成 Cr（Ⅲ）后，将其与其他重金属废液一起处理；还有活泼金属（如铁屑、锌粒等），用于废液中汞的除去。

（4）萃取法。采用对污染物有较大溶解度但与废液互不相溶的萃取剂，将其与废液充分混合振荡，提取污染物，达到净化废液的目的。

例如，含酚废水可用二甲苯作萃取剂。另外，还有离子交换树脂法（如处理含汞离子废液）、电化学净化法等。对含有机类污染物的废液，要按可燃物、难燃物、含水废液、固体物分类处理，选用的处理方法有焚烧法、溶剂萃取法、活性炭吸附法、水解法、生化法等。

（三）溶剂的回收方法

对一些用量较大的有机溶剂，原则上要进行回收利用。一些溶剂的回收方法见表1-2。

表 1-2　一些溶剂的回收方法

| 溶　剂 | 回收方法 | 注意事项 |
|---|---|---|
| 乙醚 | 将用过的废乙醚用水抽洗 1 次，中和至中性，用石蕊检查。用 0.5%$KMnO_4$ 溶液洗涤除去其中的还原物，直至 $KMnO_4$ 不退色为止，再用水抽提过剩的 $KMnO_4$，然后用 0.5%～1%硫酸亚铁铵溶液洗涤，除去氧化杂质，最后用水洗 2 次并用氯化钙脱水，进行分馏，收集 45℃馏分 | — |
| 甲苯 | 废甲苯用 2%～5%盐酸洗涤，至水溶液层不带颜色，再用水洗 1～2 次，将水分离后，用氯化钙分馏，收集 110.62℃馏分 | 甲苯是易燃物，加热分馏时避免直接使用明火，可使用氯化钙饱和溶液间接加热分馏 |
| 三氯甲烷四氯化碳 | 废液用水抽洗 2 次，将能溶于水的物质抽取出去，把水用分液漏斗尽量分离干净，用 10～20mL 浓硫酸加入漏斗中充分摇荡，抽至硫酸层不显色为止，将硫酸分离净，用蒸馏水抽取硫酸几次，把水分离净，加氯化钙脱水，静置数小时，将液体分离，再用 0.5%$NH_2OH\cdot HCl$ 抽洗，使液体澄清分离，用水浴分馏，四氯化碳收集温度为 78～79℃，三氯甲烷收集温度为 59～61℃ | 检查质量的方法：用 0.005%双硫腙振荡数次，静置片刻，纯绿色不变棕色即可使用 |

续表

| 溶　　剂 | 回收方法 | 注意事项 |
|---|---|---|
| 含有铜铁试剂的三氯甲烷 | 先以熟石灰处理，取三氯甲烷层，加入浓硫酸，振荡 1min，放置片刻，弃去水相。如此重复洗 4～5 次至有机层透明，与硫酸分层后，有机层水洗 1 次，并以石灰脱水，活性炭脱色过滤，蒸馏 | 加入浓硫酸体积为有机层体积的 1/10 |
| 含有双硫腙的四氯化碳和苯 | 先用浓硫酸洗 3～4 次至无色，再用含 1% 高锰酸钾的稀硫酸溶液洗 1 次，用亚硫酸钠溶液洗 1 次，用水洗 3 次，分去水层后加少许块状生石灰脱水，蒸馏 | 用浓硫酸洗时，加入浓硫酸体积为有机层体积的 1/10～1/5 |
| 含结晶紫的甲苯、醋酸异戊酯、苯、乙酸乙酯 | 分别用浓硫酸洗 1 次，用水洗 3～4 次，加少许块状生石灰脱水，分别蒸馏 | 加入浓硫酸体积为有机层体积的 1/5 |
| 含苯酰甲烷的醋酸异戊酯 | 用 10% 硫酸洗 2 次，水洗 2 次，活性炭脱色，块状生石灰脱水，最后蒸馏 | 加入浓硫酸体积为有机层体积的 1/5 |
| 含铁的乙酰丙酮、四氯化碳混合溶液 | 水洗 1 次后，用浓硝酸洗 2 次，再用水洗 2 次，加块状生石灰脱水。在 80℃ 蒸馏得四氯化碳，在 140℃ 蒸馏得乙酰丙酮 | 加入浓硝酸体积为有机层体积的 1/10 |
| 含氟的丁酮 | 用石灰沉淀氟及中和酸后，取出清液用石灰脱水后蒸馏 | — |

（四）实验室的废渣及其处理

废渣主要采用掩埋法。无毒废渣可直接掩埋，掩埋地点要有记录。有毒废渣必须先进行化学处理后深埋在远离居民生活区的指定地点，以防毒物溶于地下水中污染饮用水。

（五）实验室的废气及其处理

实验室排出的废气量较少时，一般可由通风装置直接排至室外，利用室外的大量空气稀释有毒废气，排气口必须高于附近屋顶 3m 以上。实验室进行可能产生有害废气的操作都应在有通风装置的条件下进行，如加热酸、碱溶液和有机物的消化、分解等都应予通风柜中进行。原子光谱分析仪的原子化器部分产生金属的原子蒸气，必须有专用的通风罩把原子蒸气抽出室外。汞的操作室内必须有良好的全室通风装置，其抽风口通常在墙的下部。

少数实验室若排放毒性大且量较多的气体，可参考工业上废气处理方法，在排放废气之前，采用吸附、吸收、氧化、分解等方法进行预处理。例如 HF、$SO_2$、$H_2S$、$NO_2$、$Cl_2$ 等酸性气体，可以用 NaOH 水溶液吸收后排放；碱性气体（如 $NH_3$ 等）用酸溶液吸收后排放；CO 可点燃转化为 $CO_2$ 后排放。

## 第三节　水产品质量检验分析主要方法简介

水产品和其他食品的检验方法的分析方法基本一致，应根据测定目的和被检验物质的性质，选用适当的方法，最常用的方法有感官检查法、物理检查法、化学分析法和物理化学分析法。

## 一、感官检查法

感官检查法主要依靠人的感觉器官，即视觉、味觉、嗅觉等来鉴定被检验样品的外观、颜色、气味和滋味等。感官检查法是最简单、成本最低的分析方法，在水产品质量检验进行卫生评价时更具有重要意义。

## 二、物理检查法

物理检查法是用被检物质的物理性质，如温度、密度等。此外，根据某些物质的光学性质，用仪器来进行检查也属于物理方法，如用折光仪器测定物质的折光率，用旋光仪器测定物质的旋光度，用试验台测定鱼糜制品的弹性等。借此判定物质的纯度、浓度和产品的物理性质。

## 三、化学分析法

化学分析是当前水产品食品检验工作中应用最广泛的方法，以物质的化学基本性质为基础而进行，根据检查目的和被检物质的特性，又可分为定性分析和定量分析。定量法又分重量法和容量法。

（一）定性分析

定性分析是检查某一物质是否存在。它是根据被检物质的化学性质，经适当分离后，与一定试剂产生化学反应，根据反应所呈现的特殊颜色或特定形状的沉淀来进行判定。

（二）定量分析

定量分析是检查某一物质的含量。可供定量分析的方法很多，除利用重量和容量分析以外，近年来定量分析的方法向着快速、准确、微量的仪器分析方向发展，如光学分析、电化学分析、层析分析法等。

1. 重量分析法

重量分析法是将被测成分与样品中的其他成分分离，然后称定该成分的重量，计算出被测物质的含量。它是化学分析中最基本、最直接的定量方法。尽管操作麻烦、费时，但准确度较高，常作为检验其他方法的基础方法。

目前，在食品卫生检验水分、脂肪含量、溶解度、蒸发残渣、灰分等的测定都是重量法。由于红外线、热天平等近代仪器的使用，使重量分析操作向着快速和自动化分析的方向发展。

根据使用的分离方法不同，重量法又可分为以下三种。

1）挥发法

挥发法是将被测成分挥发或将被测成分转化为易挥发的成分去掉，称残留物的重量，根据挥发前和挥发后的重量差，计算出被测物质的含量。

2）萃取法

萃取法是将被测成分用有机溶媒萃取出来，再将有机溶媒除去，称残留物的重量，计算出被测物质的含量。

3）沉淀法

沉淀法是在样品溶液中，加一适量的沉淀剂，使被测成分形成难溶解的化合物沉淀出来，根据沉淀物的重量，计算出该成分的含量。

### 2. 容量分析法

将已知浓度的操作溶液（即标准溶液），由滴定管加到被检溶液中，直到所用试剂与被测物质的量相等为止。反应的终点，可借指示剂的变色来观察。根据标准溶液的浓度和消耗标准溶液的体积，计算出被测物质的含量。根据其反应性质不同，容量分析可分为以下四类。

（1）中和法。利用已知浓度的酸溶液来测定碱溶液的浓度，或利用已知的碱溶液来测定酸溶液的浓度。终点的指示是借助于适当的酸碱指示剂，如甲基橙和酚酞等的颜色变化来决定。

（2）氧化还原法。利用氧化还原反应来测定被检样品中氧化性或还原性物质的含量。

① 碘量法。利用碘的氧化反应来直接测定还原性物质的含量，或利用碘离子的还原反应使与氧化剂作用，然后用已知浓度的硫代硫酸钠滴定液析出的碘，间接测定氧化性物质的含量。

② 高锰酸钾法。利用高锰酸钾的氧化反应来测定样品中还原性物质的含量。用高锰酸钾作滴定剂时，一般在强酸醒溶液中进行。

（3）沉淀法。利用形成沉淀的反应来测定其含量的方法。如氯化钠的测定。

（4）络合滴定法。在食品卫生检验中主要是利用氨羧络合滴定中的乙二胺四乙酸二钠（EDTA）直接滴定法。它是利用金属离子与氨羧络合剂定量地形成金属络合物的性质，在适当的 pH 范围内，以 EDTA 溶液直接滴定，借助于指示剂与金属离子所形成的络合物的稳定性较小的性质，在达到等电量点时，EDTA 自指示剂络合物中夺取金属离子，而使溶液中呈现游离指示剂的颜色，来指示滴定终点的方法。

## 四、物理化学分析法

### （一）比色和分光光度法

当一束单色光在射进有色溶液后，再从有色溶液中透出来的光，比原射入时的光强度减弱了，说明有色溶液能吸收一部分光能，而且当溶液的厚度（即光线在溶液中所经过的路程）不变，溶液的浓度越大，光线强度的降低就越显著。

当单色光在经过有色溶液时，透过溶液的光强度不仅与溶液的浓度有关，还与溶液的厚度以及溶液本身对光的吸收性能有关。即各种颜色的溶液对某种单色光的吸收率有其自己的常数，一般用下式表示：

$$T=\frac{I_t}{I_0} \qquad A=\lg\frac{I_0}{I_t}=KcL$$

式中　$T$——透光率；

　　　$I_0$——入射光强度；

　　　$I_t$——透过光强度；

　　　$A$——吸光度；

　　　$K$——某种溶液的吸收（消）光系数；

　　　$c$——溶液的浓度；

　　　$L$——光径，即溶液的厚度。

消光系数 $K$ 是一常数，某种有色溶液对于一定波长的入射光，具有一定数值。若溶液的浓度以 mol/L 表示，溶液厚度以 cm 表示，则此时的 $K$ 值称为摩尔消光系数。摩尔消光系数是有色化合物的重要特性，根据这个数值的大小，可以估计显色反应的灵敏程度。

从上式可以看出，当 $K$ 与 $L$ 不变时，吸光度 $A$ 与溶液浓度 $c$ 称正比关系。

从上述公式可知，一束单色入射光经过有色溶液时，其透光率与溶液浓度、溶液厚度成反比关系；而吸光度与溶液浓度、溶液厚度成正比关系。

以上所述，单色光与有色溶液的关系的论点就成为朗伯-比尔定律，或单称比尔定律。它是有色分析的理论基础。

### 1. 目视比色法

用眼睛观察比较溶液颜色深浅来确定物质含量的分析方法成为目视比色法。这种方法的原理是：将标准溶液和被测溶液在同样条件下进行比较，当溶液液层厚度相同、颜色的深度一样时，两者的浓度相等。根据郎伯-比尔定律，标准溶液和被测溶液的吸光度分别为

$$A_标=K_标 c_标 L_标$$
$$A_测=K_测 c_测 L_测$$

当被测溶液颜色与标准溶液颜色相同时，$A_标=A_测$，又因为是同一种有色物质，同样的入射光，所以 $K_标=K_测$，而所用液层厚度相等，所以 $L_标=L_测$。因此

$$c_标=c_测$$

标准系列法是常用的目视比色法。

### 2. 光电比色法

光电比色法是利用光电效应测量通过有色溶液后透过光的强度，求得被测溶液物质含量的方法。

光电比色法的基本原理是当混合光透过滤光片或棱镜后得到近似的单色光。让单色光通过有色溶液，然后再投射到光电池上，光电池受光而放出电子，产生的光电流与光的强度成正比，在检流计上可以直接读出相应的吸光度。

3. 分光光度法

分光光度法是以棱镜或光栅为分光器，并用狭缝分出很窄的一条波长的光。这种单色光的波长范围一般都在 5nm 左右，因而其测定的灵敏度、选择性和准确度都比比色法高。由于单色光的纯度高，因此若选择最合适的波长进行测定，可以很好地校正偏离朗伯-比尔定律的情况。分光光度法的最大优点是可以在一个试样中同时测定两种或两种以上的组分不必事先进行分离。因为分光光度法可以任意选择某种波长的单色光，因此可以利用各种组分吸光度的加和性，在指定条件下进行混合物中各自含量的测定。

（二）原子吸收分光光度计法

原子吸收分光光度计法（又称原子吸收光谱分析）是最近十几年来迅速发展起来的一种新的分析微量元素的仪器分析技术，进行这种分析的仪器叫做原子吸收分光光度计，在食品分析中常用来进行铜、铅、镉等微量元素的测定。

原子吸收分光光度计法的原理是由一种特制的光源（元素的空心阴极灯）发射出该元素的特征谱线（具有规定波长的光），该谱线通过将试样转变为气态自由原子的火焰或电加热设备，则被待测元素的自由原子所吸收产生吸收信号。所测得的吸光度的大小与试样中该元素的含量成正比。

$$T = \frac{I_t}{I_0} \qquad A = \lg \frac{I_0}{I_t} = KcL$$

式中 $T$——透光率；

$\quad\quad I_0$——入射光强度；

$\quad\quad I_t$——透过光强度；

$\quad\quad A$——吸光度；

$\quad\quad K$——原子吸收系数；

$\quad\quad c$——被测元素在试样中的浓度；

$\quad\quad L$——原子蒸气层的厚度。

（三）荧光分析法

以测定荧光强度来确定物质含量的方法，称为荧光分析法。所使用的仪器叫荧光分光光度法。

某些物质经过紫外线照射后，能立即放出较低能量的光（即波长较长）。当照射停止，如化合物能在 $10^{-9}$ s 内停止发射的低能光，则叫做荧光；超过此限度的低能光，即称为磷光。当光源发出的紫外线强度一定，溶液厚度一定，在溶液的低浓度的条件下，对同一物质来说，溶液浓度与溶液总的物质所发出的荧光强度成正比关系。即

$$I_F = Ac$$

式中 $I_F$——物质被紫外线照射后所发射出的荧光强度；

$\quad\quad A$——物质对紫外线的吸收系数；

$\quad\quad c$——溶液浓度。

在测定某物质样品溶液的荧光强度时，与比色法一样要制作标准溶液即测出其荧光强度。样品溶液的浓度、荧光强度与标准溶液的浓度、荧光强度呈正比关系。即

$$\frac{c_s}{I_{F_s}} = \frac{c_x}{I_{F_x}}$$

式中　$c_s$——标准溶液的浓度；

　　　$c_x$——样品溶液的浓度；

　　　$I_{F_s}$——标准溶液的荧光强度；

　　　$I_{F_x}$——样品溶液的荧光强度。

（四）原子荧光光谱法

原子荧光光谱法（AFS）是介于原子发射（AES）和原子吸收（AAS）之间的光谱分析技术。它的基本原理是：基态原子（一般为蒸气状态）吸收合适的特定频率的辐射而被激发至高能态，而后，激发态原子在去激发过程中以光辐射的形式发射出特征波长的荧光。各种元素都有特定的原子荧光光谱，根据原子荧光强度的高低可测得试样中待测元素含量。

原子荧光分析技术已走过了 30 多年的发展道路，它有着原子发射和原子吸收两种技术的优点，同时又克服了两种方法的不足。原子荧光光谱法（AFS）具有谱线简单：仅需分光本领一般的分光光度计，甚至可以用滤光片等进行简单分光测量；灵敏度高、检出限低；适合于多元素同时分析等特点。特别是把氢化物发生技术与原子荧光技术结合后，更使这一分析方法具有较大的实用价值。

氢化物原子荧光分析法是近几年发展起来的一种高效率、低成本的原子荧光分析法，具有中国自己的特色，它将氢化物发生技术与原子荧光技术有机结合起来。其基本原理是在一定反应条件下利用某些能产生初生态氢的还原剂，将样品待分析元素还原成挥发性共价氢化物，借助载气流将其导入分析系统，进行定量测定。它主要的优点是：分析元素能够与可能引起干扰的样品基本分离，消除光谱干扰；与溶液直接喷雾进样相比，氢化物法能将待测元素充分预富集，进样效率近乎 100%；氢化物发生装置易于实现自动化；对挥发性元素 As、Sb、Bi、Hg、Se、Te、Pb、Sn、Ge 的测定具有很高的灵敏度。

（五）电位分析法

利用测定原电池电动势以求物质含量的分析方法，称为电位分析法或电位法。通常是将待测溶液与指示电极、参比电极组成电池，由于电池电动势与浓度之间存在一定关系，因此，测出电池的电动势，即可求出待测溶液的浓度。电位分析法可分为直接电位法、电位滴定法和电解分析法。

直接电位法是根据电池的电动势与有关离子浓度之间的函数关系，直接测出有关离子的浓度。应用最多的直接电位法，是测定溶液中的 pH。近年来，由于离子选择电极的迅速发展，使直接电位法的应用更为广泛。

电位滴定法是利用电位法测量滴定过程中溶液离子浓度的变化，从而确定滴定的终

点，常比一般容量分析更为准确。电位滴定法测定的准确性较直接电位法高。

电解分析法是将试液中某一被测组分通过电极反应，使其在工作电极上析出金属或氧化物，然后在工作电极上施加一个反向电压，由负向正扫描，使金属或氧化物重新氧化为离子回归溶液中，产生氧化电流，记录电压-电流曲线，确定离子的浓度。常用的方法有阳极溶出伏安法。

（六）层析法

层析法又称色谱法、色层法及展离法，是一种广泛应用的物理化学分离分析法。开始由分离植物色素而得名，后来不仅用于分离有色物质，而且在多数情况下，可用于分离无色物质。色谱法的名称虽仍沿用，但已失去原来的含义。

在食品卫生检验中，现已发展了许多准确而灵敏的测定方法，但在分析化合物时仍然比较困难。我们现在已经应用过不少分离方法，如结晶、蒸馏、沉淀、萃取等。但层析法比这些分离法优越，主要是分离效率高，操作又不太麻烦。层析法的分离原理，是利用混合物各组分在不同的两相中溶解、吸附和亲和作用的差异，使混合物的各组分达到分离。

1. 层析法的分类

层析法有多种类型，也有多种分类方法。

1）按两相所处的状态分类

用液体作为流动相的，称为液相层析或液体层析；用气体作为流动相的，称为气相层析或气相色谱。

固定相也有两种状态，以固体吸附剂作为固定相和以附载在固体担体上的液体作为固定相，故层析法按两相所处的状态可分为液相层析（包括液-固层析和液-液层析）和气相层析（包括气-固层析和气-液层析）。

2）按层析过程的机理分类

（1）吸附层析：利用吸附剂表面对不同组分吸附性能的差异，达到分离鉴定的目的。

（2）分配层析：利用不同组分在流动相和固定相之间的分配系数（或溶解度）不同，而使之分离的方法。

（3）离子交换层析：利用不同组分对离子交换剂亲和力的不同，而进行分离的方法。

（4）凝胶层析：利用某些凝胶对不同组分因分子大小不同而阻滞作用不同的差异，进行分离的方法。

3）按操作形式不同分类

（1）柱层析：将固定相装于柱内，使样品沿一个方向移动而达到分离。

（2）纸层析：用滤纸作液体的载体（担体），点样后，用流动相展开，以达到分离鉴定的目的。

（3）薄层层析：将适当粒度的吸附剂涂成薄层，以纸层析类似的方法进行物质的分离与鉴定。

## 2. 柱层析法

柱层析法是一种分离结构相似物质的简单而有效的方法，在卫生检验中，这种方法对样品的处理是比较好的。根据分离原理和方法，可分为液-固吸附柱层析法和液-液分配柱层析法。

### 1）液-固吸附柱层析法

吸附柱层析是最早建立的柱分析法。所谓吸附是溶质在液-固或气-固两相的交界面上集中浓缩的现象，它发生在固体的表面上。吸附剂是一些具有表面活性的多孔性物质，如硅胶、氧化铝、活性炭等，皆具有吸附性能。如将一种吸附剂装入一份玻璃管中，将含有数种溶质的溶液通过吸附剂，由于各种溶质被吸附剂吸附的强弱不同，并借助洗脱剂的推动，将各种物质进行分离。

### 2）液-液分配柱层析法

根据物质在两种不相混溶（或部分混溶）的溶剂间溶解度的不同而有不同分配来实现分离目的的方法。它是以一种不起分离作用的和没有吸附能力的粒状固体作为支持剂（或称担体），在这种担体表面涂有一层选定的液体，通常称为固定相。另外，用一种与固定相不相混合的液体作为冲洗剂进行洗脱。在洗脱过程中，流动相与固定相不断发生接触。由于样品中各组分在两相之间的溶解度不同，造成移动的差异。易溶于流动相的物质移动较快，反之则慢，使混合物质互相分离。

## 3. 纸层析法

纸层析法是以纸作为载体的层析法，分离原理属于分配层析的范畴。固定相一般为纸纤维上吸附的水分，流动相为不与水相溶的有机溶剂。但在应用中，也常用和水相混合的流动相。因为滤纸纤维素所吸附的水有一部分和纤维素结合成复合物，所以这一部分水和与水相混溶的溶剂，仍能形成类似不相混溶的两相。固定相除水以外，纸也可以吸留其他物质，如甲酰胺、缓冲液等作为固定相。

## 4. 薄层层析法

薄层层析法是层析法中应用最普遍的方法之一。它具有分离速度快，展开时间短，一般只需要十至十几分钟；分离能力强，斑点集中；灵敏度高，通常几至几十微克的物质，即可被检出；显色方便，可直接喷洒腐蚀性显色剂，如浓硫酸和浓盐酸等，也可以在高温下显色等特点。

薄层层析法是把吸附剂（或称担体）均匀涂抹在一块玻璃板或塑料板上形成薄层，在此薄层上进行色层分离，称为薄层层析。按分离机制可分为吸附、分配、离子交换、凝胶过滤等法。

涂好吸附剂薄层的玻璃板称为薄板、薄层或薄层板。将待分离的试样溶液点在薄层的一端，在密闭容器中，用适宜的溶剂（展开剂）展开。由于吸附剂对不同物质的吸附力大小不同，对极性小的物质吸附力相应地较弱。因此，当溶剂流过时，不同物质在吸附剂和溶剂之间发生连续不断地吸附、解吸、再吸附、再解吸。易被吸附的物质，相应地移动慢一些，而较难吸附的物质，则相应地移动快一些。经过一段时间的展开，不同的物质就彼此分开，最后形成相互分离的斑点。根据化合物从原点到斑点中心距离与溶剂从原点到前沿的距离的比值（$R_i$）可对化合物做出初步鉴定。

（七）气相色谱法

气相色谱法或称气相层析法，是近50年来迅速发展起来的一种新型分离分析技术。究其操作形式属于柱层析，按固定相的聚集状态不同，分为气-固层析及气-液层析两类；按分离原理可分为吸附层析及分配层析两类。气-液层析属于分配层析，气-固层析多属于吸附层析。气相色谱法的特点，可概括为高效能、高选择性、高灵敏度，用量少、分析速度快，而且还可制备高纯物质等。因此气相色谱法在食品工业、石油炼制、基本有机原料、医药等方面得到广泛应用。在食品卫生检验中，使用气相色谱法主要测定食品中农药残留量、溶剂残留量、高分子单体（涂氯乙烯单体、苯乙烯单体等）以及食品中添加剂的含量。但也有不足之处，首先是气相色谱法直接给出定性的结果，它不能用来直接分析未知物，如果没有已知纯物质的色谱图和它对照，就无法判断某一色谱峰代表何物；另外，分析高含量样品，准确度不高；分析无机物和高沸点有机物时还比较困难等。所有这些，均需进一步加以改进。

气相色谱法是一种以固体或液体作为固定相，以气体如 $H_2$、$N_2$、He、Ar 等作为流动相的柱层析。其基本原理是用载气（流动相）将气态的待测物质以一定的流速通过装于柱中的固定相，由于待测物质各组分在两相间的吸附能力或分配系数不同，经过多次反复分配，逐渐使各组分得到分离。分配系数小的组分最先流出柱外，分配系数大的组分最后流出柱外。组分流出柱外的信号，由鉴定器以电压或电流变化的形式传送给记录系统把它记录下来。记录纸上的一个曲线峰即表示一个单一组分。出峰的时间是定性的基础，峰面积或峰高是定量的基础。

（八）高效液相色谱法

高效液相色谱法又称高速液相色谱、高压液相色谱法。它特别适合于高沸点、大分子、强极性和热稳定性差的化合物的分离分析，是生物、食品、有机化工、医药、燃料等工业的重要分离分析手段。

高效液相色谱仪的设计，取决于所采用的分离原理，仪器的结构是多种多样的。例如有高效液相色谱仪、离子交换波相色谱仪、凝胶色谱仪等。典型的高效液相色谱仪的结构，主要由高压输液泵、梯度洗提控制器、色谱柱、记录仪等基本部件组成。

1. 高效液相色谱的分类及原理

高效液相色谱根据分离的原理不同，可分为四种类型：液-固吸附色谱、液-液分配色谱、离子交换色谱、凝胶色谱（排斥色谱）。

（1）液-固吸附色谱：液-固吸附色谱是根据吸附作用的不同来分离物质的。它是基于溶剂分子（S）和被测组分的溶质分子（X）对固定相的吸附表面有竞争作用。当只有纯溶剂流经色谱柱时，则色谱柱的吸附剂表面全被溶剂分子所吸附（$S_{固相}$）。当进样以后，样品就溶解在溶剂中，则在流动的液相中有被测组分的溶质分子（X$_{液相}$），需要从吸附剂表面取代一部分 ｛$n$｝ 被吸附的溶剂分析，使这一步分溶剂分子跑入液相（S$_{液相}$），可用下式表示：

$$X_{液相}＋nS_{固相} \leftrightarrow X_{固相}＋nS_{液相}$$

被测组分的溶质分子吸附能力的大小，取决于 X 在固相和液相中的浓度比值，即取决于吸附平衡常数（或简称吸附系数，亦可称分配系数）$K$：

$$K = \frac{[X_{固相}][S_{液相}]^n}{[X_{液相}][S_{固相}]^n}$$

从上式可知，吸附系数 $K$ 不仅取决于 [X$_{固相}$] 与 [X$_{液相}$] 的比值，还取决于溶质分子 S 的吸附能力，如溶剂分析分子的吸附力很强，则被吸附的溶质分子相应减少。$K$ 值大的，表示该溶质分子吸附能力强，后流出色谱柱，后出峰。

（2）液-液分配色谱：液-液分配色谱是基于样品组分在固定相和流动相之间的相对溶解度的差异，使溶质在两相之间进行平衡分配即取决于在两相间的浓度比：

$$K = \frac{c_{固}}{c_{液}}$$

式中　$K$——分配系数；

　　　$c_{固}$ 和 $c_{液}$——被测组分的溶质在固定相和流动相中的浓度。

$K$ 值大的，保留时间长，后流出色谱柱。

（3）离子交换色谱：离子交换色谱是基于离子交换树脂上可电离的离子与流动相中具有相同电荷的溶质离子进行可逆交换，依据这些离子在交换剂上有不同的亲和力而被分离。凡是能够进行电离的物质都可以用离子交换色谱法进行分离。

（4）凝胶色谱（排斥色谱）：凝胶色谱为凝胶渗透色谱，又为空间排斥色谱。与其他色谱分离机理有所不同，固定相表面与样品组分分子间不应有吸附或溶解作用。其分离机理是根据溶质分子大小不同而达到分离目的。所用多孔性固定相称为凝胶，选用凝胶孔径大小，需要与分离组分的分子相当。样品组分进入色谱后，随流动相在凝胶外部间隙及凝胶孔穴旁流过，体积大的分子不能渗透到凝胶孔穴中去而受到排斥，因此先流出色谱柱。中等体积的分子产生部分渗透作用，较晚流出色谱柱。小分子可全部渗透到凝胶孔穴，最后流出色谱柱。洗脱次序按分子量大小先后流出色谱柱。

### 2. 高效液相色谱与气相色谱特点比较

（1）能测高沸点有机物：气相色谱分析需要将被测物质气化后才能进行分离和测定，一般以前只能在 500℃ 以下工作，所以对于相对分子质量大于 400 的有机物分析有困难，但液相色谱可分析的相对分子质量大于 2000 的有机物，亦能测无机金属离子。应用气相色谱和高效液相色谱手段，可解决大部分的有机物的定量分析工作。

（2）色谱柱一般可在室温工作：气相色谱分析需要精度很高的恒温室或程序升温室来保证色谱柱的分离条件，但高效的液相色谱分析需要柱温较低，色谱柱可在室温下工作，早期生产的高效液相色谱仪的色谱柱就装在仪器的外面，暴露在大气中。当然也有备有柱室的色谱仪。

（3）柱效高于气相色谱：气相色谱柱效为 2000 塔板/m，液相色谱柱可达 5000 塔板/m，这是由于液相色谱使用许多新型固定相之故。由于分离效能高，所以色谱柱的柱长一般为 50cm 左右。

（4）分析速度与气相色谱相当：高效液相色谱的载流速度一般为 $1\sim10mL/min$，个别情况也可高达 $100mL/min$。分析一个样品只需几分钟到几十分钟。

（5）柱压高于气相色谱：液相色谱与气相色谱主要差别是流动相不同。气相色谱的气源压力最高可达 12MPa，进入色谱柱的压力只有 $2kg/cm^2$，但是液相色谱柱的阻力较大，一般色谱柱进口压力为 $15\sim30MPa$，但是液体不易被压缩，并没有爆炸危险。

（6）灵敏度与气相色谱相似：液相色谱已广泛采用高灵敏度检测器，例如紫外线光度检测器，检测下限可达 $10^{-9}g$。

 复习思考题

1. 水产品质量检验主要包括哪些内容？
2. 水产品质量检验的基本程序是什么？
3. 水产品中存在哪些危害？
4. 实验室对安全管理有什么要求？
5. 水产品质量检验分析主要有哪些方法？
6. 实验室布局及室内设施有什么要求？

# 第二章　水产品样品的采取和前处理

☞ **学习目标**

通过本章的学习，进一步熟悉水产品分析的一般程序，学会水产品样品的采取、制备和保存方法，掌握常规的各种水产品样品的预处理方法，同时了解一些样品前处理的新技术。

## 第一节　样品的采取

### 一、采样的程序和原则

水产品分析的一般程序为：样品采集、制备和保存、样品的预处理、成分分析、分析数据处理及分析报告的撰写。

检验一批产品的质量，是指在某段时间内所生产的同类产品的一个质量总体。所谓采样就是从整批产品中抽取一定量具有代表性样品的过程。这是分析检验的第一步。检验结果能否正确反映产品的质量，首先取决于所抽样品有没有代表性，如果有代表性，加上准确的检验方法，就会得出正确的结论。反之如果没有代表性，即使检验方法很好，检验操作非常仔细，检验的结果也将毫无意义。

水产品的加工，很多工序是手工操作，原料质量、加工处理、包装和储存条件等要求不尽相同，成品质量尚难达到一致整齐，只有研究抽取有代表性的样品，才可得到正确的检验结果。水产品采样的目的在于检验试样感官性质上有无变化；水产品的一般成分有无缺陷；加入的添加剂等外来物质是否符合国家的标准；水产品的成分有无掺假现象；水产品在生产运输和储藏过程中有无重金属；有害物质和各种微生物的污染以及有无变化和腐败现象。由于分析检验时采样很多，其检验结果又要代表整箱或整批水产品的结果，所以样品的采集是分析检验的重要环节。采样是一种困难而且需要非常谨慎的操作过程，必须遵守一定的规则，掌握适当的方法，并防止在采样过程中造成某种成分的损失或外来成分的污染。采取的样品必须代表全部被检测的物质，否则以后样品处理及检测计算结果无论如何严格准确也没有任何价值，不合适的或非专业的采样会使可靠正确的测定方法得出错误的结果。

### 1. 采样的原则

采样是水产品分析的关键内容。正确采样，必须遵守以下两个原则：第一，采样的样品要均匀、有代表性，能反映全部被检测水产品的组成、质量和卫生状况。对此，采样的数量应符合检验项目的需要。第二，采样过程中要设法保持原有的理化指标，防止成分逸散或带入杂质。对此，分析检验取样一般使用干净的不锈钢工具，包装常用聚乙烯、聚氯乙烯等材料，并经过硝酸、盐酸（1＋3）溶液浸泡，以去离子水洗净，晾干备用；样品如为罐、袋、瓶装者，应取完整的未开封的原包装，如为冷冻水产品，应保持在冷冻状态。

同类水产品或原料，由于品种、产地、成熟期、加工或保藏条件不同，其成分和含量会有相当大的差异。甚至同一分析对象、不同部位的成分也有一定的差异。因此若从大量、成分不均匀的被检物质中采集到所要的分析样品，必须有恰当、科学的方法。

### 2. 采样的程序

对于水产品的采样，其基本要求是：活体的样品应选择能代表整批样品群体水平的生物体，不能特意选择特殊的生物体（如畸形、有病的）作为样本；鲜品的样品应选择能代表整批产品群体水平的生物体，不能特意选择新鲜或不新鲜的生物体作为样本；作为渔药残留检验的样品应为已经过停药期的、养成的、即将上市进行交易的养殖水产品；处于生长阶段的、或使用渔药后未经过停药期的养殖水产品可作为查处使用违禁药的样本；用于微生物检验的样本应单独抽取，取样后应置于无菌的容器中，且存放温度为 0~10℃，应在 48h 内送到实验室进行检验。

正确的采样应按以下程序进行：

（1）采样前了解水产品的详细情况。了解该批水产品的原料来源、加工方法、运输和储存条件及销售中各环节的状况；审查所有证件，包括运货单、质量检验证明书等资料。对样品的环境和现场要进行充分的调查，需要弄清采样的地点和现场条件如何、样品中的主要成分是什么、含量范围如何、采样完成后要做哪些分析测定项目、样品中可能会存在的物质组成是什么等。根据所抽取样品性质不同，需要准备以下器具：取样器（粉状样品）、温度计（现场测温）、定位仪、卷尺或直尺（测长度）、样品袋、保温箱（冻品或鲜品）、照相机及胶卷（需要时）等。若有样品应用于微生物检验，还应准备灭菌容器。

（2）现场检查。观察整批水产品的外部情况，即有包装的要注意包装的完整性，无包装的要进行感官检验，发现包装不良或有污染时需打开包装进行检查。

（3）采样。采样过程分成检样、集中和均样三个步骤。从分析物料的各个部分采取少量样品称为检样。检样的多少，按该产品标准中检样规则所规定的抽样方法和数量执行；将这些检样集中综合在一起称为原始样品，原始样品的数量是根据受检物品的特点、数量和满足检样的要求而定。在检样过程中要注意质量相差较大的样品不能将其放在一起作原始样品。原始样品经适当处理，再取其中部分供检验用这个过程称均样。从平均样品中分出 3 份，一份用于全部项目检验；一份用于在对检验结果有争议或分歧时作复检用，称作复检样品；另一份作为保留样品，需封存保留一段时间（通常是 1 个月），以备有争议时再做验证，但易变质样品不作保留。

## 二、采样的方法

采样有纯随机采样、类型抽样、差距抽样、定比例抽样等不同方法。纯随机采样，即按随机原则从大批物料中抽取部分样品。在操作时，应使所有物料的各个部分都有被抽到的机会。类型抽样，也称分层抽样，即将总体中个体按其属性特征分为若干类型或层，然后在各类型或层中随机抽取样本，而不是从总体中直接抽取样品。等距抽样，即将总体中各个体按存放位置顺序编号，然后以相等距离或间隔抽取样本。定比例抽样，即将产品按批量定出抽样百分比。

具体采样的方法，应视分析对象的性质而异。

### 1. 均匀固体（散粒状）样品的采取

（1）有完整包装（袋、箱等）的物料。可用双套回转取样管插入容器中，回转 180°取出样品，每一包装须由上、中、下三层取出 3 份检样，把许多检样混合起来成为原始样品，用四分法将原始样品做成平均样品。四分法具体程序是：将原始样品混合均匀后放在清洁的玻璃板上，压平成厚度在 3cm 以下的圆台形料堆，在料堆上画对角线，将其分成 4 份，取对角的 2 份混合，再如上分为 4 份，取对角的 2 份。如此操作直至取得所需的数量为止。如鱼粉的采取，就可采用四分法。

（2）无包装的散堆物料。先将散堆物料划分为若干等体积层，再在每层的中心和四角用取样器取样，然后按四分法获取均样。

### 2. 液体样品的采取

在取样前须充分混合，可采用混合器混合或用由一容器转移到另一容器的方法混合或摇动包装，混合后用长形管或特制采样器采用虹吸法分层采样，每层 500mL 左右，充分混匀后分取缩减到所需量。

### 3. 不均匀固体样品的采取

水产品类若个体较小可随机取多个样品，捣碎均匀后分取缩减到所需量；个体较大的可从多个个体上切割少量可食部分混匀后分取缩减到所需量。

### 4. 小包装样品的采取

一般按照生产批号或者班次随机连同包装一起取样。同一批号取样件数，250g 以上的包装不得少于 6 个，250g 以下的包装不得少于 10 个；同一班次取样，取样数为 1/3000，尾数超过 1000 的增取 1 罐，但是每天每个品种取样数不得少于 3 罐。

## 三、采样的要求

（1）凡是接触样品的工具、容器必须清洁，以免污染样品。

（2）样品包装应严密，根据需要选择玻璃容器或塑料制品，以免样品中水分和易挥发性成分发生变化。采样必须注意生产日期、批号、代表性和均匀性（掺伪食品和食物中毒样品除外），掺伪食品和食品中毒的样品采集，应具有典型性。

（3）采样的数量应能反映该样品的卫生质量和满足检验项目对样品量的需要，样品应一式 3 份，分别供检验、复检及备查使用，每份样品的质量一般不少于 0.5kg。检验取样一般皆指取可食部分，以所检验的样品计算。

（4）样品的运送和分析都应尽快进行，以免样品放置过久，其成分易挥发或破坏，甚至会引起样品的腐败变质，影响检验结果。不能及时进行分析的样品应妥善保存，易变质、挥发的样品应保存在 0~5℃ 的冰箱或加入无干扰的防腐剂或保护剂，含胡萝卜素、维生素等的样品应避光保存。

活水产品应使其保活状态，当难以保活时，可将其杀死，按鲜水产品的保持方法保存。鲜水产品要用保温箱或采取必要的措施使样品处于低温状态（0~10℃），应在采样后尽快送到实验室（一般在 2d 内），并保证样品送至实验室时不变质。冷冻水产品要用保温箱或采取必要的措施使样品处于冷冻状态，送至实验室前样品不能融解、变质。干制水产品应用塑料袋或类似的材料密封保存，注意不能使其吸潮或水分散失。其他水产品也应用塑料袋或类似的材料密封保存，注意不能使其吸潮或水分散失，必要时可使用冷藏设备。

（5）样品应贴上标签，注明各项事宜（样品名称、批号、采样地点、日期、检验项目、采样人、样品编号等）。

（6）性质不相同的样品切不可混在一起，应分别包装，并分别注明性质。

（7）感官不合格的产品不必进行理化检验，直接判为不合格产品。

## 第二节　样品的制备和保存

### 一、样品的制备

为了保证分析结果的正确性，对分析的样品必须加以适当的制备。制备的目的是要保证样品的均匀性，使在分析时取任何部分样品都能代表全部样品的成分。样品的制备就是指采样样品的分取、粉碎及混匀等过程。

1. 样品制备方法按物理性质分类

（1）固体样品。可用微型粉碎机、匀浆机、组织捣碎机或研钵等工具将样品切细（大块样品）、粉碎（水分少、硬度大的样品）、捣碎（水分高、质地软的植物类）、研磨（韧性强的肉类），制成均匀状态，再用四分法获取均匀样品。

（2）互不相溶的液体。应首先将互不相溶的成分分开，再分别进行采样。

（3）液体、浆体或悬浮液体。样品一般可用玻璃棒、可调速的电动搅拌器搅拌使其均匀或直接摇匀，采取所需要的量。

（4）罐头类样品。可用高速组织捣碎机等设备进行捣碎。对于带核、带骨头的罐头样品，在制备前应该先取核、取骨、取皮，除去调味品（葱、辣椒等）。

2. 按检验目的不同进行制备

1）细菌检验样品

（1）以判断质量为目的作为菌落总数测定用的检样处理：

① 鱼类。采取检样的部位为背肌。先用流水将鱼体体表冲净，去鳞，再用蘸有70％酒精的棉花擦净鱼背，待干后用无菌刀在鱼背部沿脊椎切开6cm，再切开两端使两块背肌分别向两侧翻开，然后用无菌剪子剪取肉10g，放入无菌乳钵内，用无菌剪子剪碎，加无菌海砂或玻璃砂研磨（有条件情况下可用均质器），检样磨碎后加入90mL无菌生理盐水，混匀成稀释液。注：剪取肉样时，勿触破及沾上鱼皮。

② 虾类。采取检样的部位为腹节内的肌肉。摘去头胸甲，用无菌剪子剪除腹节与头胸甲连接处的肌肉，然后挤出腹节内的肌肉，称取10g放入无菌乳钵内，以后操作同鱼类检样处理。

③ 蟹类。采取检样的部位为胸部肌肉。将蟹体在流水下冲净，剥去壳盖和腹脐，去除鳃条，复置流水下冲净，用蘸有70％酒精的棉花擦拭前后外壁，置无菌瓷盘上待干，然后用无菌剪子剪开成左右两片，再用双手将一片蟹体的胸部肌肉挤出（用手指从足一端向剪开的一端挤压），称取10g于无菌乳钵内。以下操作同鱼类检样处理。

④ 贝类。贝类必须鲜活才能食用，而活贝又不做菌落总数测定。

（2）以判定生物污染状况为目的作为大肠菌群或其他有关致病菌检验用的检样处理：

① 鱼类。采用部位为肠和鳃。先用流水将鱼体冲净，置清洁并铺有无菌毛巾的搪瓷盘或工作台上，用无菌剪子剪开腹部，用无菌镊子取肠子，再剪去鳃盖。

② 虾类。采样部位为肠管和内脏。先将下体在流水下冲洗干净，用无菌剪子在头胸甲和腹节连接处剪断，从头胸甲挤出内脏于无菌乳钵内，再剥开腹节外壳，用无菌镊子取下附着在背沿上的肠管（如肠管已腐烂，可剪取肠管附近的肌肉），放入同一乳钵内。

③ 蟹类。采样部位为胃和鳃丝。先将蟹体在流水下冲洗干净，剥开蟹盖，用无菌剪子和镊子先后从盖壳内和蟹体上取下胃和鳃丝，放在无菌乳钵内（蟹的胃壁较硬不易研磨，可取其内容物或用漂洗法）。

④ 贝类。采样部位按品种稍异：蛤、蚶、蚬、蚌等瓣鳃类为内脏和外套膜；螺等腹足类为腹部；蛏为内脏和吸水管，如个体过小而难以辨认，则可采整个贝体（包括体液）。

2）化学检样样品

化学检样样品分检验样品、原始样品和平均样品3种。平均样品的制备，是将抽来的样品取其可食部分，切碎混合于组织捣碎机内混匀，不能用组织捣碎机捣碎的样品，如藻类干制品则剪成很小的碎片充分混合均匀。鱼类平均样品的制备有两种方法，小型鱼将角从背脊纵向切开，取鱼体一半，中型以上的鱼取纵切的一半，再横切成2～3cm的小段，选其偶数或奇数段切碎，混匀。测定鲜度的样品要求品质具有均一性。检验有害物质含量的样品，产地应当相同，以便找出污染源。鱼粉用四分法制取样品。

## 二、样品的保存

制备好的样品应尽快分析，如不能马上分析，则需要妥善保存。保存的目的是防止样品发生受潮、挥发、风干、变质等现象，确保其成分不发生任何变化，故保存时应遵循以下原则：

（1）防止污染。凡是接触样品的器具、手必须干净清洁，不应带入新的污染物，应密封。

（2）防止丢失。某些待测成分易挥发、降解或不稳定，可结合这些物质的特性与检验方法加入某些溶剂与试剂，使待检成分处于稳定状态。

（3）防止水分变化。防止样品中水分蒸发或干燥的样品吸潮。前者可先测其水分，保存烘干样品，然后再折算成新鲜样品中的含量；后者可存放在密封的干燥容器中。

（4）防止腐败变质。动物性水产品极易腐败变质，应采取适当方法以降低酶活性及抑制微生物生长繁殖。

针对不同性质的样品应采取不同的保存方法。如将制备好的样品装入具磨口塞的玻璃瓶中，置于暗处；易腐败变质的样品应在低温冰箱中保存；或放入无菌密闭容器（如聚乙烯袋）中保存；或在容器中充入惰性气体置换出容器中的空气等。

将采集的样品分3份，按要求分析检验和复合检验之后，还有一份样品需保留一个月左右，以备复查。保存期限从签发报告单算起，易变质水产品不宜保留。一般应有专用的样品或样品柜，存放的样品应按日期、批号、编号摆放，以便查找。

# 第三节　样品的前处理

因为水产品样品的成分很复杂，既含有复杂的高分子物质如蛋白质、脂肪、糖类等，也含有普通的无机元素如钾、钠、钙、镁等。这些组分往往以复杂的形式结合在一起，当以选定的方法对其中某种组分进行分析时，其他组分的存在常常对分析测定产生干扰，所以在分析测定之前必须要对样品处理，以排除干扰物质。另外有些被测成分（如农药残留物）在水产品中的含量极低，若不进行分离浓缩，难以正常测定。为排除干扰，需对样品进行不同程度的分解、分离、浓缩、提纯处理，这些操作过程统称为样品的预处理。

为了保证检验工作的顺利进行，必须设法消除杂质的干扰，比较简单的方法是加入某些掩蔽剂，常用的掩蔽剂有柠檬酸铵、氰化钾、EDTA 等。这些试剂能与金属杂质离子生成稳定的络合物，使其不再与显色剂作用，起到掩蔽杂质的作用。例如，双硫腙法测铅时，加入的柠檬酸铵和氰化钾能与除铅以外的多种金属干扰离子络合，这些干扰离子则不再与双硫腙络合显色。

大多数情况下，仅仅加入掩蔽剂尚不能完全消除干扰因素，此时就需要在测定之前，对样品预先进行处理：根据被测物质和杂质间性质上的差异，使用不同的分离方法，将被测物质同有干扰杂质进行分离，然后再进行以后的测定。所以，对水产品进行样品处理，是关系到检验成败的关键步骤。

## 一、有机质的分解

食物中存在有各种微量元素，这些元素的来源，有的是食物中的正常成分。例如，钾、钠、钙、铁、磷等；有的则是食物在生产、运输、销售过程中，由于受到污染引入的杂质，如铅、砷、铜等元素。

这些金属离子，常常与食物中的蛋白质等有机物结合成为难溶的或难于离解的有机金属化合物。再进行检验时，由于没有这些元素的离子存在，而无法进行离子反应。因此，在进行检验之前，必须对样品进行有机质破坏。

有机质破坏，即将有机质以长时间的高温处理，并且常常伴随与若干强氧化剂作用，使有机质的分子结构受到彻底破坏。其中所含的碳、氢、氧元素生成二氧化碳和水逸出，有机金属化合物中的金属部分生成了简单的无机金属化合物。

有机质破坏法，除应用于检验食品中微量金属离子外，也可以用于检验食品中的非金属离子，如硫、氮、氯、磷等。

有机质破坏法，分为干法和湿法两大类，各类又分许多方法，使用时注意选择。

### 1. 干法（灰化法）

将样品至于坩埚中，小心炭化（除去水分和黑烟）后再以 $500\sim600℃$ 高温灰化，如不易灰化完全，可加入少量硝酸润湿残渣，并蒸干后再进行灰化。为了缩短灰化时间，促进灰化完全，防止金属挥散损失，常常向样品中加入氧化剂，如硝酸铵、硝酸镁、硝酸钠、碳酸钠等进行灰化。破坏后的灰分，用稀盐酸溶解后过滤，滤液供测定用。

干法的优点在于破坏彻底、操作简便，使用试剂少，适用于除砷、汞、锑、铅等以外的金属元素的测定，因为破坏温度一般较高，这几种金属往往容易在高温下挥散损失。

### 2. 湿法（消化法）

在酸性溶液中利用硫酸、硝酸、过氯酸、过氧化氢、高锰酸钾等氧化剂，使有机质分解的方法。本方法的优点是加热温度比干法破坏温度低，因此，减少了金属挥散损失的机会，应用较广泛。

湿法消化按使用氧化剂的不同，分为以下几类：

#### 1）硫酸-硝酸法

在盛有样品的克氏瓶中加数毫升硝酸，先用小火使样品溶化，再加浓硫酸适量，渐渐加强火力，保持微沸状态。如加热过程中发现瓶内溶液颜色变深（表示开始炭化），或无棕色气体时，必须立即停止加热，待瓶稍冷再补加数毫升硝酸，继续加热。如此反复操作至瓶内容物无色或仅微黄色时，继续加热至发生三氧化硫白烟。放冷，加水20mL，煮沸除去残留在溶液中的硝酸和氮氧化物，直至产生三氧化硫白烟。放冷，将硝化液用水小心稀释后，转入容量瓶中，用水洗涤克氏瓶，洗液并入容量瓶，冷至室温，加水至刻度，混匀供测定用。

2）高氯酸-硝酸-硫酸法

取适量样品于克氏瓶中，同"硫酸-硝酸法"操作，唯中途反复加硝酸、高氯酸（3∶1）混合液。

3）高氯酸（或过氧化氢）-硫酸法

取适量样品于克氏瓶中，加浓硫酸适量，加热消化至呈淡棕色时，放冷，加数毫升高氯酸（或过氧化氢），再加热消化。如此反复操作直至破坏完全，放冷后以适量水稀释，无损地转入容量瓶中，供测定用。

4）硝酸-高氯酸法

向样品瓶中加数毫升浓硝酸，小心加热至剧烈反应停止后，再加热煮沸近干，加入20mL 硝酸-高氯酸（1∶1）混合液，缓缓加热，反复添加硝酸-高氯酸混合液至瓶内容物破坏完全，小心蒸发干涸，加入适量稀盐酸溶解残渣，必要时过滤，滤液于容量瓶中固定体积后供测定用。

注意事项：消化过程中要维持一定量的硝酸或其他氧化剂，避免发生炭化还原金属。破坏样品的同时必须做空白试验，以抵消试剂中所含微量元素引入的误差。

## 二、样品的分离和富集

1. 蒸馏法

蒸馏分离法是利用液体混合物中各组分沸点的差异而进行分离的方法，具有分离和净化的双重效果。其效果取决于样品的组成和蒸馏的方式。此法的缺点是仪器装置和操作都较为复杂。

根据样品中的待测定成分性质的不同，可采用常压蒸馏、减压蒸馏、水蒸气蒸馏等方式。

（1）常压蒸馏。适用于被蒸馏的物质受热后不发生分解或其中各成分的沸点不太高时。加热方式根据被蒸馏物的沸点和特性来确定：如果是有机溶剂或沸点不高于90℃，可用水浴；如果超过90℃，则可改用油浴或砂浴；如果被蒸馏物不易爆炸或燃烧，可用电炉或酒精灯直接加热，最好垫上石棉网使其受热均匀。当被蒸馏物的沸点高于150℃时，可用空气冷凝管代替冷水冷凝管。

（2）减压蒸馏。适用于常压蒸馏下易分解或沸点温度较高的物质。减压装置可用水泵或真空泵抽真空。减压蒸馏装置由蒸馏、抽气、测压和保护四部分组成。装置安装好后，所有磨口处必须涂上真空脂进行密封。首先在不加热情况下抽真空，在系统充分抽真空后通冷凝水，再加热蒸馏，一旦减压蒸馏开始，就应密切注意蒸馏情况，调整体系内压，经常记录压力和相应的沸点值，根据要求，收集不同馏分。蒸馏完毕，移去热源，慢慢旋开螺旋夹（防止倒吸），并慢慢打开二通活塞（若打开得太快，水银柱很快上升，有冲破测压计的可能），平衡内外压力，使测压计的水银柱慢慢地回复到原状，然后关闭油泵和冷却水。

（3）水蒸气蒸馏。某些物质组分复杂，部分物质沸点过高，直接加热蒸馏时，因受热不均匀易引起局部炭化和发生分解，此时可用水蒸气蒸馏法进行。此法是利用水蒸气来加热混合液体，要求被分离物质应不溶于水，在水沸腾下不发生化学反应，在100℃左右时具有一定的蒸汽压。水蒸气蒸馏有多种装置，但都是由水蒸气发生器和蒸馏装置两部分组成，这两部分通过 T 形管相连接。T 形管是直角三通管，在一直线上的两管口分别与水蒸气发生器和蒸馏装置连接，第三口向下安装。在安装时应注意使靠近蒸馏瓶的一端稍稍向上倾斜，而靠近水蒸气发生器的一端则稍稍向下倾斜，以便水蒸气在导气管中受冷而凝结的水能流回水蒸气发生器中而不是流入蒸馏瓶中，这样可以避免蒸馏瓶中积水过多。此外应注意使蒸汽的通路尽可能短一些，即导气管及连接的橡皮管尽可能短一些，以免蒸气在进入蒸馏瓶之前过多地冷凝。T 形管向下的一端套有一段橡皮管；橡皮管上配有弹簧夹。打开弹簧夹即可放出在导气管中冷凝下来的积水。在蒸馏结束或需要中途停顿时打开弹簧夹可使系统内外压力平衡，以避免蒸馏瓶内的液体倒吸入水蒸气发生器中。

近年来已有带微处理器的自动控制蒸馏系统，使分析人员能够控制加热速度、蒸馏容器和蒸馏头的温度及系统中的冷凝器和回流阀门等，使蒸馏法的安全性和效率得到很大提高。

2. 萃取法

萃取分离法是利用样品中各组分在某一溶剂中溶解度的差异，将各组分完全或部分分离的方法。常用的无机溶剂为水、稀酸、稀碱，常用的有机溶剂有乙醇、乙醚、三氯甲烷（氯仿）、丙酮、石油醚等。萃取分离法可用于从样品中提取物质或除去干扰物质。此法常用于维生素、重金属、农药及黄曲霉素的分离测定。以萃取分离法可萃取固体、液体及半流体，根据提取对象不同具体分为液-固萃取法、液-液萃取法。

（1）液-固萃取法。是用适当的溶剂将固体样品中某种待检成分浸提出来的方法。

① 萃取剂的选择。此法的选择效果往往依赖于萃取剂的选择。依据相似相溶的原则，可根据被提取成分的极性强弱选取萃取剂，萃取剂对被测组分的溶解度应最大，对杂质的溶解度应最小；溶剂的沸点宜在 45～80℃，太低易挥发，太高则不宜浓缩，溶剂要稳定，不能与样品发生作用。

② 提取方法如下：

振荡浸提法：将样品切碎，加入适当的溶剂进行浸泡，振荡提取一定时间后，即可从样品中提取出被测成分。该法操作简单但回收率低，故最好萃取时间长一点，萃取次数多一些。

捣碎法：将切碎的样品及溶剂放入捣碎机中捣碎一定时间后，使被测成分提取出来。该法回收率高，但选择性差，干扰杂质溶出较多。

索氏提取法：将一定量样品放入索氏提取器中，加入溶剂后加热回流（不能用明火加热），经过一定时间，将被测成分提取出来。此法溶剂用量少、提取率高，但操作麻烦，需要专用索氏提取器。

（2）液-液萃取法。是利用适当的有机溶剂将液体样品中的被测组分（或杂质）提取出来的方法。其原理是被提取组分在两种互不相溶的溶剂中的分配系数不同，使其从一种溶剂中转移到另一种溶剂中，而与其他组分分离。此法操作简单、快速，分离效果好，使用广泛。缺点是萃取剂易燃，有毒性。具体可根据样品选择溶剂与萃取方式。

萃取溶剂的选择：应与原溶剂互不相溶，且对被测组分有最大溶解度，而对杂质有最小溶解度；两种溶剂较易分层，有清晰的相间界面，且不会产生泡沫。

萃取通常在各式各样分液漏斗中进行，应按少量多次的原则（一般需经 4～5 次），以得到较高的萃取率，达到分离的目的。

### 3. 化学分离法

利用组分的化学性质对样品进行处理进而获得分离的方法称为化学法。常用的方法有以下几种。这些方法各有其特点，应根据试样的待测元素以及实验设备等选用。

（1）磺化法和皂化法。是处理油脂或含脂肪样品时经常使用的方法，可有效地除去脂肪、色素等干扰杂质，常用于水产品中农药残留的分析。

① 磺化法。使用浓硫酸处理样品提取液，浓硫酸一方面与脂肪酸的烷基部分发生磺化反应，另一方面与脂肪及色素中不饱和键起加成作用，生成溶于硫酸和水的强极性化合物，从有机溶剂中分离出来。此法简单、快速、净化效果好，但只适用于对强酸稳定的组分净化（如有机氯农药），回收率在 80% 以上。在磺化操作时注意安全，严防浓硫酸的腐蚀，磺化结束后必须用 2% 的硫酸钠溶液洗涤有机相，除去残余的硫酸。

② 皂化法。适用热碱溶液处理样品提取液，以除去脂肪等干扰杂质。其原理是利用氢氧化钾-乙醇溶液将脂肪等杂质皂化后除去，以达到净化的目的。此法仅适用于对碱稳定的被测组分的分离，如维生素 A、维生素 D 等提取液的净化。

（2）沉淀法。是利用沉淀反应进行分离的方法。其原理是在试样中加入适当的沉淀剂，使被测组分沉淀下来，或将干扰组分沉淀下去，经过过滤或离心将沉淀与母液分开，从而达到分离的目的。

（3）掩蔽法。是通过向样品中加入某种试剂，与样液中的干扰成分相互作用，使干扰成分转变为不干扰测定的状态，即被掩蔽起来，使测定正常进行的过程。用以产生掩蔽作用的试剂称为掩蔽剂，检验分析常用的掩蔽剂有络合掩蔽剂与氧化还原掩蔽剂，如酒石酸盐和柠檬酸盐、三乙醇胺、三磷酸钠等。在选用掩蔽剂时要注意掩蔽剂的性质和加入时的条件，另外加入掩蔽剂的量要适当。此法最大优点是可免去分离操作，使分析步骤大大简化。常用于金属元素的测定。

在选用化学法进行样品的预处理时，应结合试样性质、待测元素和定量方法等对以下几个问题加以权衡：样品预处理过程是否安全？所用方法对样品的分解效果如何？所用试剂是否对定量分析产生干扰？是否造成了不能忽略的玷污？预处理方法能否导致待测元素的损失或产生该元素的不溶性化合物等。

### 4. 色层分离法

色层分离法又称色谱分离法，是一种通过分离体系与固定载体间相向运动，进行组分动态分配而进行分离的方法。根据分离原理的不同，可分为吸附色谱分离法、分配色谱分离、离子交换色谱分离法。

（1）吸附色谱分离。利用聚酰胺、硅胶、硅藻土、氧化铝等吸附剂经活化处理后所具有的适当的吸附能力，对被测组分或干扰组分进行选择性吸附而进行的分离称为吸附色谱分离。例如，聚酰胺对色素有强大的吸附力，而其他组分则难于被吸附，在测定样品中色素含量时，常用聚酰胺吸附色素，经过过滤洗涤、再用适当溶剂解吸。可以得到较纯净的色素溶液，供测试用。

（2）分配色谱分离。此法是以分配作用为主的色谱分离法。是根据不同物质在两相间的分配比不同所进行的分离。两相中的一相是流动的（称流动相），另一相是固定的（称固定相）。被分离的组分在流动相中沿着固定相移动的过程中，由于不同物质在两相间具有不同的分配比，当溶剂渗透在固定相中并向上渗展时，这些物质在两相间的分配作用反复进行，从而达到分离的目的。

（3）离子交换色谱。离子交换色谱法是利用离子交换剂与溶液中的离子之间所发生的交换反应来进行分离的方法。分为阳离子交换和阴离子交换两种。交换作用可用下列反应式表示：

阳离子交换：$R-H+M^+X^- \Longrightarrow R-M+HX$

阴离子交换：$R-OH+M^+X^- \Longrightarrow R-X+MOH$

式中　R——离子交换剂的母体；

　　　MX——溶液中被交换的物质。

当被测离子溶液与离子交换剂一起混合振荡，或将样液缓慢通过离子交换剂时，被测离子或干扰离子留在离子交换剂上，被交换出的 $H^+$ 或 $OH^-$，以及不发生交换反应的其他物质留在溶液内，从而达到分离的目的。在检验分析中，可应用离子交换剂分离法制备无氨水、无铅水。离子交换剂分离法还常用于较为复杂的样品。

### 5. 浓缩富集法

样品经提取、净化后，有时净化液的体积较大，在测定前需进行浓缩，以提高被测成分的浓度。浓缩富集法就是指对提取与净化后体积过大的样液经浓缩处理，使样液体积浓缩，增加被测成分的浓度的方法。常用的浓缩方法有常压浓缩和减压浓缩。

（1）常压浓缩。只能用于被测成分为非挥发性的样品试液的浓缩，否则会造成被测成分的损失。若溶剂不回收，可采用蒸发皿直接水浴蒸发；若溶剂回收，可采用一般蒸馏装置或旋转蒸发器。此法操作简单、快速。

（2）减压浓缩。若被测成分为热不稳定或易挥发的物质，则样品精华液需采用K-D浓缩器进行浓缩。K-D浓缩器是由蒸馏瓶（包括校正的刻度尾管）、斯奈德柱、冷凝管、减压管和接收瓶等组成的一整套全玻璃装置。斯奈德柱能使被测物质的损失降低到最小程度。浓缩液直接在刻度尾管中定容。浓缩时采用水浴加热（以不超过 80℃ 为好）并抽气减压，以便浓缩在较低的温度下进行，且速度快。

## 三、样品前处理的几种新技术

### 1. 微波消解（MAD）

微波消解是一种利用微波为能量对样品进行消解的新技术，包括溶解、干燥、灰化、浸取等，是近年来发展起来的一种样品处理方法。1975 年 Abu-Sarma 等人率先将微波加热用于湿法样品处理中。1983 年 Mattes 提出密闭微波消解体系。1986 年 Kingston等利用计算机进行监控，对高温高压下的密闭微波消解系统中的一些参数进行定量研究，使得密闭微波消解技术得到了质的飞跃。随着分析工作对样品消解要求的不断提高，越来越多的分析工作者都开始重视微波消解的作用。

　　微波消解是一种先进、高效的样品处理方法，能够很好地满足现代仪器分析对样品处理过程的要求，尤其在易挥发元素的分析检测中更具有优势，适用于处理大批量样品及萃取极性与热不稳定性的化合物。微波消解样品具有高效、快速、易于控制、对环境无污染、节能降耗等优点，可提高样品分析的自动化程度，缩短样品分析时间，使多种快速分析方法得以应用，已用于消解废水、废渣、淤泥、生物组织、流体、医药等多种试样，被认为是"理化分析实验室的一次技术革命"。

　　微波消解方法一般可分为两类：敞口微波消解（常压微波消解）和密闭微波消解（高压微波消解）。常压微波消解一般用于一些易消解样品，并不需要很高的温度，但常易造成易挥发元素的损失。同时，消解过程中挥发出的酸蒸气对仪器造成较大损害。此外，敞口消解不可避免地存在样品被污染的可能。

　　更多的分析工作采用密闭微波消解。它有以下几个优点：所需酸用量小，一般不超过 10mL；消解速度快，样品消解过程一般只需几分钟或十几分钟；能防止消解过程中引入污染和易挥发元素的损失，提高测定的准确性；容易实现自动化控制；消解过程中不会对仪器造成损害。

　　在密闭微波消解中应注意的两个问题是：

　　（1）避免酸与消解罐间的相互作用，应根据样品消解的不同要求选择合适的酸。

　　（2）消解样品的量不能太大，一般有机样品不能超过 0.5g，无机样品不能超过 10g。

### 2. 微波萃取（SPME）

　　微波萃取技术是对样品进行微波加热，利用极性分子可迅速吸收微波能量的特性来加热一些具有极性的溶剂，达到萃取样品中目标化合物，分离杂质的目的。微波萃取是将样品（固体）置于用不吸收微波介质制成的密封容器中，利用微波加热来促进萃取，回收率一般优于索氏提取和超声波萃取法。

　　与微波消解不同，微波萃取不是要将试样消化分解，而恰恰是要保持分析对象的原本化合物状态。微波萃取整个过程包括样品粉碎、与溶剂混合、微波发射、分离萃取液等步骤。萃取过程一般在特定的密闭容器中进行。由于微波能的作用，体系的温度升高，又因为可实行时间、温度、压力的控制，故可保证萃取过程中有机物不发生分解。

　　溶剂选择在微波萃取中有着非常重要的影响。以下几个方面是必须考虑的：溶剂可以接受微波能进行内部加热，这就要求溶剂有一定的极性；溶剂对待分离成分有较强的溶解能力；溶剂对萃取成分的后续测定较少干扰；溶剂的沸点也是应考虑的因素之一。

　　除此之外，为了获得最大的萃取效率，还应预先选择好萃取压力和萃取时间。

　　微波萃取是一种非常具有发展潜力的新的萃取技术，通过微波强化、其萃取速度、萃取效率及萃取质量均比常规工艺优秀的多。微波萃取是通过偶极子旋转和离子传导两种方式里外同时加热，与其他现有的萃取技术相比有明显的优势：

（1）质量高，可有效地保护水产品、药品以及其他物料中的有效成分。

（2）产量大。

（3）对萃取物料具有较高的选择性。

（4）反应或萃取快、省时，可节省 50%～90% 的时间。

（5）溶剂用量小。

（6）能耗低。

（7）无污染，后处理方便。

（8）安全。

（9）生产线组成简单，投资不大。

微波萃取的缺点：一是需使用极性溶剂；二是萃取后要过滤，这就不易与气相色谱等仪器联机而实现自动化。

### 3. 快速溶剂萃取技术（ASE）

快速溶剂萃取是指在一定的温度（50～200℃）和压力（10.3～20.6MPa）下用溶剂对固体或半固体样品进行萃取的方法，是根据溶质在不同溶剂中溶解度不同，利用快速溶剂萃取仪，在较高的温度和压力条件下，选择合适的溶剂，实现高效、快速萃取固体或半固体样品中有机物的方法。使用常规的溶剂、利用增加温度和提高压力提高萃取的效率，其结果大大加快了萃取的时间并明显降低了萃取溶剂的使用量。增加温度和提高压力对溶剂萃取的作用有：提高被分析物的溶解能力；降低样品基质对被分析物的作用或减弱基质与被分析物间的作用力；加快被分析物从基质中解析并快速进入溶剂；降低溶剂黏度，有利于溶剂分子向基质中扩散；增加压力，使溶剂的沸点升高，确保溶剂在萃取过程中一直保持液态。

快速溶剂萃取工作流程：手工将样品装入萃取池，放到圆盘式传送装置上，将萃取的条件（温度、压力、时间、溶剂选择、循环次数等）输入面板，以下步骤将完全自动先后进行：圆盘传送装置将萃取池送入加热炉并与相对编号的收集瓶连接，泵将溶剂输送如萃取池（20～60s），萃取池在加热炉内被加温和加压（5～8min），在设定的温度和压力下静态萃取（5min），多次少量向萃取池加入清洗溶剂（20～60s），萃取液自动经过滤膜进入收集瓶，用 $N_2$ 吹萃取池和管道（60～100s），萃取液全部进入收集瓶待分析。

与索氏提取、超声波、微波辅助萃取、超临界流体萃取和经典的分液漏斗振摇等传统方法相比，快速溶剂萃取有如下突出优点：有机溶剂用量少，10g 样品仅需 15mL 溶剂，减少了废液的处理；快速，完成一次萃取全过程的时间一般仅需 15min；基体影响小，可进行固体、半固体的萃取（样品含水 75% 以下），对不同基体可用相同的萃取条件；由于萃取过程为垂直静态萃取，可在冲填样品时预先在底部加入过滤层或吸附介质；方法方便，已成熟的用溶剂萃取的方法都可用快速溶剂萃取法进行；自动化程度高，可根据需要对同一样品进行多次萃取或改变溶剂萃取，所有这些可由用户自己编程，全自动控制；萃取效率高，选择性好；使用方便、安全性好，已被确认为美国

EPA 标准方法。

4. 超临界流体萃取技术（SFE）

化学分析的样品前处理一直采用有机溶剂来萃取样品。其中最广泛使用的索氏萃取方法，由于操作过程中存在某些不足，全新的萃取技术"超临界流体萃取"近年来应运而生，发展非常迅速，已成为某些领域应用广泛的一种样品预处理技术，是化学检验样品的一种非常实用、有效的方法。超临界流体萃取技术是 20 世纪 70 年代末发展起来的一种新型物质分离、精制技术。超临界流体兼有液体和气体的优点，密度大、黏稠度低、表面张力小、有极高的溶解能力，能深入到提取材料的基质中，发挥非常有效的萃取功能，而且这种溶解能力随着压力的升高而急剧增大。这些特性使得超临界流体成为一种好的萃取剂。

1）超临界流体萃取技术的原理

超临界流体萃取技术是利用超临界流体在临界点附近所具有的特殊性而达到分离的目的。超临界流体是处于临界温度和临界压力以上的非凝缩性的高密度流体。超临界流体没有明显的气-液分界面，既不是气体，也不是液体，是一种气、液不分的状态，性质介于气体和液体之间，具有优异的溶剂性质，黏度低，密度大，有较好的流动、传质、传热和溶解性能。液体出于超临界状态时，气密度接近于液体密度，并且随流体的压力和温度的改变而发生明显的变化。而溶质在超临界流体中的溶解度随超临界流体密度的增大而增大。超临界流体萃取技术就是利用这种性质，在较高压力下，将溶质溶解于流体中，然后降低流体溶液的压力或升高流体溶液的温度，使溶解于超临界流体中的溶质因其密度下降溶解度降低而析出，从而实现特定溶质的萃取。超临界流体技术是一项跨世纪的高新技术，已被广泛应用于水产品、医药、保健、石油化工、环保、发电、核废料处理及纺织印染等诸多领域。

用超临界萃取方法提取天然产物时，一般用 $CO_2$ 作萃取剂，这是因为 $CO_2$ 临界温度和临界压力低（临界温度为 31.1℃，临界压力为 7.38MPa），操作条件温和，对有效成分的破坏少；$CO_2$ 可看作是与水相似的无毒、廉价的有机溶剂；$CO_2$ 在使用过程中稳定、不燃烧、安全、不污染环境，且可避免产品的氧化；被萃取的物质不需经过反复萃取操作即可析出，所以超临界 $CO_2$ 萃取流程简单，特别适合于对生物、水产品、化妆品和药物等的提取和纯化。

2）超临界萃取技术的特点

超临界流体技术在萃取和精馏过程中，作为常规分离方法的替代，有许多潜在的应用前景，其优势特点如下：

（1）操作温度低，能较完好地使萃取物的有效成分不被破坏，特别适合那些热敏感性极强、容易氧化分解成分的提取和分离。

（2）时间短：由于超临界流体具有很强的穿透能力和高溶解度，它能快速地将提取物从载体中萃取出。因此在 30min 内得到所需之萃取物。

（3）在高压、密闭、惰性环境中选择性萃取分离天然物质精华。在最佳工艺条件下，能将提取的成分几乎完全提出，从而大大提高了产品的收率和资源的利用率，提高了后续分析过程的准确性和可靠性。由于萃取时间大大缩短，使整个萃取除了节省溶剂之外，还减少了能源和人力开支，提高了经济效益。

（4）萃取工艺简单、效率高且无污染。萃取过程通常使原料和超临界流体一同进入萃取釜，在萃取釜内超临界流体有选择性地将原料中的组分溶解在其中，然后含有萃取物的超临界流体经过恒温降压或恒压升温进入分离釜，在分离釜内将萃取物与超临界流体分离，分离后的超临界流体经过精制可循环使用。

（5）具有环保性。超临界萃取一般利用二氧化碳作为流体，避免使用有害溶剂，所以各国环保机关为了保护实验室工作人员的健康，已逐步以超临界萃取法取代了有机溶剂萃取。

（6）适用范围广。由于超临界萃取能在较低的温度下进行快速萃取，解决了热敏样品的萃取难题。另外，超临界萃取能萃取 $\mu g/kg$ 级的样品，为痕量样品的制备提供了重要的手段。

3）超临界流体萃取受多种因素的影响

其一，压力的变化会导致溶质在超临界流体中溶解度的急剧变化。正是利用这种特性，试剂操作中通过适当变换超临界流体的压力，便可以将样品中的不同组分按其在萃取剂中的溶解度的不同，先后进行萃取。先在低压下将溶解度较大的组分萃取，再逐渐增大压力，使难溶物质逐渐与基体分离。如果按程序作超临界萃取，不但可将不同组分先后萃取，还可将它们有效分离；其二，温度不同，超临界流体的密度和溶质的蒸气压也不同，故其萃取效率也大不相同。在临界温度以上的低温区，流体密度随温度的升高而降低，而溶质的蒸气压变化不甚明显，萃取剂的溶解能力降低。故升温可以使溶质从萃取剂中析出；在高温区，虽然萃取剂的密度进一步降低，但因溶质蒸气压变化十分显著而发挥主导作用，挥发度增大，故使萃取率向增大的方面转化；其三，在超临界流体中加入少量其他溶剂也可以使流体对溶质的溶解能力发生改变。通常加入乙醇、异丙醇等极性溶剂可使超临界流体萃取技术的应用范围扩大到极性较大的化合物。但其他溶剂的加入量一般不要超过 10%。

除了萃取剂的组成、压力和萃取温度影响萃取效率以外，萃取时间及吸收管的温度也明显影响萃取效率。其中萃取时间又取决于溶质的溶解度及传质速率。被萃取组分在流体中的溶解度越大，萃取速度越快，萃取效率越高；被萃取组分在基体中的传质速率越大，萃取越完全，效率也越高。吸收管的温度之所以影响萃取效率是因为被萃取的组分在吸收管内溶解或吸附时必然放热，故降低吸收管的温度有利于提高萃取效率。

4）超临界流体萃取剂的选择

通常应优先选择那些临界条件较低的物质作为超临界流体萃取剂。在常见的溶剂中，水因所具临界值高，故很少使用，二氧化碳使用率最高，因为它不但临界值相对低，而且具有以下显著优点：化学性质稳定；不易与溶质发生化学反应，无臭、无味、无毒，不会造成二次污染，纯度高、价格适中，便于推广应用；沸点低，易于从萃取后的馏分中除去，后处理较为简单；萃取过程无需加热，适用于对热不稳定的化合物的萃取。

但二氧化碳是非极性分子，不宜用于极性化合物的萃取。如要萃取极性化合物通常应用氨或氧化亚氮作萃取剂。由于氨易与其他物质反应，本身严重腐蚀仪器设备；氧化亚氮有毒，故二者在实际工作中不如二氧化碳用得那么普遍。

　　5）临界流体萃取的作用

　　作为一种实用的样品预处理技术，超临界流体萃取特别适用于处理烃类及非极性脂溶性化合物。它被广泛用于各种香料、草本植物中有效成分的提取。任何环境样品，均可采用 SFE 技术进行处理，对固体样品尤其合适。

　　超临界流体萃取与其他分析联用技术在卫生检验中的应用范围不断扩大，尤以色谱分析应用最广。如超临界流体萃取-气相色谱（SFE/GC）、超临界流体萃取-超临界流体色谱（SFE/SFC）、超临界流体萃取-高效液相色谱（SFE/HPLC）等。优于经 SFE 预处理的样品绝大多数可用 GC 或 SFC 来分析，且分离效率高，故 SFE/GC 与 SFE/SFC 联用技术应用比 SFE/HPLC 更为普遍。相对而言，SFE/GC 比 SFE/SFC 操作简便。所以凡能用 GC 分析的组分应优先考虑选用 SFE/GC 技术进行分析。联机分析无论在样品消耗量，所需溶剂量及样品处理所需时间等方面均比经典方法及单元预处理方法有更明显的优越性，已被用于分析空气、水质、生物材料等样品中的多环芳烃、多氯联苯、各种农药残留量等有毒有害成分。

　　超临界流体高密度、高扩散率和低黏度等特点，决定了超临界流体萃取法具有经典方法无法比拟的优越性。用 SFE 预处理样品的速度比经典方法快 10～100 倍。操作过程可避免使用大量萃取溶剂尤其是对人体有害的有机溶剂；SFE 与其他仪器分析方法联用避免了样品转移过程的损失，提高了分析方法的灵敏度及分析结果的精密度和准确度。对于生物材料及其他复杂的环境样品中待测成分的分析特别合适。

　　但 SFE 预处理技术仍存在一些不足：它的萃取对象多数仍局限于非极性或弱极性物质，对含有羟基、羧基等极性基团的物质则难以萃取或无法萃取。尽管可用加入其他试剂的方法来提高萃取剂的极性，增大对极性物质的溶解度，但应用范围仍十分有限；对于水产品中的糖、氨基酸、蛋白质、核酸、纤维素等相对分子质量较大的物质的分析，用 SFE 预处理样品也不甚理想。如何将萃取对象扩大到极性物质甚至离子型物质是 SFE 预处理技术今后需要突破的一个重要问题。

 复习思考题

　　1. 采样的原则和步骤是什么？
　　2. 根据不同的样品，采样的方法分别有哪些？
　　3. 为什么要对样品进行前处理？样品前处理的方法有哪些？
　　4. 有机质的分解主要有哪些方法？分别有什么特点？
　　5. 样品前处理有哪几种新技术？

# 第三章　水产品感官检验

☞ **学习目标**

学习感官检验的一般方法，鱼类的死后变化，水产品的主要鲜度检验方法，初步学会利用感官来判断水产品的鲜度。

## 第一节　感官检验一般方法

食品感官检验（也称感官分析或鉴别）是依靠人的感觉器官即视觉、味觉、嗅觉、听觉、触觉的综合，把人作为分析器，用语言、文字、符号作为分析数据，来判断食品好坏的方法。如对食品的外观、颜色、气味、滋味、质地、口感、组织结构等进行评价的方法。这些感官特征是各类食品的重要质量指标之一。所以感官检验具有非常重要的意义。

在我国的食品质量标准和卫生标准中，第一项内容一般都是感官指标，通过这些指标不仅能够直接对食品的感官性状做出判断，而且还能够据此提出必要的理化和微生物检验项目，以便进一步证实感官鉴别的准确性。不仅我国的法律法规有明文规定，欧盟、美国等国家的法律法规都对水产品的感官检验提出了要求，如欧盟 EC No. 852/2004、EC No. 853/2004、EC No. 854/2004 等对加工企业、官方控制都提出了法律条文规定：食品加工企业必须对水产品进行感官检查，这项检查尤其要保证水产品达到所有的鲜度标准；官方必须在生产、加工和流通的所有阶段进行随机的感官检验。这些检验的目的之一就是确保其与欧共体法规所规定的鲜度标准相一致。特别要包含证明这些水产品在生产、加工和流通的所有阶段至少超过了欧共体等法规所规定的最低的鲜度标准。

### 一、感官检验的一般方法

水产品质量感官检验的基本方法，其实质就是依靠人体的感觉器官：视觉、嗅觉、味觉、触觉和听觉等来鉴定水产品的外观形态、色泽、气味、滋味和硬度（稠度）。其检查常在理化和微生物检验方法之前进行。具有检测快速、便捷的优点。

（一）视觉检验法

水产品质量视觉检验方法是判断水产品质量的一个重要感官手段。水产品的外观形态和色泽对于评价水产品的新鲜程度有着重要意义。视觉鉴别应在适宜感官检验的场所进行，检验时应注意整体外观、大小、形态、块形的完整程度、清洁程度，表面有无光泽、颜色的深浅等。它是采用眼睛来判断水产品品质的方法。检验最好应在白天散射光下进行，因为灯光可使食品造成假象，用肉眼鉴别水产品的形态、颜色、有无污染等，从而判断水产品的外观品质、新鲜度等。某些水产品可借助放大镜或用透光检验，有时还要用紫外线照射来检验荧光斑点。在鉴别液态食品时，要将它注入无色的玻璃器皿中，透过光线来观察；也可将瓶子颠倒过来，观察其中有无夹杂物下沉或絮状物悬浮。

（二）听觉检验法

听觉检验法常用于水产罐头食品的检验。用特制的有弹性的敲检辊，对水产罐头食品进行敲打，听其声音的虚、实、清、浊、音调高低，判断水产罐头食品的质量，必要时才开罐检查。

（三）嗅觉检验法

此法是取样品用鼻嗅闻气味。人的嗅觉器官相当敏感，甚至用仪器分析的方法也不一定能检查出来极轻微的变化，用嗅觉鉴别却能够发现。当水产品发生轻微的腐败变质时，就会有不同的异味产生。如油炸水产品产生氧化酸败而有哈喇味等。检验人员检验前禁止吸烟和吃有较强烈气味的东西，以免影响判断。气味是由水产品散发出来的挥发性物质，它受温度的影响很大，一般温度低，挥发得慢，气味轻。液体水产食品可加盖温热或经剧烈振摇后嗅其气味。液态水产食品也可滴在清洁的手掌上摩擦，以增加气味的挥发；识别大块水产鱼肉食品时，可将一把尖刀稍微加热刺入深部，拔出后立即嗅闻气味。嗅觉检查要由远而近，以防强烈气体突然刺激。气味鉴别的顺序应当是先识别气味淡的，后鉴别气味浓的，以免影响嗅觉的灵敏度。嗅觉检查次序为：

（1）先辨气味的性质和强度。

（2）仔细辨香型。

（3）有无异常气味。

（4）用通俗易懂的文字记录下来。

（四）味觉检验法

味觉检验法是对水产食品口味与滋味的检验。味觉器官不但能品尝到食品的滋味，而且对于食品中极轻微的变化也能敏感地察觉。一般通常在视觉和嗅觉检查正常情况下进行。即取少量食物放入口中，缓慢咀嚼，反复回味，最后咽下。品评食物从口腔→咀嚼→咽下的全过程味道的种类和强度，并记录食物在口腔中的感觉。由于温度会影响感觉器官的灵敏度，故要求温度在 $20 \sim 45$℃条件下进行检查。几种不同味道的水产食品在进行感官评价时，应当按照刺激性由弱到强的顺序，最后鉴别味道强烈的食品。在进行大量样品鉴别时，中间必须休息，每鉴别一种食品之后必须用温水漱口。

（五）触觉检验法

凭借触觉来鉴别水产食品的膨、松、软、硬、弹性（稠度），以评价水产食品品质的优劣，也是常用的感官鉴别方法之一。例如，根据鱼体肌肉的硬度和弹性，常常可以判断鱼是否新鲜或已腐败。就是通过手的接触，采用触、摸、搓等一系列动作，对食品的软硬、弹性、黏稠等性质的描述，检查食品的组织状态，新鲜程度、保存效果、有无龟裂崩解等现象，以鉴定食品的质量。

## 二、感官检验的注意事项

感官检验法简单、方便、快速、经济。但此法是以人的感觉器官对样品质量进行评价的方法，其检验结果易受个人的生理条件、实践经验、个人习惯等多种因素的影响，因此，感官检验时应当注意以下一些问题，使检验结果更加符合样品的实际质量。

（1）感官检查有一定的主观性，易受检验者个人喜恶的影响，故最好采取群检的方式，即将样品编号，由较多的人进行感官评分，最后得出各个样品的感官检查结果。

（2）检验场所必须温度适宜，空气清新，干燥通风，有充足光线，周围无异味影响，环境安静，座位舒适等。

（3）检验人员要有健康的感觉器官，对色、香、味的变化有较强的分辨力和较高的灵敏度，应对所检验的水产品有一般性的了解，或对该水产品正常的色、香、味、形具有习惯性经验，要准确掌握正常水产食品的感官形状，并应具有丰富的专业知识和感官鉴别经验。个人无不良嗜好和不良习惯。

（4）检验时间不宜过长，以防感觉器官疲劳。

（5）对较多样品检验，应按气味、滋味强度从淡到浓，从轻到重的顺序进行，以保持判断的正确性。

## 三、水产品质量感官鉴别应遵循的原则

要坚持具体情况具体分析，充分做好调查研究工作。因此，感官鉴别水产品的品质时，要着眼于水产品各方面的指标进行综合性考评，尤其要注意感官检验的结果，必要时参考检验数据，做全面分析，以期得出合理、客观、公正的结论。这里应遵循的原则是：

（1）《中华人民共和国食品安全法》、国务院有关部委和省、市卫生行政部门颁布的食品卫生法规是鉴别各类食品能否食用的主要依据。

（2）食品已明显腐败、变质或含有过量的有毒有害物质（如重金属含量过高或霉变）时，不得供食用。

（3）食品由于某种原因不能供直接食用，必须加工或在其他条件下处理的，可提出限定加工条件和限定食用及销售等方面的具体要求。

（4）食品某些指标的综合评价结果略低于卫生标准，而新鲜度、病原体，有毒有害物质含量均符合卫生标准时，可提出要求在某种条件下供人食用。

（5）感官检验结论必须明确，不得含糊不清。在进行感官检验前，应掌握水产品的

来源、保管方法、储存时间、原料组成、包装情况以及加工、运输、储藏、经营过程中的卫生情况等，为做出正确的感官检验结论提供必要的判断基础。

## 四、食品质量感官鉴别的常用术语

在进行水产食品质量感官鉴别时，要用到一些术语去描述，因此，必须弄清这些术语的含义。下面对一些食品质量感官鉴别时的常用术语做一简介。

(1) 酸味：由某些酸性物质（例如柠檬酸、酒石酸等）的水溶液产生的一种基本味道。

(2) 苦味：由某些物质（例如奎宁、咖啡因等）的水溶液产生的一种基本味道。

(3) 咸味：由某些物质（例如氯化钠）的水溶液产生的一种基本味道。

(4) 甜味：由某些物质（例如蔗糖）的水溶液产生的一种基本味道。

(5) 碱味：由某些物质（例如碳酸氢钠）在嘴里产生的复合感觉。

(6) 涩味：某些物质（例如多酚类）产生的使皮肤或黏膜表面收敛的一种复合感觉。

(7) 风味：品尝过程中感受到的嗅觉、味觉和三叉神经觉特性的复杂结合。它可能受触觉的、温度觉的、痛觉的和（或）动觉效应的影响。

(8) 异常风味：非产品本身所具有的风味（通常与产品的腐败变质相联系）。

(9) 异常气味：非产品本身所具有的气味（通常与产品的腐败变质相联系）。

(10) 污染：与该产品无关的外来味道、气味等。

(11) 味道：能产生味觉的产品的特性。

(12) 基本味道：四种独特味道的任何一种：酸味的、苦味的、咸味的、甜味的。

(13) 厚味：味道浓的产品。

(14) 平味：一种产品，其风味不浓且无任何特色。

(15) 乏味：一种产品，其风味远不及预料的那样。

(16) 无味：没有风味的产品。

(17) 风味增强剂：一种能使某种产品的风味增强而本身又不具有这种风味的物质。

(18) 口感：在口腔内（包括舌头与牙齿）感受到的触觉。

(19) 后味、余味：在产品消失后产生的嗅觉和（或）味觉。表达食用不同产品后在嘴里时的感受。

(20) 芳香：一种带有愉快内涵的气味。

(21) 气味：嗅觉器官感受到的感官特性。

(22) 特征：可区别及可识别的气味或风味特色。

(23) 异常特征：非产品本身所具有的特征（通常与产品的腐败变质相联系）。

(24) 外观：一种物质或物体的外部可见特性。

(25) 质地：用机械的、触觉的方法或在适当条件下，用视觉及听觉感受器感觉到的产品的所有流变学的和结构上的（几何图形和表面）特征。

(26) 稠度：由机械的方法或触觉感受器，特别是口腔区域受到的刺激而觉察到的流动特性。它随产品的质地不同而变化。

（27）硬：描述需要很大力量才能造成一定的变形或穿透的产品的质地特点。

（28）结实：描述需要中等力量可造成一定的变形或穿透的产品的质地特点。

（29）柔软：描述只需要小的力量就可造成一定的变形或穿透的产品的质地特点。

（30）嫩：描述很容易切碎或嚼烂的食品的质地特点。常用于肉和肉制品。

（31）老：描述不易切碎或嚼烂的食品的质地特点。常用于肉和肉制品。

（32）酥：修饰破碎时带响声的松而易碎的食品。

（33）有硬壳：修饰具有硬而脆的表皮的食品。

（34）无毒、无害：不造成人体急性、慢性疾病，不构成对人体健康的危害；或者含有少量有毒有害物质，但尚不足以危害健康的食品。在质量感官鉴别结论上可写成"无毒、无害"字样。

（35）营养素：是指正常人体代谢过程中所利用的任何有机物质和无机物质。

（36）色、香、味：是指食品本身固有的和加工后所应当具有的色泽、香气、滋味。

（37）色度：即颜色的明暗程度，也即是与白色接近的程度。

（38）色调：指红、橙、蓝、绿等各种不同波长的颜色，以及如黄绿、蓝绿等许多叫不出名的中间色。

（39）饱和度：指颜色的深浅、浓淡程度，也就是某种颜色色调的显著程度。

# 第二节　鱼类死后变化

水产动物死后比陆生动物更容易腐败变质，了解鱼贝类死后发生的变化，不仅有利于我们判定鱼贝类的鲜度，还有利于采用适当的保鲜方法来控制鱼贝类的质量。一般我们将水产动物死后变化分成三个阶段，即死后僵硬阶段、自溶阶段、腐败阶段。

## 一、死后僵硬阶段

活着的动物肌肉柔软而有透明感，死后便有硬化和不透明感，这种现象称为死后僵硬。肌肉出现僵硬的时间与肌肉中发生的各种生物化学反应的速度有关，也受到动物种类、营养状态、储藏温度等的影响。如牛为 24h，猪为 12h，鸡为 2h。其持续时间，在5℃下储藏，牛为 8～10d，猪为 4～6d，鸡为 0.5～1d，这一过程对于陆地动物来说，称为熟化，或称僵硬期。

鱼类肌肉的死后僵硬也同样受到生理状态、疲劳程度、渔获方法等各种条件的影响，一般死后几分钟至几十小时开始僵硬，其持续时间为 5～22h，相对比陆地的动物来说，总的说来是较短的，这是其特征。

肌肉在僵硬过程中，发生的主要生物化学变化是磷酸肌酸（CrP）以及糖原含量的下降。作为高能磷酸化合物的磷酸肌酸，在磷酸肌酸激酶的催化下，将由 ATP 产生的ADP 再变成 ATP。同时，通过腺苷酸激酶的催化作用，从 2mol 的 ADP 产生 1mol 的ATP 和 1mol 的 AMP。其反应式为

$$ATP（三磷酸腺苷）+H_2O \longrightarrow ADP（二磷酸腺苷）+Pi（磷酸）$$

$$ADP+CrP（磷酸肌酸）\longrightarrow ATP+Cr（肌酸）$$

$$2ADP \longrightarrow ATP + AMP \text{（磷酸腺苷）}$$

此外，糖原经过糖酵解分解到乳酸，糖酵解即使在无氧的条件也能进行。通过这一过程有效地产生能量同时，每 1mol 葡萄糖产生 2mol 的 ATP。

由此可见，动物即使死亡，在短时间内仍能维持 ATP 含量不变，但 CrP 和糖原不久便消失。由于 CrP 和糖原的消失，ATP 的含量开始显著下降，而肌肉也开始变硬。

由于糖原和 ATP 分解产生乳酸、磷酸，使得肌肉组织 pH 下降、酸性增强。一般活鱼肌肉的 pH 在 7.2~7.4，洄游性的红肉鱼因糖原含量较高（0.4%~1.0%），死后最低 pH 可达到 5.6~6.0，而底栖性白肉鱼糖原较低（0.4% 以下），最低 pH 为 6.0~6.4。pH 下降的同时，还产生大量热量［如 ATP 脱去 1 分子磷酸就产生 7000cal（1cal＝4.184J）热量］，从而使鱼贝类体温上升，促进组织水解酶的作用和微生物的繁殖。

因此当鱼类捕获后，如不马上进行冷却，抑制其生化反应热，就不能有效地及时地使以上反应延缓下来。

## 二、自溶阶段

当鱼体肌肉中的 ATP 分解完后，鱼体开始逐渐软化，这种现象称为自溶作用。这同活体时的肌肉放松不一样，因为活体时肌肉放松是由于肌动球蛋白重新解离为肌动蛋白和肌球蛋白，而死后形成的肌动球蛋白是按原体保存下来，只是与肌节的 Z 线脱开，于是使肌肉松弛变软，促进自溶作用。

自溶作用是指鱼体自行分解（溶解）的过程，主要是水解酶积极活动的结果。水解酶包括蛋白酶、脂肪酶、淀粉酶等。

经过僵硬阶段的鱼体，由于组织中的水解酶（特别是蛋白酶）的作用，使蛋白质逐渐分解为氨基酸以及较多的低分子碱性物质，所以鱼体在开始时由于乳酸和磷酸的积累而成酸性，但随后又转向中性，鱼体进入自溶阶段，肌肉组织逐渐变软，失去固有弹性。

自溶作用的本身不是腐败分解，因为自溶作用并非无限制地进行，在使部分蛋白质分解成氨基酸和可溶性含氮物后即达平衡状态，不易分解到最终产物。但由于鱼肉组织中蛋白质越来越多地变成氨基酸之类物质，则为腐败微生物的繁殖提供了有利条件，从而加速腐败进程。因此自溶阶段的鱼货鲜度已在下降。

## 三、腐败阶段

由于自溶作用，体内组织蛋白酶把蛋白质分解为氨基酸和低分子的含氮化合物，为细菌的生长繁殖创造了有利条件。由于细菌的大量繁殖加速了鱼体腐败的进程，因此自溶阶段鱼类的鲜度已经开始下降。大型鱼类或在气温较低的条件下，自溶阶段可能会长一些，但实际上多数鱼类的自溶阶段与由细菌引起的腐败进程并没有明显的界限，基本上可以认为是平行进行的。鱼类在微生物的作用下，鱼体中的蛋白质、氨基酸及其他含氮物质被分解为氨、三甲胺、吲哚、组胺、硫化氢等低级产物，使鱼体产生具有腐败特征的臭味，这种过程称为腐败。

随着微生物的增殖，通过微生物所产生的各种酶的作用，食品的成分逐渐被分解，分解过程极为复杂，主要有以下几大类：蛋白质的分解、氨基酸的分解、氧化三甲胺、尿素的分解、脂肪的分解。含脂量高的食品，放置时间一长，脂肪便自动氧化和分解，产生不愉快地臭气和味道，这种脂肪的劣化（酸败）除了受到空气、阳光、加热、混入金属等的影响自动地进行之外，还受到食品以及微生物的酶作用有所促进，但关于微生物对此的影响程度还不清楚。霉菌中含有分解油脂的脂肪酶和氧化不饱和脂肪酸的脂氧化酶。

## 第三节　水产品的主要鲜度感官指标测定

鲜度是指鱼贝类原料死后肉质的变化程度。原料鲜度的鉴定方法，一般可分为感官法、化学法、物理法和细菌学法等四类。这里介绍水产品的感官检验方法。

### 一、水产品感官检验的抽样方法

#### 1. 鲜活水产品的抽样方法

鲜活水产品必须在现场抽样检验，有的品种还需要在加工、包装过程中抽样检验。抽样前要先了解水产品的捕捞加工时间和活力情况，开件（箱）检验时，要先观察有无异常现象和腐臭气味。

鲜活水产品抽样应按检验批次，每批 100 件（箱）及以下的抽样 3 件，每增加 100 件，增抽 1 件，增加数量不足 100 件的，也增抽 1 件。

#### 2. 冷冻水产品的抽样方法

（1）冻前半成品。采取流动批抽样检验，在生产过程的某一工序中，不将产品组成批，而直接抽样。按加工生产日期、班级分别抽查，对分级整理后、入速冻间前的半成品按不少于 5% 的比例抽查。

（2）冻后成品。应重点抽查冻后产品质量。分批抽样检验，每批在 500 箱以内的开采 2 箱，每增加 500 箱增开 1 箱，增加数量不足 500 箱的，也增开 1 箱。

（3）腌制水产品抽样方法（与鲜活水产品抽样法相同）。

（4）干制水产品抽样方法（与鲜活水产品抽样法相同）。

### 二、感官检验结果的评定方法种类

比较容易掌握而又比较实用的感官检验的评定方法主要有以下几种方法：

（1）比较法：比较法是检验 3 种以上样品时，按顺序排列进行比较，评述优劣。

（2）评分法：评分法必须先制定所检验项目的评分标准，然后再比较的基础上，对各项指标进行评比记分。

（3）描述法：描述法是把目测感官项目得到的印象客观地、仔细地记录下来。

（4）对照法：对照法是用得最广泛的方法，即对颜色的感官检验，将样品与标准色板进行对照。标准色板是用人工办法模仿食品颜色的明度、色调、饱和度制造出来的一系列颜色深浅不同的颜色板或色卡,它和真实食品的颜色相当一致,因此用它对照检验食品时,能大大减少不同地方、不同实验室之间的误差,对于统一检验标准以及在原料挑选、食品加工中统一目光都具有很大作用。

### 三、品名与种类的鉴定要求

#### 1. 品名

水产品种类繁多,应该有一个正确的商品名称,如实表达水产品的各类,防止误解或以一种水产品名称代替另一种水产品名称。为保护消费者利益,尽可能应用水产品常用或习惯用的名称。

#### 2. 种类鉴定

种类与相应的品名要相符,品种鉴定可参照有关图谱、文献和汇编列明的种类或种名,对没有列明的种类或对种名有争议的,凡是海洋水产动植物请中国科学院海洋研究所协助鉴定,凡是淡水水产动植物请中国科学院水产生物研究所协助鉴定。

### 四、水产品的感官鉴定判断指标

鱼、虾、蟹等水产品死后,微生物在一定的条件下,繁殖加快以至侵入鱼体的脊骨和肌肉,造成鱼体变质。但是,鱼体的这一腐败过程,不是瞬间所能完成的,要有一定的条件和相当的时间。因此,我们可以在鱼体的腐败过程中,根据不同阶段在鱼体外表所表现出来的不同症状来鉴别鱼体的新鲜度。感官鉴别水产品及其制品的质量优劣时,主要是通过体表形态、鲜活程度、色泽、气味、肉质的弹性和洁净程度等感官指标来进行综合评价的。对于水产品来讲,首先是观察其鲜活程度如何,是否具备一定的生命活力;其次是看外观形体的完整性,注意有无伤痕、鳞爪脱落,骨肉分离等现象;再次是观察其体表卫生洁净程度,即有无污秽物和杂质等。然后才是看其色泽,嗅其气味,有必要的话还要品尝其滋味。综上所述再进行感官评价。对于水产制品而言,感官鉴别主要是外观、色泽、气味和滋味几项内容。其中是否具有该类制品的特有的正常气味与风味,对于做出正确判断有着重要意义。

根据水产品的种类和加工方法,分别对水产品的感官鉴定判断指标进行说明。

#### (一) 活水产品感官检验

成活率是衡量活水产品品质的主要指标。活水产品的活力由活水产品的生活习性、暂养储存条件所决定。

#### 1. 检验条件

(1) 温度。采用与暂养保管条件相接近的环境温度,不在阳光直接照射和风口温差较大的场所。

(2) 水质。采用水质与活水产品生活环境相适应的海水或淡水。使用自来水时,要将自来水中的余氯挥发后再使用；不得用污水或与活水产品体温相差太大的水。

（3）容器。检验容器要清洁，无异味。

（4）时间。检验速度要快，时间要短。

**2. 活力鉴别方法**

（1）文蛤。鲜活时，双壳紧闭，用手掰不开，两贝相击发出实声，在盐度2%～3%、温度为13℃以上的海水或盐水中30min内就能开口；若是用手掰开双壳立即张开，双贝相击发出空响声为破碎蛤或死蛤，将大规格文蛤用手中度摇荡听得体内有水晃动声，或者将小规格文蛤放入盛有泥沙和海水的容器中，用手拂动容器里的水使水波动，随水波动而晃动的文蛤，或者贝壳自动张开而触动也不闭合，则都为死蛤。

（2）梭子蟹。活的状态：螯足挺直，黑白分明，或呈固有色泽，手指压脐部，步足伸动为活力正常；若是螯足松弛下垂以致脱落，背面和腹面的甲壳色暗，无光泽，则不新鲜。

（3）甲鱼。腹部不红，头不肿胀，身上无硬伤，背部朝下能自动翻身的为活力强，反之则活力差。

（4）鳝鱼。在水中头朝上直立，身上黏液饱满，无硬伤为好，反之则差。

（5）青鱼、草鱼、鲤鱼、鲫鱼、鲶鱼等。活泼好游动，在外界刺激下有敏锐的反映，体表有一层清洁透亮的黏液，无伤残，不掉鳞，无病害；若是在水中腹部朝上，不能立背，或能立背但流动迟缓，身上有伤残或有病害，黏液脱落的活力差，是快要死亡的征兆。

（6）鳗鱼苗。起池后放入流动水槽内，观察有无病、伤、弱、死苗，鱼苗装塑料袋内加入冰水，充氧气后扎紧，再隔袋观察有无死苗。

（二）冰藏水产品感官检验

冰藏水产品是将水产品的温度降低到不低于液汁冻结温度的指定温度，一般为0～4℃，只能短期储藏保持其鲜度。此时水产品的保鲜有三条原则，又称3C原则：即冷却（chilling）、清洁（clean）、小心（care）。

水产品的鲜度变化是不可逆的，若是质量已经变坏，不管用什么方法，都不可能再恢复到新鲜时的品质和风味。可通过水煮试验和感官判断法进行鲜度判断。

**1. 水煮试验判断鲜度**

对于鲜度难以用感官检验判断的水产品，可以采用水煮试验，嗅气味，品尝滋味，看汤汁来判断。水煮试验时，水煮样品一般不超过0.5kg。对虾类等个体比较小的水产品，可以整个水煮，鱼类则去头和内脏后，切成3cm左右的鱼段。先将容器中水煮沸然后放入样品（以水刚浸没样品为宜），盖严容器再次煮沸后，停止加热开盖立即嗅其蒸汽气味，再看汤汁，最后品尝口味。

（1）气味鉴别。新鲜品的气味：具有本种类固有的香味；变质品的气味：有腥臭味或有氨味。

（2）滋味鉴别。新鲜品的滋味：具有本种类固有的鲜美味道，肉质口感有弹性；变质品的滋味：无鲜味，肉质发糜烂，有氨臭味。

（3）汤汁鉴别。新鲜品的汤汁：汤汁清澈，带有本种类色素的色泽，汤内无碎肉；变质品的汤汁：汤汁混浊，肉质腐败脱落悬浮于汤内。

2. 一般的水产品感官鲜度判断法

1）鲜鱼的质量鉴别

新鲜水产品鲜度的感官鉴定主要根据眼球、体表、鳞、鳃、肌肉等五个项目综合评价出四个等级的鲜度，在进行鱼的感官鉴别时，先观察其眼睛和鳃，然后检查其全身和鳞片，并同时用一块洁净的吸水纸沾吸鳞片上的黏液来观察和嗅闻，鉴别黏液的质量。必要时用竹签刺入鱼肉中，拔出后立即嗅其气味，或者切割小块鱼肉，煮沸后测定鱼汤的气味与滋味。

鲜鱼的质量鉴定指标，如表 3-1 所示。

表 3-1　鱼类鲜度感官鉴定指标

| 鉴定项目＼等级 | 一级新鲜鱼 | 二级次鲜鱼 | 三级次鲜鱼 | 四级腐败鱼 |
|---|---|---|---|---|
| 体表 | 具有鲜鱼固有的鲜明本色与光泽，黏液透明 | 色较暗淡，光泽差，黏液透明度较差 | 色暗淡无光，黏液混浊 | 色全晦暗，黏液污秽 |
| 鳞 | 鳞完整或稍有花鳞，但紧贴鱼体，不易剥落 | 鳞不完整，较易剥落 | 鳞不完整，松弛易脱落 | 鳞脱落 |
| 鳃 | 鳃盖紧合，鳃丝鲜红、清晰，黏液透明有清腥味 | 鳃盖较松，鳃丝呈紫色或紫红色、淡红色或暗红色，腥味较重 | 鳃盖松弛，鳃丝黏结呈淡红、暗红或灰红色，有显著腥臭味 | 鳃丝黏结，黏液脓样，有腐败臭味 |
| 眼球 | 眼球饱满，角膜光亮透明 | 眼球平坦或稍凹陷，角膜暗淡或微混浊 | 眼球凹陷，角膜混浊或发糊 | 眼球完全凹陷，角膜模糊或呈脓样封闭 |
| 肌肉 | 肌肉坚实或富有弹性，肌纤维清晰，有光泽 | 肌肉组织紧密，有弹性，压出凹陷能很快复平，肌纤维光泽较差 | 肌肉松弛，弹性差，压出凹陷复平较慢，肌纤维无光泽，有异味但无腐败臭味 | 肌纤维模糊，有腐败臭味 |

2）对虾的质量鉴别

对虾的质量优劣，是从色泽、体表、肌肉、气味等方面鉴别。

（1）色泽。质量好的对虾，色泽正常，卵黄按不同产期呈现出自然的光泽；质量差的对虾色泽发红，卵黄呈现出不同的暗灰色。

（2）体表。质量好的对虾，虾体清洁而完整，甲壳和尾肢无脱落现象，虾尾未变色或有极轻微的变色；质量差的对虾，虾体不完整，全身黑斑多，甲壳和尾肢脱落，虾尾变色面大。

（3）肌肉。好的对虾，肌肉组织坚实紧密，手触弹性好；质量差的对虾，肌肉组织很松弛，手触弹性差。

（4）气味。质量好的对虾，闻去气味正常，无异味感觉；质量差的对虾，闻去气味不正常，一般有异臭味感觉。

3）青虾的质量鉴别

青虾又名河虾、沼虾。属于淡水虾，端午节前后为盛产期。青虾的特点是，头部有须，胸前有爪，两眼突出，尾呈又形，体表青色，肉质脆嫩，滋味鲜美。青虾的质量优劣，可从虾的体表颜色，头体连接程度和肌肉状况鉴别。

（1）体表颜色。质量好的虾，色泽青灰，外壳清晰透明。质量差的虾，色泽灰白，外壳透明较差。

（2）头体连接程度。质量好的虾，头体连接紧密，不易脱落。质量差的虾，头体连接不紧，容易脱离。

（3）肌肉。质量好的虾，色泽青白，肉质紧密，尾节伸屈性强。质量差的虾色泽青白度差，肉质稍松，尾节伸屈性稍差。

4）海蟹（包括青蟹和棱子蟹）的质量鉴别

（1）体表鉴别。

① 新鲜海蟹。体表色泽鲜艳，背壳纹理清晰而有光泽，腹部甲壳和中央沟部位的色泽洁白且有光泽，脐上部无胃印。

② 次鲜海蟹。体表色泽微暗，光泽度差，腹脐部可出现轻微的"印迹"，腹面中央沟色泽变暗。

③ 腐败海蟹。体表及腹部甲壳色暗，无光泽，腹部中沟出现灰褐色斑纹或斑块，或能见到黄色颗粒状滚动物质。

（2）蟹鳃鉴别。

① 新鲜海蟹。鳃丝清晰，白色或稍带微褐色。

② 次鲜海蟹。鳃丝尚清晰，色变暗，无异味。

③ 腐败海蟹。鳃丝污秽模糊，呈暗褐色或暗灰色。

（3）肢体和鲜活度鉴别。

① 新鲜海蟹。刚捕获不久的活蟹，肢体连接紧密，提起蟹体时，不松弛也不下垂。活蟹反应机敏，动作快速有力。

② 次鲜海蟹。生命力明显衰减的活蟹，反应迟钝，动作缓慢而软弱无力。肢体连接程度较差，提起蟹体时，蟹足轻度下垂或挠动。

③ 腐败海蟹。全无生命的死蟹，已不能活动。肢体连接程度很差，在提起蟹体时蟹足与蟹背呈垂直状态，足残缺不全。

5）河蟹的质量鉴别

河蟹代表产品主要是大闸蟹。目前成为大众经常消费的水产品。

（1）新鲜河蟹：活动能力很强的活蟹，动作灵敏、能爬放在手掌上掂量感觉到厚实沉重。

（2）次鲜河蟹：撑腿蟹，仰放时不能翻身，但蟹足能稍微活动。掂重时可感觉分量尚可。

（3）劣质河蟹：完全不能动的死蟹体，蟹足全部伸展下垂。掂量时给人以空虚轻飘的感觉。

6）河蚌的质量鉴别

新鲜的河蚌，蚌壳盖是紧密关闭，用手不易掰开，闻之无异臭的腥味，用刀打开蚌壳，内部颜色光亮，肉呈白色。如蚌壳关闭不紧，用手一掰就开，有一股腥臭味，肉色灰暗，则是死河蚌，细菌最易繁殖，肉质容易分解产生腐败物，这种河蚌不能食用。

7）牡蛎的质量鉴别

牡蛎又名海蛎子、蚝，是一种贝类软体动物，由左右两个贝壳组成，右壳称上壳，左壳称下壳，并以左壳附着在岩礁、竹木、瓦片上，利用右壳做上下移动，进行摄食、呼吸，繁殖和御敌。牡蛎是一种味道鲜美的贝类食品。

新鲜而质量好的牡蛎，它的蛎体饱满或稍软，呈乳白色，体液澄清，白色或淡灰色，有牡蛎固有的气味；质量差的牡蛎，色泽发暗，体液浑浊，有异臭味，不能食用。牡蛎采收时间一般均在蛎肉最肥满的冬春两季。

8）蚶子的质量鉴别

蚶子又名瓦楞子，是我国的特产。有多个品种，如泥蚶、毛蚶等，其中泥蚶是南方人喜欢的水产品。由于蚶肉鲜嫩可口，价廉物美，被人们视为美味佳肴。

新鲜的蚶子，外壳亮洁，两片贝壳紧闭严密，不易打开，闻之无异味；如果壳体皮毛脱落，外壳变黑，两片贝壳开启，闻之有异臭味的，说明是死蚶，不能食之。目前，有些小贩子，将死蚶子已开口的贝壳，用大量泥浆抹上，使购买者误认为是活蚶子，为避免受害、受骗，以逐只检查为妥。

9）花蛤的质量鉴别

新鲜的花蛤，外壳具固有的色泽，平时微张口，受惊时两片贝壳紧密闭合，斧足和触管伸缩灵活，具固有气味。如果两片贝壳开口，足和触管无伸缩能力，闻之有异臭味的，不能食之。

（三）冻水产品感官检验

鲜鱼经－23℃低温冻结后在－18℃条件下储藏，鱼体发硬，其质量优劣不如鲜鱼那么容易鉴别。冻鱼的鉴别应注意以下几个方面：

1. 体表

质量好的冻鱼，色泽光亮与鲜鱼般的鲜艳，体表清洁，肛门紧缩。
质量差的冻鱼，体表暗无光泽，肛门凸出。

2. 鱼眼

质量好的冻鱼，眼球饱满凸出，角膜透明，洁净无污物。
质量差的冻鱼，眼球平坦或稍陷，角膜混浊发白。

3. 组织

质量好的冻鱼，体型完整无缺，用刀切开检查，肉质结实不寓刺，脊骨处无红线，胆囊完整不破裂。

质量差的冻鱼，体型不完整，用刀切开后，肉质松散，有寓刺现象，胆囊破裂。

（四）干制品感官检验

1. 一般鱼干的质量鉴别

1）色泽鉴别

（1）良质鱼干。外表洁净有光泽，表面无盐霜，鱼体呈白色或淡色。

（2）次质鱼干。外表光泽度差，色泽稍暗。

（3）劣质鱼干。体表暗淡色污，无光泽，发红或呈灰白，黄褐，浑黄色。

2）气味鉴别

（1）优质鱼干。具有干鱼的正常风味。

（2）次质鱼干。可有轻微的异味。

（3）劣质鱼干。有酸味、脂肪酸败或腐败臭味。

3）组织状态鉴别

（1）优质鱼干。鱼体完整、干度足，肉质韧性好，切割刀口处平滑无裂纹、破碎和残缺现象。

（2）次质鱼干。鱼体外观基本完善，但肉质韧性较差。

（3）劣质鱼干。肉质疏松，有裂纹、破碎或残缺，水分含量高。

2. 海带干的质量鉴别

（1）优质海带。色泽为深褐色或褐绿色，叶片长而宽阔，肉厚且不带根。表面有微呈白色粉状的甘露醇，含砂量和杂质量均少。

（2）次质海带。色泽呈黄绿色，叶片短狭而肉薄。一般含砂量都较高。

3. 鱼翅的质量鉴别

（1）优质鱼翅。鲨鱼的背鳍（脊翅）和胸鳍（翼翅）。这类鱼翅体形硕大，翅板厚实干燥，表面洁净而略带光泽，边缘无卷曲现象。其中脊翅内有一层肥膘样的肉，翅筋分层排列于肉内，胶质丰富。翼翅则皮薄，翅筋短细，质地鲜嫩。

（2）次质鱼翅。鲨鱼的尾鳍（尾翅），质薄筋短。

4. 干贝的质量鉴别

干贝是采用扇贝、日月贝和江贝内的闭壳肌，经加工晒干制成的海味干制品。每个贝只能取一小块肌肉，如由江贝加工成的干贝，形体略呈条状，呈圆形，比较大，蛋白质、糖和磷质含量都很高。我国沿海一带都生产干贝。

5. 鲍鱼干的质量鉴别

鲍鱼，又名将军帽，耳贝。壳坚厚，内藏在壳内，足部相当发达。鲍鱼形体扁而椭圆，色泽黄白，无骨骼。海产的鲍鱼种类有，盘大鲍、杂色鲍，耳鲍等。

鲍鱼干，以质地干燥，呈卵圆形的元宝锭状，边上有花带一环，中间凸出，体形完整，无杂质，味淡者为上品。市场上出售的鲍鱼干有紫鲍，明鲍、灰鲍三种干制品，其中紫鲍个体大，呈紫色，有光亮，质量好，明鲍个体大，色泽发黄，质量较好，灰鲍个体小，色泽灰黑，质量次。

### 6. 鱿鱼干的质量鉴别

鱿鱼干的质量，一般以形体大小，光泽，颜色，肉质厚薄等来分级。

（1）一级品。肉质粉红，明亮平滑，形体大，肉质厚，体形完整，质地干燥，无霉点，每片体长在 20cm 以上。

（2）二级品。肉质粉红，明亮平滑，体形较大，肉质较厚，体形完整，质地干燥，无霉点，每片体长在 14～19cm。

（3）三级品。肉质粉红，略亮平滑，体形小，肉质薄，体形较完整，每片体长在 8～13cm。

### 7. 干海米的质量鉴别

（1）色泽。体表鲜艳发亮发黄或浅红色的为上品，这种虾米都是晴天晒制的，多是淡的。色暗而不光洁的，是在阴雨天晾制的，一般都是咸的。

（2）体形。虾米体形弯曲的，说明是用活虾加工的。虾米体形笔直或不大弯曲的，大多数是用死虾加工的。体净肉肥、无贴皮、无窝心爪、无空头壳的为上品。

（3）杂质。虾米大小匀称，其中无杂质和其他鱼虾的为上品。

（4）味道。取一虾米放在嘴中嚼之，感到鲜而微甜的为上品。盐味重的质量差。

### 8. 淡菜干的质量鉴别

淡菜是贻贝科动物的贝肉，也叫壳菜或青口，在中国北方俗称海红。贻贝是双壳类软体动物，外壳呈青黑褐色，生活在海滨岩石上。淡菜在中国北方俗称海虹，是驰名中外的海产食品之一。市场上出售的淡菜，按大小分为四个等级。

（1）小淡菜。又名紫淡菜。体形最小。如蚕豆般大，南方多用开水浸泡，待发后即可生食或调料等食之。

（2）中淡菜。其体形如同小枣般大小。

（3）大淡菜。其体形如同大枣般大小。

（4）特大淡菜。体形最大，每 3 个干制品约有 50g。

干制品淡菜的品质特征是：形体扁圆，中间有条缝，外皮生小毛，色泽黑黄。选购时，以体大肉肥，色泽棕红，富有光泽，大小均匀，质地干燥，口味鲜淡，没有破碎和杂质的为上品。

### 9. 鱼肚的质量鉴别

鱼肚是用海鱼的鳔，经漂洗加工晒干制成的海味品。市场上常见的鱼肚有黄鱼肚、闽子肚、广肚、毛常肚等。鱼肚一般以片大纹直，肉体厚实，色泽明亮，体形完整的为上品，体小肉薄，色泽灰暗，体形不完整的为上品，色泽发黑的，说明已经变质，不能食用。

10. 鱼皮的质量鉴别

常见的鱼皮是采用鲨鱼或黄鱼的皮加工的名贵海味干制品。富有胶质，营养和经济价值甚高，是我国海味名菜之一。

鱼皮的质量优劣鉴别方法，主要是观察鱼皮内外表面的净度、色泽和鱼皮的厚度等。

(1) 鱼皮内表面。通称无沙的一面，无残肉，无残血、无污物，无破洞，鱼皮透明，皮质厚实，色泽白，不带咸味的为上品。如果色泽灰暗，带有咸味，则为次品，因泡发时不易发涨。如果色泽发红，即已变质腐烂，称为油皮，不能食用。

(2) 鱼皮表面。通称带沙的一面，色泽灰黄、青黑或纯黑，富有光润的鱼皮，表面上的沙易于清除，这种皮质量最好。如果鱼皮表面呈花斑状的，沙粒难于清除，质量较差。

11. 蛏干的质量鉴别

蛏干是采用鲜蛏肉经过干制成的海味产品。蛏干有以下三个等级：

(1) 大蛏干。用较大的蛏加工制成的，体形长方，头尖肉肥，色泽金黄，以江苏启东县产量最多。

(2) 蛏干。体长 25mm 左右，体呈长肩形，头部有两个小尖子（即蛏干的出水管和进水管），其品质低于大蛏干，福建和浙江的产量多。

(3) 日本蛏干。其品质大小，如同大蛏干，体形圆，质量不如我国大蛏干好。

(五) 腌制和发酵水产品感官检验

1. 咸鱼的质量鉴别

1) 色泽鉴别

(1) 良质咸鱼。色泽新鲜，具有光泽。

(2) 次质咸鱼。色泽不鲜明或暗淡。

(3) 劣质咸鱼。体表发黄或变红。

2) 体表鉴别

(1) 良质咸鱼。体表完整，无破肚及骨肉分离现象，体形平展，无残鳞、无污物。

(2) 次质咸鱼。鱼体基本完整，但可有少部分变成红色或轻度变质，有少量残鳞或污物。

(3) 劣质咸鱼。体表不完整，骨肉分离，残鳞及污物较多，有霉变现象。

3) 肌肉鉴别

(1) 良质咸鱼。肉质致密结实，有弹性。

(2) 次质咸鱼。肉质稍软，弹性差。

（3）劣质咸鱼。肉质疏松易散。

4）气味鉴别

（1）良质咸鱼。具有咸鱼所特有的风味，咸度适中。

（2）次质咸鱼。可有轻度腥臭味。

（3）劣质咸鱼。具有明显的腐败臭味。

### 2. 鉴别虾油的质量

虾油也称鱼露，是使用水产品腌制的调味品。

（1）优质虾油。纯虾油不串卤，色泽清而不混，油质浓稠，气味鲜浓而清香，咸味轻。

（2）次质虾油。色泽清而不混，但油质较稀，气味鲜但无浓郁的清香感觉。咸味轻重不一。

（3）劣质虾油。色泽暗淡混浊，油质稀薄如水。鲜味不浓，更无清香。口感苦咸而涩。

### 3. 虾酱的质量鉴别

（1）良质虾酱。色泽粉红，有光泽，味清香，酱体呈黏稠糊状，无杂质，卫生清洁。

（2）劣质虾酱。呈土红色，无光泽，味腥臭，酱体稀薄而不黏稠，混有杂质，不卫生。

### 4. 海蜇头的质量鉴别

海蜇头的质量分二个等级：

（1）一级品。肉干完整，色泽淡红，富有光亮，质地松脆，无泥沙，碎杆及夹杂物，无腥臭味。

（2）二级品。肉干完整，色泽较红，光亮差，无泥沙，但有少量碎杆及夹杂物，无腥臭味。

吃海蜇头之前要注意检查，以免引起肠道疾病。检查方法是，用两个手指头把海蜇头取起，如果易破裂，肉质发酥，色泽发紫黑色，说明坏了，不能食用。

### 5. 海蜇皮的质量鉴别

1）色泽鉴别

（1）优质海蜇皮。呈白色、乳白色或淡黄色，表面湿润而有光泽，无明显的红点。

（2）次质海蜇皮。呈灰白色或茶褐色，表面光泽度差。

（3）劣质海蜇皮。表面呈现暗灰色或发黑。

2）脆性鉴别

（1）良质海蜇皮。松脆而有韧性，口嚼时发出响声。

（2）次质海蜇皮。松脆程度差，无韧性。

(3) 劣质海蜇皮。质地松酥，易撕开，无脆性和韧性。

3）厚度鉴别

(1) 良质海蜇皮。整张厚薄均匀。

(2) 次质海蜇皮。厚薄不均匀。

(3) 劣质海蜇皮。片张厚薄不均匀。

4）形状鉴别

(1) 良质海蜇皮。自然圆形，中间无破洞，边缘不破裂。

(2) 次质海蜇皮。形状不完整，有破碎现象。

(3) 劣质海蜇皮。形状不完整，易破裂。

（六）水产品的其他相关感官检验知识

1. 煮贝肉的质量鉴别

(1) 贝肉。新鲜贝肉（指一般的贝肉）色泽正常且有光泽，无异味，手摸有爽滑感，弹性好；不新鲜贝肉色泽减退或无光泽，有酸味，手感发黏，弹性差。

(2) 赤贝。新鲜赤贝深黄褐或浅黄褐色，有光泽，弹性好；不新鲜赤贝呈灰黄色或浅绿色，无光泽，无弹性。

(3) 海螺肉。新鲜海螺肉呈乳黄色或浅黄色，有光泽，有弹性，局部有玫瑰紫色斑点；不新鲜海螺肉呈白色或灰白色，无光泽，无弹性。

2. 海味干制品有时色泽发生赤变的因素

海味干制品的赤变，是常见的现象，这是由于干制品储藏不善，或放置时间过久，导致肉色发红，风味改变，人们称它为赤变。这是含盐的干制品在储藏中最容易发生的一种变质现象，它是由于一些产生虹色素的耐盐细菌大量繁殖所引起的。要防止赤变，应将干制品放在温度较低的或比较干燥的仓库中保存，包装要完好，避免与潮湿空气接触。在加工过程中，应注意盐、桶等用具的清洁，以减少耐盐细菌的感染，必要时用漂白粉溶液消毒。在储藏保管期间，要加强检查，及早发现，争取在发红的初期迅速进行翻晒，减少鱼体水分，即有效地制止海味干制品的发红。

3. 海味干制品发生变味的原因

干制品久藏之后，经常会产生特殊的哈喇味。这是由于鱼体中的脂肪在空气中氧化的结果，从而产生特殊的苦涩味和微臭，色泽变黄或褐色，影响制品外观和食用质量。预防干制品在加工储藏中出现哈喇味的方法是：对油脂多的品种，如在夏季进行干制加工时，中午应暂时收搁在阴凉处，防止烈日暴晒引起脂肪氧化，如用人工干燥，也尽可能把温度调低些，以避免皮下脂肪渗出表面，加重哈喇程度。全年供应的含脂肪较多的干制品，应尽可能选择阴凉通风，温度较低而干燥的库房中保存，多脂的腌制品，最好带卤保存。

4. 人造海蜇与天然海蜇的鉴别

人造海蜇系用褐藻酸钠、明胶为主，再加以调料而制成。色泽微黄或呈乳白色，脆而缺乏韧性，牵拉时易于断裂，口感粗糙如嚼粉皮并略带涩味。天然海蜇是将海洋中水母科生物捕获后再经盐矾腌制加工而成，外观呈乳白色、肉黄色、淡黄色，表面湿润而光泽，牵拉时不易折断，口咬时发出响声，并有韧性，其形状呈自然圆形，无破边。

### 5. 蟹肉与人造蟹肉的鉴别

蟹肉是一种较贵重的食品，且货源不足。目前采用价格较低廉的鳕鱼肉等鱼糜肉加工成人造蟹肉，虽然营养价值无多大变化，但价格相差很多，假冒真蟹肉，经济上给消费者造成损失。

鉴别原理：鳕鱼肉在聚焦光束照射下，能显示出明显的有色条纹。此外，鲽鱼、鲷鱼、斑鳟、梭鱼肉等也能显示出有色图案，而蟹肉及虾肉则不产生此现象。

操作步骤：将样品薄薄地涂抹在显微镜的载玻片上，上面再盖一张同样载玻片，两端用橡皮筋扎紧，将载玻片置于B&L尼科拉斯发光器发出的光束照射下，样品如是鳕鱼或其他鱼肉加工的，或者掺有其他鱼肉，都会显示出有色条纹或图案。而未掺入鱼肉的蟹肉则无此现象。

### 6. 养殖海虾与捕捞海虾的鉴别

目前水产养殖业发展很快，尤以对虾养殖发展迅速。养殖对虾与野生海对虾营养成分及化学成分差异不大，但野生海对虾味道比养殖虾鲜美，余味长，因此海对虾比养殖虾在同等大小、同样鲜度时，价格差异很大。一些商贩利用消费者缺乏鉴别能力，以养殖虾冒充海对虾，同种虾外观有很大差别，养殖虾的须子很长，而海对虾须短，养殖虾头部"虾栉"长，齿锐，质地较软，而海洋捕捞对虾头部"虾栉"短、齿钝，质地坚硬。

### 7. 鉴别患有病症的鱼

患病的鱼可从以下方面鉴别：

1) 鱼的体表

一般患有病的鱼，身体两侧肌肉、鱼鳍的基部，特别是臀鳍基部都有充血现象。根据鱼体发病部位的不同，常见的疾病主要有以下数种：

（1）出血病。病情轻的肌肉部位有点状充直现象，病情重的全身肌肉呈深红色。

（2）赤皮病。鱼的体表有局部充血，发炎，鳞片脱落的现象。

（3）打印病。鱼的尾部或腹部两侧出现圆卵形红斑，病情重的肌肉腐烂成小坑，可见骨骼和内脏。

（4）鱼风病。鱼的体表各处有淡绿色，形似臭虫的虫体在爬行。

（5）水霉病。鱼体两侧，腹背上下和尾部等处，有棉絮状的白色长毛。

（6）车轮虫病。鱼苗、鱼种沿塘边或在水面做不规则的狂游，头部有充血的红斑点。

（7）肠炎。鱼的肛门处红肿，发炎充血。

（8）眼病。鱼的眼球突出，则是水中含有机酸或氨、氮含量过高造成的。

2）鳃丝颜色

鱼鳃丝发白，尖端软骨外露，鳃丝末端参差不齐，黏液较多，则为烂鳃病。鳃丝排列不规则，有紫红色小点，鳃丝末端有白色的虫体，则为中华鳃病。鳃丝表面成浅白色，有凹凸不平的小点，则为车轮虫病或鳃隐鞭毛虫病。

3）肠道颜色

将鱼剥开观察肠道，如果肠道全部或部分呈绛红色，粗细不均匀，肉有米黄色黏液，则为肠病。如果青鱼肠道呈白色，前端肿大，肠内壁有许多白色像棉花状的小结，则为球虫病。

### 8. 鉴别被毒死鱼

在农贸市场上，常见有被农药毒死的鱼类出售。购买时，要特别注意。毒死鱼要从以下方面鉴别：

（1）鱼嘴。正常鱼死亡后，闭合的嘴能自然拉开。毒死的鱼，鱼嘴紧闭，不易自然拉开。

（2）鱼鳃。正常死的鲜鱼，其鳃色是鲜红或淡红。毒死的鱼，鳃色为紫红或棕红。

（3）鱼鳍。正常死的鲜鱼，其膜鳍紧贴腹部。毒死的鱼，腹鳍张开而发硬。

（4）气味。正常死的鲜鱼，有一股鱼腥味，无其他异味。毒死的鱼，从鱼鳃中能闻到一点农药味，但不包括无味农药。

### 9. 鉴别被污染的鱼

江河、湖泊由于受工业废水排放的影响，致使鱼遭受污染而死亡，这些受污染的鱼也常进入市场出售。污染鱼的鉴别内容，有以下几个方面：

（1）体态。污染的鱼，常呈畸形，如头大尾小，或头小尾大，腹部发涨发软，脊椎弯曲，鱼鳞色泽发黄、发红或发青。

（2）鱼眼。污染的鱼，眼球浑浊、无光泽，有的眼球向外凸出。

（3）鱼鳃。污染的鱼鳃丝色泽暗淡，通常发白的居多数。

（4）气味。污染的鱼，一般有氨味、煤油味、硫化氢等气味，缺乏鱼腥味。

 **复习思考题**

1. 感官检验的一般方法有哪些？
2. 说明感官检验的内容及注意事项。
3. 对于鲜活水产品如何进行抽样？
4. 如何用水煮实验来判断水产品鲜度感官鉴别？
5. 如何鉴别被毒死鱼？

# 第四章　食品的物理检测法

☞ **学习目标**

　　掌握食品密度和相对密度、光的折射现象和折射率、物质的旋光性、黏度的概念；了解固态食品比体积，液体的浊度、透明度等基本概念。了解密度计、折光仪、旋光计等仪器的原理与结构，掌握常用物理检验仪器的工作原理，掌握仪器的使用技能和测定方法。

　　水产品是食品大类中的一种，相关食品物理性质的检测非常必要。并且由于水产加工的需要，常常需要添加其他食品材料，这都需要检测相关的食品物理参数。食品的物理检验法分两类，第一类是根据食品的物理常数与组成成分及其含量之间的关系建立的检验法，如密度、折射率、比旋光度、黏度检验法等。第二类是某些食品的物理量，它们反映该食品的质量指标。如罐头的真空度，固体饮料的颗粒度、比体积，液体的透明度、浊度等。

## 第一节　密度检验法

### 一、概述

1. 密度与相对密度

1) 密度

　　物质的密度是指在一定的温度下，单位体积物质的质量，单位为 $g/cm^3$（$g/mL$），以符号 $\rho_t$ 表示。

$$\rho_t = \frac{m}{V}$$

式中　$m$——物质的质量，g；

　　　　$V$——物质的体积，$cm^3$ 或 mL。

　　因为物质都具有热胀冷缩的性质（注：水在4℃以下却是反常的），所以，密度随着温度的改变而改变，故密度应标出测定时物质的温度，在 $\rho$ 的右下角注明温度 $t$℃，即用 $\rho_t$ 表示（物质在20℃时的密度可省略 $t$，以 $\rho$ 来表示）。

2) 相对密度

相对密度（旧称相对密度）是指物质在 $t_1$ 温度的质量与同体积水在 $t_2$ 温度的质量之比，以 $d_{t_2}^{t_1}$ 表示。

由于水在 4℃时的密度为 $1.000\text{g/cm}^3$，若液体的相对密度用液体在 20℃的质量和同体积的水在 4℃时的质量之比 $d_4^{20}$，在数值上与液体的密度 $\rho$ 相等。

用密度瓶或液体密度天平测定溶液的相对密度时，以测定溶液在 20℃的质量和同体积的水在 20℃时的质量之比 $d_{20}^{20}$ 比较方便。

由于水在 4℃时的密度比在 20℃时大，对同一溶液来说，$d_{20}^{20} > d_4^{20}$，若要把 $d_{20}^{20}$ 换算为 $d_4^{20}$，可按下式求得

$$d_4^{20} = d_{20}^{20} \times 0.99823$$

式中　0.99823——20℃时水的密度，$\text{g/cm}^3$。

### 2. 测定密度的意义

各种液态食品都有一定的密度，当其组成成分及其浓度改变时，密度也随着改变，故测定液态食品的相对密度可以检验食品的纯度或浓度。

当液态食品水分被完全蒸发干燥至恒量时，所得到的剩余物称干物质或固形物。液态食品的相对密度与其固形物含量具有一定的数学关系，故测定液态食品密度即可求出其固形物含量。

脂肪的相对密度与其脂肪酸的组成有密切关系。不饱和脂肪酸含量越高，脂肪的相对密度越高；游离脂肪酸含量越高，相对密度越低；酸败的油脂其相对密度升高。牛乳的相对密度与其脂肪含量、总乳固体含量有关，脱脂乳的相对密度比生乳高，掺水乳相对密度降低，故测定牛乳的相对密度可检查牛乳是否脱脂，是否掺水。从蔗糖溶液的相对密度可以直接读出蔗糖的浓度（质量分数）。从乙醇溶液的相对密度可直接读出乙醇的浓度（体积分数）。总之，相对密度的测定是食品检验中常用的、简便的一种检测方法。

## 二、液体食品密度测定方法

测定液体食品试样的密度通常可采用密度瓶法、韦氏天平法和密度计法。GB/T5009·2—2003 规定测定液体食品试样的密度的第一法为密度瓶法，第二法为密度天平法（即韦氏天平法），第三法为密度计法。

### 1. 密度瓶法

密度瓶法是测定密度最常用的方法，但不适宜测定易挥发液体食品试样的密度。

1) 原理

在规定温度 20℃时，分别测定充满同一密度瓶的水及试样的质量，由水的质量和密度可以确定密度瓶的容积即试样的体积，根据密度的定义，由此可计算试样的密度：

$$\rho_r = \frac{m_r \times \rho_B}{m_B}$$

式中　$m_r$——20℃时充满密度瓶的试样质量，g；

　　　$m_B$——20℃时充满密度瓶的水的质量，g；

　　　$\rho_B$——20℃时水的密度，g/cm³。

2）仪器

（1）密度瓶：密度瓶法测定密度的主要仪器是密度瓶。

密度瓶有各种形状和规格（图4-1）。普通型的为球形，见图4-1a，精密密度瓶附有特制温度计、带有磨口帽的小支管，见图4-1b。容积一般为5、10、25、50mL等。

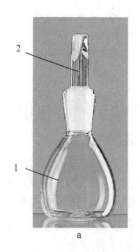

图4-1　常用的密度瓶

a. 普通密度瓶　　　　　　　　b. 精密密度瓶

1. 密度瓶主体；2. 毛细管；　1. 密度瓶；2. 支管；3. 支管上小帽；
4. 附温度计的瓶盖

（2）分析天平。

（3）恒温水浴等。

3）操作方法

（1）密度瓶洗净并干燥，连温度计及侧孔罩一起准确称量，得 $m_0$。

（2）取下温度计及侧孔罩，用新煮沸并冷却至约20℃的蒸馏水充满密度瓶，不得带入气泡，插入温度计，将密度瓶置于（20.0℃±0.1℃）的恒温水浴中，恒温约30min。至密度瓶中样品温度达到20℃，并使侧管中的液面与侧管管口对齐，立即盖上侧孔罩，取出密度瓶，用滤纸擦干其外壁的水，立即置于分析天平上准确称量，得 $m_1$。

（3）将密度瓶中的水倒出，并干燥后用同样的方法加入液体食品试样并准确称量，得 $m_2$。

4）结果计算

（1）相对密度：

$$d_{20}^{20}=\frac{m_1-m_0}{m_2-m_0}\quad 或\ d_4^{20}=\frac{m_1-m_0}{m_2-m_0}\times0.99823$$

（2）密度：

$$\rho = \frac{m_1 - m_0}{m_2 - m_0} \times 0.99823$$

式中　$m_1$——0℃时充满试样的密度瓶质量，g；

　　　$m_2$——20℃时充满水的密度瓶质量，g；

　　　$m_0$——密度瓶质量，g；

　　　0.99823——20℃时水的密度，g/cm³。

5）方法讨论

（1）操作必须迅速，因为水和试样都有一定的挥发性，否则会影响测定结果的准确度。

（2）防止实验过程中玷污密度瓶。

（3）要将密度瓶外壁擦干后称量。

**2. 密度计法**

密度计法测定密度比较简单、快速，但准确度较低。

1）原理。

以密度计法测定密度是依据阿基米德定律。密度计上的刻度标尺越向上则表示密度越小，在测定密度较大的液体时，由于密度计排开的液体的质量较大，所受到的浮力也就越大，故密度计就越向上浮。反之，液体的密度越小，密度计就越往下沉。由此根据密度计浮于液体的位置，可直接读出所测液体试样的密度。

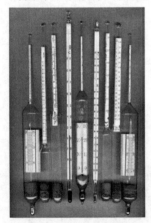

图4-2　各种密度计

2）密度计

密度计的种类很多，但基本结构及形式相同，都是由玻璃外壳制成，头部呈球形或圆锥形，里面灌有铅珠、汞及其他重金属，中部是胖肚空腔，所以放在液体中可以浮起，尾部细长形，附有刻度标记，称"计杆"，可以直接读出密度值。密度计刻度的刻制是利用各种不同相对密度的液体进行标定，制成不同标度的密度计。常用的密度计有糖锤度计、波美计、酒精计、乳稠计、普通密度计等多种类型，如图4-2所示。

（1）普通密度计。普通密度计是直接以20℃时的密度值为刻度的（因为物质20℃时的密度$\rho$与$d_4^{20}$在数值上相等，所以也可以说是以$d_4^{20}$为刻度的）。密度计是成套的，每套有若干支，每支密度计只能测定一定范围的密度。使用时要根据待测液的密度大小选用不同量程的密度计。一般刻度值小于1的（0.700～1.000）称为轻表，用于测定比水轻的液体密度，刻度值大于1的（1.000～2.000）称为重表，用于测定比水重的液体密度。

（2）波美计。波美计是以波美度（以符号"°Bé"表示）来表示液体浓度大小。其刻度方法以20℃为标准，在蒸馏水中为0°Bé，在15％食盐溶液中为15°Bé，在纯硫酸（相对密度1.8427）中其刻度为66°Bé，波美计被用来测定溶液中溶质的质量分数，

$1°$Bé 表示质量分数为 $1\%$。波美计有轻表、重表二种，前者用以测定相对密度小于 l 的溶液，后者用以测定相对密度大于 1 溶液。

（3）糖锤度计。糖锤度计是专门用于测定糖液浓度的密度计，糖锤度又称勃力克斯（Brix），以"$°$Bx"表示，是用已知浓度的纯蔗糖溶液来标定其刻度的。刻度法是以 $20℃$ 为标准，在蒸馏水中为 $0°$Bx，在 $1\%$ 的蔗糖溶液中为 $1°$Bx，即 $100g$ 糖中含糖 $1g$。常用的锤度读数范围有：$0\sim6°$Bx、$5\sim11°$Bx、$10\sim16°$Bx、$15\sim21°$Bx、$20\sim26°$Bx 等。

当测定温度不在标准温度 $20℃$ 时，必须根据观测锤度温度校正表（附表 2）进行校正。当温度高于标准温度时，糖液体积增大，使相对密度减小，即锤度降低。相反，当温度低于标准温度时，相对密度增大，即锤度升高。故前者必须加上，而后者必须减去相应的温度校正值。

**【例 4-1】** $19℃$ 时的观测锤度为 $20.00°$Bx，$19℃$ 时温度校正值为 $0.06°$Bx，
则校正锤度为：$20.00°$Bx$-0.06°$Bx$=19.94°$Bx

**【例 4-2】** $22℃$ 时的观测锤度为 $19.50°$Bx，$22℃$ 时温度校正值为 $0.12°$Bx，
则校正锤度为：$19.50°$Bx$+0.12°$Bx$=19.62°$Bx

（4）酒精计。酒精计是专门用于测量乙醇（酒精）浓度的，是用已知乙醇浓度的纯乙醇溶液来标定的，以 $20℃$ 时在蒸馏水中为 0，在 $1\%$ 的乙醇溶液中为 1，即 $100mL$ 乙醇溶液中含乙醇 $1mL$，因而从酒精计上可直接读取乙醇溶液的积分数。

当测定温度不在 $20℃$ 时，需根据酒精计温度浓度换算表（附表 3），换算 $20℃$ 乙醇的实际浓度。

**【例 4-3】** $25.5℃$ 时直接读数为 96.5 度（即体积分数为 $96.5\%$），查校正表：$20℃$ 时实际含量为 $95.35\%$。

3）操作方法

（1）根据试样的性质和密度选择适当的密度计。

（2）将待测定的试样沿内壁缓缓倾入清洁、干燥的玻璃圆筒中，然后把洁净的密度计用滤纸擦干，用手拿住其上端，轻轻地插入玻璃筒内，试样中不得有气泡，密度计不得接触筒壁及筒底，用手扶住使其缓缓上升。

（3）待密度计停止摆动后，读取待测液弯月面下缘的读数，若液体颜色较深，不易看清弯月面下缘，则以观察弯月面上缘为准。读数时，须两眼平视，并与液面保持水平，同时测量试样的温度。

4）说明

（1）所用的玻璃圆筒应较密度计高大些，装入的液体不要太满，但应能将密度计浮起。

（2）密度计不可突然放入液体内，以防密度计与筒底相碰而受损。

（3）读数时，眼睛视线应与液面在同一个水平位置上，注意视线要与弯月面最低处相切。若液体颜色较深，则应以弯月面上缘为准。

（4）注意测定温度的控制，在测定过程中，温度的控制要满足实验的要求，并在实验过程中保持恒定。

（5）一般密度计的刻度是上面小、下面大。但酒精计则正好相反，是上面大、下面小，因为乙醇浓度越大，其相对密度越小，乙醇浓度越小，其相对密度越大。

（6）进行测定时，应根据被测液的相对密度或浓度的大小选择刻度范围适当的密度计。若选择不当，如标度过小则密度计过分浮起（或酒精计完全沉下）而无法读数。反之，标度过大会使密度计完全沉下（酒精计过分浮起），不仅无法读数，且稍不留心就可能使密度计与容器底相碰而损坏。

## 第二节　折射率检验法

### 一、概述

折射率是物质的物理常数之一，在食品检验中常用于测定液体食品的纯度或浓度。比如测定糖液的浓度。折射率测定法具有操作简便、快速、消耗试样少等优点。

#### 1. 折射率

光线从一种透明介质射到另一种透明介质时，除了一部分光线反射回第一种介质外，另一部分进入第二种介质中并改变它的传播方向，这种现象叫光的折射。

光线自空气中通过待测介质时的入射角正弦与折射角正弦之比等于光线在空气中的速度与待测介质中的速度之比，此值为一恒定值，称为待测介质折射率或折光率。物质的折射率与入射光的波长、温度有关，随温度的升高，物质的折射率降低。入射光的波长越长，其折射率越小。国家标准规定以 20℃ 为标准测定温度，用钠光谱 D 线（$\lambda=589.3nm$）为标准光源测定物质的折射率。用符号 $n_D^{20}$ 表示。$n$ 的右上角标注温度。

$$n_D^{20}=\frac{\sin i}{\sin r}=\frac{v_1}{v_2}$$

式中　$n_D^{20}$——介质的折射率；

　　　$i$——光的入射角；

　　　$r$——光的折射角；

　　　$v_1$——光在空气中的速度；

　　　$v_2$——光在介质中的速度。

#### 2. 测定食品折射率的意义

每一种均一的物质都有其固有的折射率，对于同一物质的溶液来说，其折射率的大小与其浓度成正比，因此，测定物质的折射率就可以判断物质的纯度及其浓度。各种油脂具有其一定的脂肪酸构成，每种脂肪酸均有其特征折射率，故不同的油脂，其折射率不同。当油脂酸度增高时，其折射率将降低；相对密度大的油脂其折射率也高。故折射率的测定可用于鉴别油脂的组成及品质。

牛乳乳清中所含乳糖量与其折射率有一定的数量关系，正常牛乳乳清折射率在1.34199～1.34275，若牛乳掺水，其乳清折射率必然降低，故测定牛乳乳清的折射率即可了解乳糖的含量，判断牛乳是否掺水。

纯蔗糖溶液的折射率随浓度升高而升高，测定糖液的折射率可了解糖液的浓度。对于非纯糖的液态食品，由于盐类、有机酸、蛋白质等物质对折射率均有影响，故测定结果除蔗糖外还包含上述物质，故通称为固形物。固形物含量越高，折射率也越高。如果食品中的固形物是由可溶性固形物及悬浮物所组成，则不能在折光计上反映出它的折射率，测定结果误差较大。如用折光计测定果酱、番茄酱中的固形物，只能在一定条件下用于车间生产检验。

## 二、液体食品折射率的测定

### 1. 折光计

折光计是测定液体食品折射率的仪器。折光计的种类和形式很多，食品检验中常用的折光计一般都直接标出质量浓度或体积分数，溶液的折射率和相对密度一样，随着浓度的增大而增大，不同的物质其折射率也不同，这是折光法检验食品的基础。

食品工业生产中常用的折光计有以下类型。

1）手提折光计

手提折光计结构及其光路图见图 4-3，使用时打开棱镜盖板 D，用擦镜纸仔细将折光棱镜 P 擦净，取一滴待测糖液置于棱镜 P 上，将溶液均布于棱镜表面，合上盖板 D，将光窗对准光源，调节目镜视度圈 OK，使现场内分划线清晰可见，视场中明暗分界线相应读数即为溶液中糖的质量分数。手提折光计的测定范围通常为 0～90%，其刻度标准温度为 20℃，若测量时在非标准温度下，则需进行温度校正。

2）阿贝折光计

阿贝折光计的构造如图 4-4 所示，其光学系统由两部分组成，即观察系统与读数

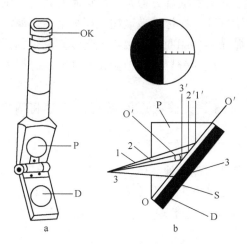

图 4-3　手提折光计结构及其光路图
a. 结构；　　b. 光路图
OK. 目镜视度圈；P. 折光棱镜；D. 棱镜盖板；
S. 糖液；1、2、3. 入射光；
1′、2′. 反射光；3′. 折射光；OO′. 法线

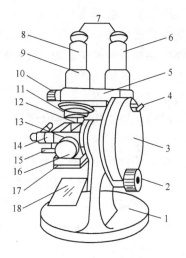

图 4-4　阿贝折光计的构造
1. 底座；2. 棱镜调节旋钮；3. 圆盘组（内有刻度盘）；
4. 小反光镜；5. 支架；6. 读数镜筒；7. 目镜；
8. 观察镜筒；9. 分界线调节螺丝；10. 消色调节旋钮；
11. 色散刻度尺；12. 棱镜锁紧扳手；13. 棱镜组；
14. 温度计座；15. 恒温水出入口；16. 保护罩；
17. 主轴；18. 反光镜

系统。它的关键的部分是主、辅棱镜组，这是两个互相紧贴的棱镜，棱镜之间为被检液薄层。光线由下面棱镜射入检验液层，由于检验液的折射率与棱镜不同，有一部分反射，当旋转棱镜使入射角等于临界角时，产生全反射，即在轴线左方射入的光线，经折射后成为进入观察镜的平行光束，呈现光亮；轴线右方射入的光线因发生全反射不能进入检液而呈现黑暗，于是镜筒中出现了分界线通过十字交叉点的明暗两部分。

（1）观察系统。光线由反射镜反射，经光棱镜进入样液薄层，再进入折射棱镜，经折射后的光线，用消色棱镜（阿米西棱镜）消除折射棱镜及样液所产生的色散，由物镜产生的明暗分界线成像于分划板上，通过目镜放大后，成像于观察者眼中。根据目镜中视野的情况，判别终点（明暗分界线刚好通过十字线的交点）。

（2）读数系统。光线由反光镜反射，经毛玻璃射到刻度盘，经转向棱镜及物镜将刻度成像于分划板上，通过目镜放大后，成像于观察者眼中。当旋动旋钮 2（图 4-6），使棱镜摆动，视野内明暗分界线通过十字线交点时，表示光线从棱镜射入样液的入射角达到了临界角。当测定样液浓度不同时，折射率也不同，故临界角 $\alpha$ 的数值亦有所不同。在读数镜筒中即可读取折射率 $n_D^{20}$，或糖液浓度（％），或固形物含量（％）的读数。

阿贝折光计的折射率刻度范围为 1.3000～1.7000，测量精确度可达 0.0003，可测糖溶液浓度或固形物含量范围为 0～95％。

2. 折光计的使用

（1）使用前先要对折光计刻度进行校准，通常折光计对于低刻度值部分可用蒸馏水校准，蒸馏水的折射率在 20℃ 时为 1.33299。对于高刻度值部分通常是用特制的具有一定折射率的标准玻璃块来校准。校准时把进光棱镜打开，在标准玻璃抛光板面上加一滴溴化萘，将之粘在折射棱镜表面，使标准玻璃板抛光的一端向下，以接受光线。测得的折射率应与标准玻璃板的折射率一致，若有偏差，可旋动分界线调节旋钮，使明暗分界线刚好通过十字线交叉点。

（2）将棱镜表面擦干，用滴管滴样液 1～2 滴于进光棱镜的磨砂面上，迅速将两块棱镜闭合，调整反射镜，使光线射入棱镜中。

（3）旋转棱镜旋钮，使视野形成明暗两部分。

（4）旋转补偿器旋钮，使视野中除黑白两色外，无其他颜色。

（5）转动棱镜旋钮，使明暗分界线在十字线交叉点上，由读数镜筒内读取读数。

（6）每次测量后须用洁净的软布揩拭棱镜表面，油类需用乙醇、乙醚或苯等轻轻揩拭。

（7）对颜色深的样品宜用反射光进行测定，以减小误差。方法是调整反光镜，使无光线从进光棱镜射入，同时揭开折射棱镜的旁盖，使光线由折射棱镜的侧孔射入。

（8）折射率通常规定在 20℃ 时测定，如测定温度不是 20℃，应按实际的测定温度进行校正。

# 第三节　旋光度检验法

## 一、概述

旋光度是含有不对称碳原子的有机化合物的一个特征物理常数。含有不对称碳原子的有机化合物的结构不同有不同的旋光能力。因此，通过测定旋光度、计算其比旋光度，可以定性地检验化合物，也可以判断化合物的纯度或溶液的浓度。

### 1. 偏振光和旋光性

（1）偏振光。根据光的波动学说，光是一种电磁波，是横波。日常见到的日光、火光、灯光等都是自然光。光波的振动是在和它前进的方向相互垂直的无限多个平面上。当自然光通过一种特制的玻璃片——偏振片或尼科尔棱镜时，则透过的光线只限制在一个平面内振动，这种光称为偏振光，偏振光的振动平面叫做偏振面。自

图 4-5　自然光和偏振光

然光和偏振光如图 4-5 所示。旋光仪中起偏镜的作用就是把自然光变成偏振光。

（2）旋光性。化合物分子中含有不对称结构，具有手性异构，就会表现出旋光性，例如蔗糖、葡萄糖、氨基酸等。如果将这类化合物溶解于适当的溶剂中，则偏振光通过这种溶液时能使偏振光的振动方向（振动面）发生旋转，这种特性称为物质的旋光性，此种化合物称为旋光性物质。

当平面偏振光通过旋光性物质时，偏振光的振动方向就会偏转，偏转角度的大小反映了该物质的旋光本领。

### 2. 旋光度和比旋光度

（1）旋光度。偏振光通过旋光性物质后，振动方向旋转的角度称为旋光度（旋光角），用 $\alpha$ 表示。能使偏振光的振动方向向右旋转（顺时针旋转）的称为右旋，以（＋）表示，糖类物质中蔗糖、葡萄糖等能把偏振光的振动平面向右旋转。能使偏振光的振动方向向左旋转（逆时针旋转）的称为左旋，以（－）表示，果糖能把偏振光的振动平面向左旋转。

（2）比旋光度。旋光度的大小主要决定于旋光性物质的分子结构，也与溶液的浓度、液层厚度、入射偏振光的波长、测定时的温度等因素有关。同一旋光性物质，在不同的溶剂中有不同的旋光度和旋光方向。由于旋光度的大小诸多因素的影响，缺乏可比性。一般规定：以黄色钠光 D 线为光源，在 20℃时，偏振光透过浓度为 1g/mL、液层厚度为 1dm（10cm）旋光性物质的溶液时的旋光度，叫做比旋光度，用符号 $[\alpha]_D^{20}$（s）表示。它与上述各因素的关系为

纯液体的比旋光度：

$$[\alpha]_D^{20} = \frac{\alpha}{l \times \rho}$$

溶液的比旋光度：

$$[\alpha]_D^{20}\ (s) = \frac{\alpha}{l \times c}$$

式中　$\alpha$——测得的旋光度，(°)；

　　　$\rho$——液体在 20℃时的密度，g/mL；

　　　$c$——每毫升溶液含旋光性物质的质量，g/mL；

　　　$l$——旋光管的长度（液层厚度），dm；

　　　20——测定的温度，℃；

　　　s——所用的溶剂（如溶液的比旋光度无标注，即表明溶剂为水）。

由此可见，比旋光度是旋光性物质在一定条件下的特征物理常数。

## 二、旋光度的测定

1. 旋光仪

（1）旋光仪的构造。旋光仪的型号很多，常见的是国产 WXG 型半阴式旋光仪，其外形和构造如图 4-6 和图 4-7 所示。

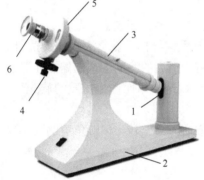

图 4-6　WXG-4 型旋光仪

1. 钠光源；2. 支座；3. 旋光管；4. 刻度盘转动手轮；5. 刻度盘；6. 目镜

光线从光源 1 投射到聚光镜 2、滤色镜 3、起偏镜 4 后，变成平面直线偏振光，再经半阴片 5，视场中出现了三分视场，见图 4-8a、b。旋光物质盛入旋光管 6 放入镜筒测定，由于溶液具有旋光性，故把平面偏振光旋转了一个角度，通过检偏镜 7，从目镜 9 中观察，就能看到左右暗（或亮）、中间亮（或暗）的照度不等的三分视场，如图 4-8a、b 所示，转动刻度盘转动手轮 12，带动刻度盘 11 和检偏镜 7 觅得视场亮度一致时为止，见图 4-8c。然后从放大镜中读出刻度盘旋转的角度，即为试样的旋光度。

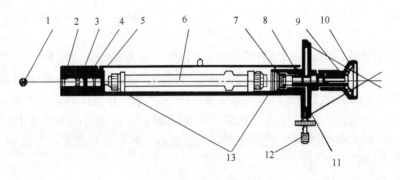

图 4-7　旋光仪的构造

1. 光源（钠光）；2. 聚光镜；3. 滤色镜；4. 起偏镜；5. 半阴片；6. 旋光管；7. 检偏镜；8. 物镜；9. 目镜；10. 放大镜；11. 刻度盘；12. 刻度盘转动手轮；13. 保护片

（2）工作原理。旋光仪的工作原理如图 4-9 所示。

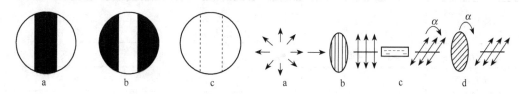

图 4-8　旋光仪三分视场　　　　　　　　图 4-9　旋光仪工作原理

从光源 a 发生的自然光通过起偏镜 b，变为在单一方向上振动的偏振光，当此偏振光通过盛有旋光性物质的旋光管 c 时，振动方向旋转了一定的角度，此时偏振光不再能全部通过检偏镜。调节附有刻度盘的检偏镜 d，使最大量的光线通过（相当于检偏镜和起偏镜平行时的光线通过量），检偏镜所旋转的度数和方向显示在刻度盘上，即为该物质实测的旋光度 $\alpha$。

### 2. 旋光度在食品检验中的应用

许多食品具有旋光性，如糖类物质中的蔗糖、葡萄糖、果糖等。大多数的氨基酸和羟基酸（如乳酸、苹果酸、酒石酸等）也都具有旋光性。

具有旋光性的还原糖类在溶解之后，其旋光度起初迅速变化，然后逐渐变得较缓慢，最后达到一个常数不再改变，这个现象称变旋光作用。这是由于糖存在两种异构体，即 $\alpha$ 型和 $\beta$ 型，它们的比旋光度不同。这两种环形结构及中间的开链结构在构成一个平衡体系的过程中，即显示出变旋光作用。几种糖类的变旋光作用如表 4-1 所示。故在用旋光法测定含葡萄糖或其他还原性糖类（如蜂蜜和结晶葡萄糖）的溶液时，为了得到恒定的旋光度，应把配制的样液放置过夜，再行读数；若需马上读数，可把中性糖液（pH7）加热至沸，或加入几滴氨水或加入 $Na_2CO_3$ 干粉到石蕊试纸刚显碱性。在碱性溶液中，变旋光作用可迅速达到平衡，但微碱性溶液中果糖易分解，故不可放置过久，温度也不宜过高。

表 4-1　几种糖类的变旋光作用

| 糖　类 | $\omega/(g/100g)$ | 开始时的 $[\alpha]_D^{20}/(°)$ | | 平衡时的 $[\alpha]_D^{20}/(°)$ | | 差值/(°) |
|---|---|---|---|---|---|---|
| D-葡萄糖 | 9.097 | +105.2 | 5.5min | +52.5 | 4.5h | -52.7 |
| D-半乳糖 | 10.000 | +117.4 | 7min | +80.3 | 4.5h | -37.1 |
| D-果糖 | 10.000 | +104.0 | 6min | -92.3 | 0.5h | -11.7 |
| 乳糖 | 4.841 | +87.3 | 8min | +55.3 | 10.0h | -32.0 |
| 麦芽糖 | 9.2 | +118.8 | 6min | +136.8 | 6.5h | +17.0 |

大多数的氨基酸、羟基酸（如乳酸、苹果酸、酒石酸等）都具有旋光性。

谷氨酸 $[\alpha]_D^{20}=+32.00°$，谷氨酸钠 $[\alpha]_D^{20}=+25.16°$，苹果酸 $[\alpha]_D^{20}=-3.07°$，酒石酸 $[\alpha]_D^{20}=+14.03°$。

氨基酸的比旋光度随溶剂的 pH 变化而变化，其 $[\alpha]_D^{20}$ 的近似值如表 4-2 所示。

表 4-2　氨基酸的比旋光度随溶剂的 pH 变化而变化

| 旋光物质 | 溶　剂 | | |
|---|---|---|---|
| | 酸　性 | 中　性 | 碱　性 |
| 亮氨酸 | +17 | — | +7 |
| 异亮氨酸 | +37 | +10 | +11 |
| 天冬氨酸 | +34 | +4 | −9 |
| 谷氨酸 | +20 | +10 | −68 |
| 天冬酰胺 | +34 | −6 | −8 |
| 谷氨酰胺 | — | +10 | — |

在食品分析中，旋光法主要用于糖品、味精、氨基酸的分析以及谷类食品中淀粉的测定。其准确性和重现性都较好。

3. 测定操作方法

1）配制试样溶液

准确称取适量（准确至小数点后四位）试样于小烧杯中，加少量水溶解，放置片刻后，将溶液转入 100mL 容量瓶中，置于（20±0.5）℃的恒温水浴中恒温 20min，用（20±0.5）℃的蒸馏水稀释至刻度，备用。

2）旋光仪零点的校正

（1）将旋光仪的电源接通，开启仪器的电源开关，约 10min 后待钠光灯正常发光，开始进行零点校正。

（2）取一支长度适宜（一般为 2dm）的旋光管，洗净后注满（20±0.5）℃的溶剂，旋紧两端的螺帽（以不漏为准），把旋光管内的气泡排至旋光管的凸出部分，擦干管外。

（3）将旋光管放入镜筒内，调节目镜使视场明亮清晰，然后轻缓地转动刻度盘转动手轮至三分视场消失，记下刻度盘读数，准确至 0.05。再旋转刻度盘转动手轮，使视场明暗分界后，再缓缓旋至三分视场消失。如此重复操作记录 3 次，取平均值作为零点。

读数方法：旋光仪的读数系统包括刻度盘及放大镜。仪器采用双游标读数，以消除刻度盘偏心差。刻度盘和检偏镜连在一起，由调节手轮控制，一起转动。检偏镜旋转的角度可以在刻度盘上读出。刻度盘分 360 格，每格 1°，游标分 20 格，等于刻度盘 19 格，用游标读数可以读到 0.05°。旋光度的整数读数从刻度盘上可直接读出，小数点后的读数从游标读数盘中读出，读数方式为游标（0~10）的刻度线与刻度盘线对齐之数值。如图 4-10 的读数为右旋 9.30°。

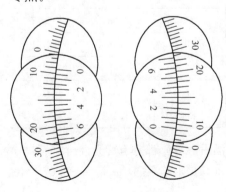

图 4-10　旋光仪刻度盘读数

3）试样测定

将旋光管中的溶剂倾出，用试样溶液润洗旋光管，然后注满（20±0.5）℃的试样溶液，旋紧两端的螺帽，将气泡赶至旋光管的凸出部分，擦干管外的试液。重复步骤（2）中的②、③操作。

4. 结果计算

根据下式计算试样的比旋光度：

$$[\alpha]_D^{20} = \frac{100 \times \alpha}{l \times c}$$

$$\alpha = \alpha_1 - \alpha_0$$

式中 $[\alpha]_D^{20}$——20℃时试样的比旋光度；

$\alpha$——经零点校正后试样的旋光度，（°）；

$l$——旋光管的长度，dm；

$c$——每 100mL 溶液含旋光性物质的质量，g/100mL；

$\alpha_1$——试样的旋光度，（°）；

$\alpha_0$——零点校正值，（°）。

也可根据测定的旋光度，计算试样的纯度或溶液的浓度。

5. 说明

（1）不论是校正仪器零点还是测定试样，旋转刻度盘时必须极其缓慢，否则就观察不到视场亮度的变化，通常零点校正的绝对值在 1°以内。

（2）如不知试样的旋光性时，应先确定其旋光性方向后，再进行测定。此外，试液必须清晰透明，如出现浑浊或悬浮物时，必须处理成清液后测定。

（3）仪器应放在空气流通和温度适宜的地方，以免光学部件、偏振片受潮发霉而使性能衰退。

（4）钠光灯管使用时间不宜超过 4h，长时间使用应用电风扇吹风或关熄 10～15min，待冷却后再使用。

# 第四节　黏度测定法

## 一、概述

黏度指液体的黏稠程度，它是液体在外力作用下发生流动时，液体分子间所产生的内摩擦力。黏度大小是判断液态食品的一个重要物理常数，如海藻胶黏度的测定、淀粉黏度的测定等。

### 1. 黏度的定义

黏度是液体的内摩擦力，是一层液体对另一层液体做相对运动时的阻力。或者说，当流体在外力作用下做层流运动时，相邻两层流体分子之间存在内摩擦力而阻滞流体的流动，这种特性称为流体的黏滞性。衡量黏滞性大小的物理常数称为黏度。黏度随流体的不同而不同，随温度的变化而变化，不注明温度条件的黏度是没有意义的。

### 2. 黏度的种类

黏度通常分为动力黏度（曾称绝对黏度）、运动黏度和条件黏度等。

#### 1）动力黏度

动力黏度是指当 2 个面积为 $1m^2$、垂直距离为 1m 的相邻液层，以 1m/s 的速度做相对运动时所产生的内摩擦力，常用 $\eta$ 表示。当内摩擦力为 1N 时，则该液体的黏度为 1，其法定计量单位为 Pa·s。曾用单位有 P（泊）和 cP（厘泊），它们的相互关系是：1Pa·s＝10P＝1000cP，在温度 $t$ 时的动力黏度用 $\eta_t$ 表示。水在 20℃ 时的动力黏度是 $1.002 \times 10^{-3}$ Pa·s。

#### 2）运动黏度

某流体的动力黏度与该流体在同一温度下的密度之比称为该流体的运动黏度，以 $v$ 表示。

$$v = \frac{\eta}{\rho}$$

法定计量单位是 $m^2/s$，曾用单位有 St（泡）和 cSt（厘泡），它们的关系是：$1m^2/s=10^4 St=10^6 cSt$，在温度 $t$ 时的运动黏度以 $v_t$ 表示。水在 20℃ 时的运动黏度是 $1.0038 \times 10^{-6} m^2/s$。

#### 3）条件黏度

条件黏度是在规定温度下，在特定的黏度计中，一定量液体流出的时间（s）；或者是此流出时间与在同一仪器中规定温度下的另一种标准液体（通常是水）流出的时间之比。根据所用仪器和条件的不同，条件黏度通常有下列几种：

（1）恩氏黏度。试样在规定温度下从恩氏黏度计中流出 200mL 所需的时间与 20℃ 时从同一黏度计中流出 200mL 水所需的时间之比，用符号 $E_t$ 表示。

（2）赛氏黏度。试样在规定温度下，从赛氏黏度计中流出 60mL 所需的时间，单位为 s。

（3）雷氏黏度。试样在规定温度下，从雷氏黏度计中流出 50mL 所需的时间，单位为 s。

以条件性的实验数值来表示的黏度，可以相对地衡量液体的流动性，这些数值不具有任何的物理意义，只是一个公称值。

## 二、黏度的测定方法

### 1. 动力黏度检验法

液态食品的动力黏度通常使用各种类型的旋转黏度计（图 4-11）进行检测。

指针式旋转黏度计的工作原理是用同步电动机以一定速度旋转，带动刻度盘随之旋转，通过游丝和转轴带动转子旋转。若转子未受到阻力，则游丝与圆盘同速旋转。若转子受到黏滞阻力，则游丝产生力矩与黏滞阻力抗衡，直到平衡。此时，与游丝相连的指针在刻度圆盘上指示出一数值，根据这一数值，结合转子号数及转速即可算出被测液体的动力黏度。

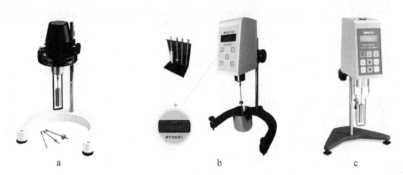

图 4-11　不同类型的旋转黏度计

a. 表盘式黏度计；b. 数显式黏度计；c. 编程型黏度计

（1）动力黏度测定装置。

旋转黏度计：如图 4-12a、b 所示。

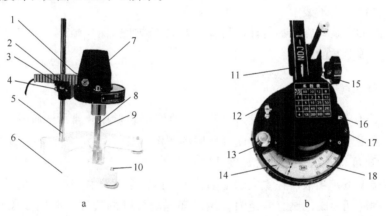

图 4-12　旋转黏度计

a. 旋转黏度计；b. 俯视图

1. 指针控制杆；2. 夹头紧松螺杆；3. 升降夹头；4. 手柄固定螺钉；5. 支柱；6. 支架；7. 转速指示点；
8. 连接螺杆；9. 保护架；10. 水平调节螺钉；11. 扎带；12. 变速旋钮；13. 水准泡；
14. 指针；15. 指针控制杆；16. 电源开关；17. 系数表；18. 刻度盘

超级恒温槽：温度波动范围小于 $\pm 0.5$℃。

容器：直径不小于 70mm，高度不低于 110mm 的容器或烧杯。

（2）操作方法：

① 先估计被测试样的黏度范围，然后根据仪器的量程表选择合适的转子和转速，使读数在刻度盘的 20%～80%。

② 把保护架装在仪器上，将选好的转子旋入连接螺杆。旋转升降旋钮，将仪器缓慢放下，转子逐渐浸入被测试样中至转子标线处。

③ 将试样恒温在所测温度，并保持恒温。

④ 调整仪器水平，拨至所选转速，放下指针控制杆，开启电源，待转速稳定后，按下指针控制杆，观察指针在读数窗口时，关闭电源（若指针不在读数窗口，则再打开电源，使指针在读数窗口），读取读数。重复测定 2 次，取其平均值。

⑤ 测定完毕后，拆下转子和保护架，用无铅汽油洗净转子和保护架，并放入仪器箱中。

（3）结果计算：

$$\eta = \kappa \times \alpha$$

式中　$\eta$——样品的动力黏度，MPa·s；

　　　$\kappa$——旋转黏度计系数；

　　　$\alpha$——旋转黏度计指针的读数。

（4）说明：

① 装卸转子时应小心操作，将连接螺杆微微抬起进行操作，不要用力过大，不要使转子横向受力，以免转子弯曲。

② 不得在未按下指针控制杆时开动电机，不能在电机运转时变换转速。

③ 每次使用完毕应及时拆下转子并清洗干净，但不得在仪器上清洗转子。清洁后的转子妥善安放于转子架中。

新一代的 DV 系列旋转黏度计，具有很方便的转速选择与调节，数字显示黏度、温度、转子编号等参数的功能。

## 2. 运动黏度检验法

运动黏度通常用毛细管黏度计进行测定，在食品检验中，常用于啤酒等液态食品黏度的测定，也用于啤酒生产过程中麦汁黏度的测定。

1）运动黏度检验法（毛细管黏度计法）

在一定温度下，当液体在直立的毛细管中，以完全湿润管壁的状态流动时，其运动黏度 $v$ 与流动时间 $\tau$ 成正比。测定时，用已知运动黏度的液体（常用 20℃时的蒸馏水为标准液体）作标准，测量其从毛细管黏度计流出的时间，再测量试样自同一黏度计流出的时间，则可计算出试样的黏度。

$$\frac{v_t^y}{v_t^b} = \frac{\tau_t^y}{\tau_t^b}$$

即

$$v_t^y = \frac{v_t^b}{\tau_t^b} \times \tau_t^y$$

式中　$v_t^b$——标准液体在一定温度下的运动黏度；

　　　$v_t^y$——样品在一定温度下的运动黏度；

　　　$\tau_t^b$——标准液体在某一毛细管黏度计中的流出时间；

　　　$\tau_t^y$——样品在某一毛细管黏度计中的流出时间。

$v_t^b$ 是已知值，例如水的运动黏度 $v_{20} = 1.0038 \times 10^{-6} \mathrm{m}^2/\mathrm{s}$；$\tau_t^b$ 为可测的确定值，故

对某一毛细管黏度计来说 $\dfrac{\upsilon_t^b}{\tau_t^b}$ 是一常数，称为该毛细管黏度计常数，一般以 $\kappa$ 表示，则上式可写为

$$\upsilon_t^y = \kappa \times \tau_t^y$$

由此可知，在测定某一试液的运动黏度时，只需测定毛细管黏度计的黏度计常数，再测出在指定温度下试液的流出时间，即可计算出试样的运动黏度值。

2）仪器设备

运动黏度测定装置主要由以下几部分组成：

（1）毛细管黏度计（平氏黏度计）：毛细管黏度计一组共有 13 支，毛细管内径分别为 0.4、0.6、0.8、1.0、1.2、1.5、2.0、2.5、3.0、3.5、4.0、5.0、6.0mm。其构造如图 4-13 所示。

选用原则：选用其中一支，使试样流出时间在 120～480s 内。在 0℃及更低温度测定高黏度试样时，流出时间可增加至 900s。

（2）恒温浴：容积不小于 2L，高度不小于 180mm。带有自动控温仪及自动搅拌器，并有透明壁或观察孔。

（3）温度计：测定运动黏度专用温度计，分度值为 0.1℃。

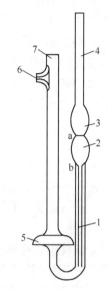

图 4-13　毛细管黏度计

1. 毛细管；2、3、5. 扩大部分；4、7. 管身；6. 支管；a、b. 标线

（4）恒温浴液：根据测定所需的规定温度不同，选用适当的恒温液体。常用的恒温液体见表 4-3。

表 4-3　不同温度下使用的恒温液体

| 温度/℃ | 恒温浴液用的液体 |
| --- | --- |
| 50～100 | 透明矿物油、甘油或 25%硝酸铵水溶液（溶液的表面浮一层矿物油） |
| 20～50 | 水 |
| 0～20 | 水与冰的混合物，或乙醇与干冰（固体二氧化碳）的混合物 |
| −50～0 | 乙醇与干冰的混合物（可用无铅汽油代替乙醇） |

3）操作方法

（1）取一支适当内径的毛细管黏度计，用轻质汽油或石油醚洗涤。如果黏度计沾有污垢，则用铬酸洗液、自来水、蒸馏水及乙醇依次洗净，然后使之干燥。

（2）在如图 4-15 支管 6 处接一橡皮管，用软木塞塞住管身 7 的管口，倒转黏度计，将管身 4 的管口插入盛有标准试样（20℃蒸馏水）的小烧杯中，通过连接支管的橡皮管用洗耳球将标准试样吸至标线 b 处（注意试样中不能出现气泡），然后捏紧橡皮管，取出黏度计，倒转过来，擦干管壁，并取下橡皮管。

（3）将橡皮管移至管身 4 的管口，使黏度计直立于恒温浴中，使其管身下部浸入浴液。在黏度计旁边放一支温度计，使其水银泡与毛细管的中心在同一水平线上。恒温浴

内温度调至 20℃，在此温度保持 10min 以上。

（4）用洗耳球将标准试样吸至标线 a 以上少许（勿使出现气泡），停止抽吸，使液体自由流下，注意观察液面。当液面至标线 a，启动秒表；液面流至标线 b，按停秒表。记下由 a～b 的时间。重复测定 4 次，各次流动时间与其算术平均值的差数不得超过算术平均值的 0.5%，取不少于 3 次的流动时间的算术平均值作为标准试样的流出时间。

（5）倾出黏度计中的标准试样，洗净并使黏度计干燥，用同一黏度计按上述同样的操作测量并记录试样的流出时间。

4）结果计算

根据下式计算试样的运动黏度

$$v_t^y = \kappa \times \tau_t^y \qquad \left(\kappa = \frac{v_t^b}{\tau_t^b}\right)$$

式中　$\kappa$——黏度计常数；

　　　$v_t^y$——样品的运动黏度；

　　　$\tau_t^y$——样品在毛细管黏度计中的流出时间。

5）说明

（1）试样中含有水或机械杂质时，在测定前应经过脱水处理，并过滤除去机械杂质。

（2）由于黏度随温度的变化而变化，所以测定前试液和毛细管黏度计应恒温至所测温度。

（3）试液中有气泡会影响装液体积，也会改变液体与毛细管壁的摩擦力。提取样品时，速度不能过快。

## 第五节　液态食品色度、浊度的测定

### 一、概述

液态食品如饮料、矿泉水、啤酒、各种酒类都有其相应的色度、浊度、透明度等感官指标，色度、浊度、透明度是液体的物理特性，对某些食品来说，这些物理特性往往是决定其产品质量的关键所在。

### 二、色度的测定

色度是液态食品的一个重要的质量指标，测定啤酒的色度，通常采用 EBC 比色法。

1. 原理

EBC 以有色玻璃系列确定了比色标准，其色度从 2～27 单位。比色范围以淡黄色麦芽汁和啤酒为下限；以深色麦芽汁和啤酒，以及焦糖为上限。将试样置一比色器中，在一固定强度光源的反射光照射下，与一组标准有色玻璃相比较，以在 25mm 比色皿装试样时颜色相当的标准有色玻璃确定试样的色度。

2. 仪器

比色计由下列几部分组成：

(1) 色标盘。由 4 组 9 块有色玻璃组成，称为 EBC 色标盘。共分 27 个 EBC 单位，从 2～10，每差半个 EBC 单位有一块有色玻璃，从 10～27，每差一个 EBC 单位有一块有机玻璃。

(2) 光学比色皿。有 5、10、25、40mm 四种规格。

(3) 比色器。可以放置色标盘和装试样的比色皿。

(4) 光源。发光强度 343、377cd/m²。通过反射率大于 95% 的白色反射面反射，用于照明的比色器灯泡在使用 100h 后必须更换。

3. 操作方法

1) 样品处理

方法一：取预先在冰箱中冷至 10～15℃ 的啤酒 500～700mL 于清洁、干燥自 1000mL 搪瓷杯中，以细流注入同样体积的另一搪瓷杯中，注入时两搪瓷杯之间距离为 20～30cm，反复注流 50 次（一个反复为一次），以充分除去酒中二氧化碳，静置。

方法二：取预先在冰箱中冷至 10～15℃ 的啤酒，启盖后经快速滤纸过滤至三角烧瓶中，稍加振摇，静置，以充分除去酒中的二氧化碳。

2) 样品保存

除气后的啤酒，用表面玻璃盖住，其温度应保持在 15～20℃ 备用。啤酒除气操作时的室温应不超过 25℃。

3) 色度测定

淡色啤酒或麦芽汁可使用 25mm 或 40mm 比色皿比色，其色度一般在 10～20EBC。深色啤酒或麦芽汁可使用 5mm 或 10mm 的比色皿比色，或适当稀释后使其色度在 20～27EBC，然后比色。

其结果均应按 25mm 比色皿及稀释倍数换算。

4. 结果计算

$$色度 EBC 单位 = (实测色度 \times 25/比色皿厚度) \times 稀释倍数$$

5. 说明

(1) 色标应定期用哈同溶液（Hartons solution）进行检验。方法如下：将 0.100g 重铬酸钾（$K_2Cr_2O_7$）和 3.500g 钠硝普盐 $[Na_2Fe(CN)_5NO \cdot 2H_2O]$ 溶于蒸馏水中（不得含有任何有机物），置于容量瓶中，定容至 1L。使用的玻璃器皿必须经铬酸处理，不得含有任何有机物。此溶液应放置暗处，存放 24h 后才能使用。这样可以保持一个月不变。

此溶液使用 40mm 比色皿比色，其标准读数为 15EBC 单位。个别结果可能稍高或稍低于此值，其测定值可根据它与标准读数的差别（%）进行调整，本检验应每周进行一次。

(2) EBC 单位与美国 ASBC 单位的换算关系如下：

$$EBC 单位 = 2.65ASBC - 1.2$$
$$ASBC 单位 = 0.375EBC + 0.46$$

### 三、浊度的测定

1. 测定原理

国家标准规定，啤酒浊度使用 EBC 浊度计来测定，它是利用光学原理来测定啤酒由于老化或受冷而引起的浑浊的一种方法。

测量指示盘均按 EBC Formazin 浊度单位进行刻度，可直接测出样品的浑浊度。

2. 仪器

EBC 浊度计。

3. 操作方法

取已制备好的酒样倒入标准杯中，用 EBC 浊度计进行测定，直接读出样品的浑浊度，所得结果应表示至一位小数。

平行试验测定值之差不得超过 0.2EBC。

## 第六节　气体压力测定法

在某些瓶装或罐装食品中，容器内气体的分压常常是产品的重要质量指标。如罐头生产中，要求罐头具有一定的真空度，即罐内气体分压与罐外气压差应小于零，为负压。这是罐头产品必须具备的一个质量指标，而且对于不同罐型、不同的内容物、不同的工艺条件，要求达到的真空度不同。瓶装含气饮料，如碳酸饮料、啤酒等，其 $CO_2$ 含量是产品的一个重要的理化指标，啤酒的泡沫是啤酒中 $CO_2$ 含量的一个表现，但它更是啤酒内在质量的客观反映，啤酒的泡沫特性是啤酒重要质量指标。

这类检测通常都采用简单的测定仪表来检测，如真空计或压力计对容器内的气体分压进行检测。

### 一、罐头真空度的测定

图 4-14　罐头真空度的测定

测定罐头真空度通常用罐头真空表（图 4-14）。它是一种下端带有针尖的圆盘状表，表面上刻有真空度数字，静止时指针指向零，表示没有真空存在，表的基部是一带有尖锐针头的空心管，空心管与表身连接部分有金属保护套，下面一段由厚橡皮座包裹。判定时将表基座的橡皮座平面紧贴于罐盖表面，用力向下加压，使橡皮座内针尖刺入盖内，罐内分压与大气压差使表内隔膜移动，从而连带表面针头转动，即可读出真空度。表基部的橡皮座起到密封作用，防止外界空气侵入。

## 二、碳酸饮料中 $CO_2$ 的测定

将碳酸饮料样品瓶（罐）用测压器上的针头刺入盖内，旋开排气阀，待指针回复零位后，关闭排气阀，将样品瓶（罐）往复剧烈振摇 40s，待压力稳定后记下压力表读数（图 4-15）。旋开排气阀，随即打开瓶盖（罐盖）用温度计测量容器内饮料的温度，根据测得的压力和温度，查碳酸气吸收系数表，即可得到 $CO_2$ 含气量的体积倍数。

图 4-15　碳酸饮料中 $CO_2$ 的测定

 复习思考题

1. 食品密度的测定方法有哪些？其测定原理是什么？
2. 自然光和偏振光有何不同？旋光仪的工作原理是什么？
3. 什么叫旋光度？旋光度的测定原理是什么？
4. 说明黏度的概念，液态食品黏度的测定有哪几种类型？
5. 动力黏度的测定原理是什么？运动黏度的测定原理是什么？

# 第五章　食品一般成分的测定

👉 **学习目标**

　　学习、掌握测定食品中的水分、灰分、酸类物质、脂肪、碳水化合物、蛋白质、氨基酸和维生素等食品中一般成分的测定办法，并介绍水产品鲜度的主要测试指标。要求学生在学习时，要注意各种分析方法的原理及操作要求的意义。

　　食品一般包含了水分、灰分、酸类物质、脂肪、碳水化合物、蛋白质、氨基酸和维生素等基本成分，它们也是食品的固有成分。这些成分的高低往往是确定食品品质的关键指标。

## 第一节　水分的测定

　　水是人体必不可少的重要物质之一。人体内营养素的吸收和代谢产物的排泄都离不开水，水既是人体内生化反应的介质又是生化反应的产物。同时，水还是体内各器官、肌肉、骨骼的润滑剂。此外，水还能够起到调节体温的功能。没有水就没有生命。

　　水在食品中的存在形式有两种：游离水和结合水。游离水又称自由水，主要是指存在于动植物的细胞外各种毛细管和腔体中的自由水，包括吸附于食品表面的吸附水。自由水能作溶剂，易结冰，食品干燥时易从食品中蒸发出来。它容易被细菌、酶或化学反应所触及和利用，故称有效水分。它还可以分为滞化水（或不可移动水）、毛细管水及自由流动水。滞化水是指组织中的显微和亚显微结构与生物膜所阻留住的水；毛细管水是指在生物组织细胞间通过毛细管力所系留的水；自由流动水主要是指体系成分间分散水。结合水又称束缚水，结合水与食品中蛋白质、糖类、盐类等以氢键结合起来而不能自由运动。

　　水是食品的天然成分。各种食品都含有水分，但含量差别很大。控制食品的水分含量，对于保持食品的感官性质，维持食品各组分的平衡关系，防止食品的腐败变质等起着重要的作用。例如，新鲜面包的水分含量若低于 $28\%\sim30\%$，则其外观形态干瘪，失去光泽；乳粉的含水量控制在 $2.5\%\sim3.0\%$，可抑制微生物的生长繁殖，延长保质期。食品中的含水量，是食品储藏期限的决定因素，是检查食品储存质量的依据。水分含量是食品的重要的卫生指标。

任何食品都可以看作是由水分和干物质组成，因此用测定干物质的方法也间接测定了水分，反之亦然。故水分测定的方法可分两类：直接测定法和间接测定法。直接测定法是利用水分本身的物理性质和化学性质去掉样品中的水分，再对其进行定量的方法。直接测定法一般采用烘干、蒸馏等方法去掉或收集样品中的水分，从而获得分析结果。如烘干法、化学干燥法、蒸馏法和卡尔-费休法。间接测定则是利用食品的密度、折射率、电导率、介电常数等物理性质测定水分的方法。间接测定法不需要除去样品中的水分。两者比较而言，直接测定法的准确度高于间接测定法。实际工作中测定水分的方法则根据食品的性质和检验目的来确定。直接测定法适用于谷物及其制品、水产品、豆制品、乳制品、肉制品及卤菜制品等食品的测定；减压干燥法适用于糖及糖果、味精等易分解食品中水分的测定；蒸馏法适用于含较多的挥发性物质的食品，如油脂、香辛料等水分的测定。下面分别介绍几种测定方法。

## 一、水产食品中水分的测定

（一）直接干燥法

1. 原理

基于食品中的水分受热以后产生的蒸汽压高于空气在电热干燥箱中的分压，使水分从食品中蒸发出来。同时，由于不断的加热和水蒸气的不断排走，从而达到完全干燥的目的。食品在 101～105℃ 条件下失去的质量为其含水量。对于浓稠态样品加入海砂或无水硫酸钠进行搅拌使样品增大蒸发面积，使其不致表面结壳而内部水分蒸发受阻，从而影响测定。

2. 试剂

（1）6mol/L HCl：量取 100mL 盐酸加水稀释至 200mL。
（2）6mol/L NaOH 溶液：称取 24gNaOH 加水溶解并稀释至 100mL。
（3）海砂：取用经水洗去泥土的海砂或河砂，先用 6mol/L HCl 煮沸 0.5h，用水洗至中性，再用 6mol/L NaOH 溶液煮沸 0.5h，用水洗至中性，经 105℃烘干备用。

3. 仪器

（1）电热恒温干燥箱。
（2）有盖扁形铝制或玻璃制称量瓶：内径 60～70mm，高 35mm 以下。
（3）蒸发皿。
（4）水浴锅。

4. 操作方法

（1）固体试样：取洁净铝制或玻璃制的扁形称量瓶，置于 101～105℃ 干燥箱中，瓶盖斜支于瓶边，加热 1.0h，取出盖好，置干燥器内冷却 0.5h，称量，并重复干燥至前后两次质量差不超过 2mg，即为恒重。将混合均匀的试样迅速磨细至颗粒小于 2mm，不易研磨的样品应尽可能切碎，称取 2～10g 试样（精确至 0.0001g），放入此称量瓶中，试样厚度不超过 5mm，如为疏松试样，厚度不超过 10mm，加盖，精密称量后，置 101～105℃干燥箱中，瓶盖斜支于瓶边，干燥 2～4h 后，盖好取出，放入干燥器内冷却 0.5h 后称量。然后再放入 101～105℃干燥箱中干燥 1h 左右，取出，放入干燥器内冷却 0.5h 后再称量。并重复以上操作至前后 2 次质量差不超过 2mg，即为恒重（注：两次恒重值在最后计算中，取最后一次的称量值）。

（2）半固体或液体试样：取洁净的称量瓶，内加 10g 海砂及一根小玻璃棒，置于 101～105℃干燥箱中，干燥 1.0h 后取出，放入干燥器内冷却 0.5h 后称量，并重复干燥至恒重。然后称取 5～10g 试样（精确至 0.0001g），置于蒸发皿中，用小玻璃棒搅匀放在沸水浴上蒸干，并随时搅拌，擦去皿底的水滴，置 101～105℃干燥箱中干燥 4h 后盖好取出，放入干燥器内冷却 0.5h 后称量。以下按（1）自"然后再放入 101～105℃干燥箱中干燥 1h 左右……"起依法操作。

5. 结果计算

$$X=\frac{m_1-m_2}{m_1-m_0}\times 100$$

式中　$X$——试样中水分的含量，g/100g；

　　　$m_0$——称量瓶（加海砂、玻璃棒）的质量，g；

　　　$m_1$——称量瓶（加海砂、玻璃棒）和试样干燥前的质量，g；

　　　$m_2$——称量瓶（加海砂、玻璃棒）和试样干燥后的质量，g。

水分含量≥1g/100g 时，计算结果保留三位有效数字；水分含量<1g/100g 时，结果保留 2 位有效数字。

6. 说明与注意事项

（1）本法适用于在 101～105℃下，不含或含其他挥发性物质甚微的谷物及其制品、水产品、豆制品、乳制品、肉制品及卤菜制品等食品中水分的测定，不适用于水分含量小于 0.5g/100g 的样品。

（2）对于热稳定的谷物等，可以提高到 120～130℃；如果糖含量高的样品，高温下（>70℃）长时间加热，可因氧化分解而致明显误差，宜用低温（50～60℃）干燥 0.5h，再用 101～105℃干燥。对于氨基酸、蛋白质及羰基化合物含量高的样品，长时间加热则会发生羰氨反应析出水分；香料油、低醇饮料含较多易挥发成分，这些样品都不宜采用此法。

（3）测定时样品的量一般控制在其干燥后的残留物的质量为 3～5g。故固体或半固体样品称样数量控制在 3～5g，而液体样品如果汁、牛乳等则控制在 15～20g。

（4）测定过程中，称量瓶从干燥箱中取出后，应迅速放入干燥器内冷却，否则不易达到恒重。

（5）称量皿的选择应以样品置于其中平铺开后厚度不超过皿高的 1/3 为宜。

（6）固体样品须磨碎，全部经过 20～40 目筛，混匀。样品制备过程中须防止水分变化。水分含量 14% 以下为安全水分，实验室条件下粉碎过筛处理，水分不会变化，但要求动作要迅速。制备好的样品放入洁净干燥的磨口瓶中备用。对于含水量大于16% 的样品，则常采用二步干燥法测定，即将样品先自然风干后使其达到安全水分标准，再用干燥法测定。

（7）经水分测定后的样品可用于测定脂肪或灰分。

（8）精密度要求：在重复性条件下获得的 2 次独立测定结果的绝对差值不得超过算术平均值的 5%。

（二）减压干燥法

1. 原理

利用在低压下水的沸点降低的原理，将取样后的称量皿置于真空干燥箱内，在选定的真空度与加热温度下干燥至恒重。干燥后样品所失的质量即为其含水量。本方法适用于含糖、味精等易分解的食品的检验。

2. 仪器

（1）真空干燥箱（带真空泵、干燥瓶、安全瓶）。减压干燥法测定水分含量时，为了除去干燥过程中样品蒸发出来的水分及干燥箱恢复常压时空气中的水分，整套仪器设备除用一个真空干燥箱（带真空泵）外，还连了几个干燥瓶和一个安全瓶，设备流程如图 5-1 所示。

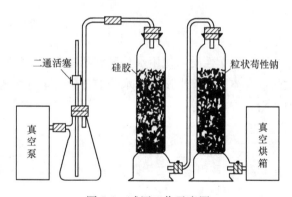

图 5-1　减压工作示意图

（2）有盖扁形铝制或玻璃制称量瓶：内径 60～70mm，高 35mm 以下。

（3）干燥器：内附有效干燥剂。

（4）天平：感量为 0.1mg。

3. 操作方法

（1）试样的制备：粉末和结晶试样直接称取；较大块硬糖经研钵粉碎，混匀备用。

（2）测定：取已恒重的称量瓶称取 2～10g（精确至 0.0001g）试样，放入真空干燥箱内，将真空干燥箱连接真空泵，抽出真空干燥箱内空气（所需压力一般为 40～

53kPa），并同时加热至所需温度 60℃±5℃。关闭真空泵上的活塞，停止抽气，使真空干燥箱内保持一定的温度和压力，经 4h 后，打开活塞，使空气经干燥装置缓缓通入至真空干燥箱内，待压力恢复正常后再打开。取出称量瓶，放入干燥器中 0.5h 后称量，并重复以上操作至前后 2 次质量差不超过 2mg，即为恒重。

4. 结果计算

同"直接干燥法"。

5. 说明与注意事项

（1）本法适用于糖、味精等易分解的食品中水分的测定，不适用于添加了其他原料的糖果，如奶糖、软糖等试样测定，同时该法不适用于水分含量小于 0.5g/100g 的样品。

（2）真空干燥箱内各部位温度要求均匀一致，若干燥时间短时，更应严格控制。

（3）减压干燥时，自干燥箱内部压力降至规定真空度时起计算干燥时间。一般每次干燥时间为 2h，但有的样品需要 5h；恒重一般以减量不超过 0.5mg 为标准，但对受热易分解的样品则可以不超过 1～3mg 的减量值为标准。

（4）精密度要求：在重复性条件下获得的两次独立测定结果的绝对差值不得超过算术平均值的 10%。

（三）蒸馏法

1. 原理

利用食品中水分的物理化学性质，使用水分测定器将食品中的水分与甲苯或二甲苯共同蒸出，根据接收的水的体积计算出试样中水分的含量。本方法适用于含较多其他挥发性物质的食品，如油脂、香辛料等。

2. 试剂

甲苯或二甲苯（化学纯）：取甲苯或二甲苯，先以水饱和后，分去水层，进行蒸馏，收集馏出液备用。

3. 仪器

水分测定器：如图 5-2 所示（带可调电热套）。分接收管容量 5mL，最小刻度值 0.1mL，容量误差小于 0.1mL。

4. 操作方法

准确称取适量试样（应使最终蒸出的水在 2～5mL，但最多取样量不得超过蒸馏瓶的 2/3），放入 250mL 锥形瓶中，加入新蒸馏的甲苯（或二甲苯）75mL，连接冷凝管与水分接收管，从冷凝管顶端注入甲苯，装满水分接收管。

加热慢慢蒸馏，使每秒钟的馏出液为 2 滴，待大部分水分蒸出后，加速蒸馏约每秒钟 4 滴，当水分全部蒸出后，接收管内的水分体积不再增加时，从冷凝管顶端加入甲苯冲洗。如冷凝管壁附有水滴，可用附有小橡皮头的铜丝擦下，再蒸馏片刻至接收管上部及冷凝管壁无水滴附着，接收管水平面保持 10min 不变为蒸馏终点，读取接收管水层的容积。

5. 结果计算

$$X = \frac{V}{m} \times 100\%$$

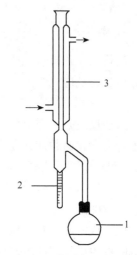

图 5-2　蒸馏式水分测定仪
1.250mL 蒸馏瓶；
2. 水分接收管；3. 冷凝管

式中　*X*——试样中水分的含量 mL/100g（或按水在
　　　　　　20℃的密度 0.99820g/mL 计算质量）；
　　　*V*——接收管内水的体积，mL；
　　　*m*——样品的质量，g。

6. 说明与注意事项

（1）本法适用于含较多挥发性物质的食品如油脂、香辛料等水分的测定，不适用于水分含量小于 1g/100g 的样品。

（2）本法采用一种高效的换热方式，水分可被迅速移去。对易氧化、分解及含有大量挥发性组分的样品，测定的准确性明显优于干燥法。该法设备简单，操作方便，广泛用于谷类、果蔬、油类、香料等多种样品的水分测定。对于香料，此法是唯一公认的水分含量的标准测定法。

（3）测定样品的用量，一般谷类、豆类为 20g，鱼、肉、蛋、乳制品为 5~10g，蔬菜、水果约 5g。

（4）有机溶剂种类很多，最常用的是甲苯、二甲苯、苯。实际测定是根据样品的性质来选择。对热不稳定食品，一般不采用高沸点的二甲苯，而常选用低沸点的甲苯或苯。选用苯时，蒸馏的时间需延长。

（5）蒸馏时温度不宜太高，以防止冷凝管上端水气难以全部冷凝回收。

（6）仪器须洗涤干净，以防止蒸馏时管壁附着水滴，影响测定结果准确性。

（7）精密度：在重复性条件下获得的两次独立测定结果的绝对差值不得超过算术平均值的 10%。

（四）卡尔·费休法

卡尔·费休法（Karl·Fischer）简称费休法或 K-F 法，是在 1935 年由卡尔·费休提出的测定水分的容量方法，属于碘量法，对于测定水分最为专一，也是测定水分最为准确的化学方法。此法常被作为水分特别是痕量水分（低至 $10^{-6}$ 级）的标准分析方法，用以校正其他测定方法。

1. 原理

碘将二氧化硫氧化成三氧化硫时需要一定量的水分参加反应，从碘的消耗量可确定水分含量。反应式为

$$I_2 + SO_2 + 2H_2O \Longrightarrow 2HI + H_2SO_4$$

上述反应是可逆反应，当硫酸浓度达 0.05% 以上时，即能发生逆反应。为使正反应进行完全，必须加入适量的碱性物质吸收反应生成的酸。实验证明，用无水吡啶（$C_5H_5N$）作溶剂能满足此要求。反应进行为

$$C_5H_5N \cdot I_2 + C_5H_5N \cdot SO_2 + C_5H_5N + H_2O \longrightarrow 2C_5H_5N \cdot HI + C_5H_5N \cdot SO_3$$

    碘吡啶       亚硫酸吡啶              氢碘酸吡啶     硫酸吡啶

但生成的硫酸吡啶很不稳定，能与水发生副反应而干扰测定。当有甲醇存在时，硫酸吡啶可生成稳定的甲基硫酸氢吡啶：

$$C_5H_5N \cdot SO_3 + CH_3OH \longrightarrow C_5H_5N \cdot HSO_4CH_3$$

于是促使测定水的滴定反应得以定量完成，总的反应式为

$$(I_2 + SO_2 + 3C_5H_5N + CH_3OH) + H_2O \longrightarrow 2C_5H_5N \cdot HI + C_5H_5N \cdot (H)SO_3OCH_3$$

从上式可看出，1mol 水能与 1mol 碘、1mol 二氧化硫、3mol 吡啶、1mol 甲醇反应，产生 2mol 氢碘酸吡啶和 1mol 甲基氢硫酸吡啶（实际操作的摩尔比为 $I_2$：$SO_2$：$C_5H_5N = 1$：3：10）。

本反应的终点指示有两种方法：

（1）自身指示剂。利用碘溶液颜色变化指示终点。终点前，滴定液中只有 $I^-$，终点时，过量的 1 滴费休试剂中的游离 $I_2$ 即会使溶液呈浅黄色甚至棕黄色，据此变化而停止滴定。此法适用于含 1% 以上水分的样品。

（2）双指示电极安培滴定法。此法又称永停滴定法。其原理是将两枚相似的微铂电极插在被测样品溶液中，给两电极间施加 $10 \sim 25$mV 电压，在开始测定直至终点前，由于溶液中只有 $I^-$ 而无游离 $I_2$，溶液中无电流通过，微安表指针不偏转。当费休试剂与水反应完毕，稍过量的费休试剂滴入溶液中，此时溶液中同时存在 $I^-$ 和 $I_2$，于是产生 $I_2 + 2e \Longrightarrow 2I^-$ 反应，溶液导电，安培表指针偏转至一定刻度并稳定，指示终点。此法更适宜测定深色样品及微量、痕量水分。

2. 试剂

本法对试剂纯度要求很高，特别是含水量应严格控制在 0.1% 以下，因为每升费休试剂只能与大约 6g 水作用。

（1）碘：将固体碘置于硫酸干燥器内，干燥 48h 以上。

（2）二氧化硫：采用钢瓶装的二氧化硫或用硫酸分解亚硫酸钠制得。

（3）无水吡啶：吸取 200mL 吡啶置于干燥的蒸馏瓶中，加 40mL 苯混合后，在沙浴上加热蒸馏，收集 $110 \sim 116$℃ 馏出液密封备用。要求其含水量应在 0.1% 以下。

（4）无水甲醇：量取甲醇约 200mL 置于干燥的 2000mL 的圆底烧瓶中，加光洁镁条 15g，碘 0.5g（作脱水反应的催化剂）。接上冷凝装置，冷凝管的上端和接受器支管

上要装上无水氯化钙干燥管。加热回流至金属镁开始转变为白色絮状的甲醇镁时，再加入甲醇 800mL，继续回流至镁条溶解。分馏，用干燥的抽滤瓶作接受器，收集 64～65℃的馏出液备用。要求其含水量在 0.05% 以下。

（5）卡尔·费休试剂：称取 85g 碘于干燥的 1L 具塞的棕色玻璃试剂瓶中，加入无水甲醇 670mL，盖上瓶盖，摇动至碘全部溶解后，加入 270mL 吡啶混匀，置于冰水浴中冷却，然后通入干燥的二氧化硫气体 60～70g，通气完毕后塞上瓶塞，放置暗处至少24h 后使用。

（6）卡尔·费休试剂标定：预先加入 50mL 无水甲醇于水分测定仪的反应器中。接通电源，启动电磁搅拌器，先用卡尔·费休试剂滴入甲醇中使其残留的痕量水分与试剂作用，直至微安表指针偏转至一定刻度值（45μA 或 48μA）并保持 1min 不变。不记录卡尔·费休试剂的消耗量。然后用 10μL 的微量注射器从反应器的加料口（橡皮塞住）缓缓注入 10μL 蒸馏水（相当于 0.01g 水，可先用天平称量校正），此时微安表指针偏向左边接近零点。用卡尔·费休试剂滴至原定终点，记录卡尔·费休试剂消耗量。

卡尔·费休试剂对水的滴定度 $T$（mg/mL）按下式计算

$$T=M\times\frac{1000}{V}$$

式中　$M$——水的质量，g；
　　　$V$——滴定时消耗的卡尔·费休试剂的体积，mL。

3. 仪器

卡尔·费休水分测定仪。
天平：感量为 0.1mg。

4. 操作方法

精密称取已粉碎均匀的样品 0.3～0.5g 于称样瓶中。一般每份被测样品中含水量以20～40mg 为宜。

在水分测定仪的反应器中加入 50mL 无水甲醇，使其完全淹没电极，用卡尔·费休试剂滴定 50mL 无水甲醇中的痕量水分，滴定至微指针的偏转程度与标定卡尔·费休试剂操作中的偏转情况相当并保持 1min 不变时（不记录试剂用量），打开加料口迅速将称好的试样加入反应器中，立即塞上橡皮塞，开动电磁搅拌器使试样中的水分完全被甲醇萃取出来。然后用卡尔·费休试剂滴定至原设定的终点并保持 1min 不变，记录试剂的消耗量（mL）。

5. 结果计算

$$水分（\%）=\frac{T\times V}{m\times1000}\times100=\frac{T\times V}{10m}$$

式中　$T$——卡尔·费休试剂对水的滴定度，mg/mL；
　　　$V$——滴定时消耗的卡尔·费休试剂体积，mL；

$m$——样品质量，g。

6．说明与注意事项

（1）卡尔·费休法只要有现成的仪器及配好费休试剂，它是快速而准确的测定水分的方法。本法适用于糖果、巧克力、油脂、乳粉和脱水果蔬类等样品。

（2）固体样品的细度为 40 目，最好用破碎机处理而不用研磨机，以防水分损失。样品粉碎时使其含水量均匀是获得测定结果准确性的关键。

（3）样品的用量视其含水量而定，一般以每份被测样品中含水量 20～40mg 为宜。

（4）试验表明，对于含有诸如维生素 C 等强还原性组分的样品不适合采用此法。

（5）试验表明，卡尔·费休法测定糖果样品的水分等于干燥法测得的水分加上经干燥法烘过的样品再用卡尔·费休法测得残留水分。说明卡尔·费休法不仅能测出样品中的自由水，而且还能测出其结合水。所以其测定结果能更客观地反映出样品的实际含水量。

（6）精密度：在重复性条件下获得的两次独立测定结果的绝对差值不得超过算术平均值的 10％。

## 二、水产食品中水分活度值的测定

食品中水分，只有游离状态的水分才能被微生物利用，而结合状态的水则不能被其利用。食品中水分含量测定的结果，得到的是食品的总含水量，它不能说明食品中水分的存在状态，因而不能完全说明食品是否有利于微生物生长，对食品的生产和保藏缺乏科学的指导作用。所以，我们这里引入水分活度的概念。

水分活度是反映食品中游离水分存在的状态。从数值上与相对湿度相同，即溶液中水的逸度与纯水逸度之比值；也可近似地表示为溶液中水蒸气分压与纯水蒸气压之比。水分活度用 $A_w$ 表示，它可用下式来描述：

$$A_W = \frac{p}{p_0} = \frac{n_0}{n_1 + n_0} = \frac{R_H}{100}$$

$$A_w = \frac{p}{p_0}$$

式中　$p$——某种食品在密闭容器中达到平衡状态时的水蒸气分压；

　　　$p_0$——相同温度下纯水的饱和蒸汽压；

　　　$n_0$——水的摩尔数；

　　　$n_1$——溶质的摩尔数；

　　　$R_H$——平衡相对湿度。

$A_W$ 值介于 0～1。当食品为完全的干物质时，$A_W$ 为 0；当食品为纯水时 $A_W$ 为 1。当周围环境中的水蒸气压高于食品表面的水蒸气压力时，食品就会吸湿，其质量也相应地增加，反之，食品就会解湿，其质量会减少，在相同温度下，食品和周围环境蒸汽压达到平衡后，食品的质量即不再变化。

水分活度（$A_W$）表示了食品中水分的存在状态，反映了食品中水分与食品的结合程度或游离程度，反映了食品中能被微生物利用的有效水分的状况，所以在食品生产与保藏中更具意义。$A_w$ 值越大，水分与食品的结合程度就越低，食品的保藏性也越差；相反的，$A_w$ 值越小，水分与食品的结合程度就越高，食品的保藏性就越好。食品的水分活度的高低是不能按其水分含量来衡量的。一般地，同种食品的含水量越高，其水分活度值越大，但不同种食品即使水分含量相同而水分活度值往往不同。例如金黄色葡萄球菌生长要求的最低水分活度值为 0.86，而相当于这个水分活度值的水分含量则随不同的食品而异，如干肉为 23%，乳粉为 16%，干燥肉汁为 63%。

食品中水分活度的测定方法有很多，如蒸汽压力法、电湿度法、附敏感器的湿动仪法、溶剂萃取法、扩散法和水分活度测定仪法等。常用的方法有溶剂萃取法、扩散法和水分活度测定仪法。

（一）溶剂萃取法

1. 原理

利用苯与水不相混溶的性质，以苯为溶剂将样品中水萃取出来。在一定温度下，苯所萃取的水量与样品的水分活度成正比。用卡尔·费休法分别测定苯从食品和从纯水中萃取出来的水量，求出两者的比值即为样品的水分活度值。

2. 试剂

1）卡尔·费休试剂

甲液：在干燥的棕色玻璃瓶中加入 100mL 无水甲醇、8.5g 无水乙酸钠（需预先在 120℃干燥 48h 以上）、5.5g 碘化钾，充分摇匀溶解后，通入 3.0～10.0g 干燥的二氧化硫。

乙液：称取 37.65g 碘，27.8g 碘化钾及 42.25g 无水乙酸钠移入干燥棕色瓶中，加入 500mL 无水甲醇，充分摇匀溶解后备用。

将上述甲、乙液混合，用聚乙烯薄膜套在瓶外，将瓶子置于冰浴中静置一昼夜，取出，放入干燥器中升至室温后备用。

标定：取干燥带塞的玻璃瓶称量，准确加入重蒸馏水 30mg 左右，加入无水甲醇 2mL，在不断振摇下，用卡尔·费休试剂滴定至呈黄棕色为终点。另取 2mL 无水甲醇按同法做空白试验，按下式计算滴定度（$T$）：

$$T = \frac{m}{V - V_0}$$

式中　$T$——卡尔·费休试剂的滴定度（每 1mL 卡尔·费休试剂相当于水的毫克数）；

　　　$m$——重蒸馏水质量，mg；

　　　$V$——滴定水时消耗的卡尔·费休试剂体积，mL；

　　　$V_0$——空白试验时消耗的卡尔·费休试剂体积，mL。

2）苯

光谱纯，开瓶后可覆盖氢氧化钠保存。

3）无水甲醇

见卡尔·费休法测水分含水量的试剂制备。

3. 仪器

水分测定仪。

4. 操作方法

准确称取 1.00g 样品（注意样品需粉碎均匀）置于 250mL 干燥的磨口三角瓶中，加入苯 100mL，盖上瓶盖，置于摇瓶机上振摇 1h，然后静置 10min，吸取此溶液 50mL 于卡尔·费休水分测定器中，加入无水甲醇 70mL（可事先滴定以除去可能残留的水分）。混合均匀，用卡尔·费休试剂滴定至产生稳定的微橙红色不退烧为止，或用 KF-1 型水分测定仪滴定至微安表指针偏转并保持 1min 不变时即为终点。整个测定操作需保持在 25℃±1℃下进行。另取 10mL 重蒸馏水代替样品，加苯 100mL，振摇 2min，静置 5min，然后按上述测定样品的步骤进行操作，同样记录消耗的卡尔·费休试剂的毫升数。

5. 结果计算

$$A_W = \frac{V_n \times 10}{V_0}$$

式中  $V_n$——从食品样品中萃取的水量，即用卡尔·费休试剂滴定度乘以滴定样品萃取液时消耗的卡尔·费休试剂的毫升数；

$V_0$——从纯水萃取的水量，即用卡尔·费休试剂滴定度乘以滴定纯水萃取液时消耗的卡尔·费休试剂的毫升数。

6. 说明与注意事项

（1）本法除苯（光谱纯）提取样品水分外，其他步骤与卡尔·费休法测水分含量相同。

（2）本法与 $A_W$ 测定仪所得结果相当。

（3）测定中所用玻璃仪器都要干燥。

（二）扩散法（康氏皿扩散法）

1. 原理

样品在康威（Conway）微量扩散皿的密封和恒温条件下，分别在 $A_W$ 较高和较低的标准饱和溶液中扩散平衡后，根据样品质量增加（即在较高 $A_W$ 标准溶液中扩散平衡后）和减少（即在较低 $A_W$ 标准溶液中扩散平衡后）的量，求出样品的 $A_W$ 值。

2. 试剂

标准水分活度试剂如表 5-1 所示。

**表 5-1　标准水分活性试剂及其饱和溶液在 25℃ 时的 $A_W$ 值**

| 试剂名称 | $A_W$ | 试剂名称 | $A_W$ |
|---|---|---|---|
| 溴化锂（LiBr·2H$_2$O） | 0.064 | 氯化钠（NaCl） | 0.753 |
| 氯化锂（LiCl·H$_2$O） | 0.113 | 溴化钾（KBr） | 0.809 |
| 氯化镁（MgCl$_2$·6H$_2$O） | 0.328 | 硫酸铵［（NH$_4$）$_2$SO$_4$］ | 0.810 |
| 碳酸钾（K$_2$CO$_3$） | 0.432 | 氯化钾（KCl） | 0.843 |
| 硝酸镁［Mg（NO$_3$）$_2$·6H$_2$O］ | 0.529 | 硝酸锶［Sr（NO$_3$）$_2$］ | 0.851 |
| 溴化钠（NaBr·2H$_2$O） | 0.576 | 氯化钡（BaCl$_2$·2H$_2$O） | 0.902 |
| 氯化钴（CoCl$_2$·6H$_2$O） | 0.649 | 硝酸钾（KNO$_3$） | 0.936 |
| 氯化锶（SrCl$_2$·6H$_2$O） | 0.709 | 硫酸钾（K$_2$SO$_4$） | 0.973 |
| 硝酸钠（NaNO$_3$） | 0.743 | — | — |

3. 仪器

（1）康威氏微量扩散皿（带磨砂玻璃盖），见图 5-3。

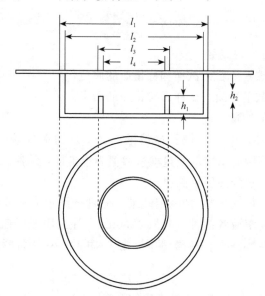

图 5-3　康氏微量扩散皿示意图

$l_1$ 外室外直径，100mm；$l_2$ 外室内直径，92mm；$l_3$ 内室外直径，53mm；

$l_4$ 内室内高度，45mm；$h_1$ 内室高度，10mm；$h_2$ 外室高度，25mm。

（2）小铝皿或称量皿：放样品用，直径为 35mm、高 10mm 的圆形皿，对于多水分样品，则采用样品盒（直径 3.5cm，高 0.7cm 的塑料或不易腐蚀的金属盒）。

（3）分析天平：感量 0.0001g。

（4）恒温培养箱：温度范围 0～40℃，精度±1℃。

4. 操作方法

（1）试样制备。粉末状固体、颗粒状固体及糊状样品：取有代表性样品至少 20.0g，混匀，置于密闭的玻璃容器内。

块状样品：取可食部分的代表性样品至少 200g。在室温 18～25℃，湿度 50%～

80％的条件下，迅速切成约小于 3mm×3mm×3mm 的小块，不得使用组织捣碎机，混匀后置于密闭的玻璃容器内。

（2）预处理。将盛有试样的密闭容器、康威氏皿及称量皿置于恒温培养箱内，于 25℃±1℃条件下，恒温 30min。取出后立即使用及测定。

（3）预测定。分别取 12.0mL 溴化锂饱和溶液、氯化镁饱和溶液、氯化钴饱和溶液、硫酸钾饱和溶液于 4 只康威氏皿的外室，用经恒温的称量皿，迅速称取与标准饱和盐溶液相等份数的同一试样约 1.5g，于已知质量的称量皿中（精确至 0.0001g），放入盛有标准饱和盐溶液的康威氏皿的内室。沿康威氏皿上口平行移动盖好涂有凡士林的磨砂玻璃片，放入 25℃±1℃的恒温培养箱内。恒温 24h。取出盛有试样的称量皿，加盖，立即称量（精确至 0.0001g）。

（4）预测定结果计算。

① 试样质量的增减量按下式计算：

$$X = \frac{m_1 - m_2}{m - m_0}$$

式中　$X$——试样质量的增减量，g/g；

　　　$m_1$——25℃扩散平衡后，试样和称量皿的质量，g；

　　　$m_2$——25℃扩散平衡前，试样和称量皿的质量，g；

　　　$m_0$——称量皿的质量，g。

② 绘制二维直线图。以所选饱和盐溶液（25℃）的水分活度（$A_w$）数值为横坐标，对应标准饱和盐溶液的试样的质量增减数值为纵坐标，绘制二维直线图。取横坐标截距值，即为该样品的水分活度预测值。

（5）试样的测定。依据（4）预测定结果，分别选用水分活度数值大于和小于试样预测结果数值的饱和盐溶液各 3 种，各取 12.0mL，注入康威氏皿的外室。按法（3）中"迅速称取与标准饱和盐溶液相等份数的同一试样约 1.5g……加盖，立即称量（精确至 0.0001g）"操作。

5. 结果计算

同 4 中（4）。取横坐标截距值，即为该样品的水分活度值。当符合允许差所规定的要求时，取 3 次平行测定的算术平均值作为结果。

计算结果保留 3 位有效数字。

举例说明。某样品在硫酸钾中增重 14mg，在硝酸钾中增重 7mg，在氯化钡增重 3mg，在氯化钾中减重 9mg，在溴化钾中减重 15mg，查表 4-2 得各试剂在 25℃时的 $A_w$ 值，如图 5-4 所示，可求得该样品的 $A_w = 0.894$。

6. 说明与注意事项

（1）取样要在同一条件下进行，操作要迅速。

（2）试样的大小和形状对测定结果影响不大。

（3）取食品的固体或液体部分，样品平衡后其结果没有差异。

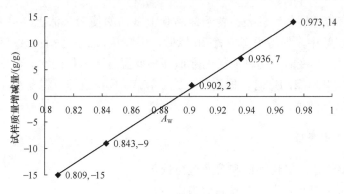

图 5-4　$A_W$值测定图解

（4）康氏扩散皿的密封性要好。

（5）绝大多数样品可在 2h 后测得 $A_W$ 值，但米饭类、油脂类、油浸烟熏鱼类则需 4d 左右时间才能得到结果，因此，必须加入样品量的 0.2% 的山梨酸防腐，并以山梨酸溶液做空白试验。

（6）精密度：在重复性条件下获得的 3 次独立测定结果与算术平均值相对偏差不超过的 10%。

（三）水分活度测定仪法（$A_W$ 测定仪法）

1. 原理

在一定温度下，利用 $A_W$ 测定仪装置中的传感器，直接测定样品中的水蒸气压，根据食品中水的蒸汽压力的变化，从仪器的表头上可读出指针所示的水分活度。在样品测定前需用氯化钡饱和溶液校正 $A_W$ 测定仪的 $A_W$ 为 0.900。

2. 试剂

氯化钡饱和溶液。

3. 仪器

（1）水分活度测定仪：精度 $\pm 0.02 A_W$。

（2）20℃恒温箱。

4. 操作方法

（1）仪器校正：用小镊子将 2 张滤纸浸于氯化钡饱和溶液中，待滤纸均匀地浸湿后，用小镊子轻轻地把滤纸放在仪器的样品盒内，然后将具有传感器装置的表头放在样品盒上，轻轻地拧紧。将水分活度测定仪移置于 20℃恒温箱中，维持恒温 3h 后，用小钥匙将表头上的校正螺丝拧动至 $A_W$ 为 0.900。最好重复上述操作过程再校正一次。

（2）样品测定：取试样经 15～25℃恒温后，果蔬类样品迅速捣碎或按比例取汤汁与固形物，肉和鱼等试样需适当切细，置于仪器样品盒中，保持平整且不高出垫圈底部，然后将具有传感器装置的表头置于样品盒上（切勿使表头沾上样品）轻轻地拧紧，移置于20℃恒温箱中，保持恒温放置2h以后，不断从仪器表头上观察仪器指针的变化状况，待指针恒定不变时，指针所指的数值即为此温度下试样的水分活度值。

如果不在20℃恒温测定时，根据表5-2所示$A_w$校正值即可将非20℃时的$A_w$测定值校正成20℃时的数值。

5. 说明与注意事项

（1）仪器要经常用氯化钡饱和溶液进行校正。

（2）测定时切勿使表头沾上样品盒内样品。

（3）温度若不在20℃时，可用下法校正成20℃的$A_w$。如某样品在15℃测得$A_w=0.930$，查温度校正表得校正值为$-0.01$，故该样品在20℃时的$A_w=0.930+(-0.010)=0.920$；反之，在25℃时测得的$A_w=0.940$，查表得校正值为$+0.010$，则在20℃时样品的$A_w=0.940+(+0.010)=0.950$。

（4）计算结果保留3位有效数字。

（5）精密度：在重复性条件下获得的3次独立测定结果与算术平均值相对偏差不超过的10%。

表5-2　$A_w$值的温度校正值

| 温度/℃ | 校正值 | 温度/℃ | 校正值 |
|---|---|---|---|
| 15 | −0.010 | 21 | +0.002 |
| 16 | −0.008 | 22 | +0.004 |
| 17 | −0.006 | 23 | +0.006 |
| 18 | −0.004 | 24 | +0.008 |
| 19 | −0.002 | 25 | +0.010 |

（四）几种方法的比较

水分活度测定仪法操作简便，能在较短时间里得到结果，扩散法结果较为标准，溶剂萃取法和扩散法操作较繁，但只要仔细操作也能得到满意的结果。

## 第二节　灰分的测定

食品高温灼烧后的无机残留物，即称为灰分。食品的组成很复杂，除含有大量有机物质外，还含有丰富的无机成分，其中含量较多的有Ca、Mg、K、Na、S、P、Cl等元素，此外还有少量的微量元素，如Fe、Cu、Zn、Mn、I、F、Se等。当这些组分在高温（500～600℃）下灼烧时，发生了一系列的变化：水分和挥发性物质以气态直接逸出；有机物中的碳、氢、氮等元素与空气中的氧生成二氧化碳、水分和氮的氧化物而散失；有机酸的金属盐转换为金属氧化物或碳酸盐；有些特殊组分转变为氧化物，或生成磷酸盐、卤化物、硫酸盐等，而无机成分（主要是无机盐和氧化物）则残留下来。由此可知，灰分的化学成分虽较复杂，但主要是氧化物和无机盐类。

由于食品组成、灼烧条件不同，残留物成分也各不相同。灰分的测定包括总灰分、水溶性灰分与水不溶性灰分、酸不溶性灰分等几个内容。水溶性灰分大部分为 K、Na、Mg、Ca 等氧化物和可溶性盐；水不溶性灰分除泥沙外，还有 Fe、Al 等元素的氧化物和碱土金属的碱式磷酸盐；酸不溶性灰分大部分来自经污染而混入食品中的泥沙和食品组织原来存在的少量 $SiO_2$。

测定灰分具有十分重要的意义：

（1）不同食品，因所用原料、加工方法和测定条件不同，各种灰分的组成和含量也不相同。当这些条件确定后，某种食品的灰分常在一定的范围内，如果灰分含量超过了正常范围，说明食品生产过程中，使用了不合乎卫生标准的原料或食品添加剂，或食品在生产、加工、储藏过程中受到了污染。因此测定灰分可以判断食品受污染的程度。

（2）测定灰分可以作为评价食品的质量指标。例如，生产富强粉时，其加工精度可以由灰分含量表示，这是由于小麦麸皮中的灰分含量比胚乳高 20 倍左右；对于琼胶、明胶等产品，灰分可以反映这些产品的组成及凝胶性能。

（3）测定植物性原料的灰分可以反映植物生长的成熟度和自然条件对其影响，测定动物性原料的灰分可以反映动物品种、饲料组分对其的影响，测定动物性原料的灰分可以反映动物品种、饲料组分对其的影响。

目前主要有三种有效的灰化方法：如用于测定大量样品的干法灰化．用于高脂样品（如肉类和肉类制品）中元素含量分析的湿法灰化、进行挥发性元素分析时用的低温等离子干法灰化（也称简单等离子灰化或低温灰化）。现在已有可用于干法或湿法灰化的微波系统。在灰化之前，大多数的干样品不需制备（如完整的谷粒、谷类食品、干燥蔬菜）。而新鲜蔬菜则必须干燥；高脂样品（如肉类）先干燥、脱脂；水果和蔬菜必须考虑水溶性灰分和灰分的碱度，并按湿基或干基计算食品的灰分含量；灰分的碱度可有效地测定食品的酸碱平衡和矿物质含量，以检测食品中掺杂情况。

## 一、总灰分的测定

一般食品多测总灰分。对于某些食品，总灰分是一项有效的质量控制指标。不同食品的灰分含量是不同的。鱼类灰分随品种及捕获季节而变化，一般在 $0.8\% \sim 2.0\%$；家畜等动物性原料，因品种、饲料及其他因素而异，大致为 $0.5\% \sim 1.2\%$；植物性原料的灰分随种类、自然条件及成熟度等因素不同，大致鲜果 $0.2\% \sim 1.2\%$，蔬菜 $0.2\% \sim 1.2\%$，其他产品，如牛乳 $0.6\% \sim 0.7\%$，乳粉 $5\% \sim 5.7\%$，脱脂乳粉 $7.8\% \sim 8.2\%$，蛋白 $0.6\%$，蛋黄 $1.6\%$。

1. 原理

样品高温灼烧后称重即得的残留物。

2. 操作条件的选择

1) 灰分的测定主要两个操作步骤

(1) 炭化。即食品低温下加热的过程。要求将样品加热到完全不冒烟为止。对于多脂样品，用酒精灯加热时，样品容易着火燃烧，为防止灰分逸失，应立即移开火源，盖上坩埚盖，待火焰熄灭后，再行加热。

(2) 灰化。即食品高温下灼烧的过程。灰化温度：一般 500～600℃。具体到不同样品，使用不同温度。如水果及其制品、蔬菜制品、肉及其肉制品不超过 525℃，谷物制品、乳制品不超过 550℃（奶油不超过 500℃），鱼及其他海产品不超过 550℃，否则无机物将有所损失。

灰化时间：一般样品并不规定，要求灼烧至灰分呈全白或浅灰色并达到恒重为止。但也有例外，如对谷物饲料或秸秆饲料，则灰化时间规定为 600℃、2h。

对于难以灰化的样品，可以用下法处理：

① 样品熔融，炭粒无法灰化时：可以在初步灼烧后，取出坩埚，冷却，加少许水，用玻璃棒研磨，使被熔融的磷酸盐包住的炭粒露出来，小心蒸干水分，再进行灼烧。

② 添加浓硝酸、过氧化氢等强氧化剂帮助灰化：这类物质在灼烧后完全消失，不致增加灰分重量。

③ 添加氧化镁、碳酸钙等惰性物质：它们与样品混合，灰化时使炭粒不致相互覆盖，加速灰化。但此法应同时做空白实验。

2) 灰化容器

通常以坩埚作为灰化容器。坩埚分素烧瓷坩埚、铂坩埚、石英坩埚等多种。其中最常见的是素瓷坩埚。它具有耐高温（1200℃）、内壁光滑、耐稀酸、价格低廉等优点，但耐碱性能较差，当灰化碱性食品（如水果、蔬菜、豆类）时，瓷坩埚内壁的釉层会部分溶解，反复多次使用后，往往难以保持恒重。另外，当温度骤变时，易发生破裂，因此要注意使用。石英坩埚耐酸和卤素，但不耐碱。铂坩埚具有耐高温（1773℃），能抗碱金属碳酸盐及氟化氢的腐蚀，导热性能好，吸湿性小等优点，但价格昂贵，故使用时应特别注意其性能和使用规则，另外，使用不当时会腐蚀和发脆。

3) 取样量

测定灰分时，取样量的多少应根据试样的种类和性状来决定，食品的灰分与其他成分相比，含量较少，例如，谷物及豆类为 1%～4%，蔬菜为 0.5%～2%，水果为 0.5%～1%，鲜鱼、贝为 1%～5%，而精糖只有 0.01%。所以取样时应考虑称量误差，以灼烧后得到的灰分量为 10～100mg 来决定取样量。通常奶粉、麦乳精、大豆粉、调味料、鱼类及海产品等取 1～2g；谷物及其制品、肉及其制品、糕点、牛乳等取 3～5g；蔬菜及其制品、砂糖及其制品、淀粉及其制品、蜂蜜、奶油等取 5～10g；水果及其制品取 20g；油脂取 50g。

3. 试剂

(1) 1:4 盐酸溶液。

（2）0.5％FeCl₃溶液和等量蓝墨水的混合液。

（3）乙酸镁溶液（80g/L）：称取 8.0g 乙酸镁［乙酸镁（CH₃COO₂Mg・4H₂O）：分析纯］加水溶解并定容至 100mL，混匀。

（4）6mol/L HNO₃。

（5）36％H₂O₂。

（6）辛醇或纯植物油（橄榄油）。

4. 仪器

（1）高温炉（或称马弗炉、马福炉）。

（2）分析天平。

（3）瓷坩埚或石英坩埚。

（4）坩埚钳。

（5）干燥器。

5. 操作方法

（1）坩埚的灼烧。取大小适宜的石英坩埚或瓷坩埚置马弗炉中，在550℃±25℃下灼烧0.5h，冷却至200℃左右，取出，放入干燥器中冷却30min，准确称量。重复灼烧至前后2次称量相差不超过0.5mg为恒重。

（2）称样。灰分大于10g/100g的试样称取2～3g（精确至0.0001g）；灰分小于10g/100g的试样称取3～10g（精确至0.0001g）。

（3）测定。

① 一般食品。液体和半固体试样应先在沸水浴上蒸干。固体或蒸干后的试样，先在电热板上以小火加热使试样充分炭化至无烟，然后置于马弗炉中，在550℃±25℃灼烧4h。冷却至200℃左右，取出，放入干燥器中冷却30min，称量前如发现灼烧残渣有炭粒时，应向试样中滴入少许水湿润，使结块松散，蒸干水分再次灼烧至无炭粒即表示灰化完全，方可称量。重复灼烧至前后2次称量相差不超过0.5mg为恒重。按式（1）计算。

② 含磷量较高的豆类及其制品、肉禽制品、蛋制品、水产品、乳及乳制品。称取试样后，加入1.00mL乙酸镁溶液，使试样完全润湿。放置10min后，在水浴上将水分蒸干，以下步骤按①自"先在电热板上以小火加热……"起操作。按式（2）计算。吸取3份相同浓度和体积的乙酸镁溶液，做3次试剂空白试验。当3次试验结果的标准偏差小于0.003g时，取算术平均值作为空白值。若标准偏差超过0.003g时，应重新做空白值试验。

6. 结果计算

$$X_1 = \frac{m_1 - m_2}{m_3 - m_2} \times 100 \tag{1}$$

$$X_2 = \frac{m_1 - m_2 - m_0}{m_3 - m_2} \times 100 \tag{2}$$

式中　$X_1$（测定时未加乙酸镁溶液）——样品中灰分的含量，g/100g；

　　　$X_2$（测定时加入乙酸镁溶液）——样品中总灰分的含量，g/100g；

　　　$m_0$——氧化镁（乙酸镁灼烧后生成物）的质量，g；

　　　$m_1$——坩埚和灰分的质量，g；

　　　$m_2$——坩埚的质量，g；

　　　$m_3$——坩埚和试样的质量，g。

### 7. 说明与注意事项

（1）样品炭化时要注意热源强度，防止产生大量泡沫溢出坩埚。

（2）把坩埚放入高温炉或从炉中取出时，要放在炉口停留片刻，使坩埚预热或冷却，防止因温度剧变而使坩埚破裂。

（3）灼烧后的坩埚应冷却到200℃以下再移入干燥器中，否则因热的对流作用，易造成残灰飞散，且冷却速度慢，冷却后干燥器内形成较大真空，盖子不易打开。

（4）从干燥器内取出坩埚时，因内部成真空，开盖恢复常压时应注意使空气缓缓流入，以防残灰飞散。

（5）灰化后所得残渣可留作 Ca、P、Fe 等成分的分析。用过的坩埚经初步洗刷后，可用粗盐酸或废盐酸浸泡 10～20min，再用水冲刷洁净。

（6）在测定鲜水产品等含水分高的样品时，可预先测定其水分含量，再炭化、灰化，测定灰分含量。

（7）炭化时，若发生膨胀，可滴加橄榄油数滴。

（8）试样中灰分含量≥10g/100g 时，保留 3 位有效数字；试样中灰分含量≤10g/100g 时，保留 2 位有效数字。

（9）精密度：在重复性条件下获得的 2 次独立测定结果的绝对差值不得超过算术平均值的 5%。

## 二、水溶性灰分和水不溶性灰分的测定

水溶性灰分大多是钾、钠、钙、镁等的氧化物和可溶性盐；水不溶性灰分除泥砂外，还有铁、钼等元素的氧化物和碱土金属的碱式磷酸盐。二者也可作为某些食品的控制指标。如水溶性灰分可指示果酱、果冻等制品的水果含量。

### 1. 原理

将总灰分用水溶解，过滤，所得残渣即为水不溶性灰分。由总灰分减去水不溶性灰分，即为水溶性灰分。

### 2. 试剂

同总灰分的测定。

3. 仪器

同总灰分的测定。

4. 操作方法

将测定总灰分所得的灰分，加水约 25mL，盖上表面皿，加热至近沸，以无灰滤纸过滤，用 25mL 热水分次洗涤坩埚、残渣和滤纸。将残渣连同滤纸一同移回原坩埚中，先用小火烧至无烟，再置高温炉中，500～600℃灼烧至灰分呈白色。取出坩埚冷至 200℃，放入干燥器中冷却至室温，称重。重复灼烧至前后两次称量差不超过 0.2mg。

5. 结果计算

$$X=\frac{m_1-m_0}{m_2-m_0}\times100$$

式中　$X$——样品中水不溶性灰分的含量，g/100g；

　　　$m_0$——坩埚的质量，g；

　　　$m_1$——坩埚和水不溶性灰分的质量，g；

　　　$m_2$——坩埚和样品的质量，g。

　　　　　水溶性灰分（％）＝总灰分（％）－水不溶性灰分（％）。

### 三、酸溶性灰分和酸不溶性灰分的测定

酸不溶性灰分大多来自经污染而混入食品中的泥砂和食品组织产生的少量的二氧化硅。

1. 原理

将总灰分（或水不溶性灰分）用稀盐酸溶解，过滤，所得残渣即为酸不溶性灰分；由总灰分减去酸不溶性灰分即为酸溶性灰分。

2. 仪器

高温炉等。

3. 操作方法

酸溶性灰分和酸不溶性灰分的测定方法与水溶性灰分和水不溶性灰分的测定方法相同，只是用 0.1mol/L 盐酸代替水。

4. 结果计算

$$X=\frac{m_1-m_0}{m_2-m_0}\times100$$

式中　$X$——样品中酸不溶性灰分的含量，g/100g；

　　　$m_0$——坩埚的质量，g；

$m_1$——坩埚和酸不溶性灰分的质量，g；

$m_2$——坩埚和样品的质量，g。

$$酸溶性灰分（\%）＝总灰分（\%）－酸不溶性灰分（\%）$$

# 第三节　食品中酸类物质的测定

食品中的酸味成分，主要是溶解于水的一些有机酸和无机酸。在果蔬及其制品中，以苹果酸、柠檬酸、酒石酸、琥珀酸和醋酸为主；在肉、鱼类食品中则以乳酸为主；此外还有一些无机酸，如盐酸、磷酸等。这些酸味物质有的是天然成分，像葡萄中的酒石酸；有的是人为加入的，如配制型的饮料中加入的柠檬酸等。这些都是食品重要的呈味物质，对食品的风味有着较大的影响，并在维持人体的酸碱平衡方面起着重要的作用。同时，它影响食品的稳定性和质量品质。通过食品中酸度的检验，可以了解食品的成熟度，不同生长时期的水果、蔬菜，其酸度均不同；在食品的加工、储存、运输过程中，可了解食品的变化情况，确定其质量品质。在分析与研究食品中的酸度，首先应区分如下几种不同概念的酸度：

（1）总酸度。总酸度是指食品中所有酸注成分的总量。它包括未离解的酸的浓度和已离解的酸的浓度，其大小可借标准碱滴定来测定，故总酸度又称"可滴定酸度"。

（2）有效酸度。有效酸度是指被测溶液中 $H^+$ 的浓度，准确达说应是溶液中 $H^+$ 的活度，所反映的是已离解的那部分酸的浓度，常用 pH 表示。其大小可用酸度计（即 pH 计）来测定。

（3）挥发酸。挥发酸是指食品中易挥发的有机酸，如甲酸、醋酸及丁酸等低碳链的直链脂肪酸。其大小可通过蒸馏法分离，再借标准减滴定来测定。

食品酸度检验，包括总酸度、有效酸度和挥发酸。

## 一、总酸度的测定

### 1. 原理

食品中的有机酸用标准碱滴定时，被中和生成盐类。用酚酞作指示剂，滴定终点时，溶液呈淡红色，以半分钟不退色为终点。根据消耗标准碱的浓度和体积，计算出样品中总酸含量。反应式为

$$RCOOH＋NaOH \longrightarrow RCOONa＋H_2O$$

### 2. 试剂

（1）1%酚酞指示剂：称取酚酞 1g 溶解于 100mL 95% 乙醇中。

（2）0.1mol/L 氢氧化钠标准溶液：称取氢氧化钠（A. R.）110g 于 250mL 烧杯中，加入无二氧化碳蒸馏水 100mL，振摇使其溶解，冷却后置于塑料瓶中、密封、澄清后取上清液 5.4mL，加新煮沸冷却的蒸馏水至 1000mL，摇匀。

标定：精密称取 0.75g（准确至 0.0001g）在 105～110℃ 干燥至恒重的基准邻苯二

甲酸氢钾，加 50mL 新煮沸过的冷蒸馏水，振摇使其溶解，加 2 滴酚酞指示剂，用配制的 NaOH 标准溶液滴定至溶液呈微红色 30s 不退。同时做空白试验。

标定计算：

$$c=\frac{m\times1000}{(V_1-V_2)\times204.2}$$

式中 $c$——氢氧化钠标准溶液的摩尔浓度，mol/L；

$m$——基准邻苯二甲酸氢钾的质量，g；

$V_1$——标定时所耗用氢氧化钠标准溶液的体积，mL；

$V_2$——空白试验中所耗用氢氧化钠标准溶液的体积，mL；

204.2——邻苯二甲酸氢钾的摩尔质量，g/mol。

3. 操作方法

1）试样的制备

（1）液体样品。

不含二氧化碳的样品：充分混合均匀，置于密闭玻璃容器内。

含二氧化碳的样品：至少取 200g 样品于 500mL 烧杯中，置于电炉上，边搅拌边加热至微沸腾，保持 2min 称量，用煮沸过的水补充至煮沸前的质量，置于密闭玻璃容器内。

（2）固体样品。取有代表性的样品至少 200g，置于研体或组织捣碎机中，加入与样品等量的煮沸过的水，用研体研碎，或用组织捣碎机捣碎，混匀后置于密闭玻璃容器内。

（3）固、液样品。按样品的固、液体比例至少取 200g 用研体研碎，或用组织捣碎机捣碎，混匀后置于密闭玻璃容器内。

2）试液的制备

（1）总酸含量小于或等于 4g/kg 的试样。将试样用快速滤纸过滤，收集滤液，用于测定。

（2）总酸含量大于 4g/kg 的试样。称取 10～50g 的试样，精确至 0.001g，置于 100mL 烧杯中，用约 80℃煮沸过的水将烧杯中的内容物转移到 250mL 容量瓶中（总体积约 150mL）。置于沸水中煮沸 30min（摇动 2～3 次，使试样中的有机酸全部溶解于溶液中），取出，冷却至室温（约 20℃），用煮沸过的水定容至 250mL。用快速滤纸过滤。收集滤液，用于测定。

3）测定

称取 25.000～50.000g 2）中制备的试液，使之含 0.035～0.070g 酸，置于 250mL 三角瓶中。加 40～60mL 水及 0.2mL 1%酚酞指示剂，用 0.1mol/L 氢氧化钠标准滴定溶液（如样品酸度较低，可用 0.01mol/L 或 0.05mol/L 氢氧化钠标准滴定溶液）滴定至微红色 30s 不退色，记录消耗 0.1mol/L 氢氧化钠标准滴定溶液的体积的数值（$V_1$）。同一被测样品应测定 2 次。

空白试验：用水代替试液，按上述中步骤操作。记录消耗 0.1mol/L 氢氧化钠标准滴定溶液的体积的数值（$V_2$）。

4. 结果计算

$$X = \frac{c(V_1 - V_2) \times K \times F}{m} \times 1000$$

式中　$X$——食品中总酸的含量，g/kg；

　　　　$c$——氢氧化钠标准滴定溶液的浓度，mol/L；

　　　　$V_1$——滴定试液时消耗氢氧化钠标准滴定溶液的体积，mL；

　　　　$V_2$——空白试验时消耗氢氧化钠标准滴定溶液的体积，mL；

　　　　$K$——酸的换算系数：苹果酸，0.067；乙酸，0.060；酒石酸，0.075；柠檬酸，
　　　　　　0.064；柠檬酸，0.070（含1分子结晶水）；乳酸，0.090；盐酸，0.036；
　　　　　　磷酸，0.049。

　　　　$F$——试液的稀释倍数；

　　　　$m$——试样的质量，g。

计算结果表示到小数点后2位。

5. 说明与注意事项

（1）所用的蒸馏水不得含有二氧化碳，否则会影响测定的结果，临用时须煮沸迅速冷却。

（2）精密度：同一样品的2次测定值之差，不得超过2次测定平均值的2%。

## 二、有效酸度的测定

有效酸度是指被测溶液中的氢离子浓度，即溶液中氢离子的活度，有效酸度的大小，可以说明食品中的水解程度，测定的方法常用酸度计。

1. 原理

以玻璃电极为指示电极，甘汞电极为参比电极组成原电池，它们在溶液中产生一个电动势，其大小与溶液中的氢弹离子浓度有直接关系：

$$E = E^\circ - 0.0591\text{pH}$$

即每相差一个pH单位就产生态59.1mV的电极电位，故可在酸度计表头上可读出样品溶液的pH。

2. 试剂

（1）pH4.01标准缓冲溶液（20℃）。准确称取115℃±5℃烘干2～3h的邻苯二甲酸氢钾（$KHC_8H_4O_4$）10.12g，溶于不含二氧化碳的水中，稀释至1000mL，摇匀。

（2）pH6.86标准缓冲溶液（20℃）。准确称取115℃±5℃烘干2～3h的磷酸二氢钾（$KH_2PO_4$）3.39g和无水磷酸氢二钠（$Na_2HPO_4$）3.53g，溶于水中，稀释至1000mL，摇匀。

（3）pH9.18标准缓冲溶液（20℃）。准确称取硼砂（$Na_2B_4O_7 \cdot 10H_2O$）3.80g，溶于去除二氧化碳的水中，稀释至1000mL，摇匀。

（4）按市售的 pH 标准缓冲溶液的盐类所标明的方法配制。

3. 仪器

酸度计：精度±0.1（pH）。
复合电极。
电磁搅拌器。
组织捣碎机。

4. 操作方法

（1）样品处理。果蔬类样品榨汁后，取汁液直接测定，鱼、肉等固体类样品捣碎后用无二氧化碳的蒸馏水（按 1∶10 加水），浸泡，过滤。取滤液进行测定。

（2）pH 计的校正（如 PHS-3C 酸度计）。

① 安装好仪器、电极，打开仪器后部的电源开关，预热 0.5h。

② 调节选择旋钮至 pH 挡；用温度计测量被测溶液的温度，读数，例如 25℃。调节温度旋钮至测量值 25℃。调节斜率旋钮至最大值。

③ 打开电极套管，用蒸馏水洗涤电极头部，用吸水纸仔细将电极头部吸干，将复合电极浸入 pH6.86 标准缓冲溶液中，使溶液淹没电极头部的玻璃球，待读数稳定后，调节定位旋钮，使显示值为该溶液 25℃时标准 pH6.86。

④ 将电极取出，洗净、吸干，插入 pH4.01（或 9.18）的标准缓冲溶液中，待读数稳定后，调节斜率旋钮，使显示值为该溶液 25℃时标准 pH4.01（或 9.18）。

⑤ 将以上③④两个校正步骤重复一、二次，直到两标准溶液的测量值与标准 pH 基本相符为止。一旦仪器校正完毕，"定位"和"斜率"调节器不得有任何变动。

（3）测定。用无二氧化碳蒸馏水冲洗电极，用滤纸吸干，再用待测样液冲洗电极，将电极插入待测样液中，待读数稳定后，记录读数。

5. 说明与注意事项

玻璃电极不用时应浸泡于蒸馏水中。

## 三、挥发酸的测定

挥发酸主要是醋酸、蚁酸和丁酸等。食品在加工过程中，由于原料不合格，或工艺操作不当，致使糖发酵而使挥发酸含量增加，而降低食品的品质。测定方法一般采用水蒸气蒸馏法。

1. 原理

样品的经处理后加适量磷酸使结合态挥发酸游离出，用水蒸气蒸馏分离出总挥发酸，经冷凝、收集后，用标准碱液滴定，根据标准碱液的消耗量，计算出样品中总挥发酸含量，反应为

$$RCOOH + NaOH \longrightarrow RCOOH + H_2O$$

2. 试剂

(1) 1％酚酞指示剂。

(2) 10％磷酸溶液：称取磷酸10g，用少量无二氧化碳蒸馏水溶解，并稀释到100mL。

(3) 0.1mol/L氢氧化钠标准溶液。

3. 仪器

水蒸气蒸馏装置，如图5-5所示。

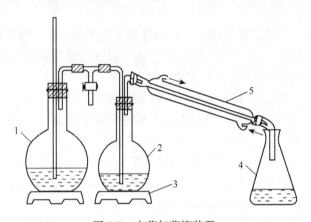

图 5-5  水蒸气蒸馏装置

1. 水蒸气发生器；2. 样品瓶；3. 电炉；4. 接收瓶；5. 冷凝管

4. 操作方法

准确称取捣碎，混匀样品 2.00～3.00g（根据挥发酸量可适当增减），用新煮沸冷却的蒸馏水 50mL 洗入 250mL 烧瓶中，加 10％磷酸 1mL。连接水蒸气蒸馏装置，加热蒸馏至馏出液体 300mL 为止。同时做一空白试验。馏出液加热到 60～65℃，加入酚酞指示剂 3～4 滴，用 0.1mol/L 氢氧化钠标准溶液滴定到溶液呈微红色 1min 内不退色为终点。

5. 结果计算

$$挥发酸（以醋酸计\%）=\frac{c\,(V_1-V_2)\,\times 0.06}{m}\times 100$$

式中  $c$——氢氧化钠标准溶液的浓度。mol/L；

$V_1$——样品消耗氢氧化钠标准溶液的量，mL；

$V_2$——空白消耗氢氧化钠标准溶液的量，mL；

$m$——样品的质量，g；

0.06——醋酸的摩尔质量，g。

6. 说明与注意事项

蒸馏前，蒸汽发生瓶内的水必须预先煮沸腾 10min，以除去二氧化碳。

# 第四节　脂肪的测定

脂肪是食品中重要的营养成分之一。脂肪可供人体热量，是食品中三大产热营养素之一，每克脂肪在体内可提供 9.45kcal（1kcal＝4.184kJ，全书同）的热能，比糖（4.40kcal/g）和蛋白质（4.35kcal/g）高 1 倍以上。大多数的动物性食品和一些植物性食品都含有脂肪。水产品一般含有 1%～10% 脂肪，牛乳有 3.5%～4.2%，全脂乳粉 26%～32%，黄豆 12.1%～20.2%，花生仁 30.5%～39.2%，核桃仁 63.9%～69.0%，葵花子 44.6%～51.1%，芝麻 50%～57%，全蛋 11.3%～15.0%，果蔬 1.1% 以下等。

食品在加工生产中，原料、半成品、成品的脂肪含量对产品的风味、组织结构、品质、外观、口感等都有直接的影响。如在蔬菜罐头生产时，由于蔬菜本身脂肪含量较低，可适量地添加脂肪改善制品的风味；对于面包之类的焙烤食品，脂肪含量，特别是卵磷脂等组分，对于面包的柔软度、面包的体积及其结构都有直接的影响。在食品的加工生产中，食品中的脂肪含量都有一定的规定。因此，为了实现食品生产中的质量管理，脂肪含量也是一项重要的控制指标。测定食品的脂肪含量，对于评价食品的品质、衡量食品的营养价值、同时对于在加工生产过程的质量管理、食品的储藏、运输条件等都将起到重要的指导作用。

脂肪（甘油三酯）和类脂（脂肪酸、磷脂、糖脂、留醇、固醇等）总称为脂类。再往下分，可将脂类分为：单脂、复合脂和衍生脂。

单脂：由脂肪酸与醇结合而成的酯为单脂，如脂肪、蜡。

脂肪：脂肪酸与甘油结合而成的酯，如甘油三酯。

蜡：脂肪酸与高级醇结合而成的酯，而不是与甘油形成的酯，如三十烷基棕榈酸、十六烷基棕榈酸、维生素 A 酯、维生素 D 酯。

复合脂：复合脂中除脂肪酸与醇结合形成的酯外，同时还含有其他基团。

磷脂、胺磷脂：含有脂肪酸甘油酯、磷酸和含氮的基团。如卵磷脂、磷脂酰丝氨酸、磷脂乙酰胺、磷脂酰肌醇。

脑苷脂类：含有脂肪酸、碳水化合物和部分含氮化合物，如半乳糖脑苷脂类和葡萄糖脑苷脂类。

鞘脂类：含有脂肪酸、部分氮和磷酰基的化合物，如鞘磷脂。

衍生脂：衍生脂类是由中性脂类或合成脂类衍生而来的物质。这些物质具有脂类的一般特性。例如脂肪酸、长链醇、因醇、脂溶性维生素和碳水化合物。

脂类不溶于水，易溶于有机溶剂。测定脂类大多采用有机溶剂萃取法。

测定脂肪含量方法有多种，食品的种类不同，测定方法有所不一样。常用的测定方法有：索氏提取法、酸水解法、罗紫-哥特里法、巴布科克法、氯仿-甲醇提取法、皂化法、折射仪法等，还有低分辨率 NMR 法、X 射线吸收法、介电常数测定法、红外光谱测定法、超声波法、比色分析法、密度测定法等。以下分别介绍索氏提取法、酸水解法、氯仿-甲醇提取法等。

## 一、索氏提取法

此法是测定各种食品脂肪含量的经典方法。准确度高，但费时间和溶剂，且需要专用的抽提器。

### 1. 原理

根据脂肪不溶于水、而溶于有机溶剂的性质，利用低沸点的乙醚（34.6℃）或石油醚（50～60℃），在索氏提取器中将样品中的脂肪抽提出来，而后蒸去溶剂，所得到的残留物，即为粗脂肪。因为除了甘油三酯外，还有固醇、磷脂、有机酸和色素等物质。本法适用于脂类含量较高，且主要含游离脂类，而结合态脂类含量较少的食品。

### 2. 试剂

（1）无水乙醚（A.R.）：不含过氧化物。
（2）石油醚（A.R.）：沸程 30～60℃。
（2）无水硫酸钠。
（3）海砂：直径 0.65～0.85mm，二氧化硅含量不低于 99%。

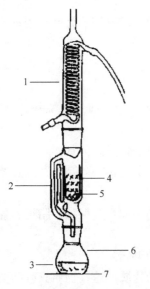

图 5-6　索氏提取器
1. 冷凝管；2. 虹吸管；3. 溶剂；
4. 套管；5. 样品；
6. 接收瓶；7. 加热器

### 3. 仪器

索氏提取器（图 5-6）。
电热恒温水浴（50～80℃）。
电热鼓风干燥箱（103℃±2℃）。
组织捣碎机。

### 4. 操作方法

1）样品的处理

（1）固体样品。取有代表性的样品至少 200g，用研钵捣碎、研细、混合均匀，置于密闭玻璃容器内；不易捣碎、研细的样品应切（剪）成细粒，置于密闭玻璃容器内。

（2）粉状样品。取有代表性的样品至少 200g（如粉粒较大也应用研钵研细），混合均匀，置于密闭玻璃容器内。

（3）糊状样品。取有代表性的样品至少 200g，混合均匀，置于密闭玻璃容器内。

（4）固、液体样品。按固、液体比例，取有代表性的样品至少 200g；用组织捣碎机捣碎，混合均匀，置于密闭玻璃容器内。

（5）肉制品。取去除不可食部分、具有代表性的样品至少 200g，用绞肉机至少铰 2 次，混合均匀，置于密闭玻璃容器内。

2）索氏提取器的清洗

将索氏提取器各部位充分洗涤并用蒸馏水清洗、烘干。底瓶在 103℃±2℃的电热鼓风干燥箱内干燥至恒重（前后 2 次称量差不超过 0.002g）。

3）称样、干燥

（1）用洁净称量皿称取约 5g 试样，精确至 0.001g。

（2）含水量约 40% 以上的试样，加入适量海砂（约 20g），置沸水浴上蒸发水分。用一端扁平的玻璃棒不断搅拌，直至松散状；含水量约 40% 以下的试样，加适量海砂，充分搅匀。

（3）将上述拌有海砂的试样全部移入滤纸筒内，用沾有无水乙醚或石油醚的脱脂棉擦净称量皿和玻璃棒，一并放入滤纸筒内。滤纸筒上方塞添少量脱脂棉。

（4）将盛有试样的滤纸筒移入电热鼓风干燥箱内，在 103℃±2℃下烘干 2h。西式糕点应在 90℃±2℃烘干 2h。

4）提取

将干燥后盛有试样的滤纸筒放入索氏提取筒内，连接已干燥至恒重的底瓶，注入无水乙醚或石油醚至虹吸管高度以上。待提取液流净后，再加提取液至虹吸管高度的 1/3 处。连接回流冷凝管。将底瓶放在水浴锅上加热。用少量脱脂棉塞入冷凝管上口。

水浴温度应控制在使提取液每 6～8min 回流一次。肉制品、豆制品、谷物油炸制品、糕点等食品提取 6～12h，坚果制品提取约 16h。提取结束时，用磨砂玻璃接取一滴提取液，磨砂玻璃上无油斑表明提取完毕。

5）烘干、称量

提取完毕后，回收提取液。取下底瓶，在水浴上蒸干并除尽残余的无水乙醚或石油醚。用脱脂滤纸擦净底瓶外部，在 103℃±2℃的干燥箱内干燥 1h 取出，置于干燥器内冷却至室温，称量。重复干燥 0.5h 的操作，冷却，称量，直至前后两次称量差不超过 0.002g。

5. 结果计算

食品中粗脂肪含量以质量分数 $X$ 计，数值以 % 表示，按下式计算：

$$X = \frac{m_2 - m_1}{m} \times 100$$

式中　$m_1$——底瓶的质量的数值，g；

　　　$m_2$——底瓶和粗脂肪的质量的数值，g；

　　　$m$——试样的质量的数值，g。

计算结果表示到小数点后一位。

6. 说明与注意事项

（1）水分含量高的样品（为鱼类样品）必须脱水。因水分含量高，乙醚难以渗入组织中，抽提时间延长；抽提后水分含量高，烘干时间增长，脂肪易氧化。

（2）乙醚约可饱和 2% 的水分，含水的乙醚将会同时抽提出糖分等非脂类成分，所以使用的乙醚必须是无水乙醚。

（3）抽提用的乙醚或石油醚不得含有过氧化物。过氧化物会导致脂肪氧化，烘干时也易引起爆炸。使用前需预先检查：取乙醚或石油醚 6mL，加 10％碘化钾溶液 2mL，用力振荡，放置 1min 后，若出现黄色则说明有过氧化物存在。可在乙醚或石油醚中加入 1/20～1/10 体积的 20％$Na_2SO_3$溶液洗涤，再用水洗，然后加入少量无水 $CaCl_2$ 或无水 $Na_2SO_4$ 脱水。于水浴上蒸馏，温度一般稍高于溶剂沸点，弃去最初与最后 1/10 馏出液，收集中间馏出液备用。

（4）滤纸筒的高度应低于抽提管的虹吸管高度。在挥发乙醚时，切忌用直接火加热，应该用电热套、电水浴等，烘前应驱干全部残余的乙醚，因乙醚稍有残留，放入烘箱内有发生爆炸的危险。

（5）溶剂回收。取出滤纸筒，用抽提器回收乙醚或石油醚。当乙醚在提取管内即将虹吸时，立即取下提取管，将其下口放到盛乙醚的试剂瓶口中，使之倾斜，使液面超过虹吸管，乙醚即经虹吸管流入瓶内。

（6）精密度。同一样品的 2 次测定值之差，不得超过 2 次测定平均值的 5％。

## 二、酸水解法

某些食品，其所含脂肪包含于组织内部，如面粉及其焙烤制品（面条、面包之类），由于乙醚不能充分渗入样品颗粒内部，或由于脂类与蛋白质或碳水化合物形成结合脂，特别是一些容易吸潮、结块、难以烘干的食品，用索氏抽提法不能将其中的脂类完全提取出来，这时用酸水解法效果就比较好。即在强酸、加热的条件下，使蛋白质和碳水化合物被水解，使脂类游离出来，然后再用有机溶剂提取。本法适用于各类食品中总脂肪含量的测定，但对含磷肥较多的一类食品，如鱼类、贝类、蛋及其制品，在盐酸溶液中加热时，磷脂几乎完全分解为脂肪酸和碱，使测定结果偏低，故本法不宜测定含大量磷脂的食品。对含糖量较高的食品，因糖类遇强酸易炭化影响测定结果，本法也不适用。酸水解法测定的是食品中的总脂肪，包括游离态脂肪和结合态脂肪。

### 1. 原理

将试样与盐酸溶液一起加热进行水解，使结合或包藏在组织内的脂肪游离出来，再用有机溶剂（乙醚或石油醚）提取脂肪，回收溶剂，干燥后称量，提取物的质量即为样品中脂类的含量。

### 2. 试剂

（1）乙醇（体积分数 95％）。

（2）乙醚（无过氧化物）。

（3）石油醚（30～60℃）。

（4）盐酸。

### 3. 仪器

100mL 具塞刻度量筒，如图 5-7 所示。

4. 操作方法

（1）样品处理。

①固体样品：精确称取约 2.00g 捣碎、研细、混合均匀的样品于 50mL 大试管中，加 8mL 水，混匀后再加 10mL 盐酸。

②液体样品：称取 10.00g 样品于 50mL 大试管中，加入 10mL 盐酸。

（2）水解。将试管放入 70～80℃ 水浴中，每隔 5～10min 搅拌一次，至脂肪游离完全为止，需 40～50min。

（3）提取。取出试管，加入 10mL 乙醇，混合，冷却后将混合物移入 100mL 具塞量筒中，用 25mL 乙醚分次洗涤

图 5-7　具塞刻度量筒

试管，一并倒入具塞量筒中，待乙醚全部倒入量筒后，加塞振摇 1min，小心开塞放出气体，再塞好，静置 12～15min，小心开塞，用乙醚-石油醚等量混合液冲洗塞及筒口附着的脂肪。静置 10～20min，待上部液体清晰，吸出上清液于已恒重的锥形瓶内，再加 5mL 乙醚于具塞量筒内，振摇，静置后，仍将上层乙醚吸出，放入原锥形瓶内。

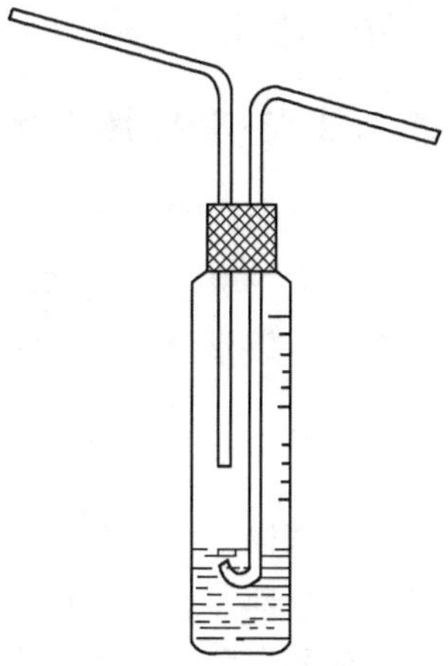

（4）回收溶剂、烘干、称重。将锥形瓶于水浴上蒸干后，置于 100℃±5℃ 烘箱中干燥 2h，取出放入干燥器内冷却 30min 后称量，反复以上操作直至恒重。

5. 结果计算

$$X = \frac{m_2 - m_1}{m} \times 100$$

式中　$X$——试样中脂肪的含量，g/100g；

$m_1$——底瓶的质量的数值，g；

$m_2$——底瓶和粗脂肪的质量的数值，g；

$m$——试样的质量的数值，g。

计算结果表示到小数点后一位。

6. 说明与注意事项

（1）固体样品必须充分磨细，液体样品必须充分混匀，以便充分水解。

（2）水解时应防止水分大量损失，使酸浓度升高。

（3）水解后加入乙醇可使蛋白质沉淀，降低表面张力，促进脂肪球聚合，还可以使碳水化合物、有机酸等溶解。后面用乙醚提取脂肪时，由于乙醇可溶于乙醚，所以需要加入石油醚，以降低乙醇在乙醚中的溶解度，使乙醇溶解物残留在水层，使分层清晰。

（4）挥发干溶剂后，残留物中如有黑色焦油状杂质，是分解物与水混入所致，将使测定值增大，造成误差，可用等量乙醚及石油醚溶解后过滤，再次进行挥干溶剂的操作。

（5）精密度。在重复性条件下获得的 2 次独立测定结果的绝对差值不得超过算术平

均值的 10%。

### 三、氯仿-甲醇提取法

本法简称 CM 法。本法适用于提取结合态脂类、特别是磷脂含量高的样品，为鱼、贝类、肉、禽、蛋及其制品，大豆及其制品（除发酵大豆制品外）等。对于水分含量高的样品，效果更佳。对于干燥试样可在试样中加入一定量的水，使组织膨润后再提取。

**1. 原理**

将试样分散于氯仿-甲醇混合液中，在水温中轻沸腾，所有脂类都留存于氯仿溶剂中，而全部非脂成分存在于甲醇溶剂中。经过滤除去非脂成分，回收溶剂，残留的脂类用石油醚提取，蒸馏除去石油醚后定量。

**2. 试剂**

（1）氯仿-甲醇混合液：将氯仿（97％以上）与甲醇（96％以上）按 2∶1 混合。
（2）石油醚。
（3）无水硫酸钠：优级纯，在 120～135℃下干燥 1～2h，保存于聚乙烯瓶中。

**3. 仪器**

（1）提取装置如图 5-8 所示。

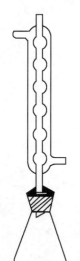

（2）具塞离心管。
（3）离心机（3000r/min）。
（4）布氏漏斗：11G-3、过滤板直径 40mm，容量 60～100mL。
（5）具塞三角瓶（200mL）。
（6）恒温水浴锅。

**4. 操作方法**

准确称取样品约 5g，置于具塞瓶内（高水分食品可加适量硅藻土使其分散），加入氯仿-甲醇混合液 60mL（若是干燥食品可加入 2～3mL 水）。连接提取装置于 65℃水浴锅中加热，从微沸开始计时提取 1h。取下三角烧瓶用玻璃过滤器过滤，用另一具塞三角烧瓶收集溶液。用氯仿-甲醇混合液洗涤烧瓶、滤器及滤器中的试样残渣，洗涤液并入滤液中，把烧瓶置于 65～70℃

图 5-8　氯仿-甲醇混合液提取装置

水浴锅中蒸发回收溶剂，至烧瓶内物料呈浓稠态（不能使其干涸），冷却后加入 25mL 石油醚溶解内容物，再加入无水硫酸钠 15g，立即加塞振荡 1min，将醚层移入具塞离心管进行离心 5min，用移液管迅速吸取离心管中澄清的醚层 10mL，于已恒重的称量瓶内，蒸发去除石油醚后，于 100～105℃烘箱中烘到恒重。分析天平称量。

5. 结果计算

$$X=\frac{(m_2-m_1)\times 2.5}{m}\times 100$$

式中　$X$——试样中脂肪的含量，g/100g；

　　　$m_2$——称量瓶和脂类的质量，g；

　　　$m_1$——称量瓶的质量，g；

　　　$m$——样品的质量，g；

　　　2.5——从 25mL 石油醚中取 10mL 进行干燥，故乘以系数 2.5。

6. 说明与注意事项

（1）高水分食品可在具塞三角瓶内加入适量的硅藻土使其分散；干燥食品需加一定量的水，使组织膨胀。

（2）提取结束后，用玻璃过滤器过滤，用溶剂洗涤烧瓶，每次 5mL，洗 3 次，然后用 30mL 溶剂洗涤试样残渣。

（3）回收溶剂时，残留物需含有适量的水，不能干涸，否则脂类难以溶解石油醚，使测定结果偏低。

（4）无水硫酸钠必须在石油醚之后加入，以免影响石油醚对脂肪的溶解。

## 四、碘价的测定

碘价就是在油脂上加成的卤素的质量（以碘计）又作碘值，即每 100g 油脂所能吸收碘的质量（以克计）。碘价也称为碘值。

植物油脂中所包含的脂肪酸有不饱和脂肪酸与饱和脂肪酸之分，而其中的不饱和脂肪酸无论在游离状态或与甘油结合成甘油酯时，都能在双键处与卤素起加成反应，因而可以吸收一定数量的卤素。由于组成每种油脂的各种脂肪酸的含量都有一定的范围，因此，油脂吸收卤素的能力就成为它的特征常数之一。碘价的大小在一定范围内反映了油脂的不饱和程度，所以，根据油脂的碘价，可以判定油脂的干性程度。例如，碘价大于 130 的属于干性油，可用作油漆；碘价小于 100 的属不干性油；碘价在 100～130 的则为半干性油。各种油脂的碘价大小和变化范围是一定的，例如大豆油碘价一般为 123～142，花生油碘价为 80～106，因此，通过测定油脂的碘价，有助于了解它们的组成是否正常、有无掺杂使假等。而在油脂氢化制作起酥油的过程中，还可以根据碘价来计算油脂氢化时所需要的氢量并检查油脂的氢化程度。所以碘价的测定在油脂日常检测中具有重要意义。

1. 原理

在溶剂中溶解试样并加入 Wijs 试剂，在规定的时间后加入碘化钾和水，用硫化硫酸钠溶液滴定析出的碘（参考 GB/T5532—2008 动植物油脂碘值的测定）。

## 2. 试剂

试剂均为分析纯，水为蒸馏水。

（1）碘化钾（KI）溶液（100g/L）：不含碘酸盐或游离碘。

（2）淀粉溶液：将5g可溶性淀粉在30mL水中混合，加入1000mL沸水，并煮沸3min，然后冷却。

（3）硫代硫酸钠标准溶液（0.1mol/L）：配制和标定后7d内使用。

（4）溶剂：环己烷和冰乙酸等体积混合液。

（5）韦氏（Wijs）试剂：含一氯化碘的乙酸溶液。韦氏（Wijs）试剂中I/Cl之比应控制在1.10±0.1的范围内。

含一氯化碘的乙酸溶液配制方法：将一氯化碘25g溶于1500mL冰醋酸中。韦氏（Wijs）试剂稳定性较差，为使测定结果准确，硬座空白样的对照测定。

## 3. 仪器

（1）分析天平：感量0.1mg。

（2）玻璃称量皿：与试样量配套并可置入锥形瓶中。

（3）锥形瓶：容量500mL具塞锥形瓶，并完全干燥。

## 4. 试样制备

1）原理

混合油脂样品，必要时用适当温度加热。需要时，用过滤法分离不溶物，用无水硫酸钠干燥去除水分。

2）试剂

无水硫酸钠。

3）仪器

（1）电热干燥箱：带恒温控制器，可调节温度。

（2）热过滤漏斗。

（3）密闭容器。

4）试样制作步骤

（1）混合与过滤。

① 澄清、无沉积物的液态样品，摇动装有实验室样品的密闭容器使其尽量均匀。

② 对于有混浊或有沉积物的液态样品，将装有实验室样品的容器置于50℃的干燥箱内直到样品达到50℃，然后摇动装有实验室样品的密闭容器使其尽量均匀。如果加热混合后样品不完全澄清，可在50℃恒温干燥箱内将油脂过滤或用热过滤漏斗过滤。为避免油脂被氧化或聚合而发生的任何变化，样品在干燥箱内放置的时间不宜太长，过滤后的样品应完全澄清。

③ 对于固态样品，将干燥箱温度调节到高于油脂熔点10℃以上，在干燥箱中熔化实验室样品。如果加热后样品完全澄清，则摇动装有实验室样品的密闭容器使其尽量均

匀。如果样品混浊或有沉积物，样品须在相同温度的干燥箱内过滤或用热过滤漏斗过滤，过滤后的样品应完全澄清。

（2）干燥。如果混合后的样品中仍含水分（特别是酸性油脂和固体脂肪），由于水分会影响结果，应进行干燥。采用的干燥方法应避免样品发生氧化。可将充分混合的样品按 10g 样品加 1~2g 的比例加入无水硫酸钠，置于高于熔点 10℃ 的干燥箱中，干燥时间尽可能短，最好在氮气流保护下干燥，干燥温度不得超过 50℃。

当温度超过 32.4℃ 时，无水硫酸钠将失去干燥的能力，因此必须在真空下干燥。对需要在 50℃ 以上干燥的脂肪，可先将其溶于溶剂然后干燥。

将热样品与无水硫酸钠充分搅拌后，过滤。如果冷却时油脂发生凝固，可在适当温度（但不得超过 50℃）干燥箱内或用加热漏斗进行过滤。

5）样品储存

将样品装于密闭容器内。应避光保存于不易氧化的环境下，且存于温度低于 10℃ 的冰箱中，这样可存储 3 个月。

对于操作过程中组成容易改变的实验室样品要优先存储。

过滤和干燥后的实验室样品，可在相同条件下存储。

5. 操作方法

（1）称样。试样的质量根据估计的碘价而异，根据样品预估的碘值，称取适量的样品与玻璃称量皿中，精确到 0.001g。见表 5-3。

表 5-3　估计碘价

| 估计碘价 | 试样质量/g | 估计碘价 | 试样质量/g | 估计碘价 | 试样质量/g |
|---|---|---|---|---|---|
| <5 | 3.00 | 21~50 | 0.40 | 101~150 | 0.13 |
| 5~20 | 1.00 | 51~100 | 0.20 | 151~200 | 0.10 |

（2）样品的制备。将盛有试样的称量皿放入 500mL 锥形瓶中，根据称样量加入表 5-4 所示与之对应的溶剂体积，用移液管准确加入 25mL Wijs 试剂，盖好塞子，摇匀后将锥形瓶置于暗处。同样用溶剂和试剂制备空白样，但不加试样。对碘价低于 150 的样品锥形瓶应在暗处放置 1h，碘价高于 150 的、已聚合的、含有共轭脂肪酸的、含有任何一种酮类脂肪酸的，以及氧化到相当程度的样品，应置于暗处 2h。

表 5-4　试样称取质量表

| 预估碘值/(g/100g) | 试样质量/g | 溶剂体积/g | 预估碘值/(g/100g) | 试样质量/g | 溶剂体积/g |
|---|---|---|---|---|---|
| <1.5 | 15.00 | 25 | 20~50 | 0.40 | 20 |
| 1.5~2.5 | 10.00 | 25 | 50~100 | 0.20 | 20 |
| 2.5~5 | 3.00 | 20 | 100~150 | 0.13 | 20 |
| 5~20 | 1.00 | 20 | 150~200 | 0.10 | 20 |

（3）测定。当达到规定的时间后，加 20mL 碘化钾溶液和 150mL 水。用标定的硫代硫酸钠标准溶液滴定至碘的黄色接近消失。加几滴淀粉溶液继续滴定，一边滴定一边

用力摇动锥形瓶，直到蓝色刚好消失。同时做空白溶液的测定。

（4）测定次数。同一试样进行 2 次测定。

6. 结果计算

碘价按每 100g 样品吸收碘的克数表示时由下列式进行计算：

$$w_1 = \frac{12.69 \times c \times (V_1 - V_2)}{m}$$

式中　$w_1$——试样的碘值，g/100g；

　　　$c$——硫代硫酸钠标准溶液的浓度，mol/L；

　　　$V_1$——空白溶液消耗硫代硫酸钠标准溶液的体积，mL；

　　　$V_2$——样品溶液消耗硫代硫酸钠标准溶液的体积，mL；

　　　$m$——试样质量，g。

7. 说明与注意事项

（1）测定结果的取值要求见表 5-5 所示。

表 5-5　测定结果的取值要求

| $w_1$/（g/100g） | 结果取值到 | $w_1$/（g/100g） | 结果取值到 |
| --- | --- | --- | --- |
| <20 | 0.1 | >60 | 1 |
| 20～60 | 0.3 | — | — |

（2）重复性。在统一实验室，由同一操作者使用相同设备，按相同的测试方法，并在短时间内对同一被测对象相互独立进行测试获得的 2 次独立测试结果的绝对差值不超过表 5-6 中的规定重复性限值（$r$）。

（3）再现性。在不同的实验室，由不同的操作者使用相同设备，按相同的测试方法，对同一被测对象相互独立进行测试获得的两次独立测试结果的绝对差值不超过表 5-6 中的规定再现性限值（$R$）。

表 5-6　重复性和再现性限度

| $W_1$/（g/100g） | $r$ | $R$ |
| --- | --- | --- |
| <20 | 0.2 | 0.7 |
| 20～50 | 1.3 | 3.0 |
| 50～100 | 2.0 | 3.0 |
| 100～135 | 3.5 | 5.0 |

（4）平行测定结果符合允许差要求时，以其算术平均值作为结果。

## 五、酸价的测定

1. 原理

酸价：是指中和 1g 油脂中游离脂肪酸所需的氢氧化钾的毫克数。酸价的单位：

(KOH) / (mg/g)。酸价是脂肪中游离脂肪酸含量的标志，脂肪在长期保藏过程中，由于微生物、酶和热的作用发生缓慢水解，产生游离脂肪酸。而脂肪的质量与其中游离脂肪酸的含量有关。一般常用酸价作为衡量标准之一。在脂肪生产的条件下，酸价可作为水解程度的指标，在其保藏的条件下，则可作为酸败的指标。酸价越小，说明油脂质量越好，新鲜度和精炼程度越好。

一般情况下，可由油脂中的酸价识别鱼的新鲜程度，如多数新鲜鱼：pH 为 6.5～6.8；次鲜鱼：pH 为 6.9～7.0；变质鱼：pH 为 7.1 以上。

2. 试剂

(1) 乙醚+95%乙醇混合液：按 1+1 体积混合，用 KOH 溶液（0.1mol/L）中和至酚酞指示液呈中性。

(2) KOH 标准滴定溶液 $[c_{KOH}=0.1mol/L$ 或 $c_{KOH}=0.5mol/L]$。

(3) 酚酞指示液：10g/L 乙醇溶液。

3. 操作方法

根据估计的酸值，按表 5-7 所示，称取足够的样品量。将称样装入 250mL 锥形瓶中，加入 50～150mL 中性乙醚+乙醇混合液溶解。用氢氧化钾溶液边摇动边滴定，直到溶液变色，并保持溶液 15s 不退色即为终点。

表 5-7 试样称样表

| 估计的酸值 | 试样量/g | 试样称重的精确度/g |
| --- | --- | --- |
| <1 | 20 | 0.05 |
| 1～4 | 10 | 0.02 |
| 4～15 | 2.5 | 0.01 |
| 15～75 | 0.5 | 0.001 |
| >75 | 0.1 | 0.0002 |

4. 结果计算

试样的酸价按下式进行计算。

$$S=\frac{V\times c\times 56.1}{m}$$

式中　$S$——试样的酸价（以 KOH 计），mg/g；

　　　$V$——试样消耗 KOH 标准溶液体积，mL；

　　　$c$——氢氧化钾标准溶液的准确浓度，mol/L；

　　　$m$——试样质量，g；

　　　56.1——氢氧化钾的摩尔质量，g/mol。

计算结果保留 2 位有效数字。

5. 说明与注意事项

（1）酸值<1 时，溶液中需缓缓通入氮气流。

（2）滴定所需 0.1mol/L 氢氧化钾溶液体积超过 10mL 时，改用 0.5mol/L 氢氧化钾溶液。

（3）滴定中溶液发生浑浊可补加适量混合溶剂至澄清。

## 六、EPA、DHA 的测定

本方法适用于测定海鱼类食品、鱼油产品和添加 EPA 和 DHA 的食品中二十碳五烯酸和二十二碳六烯酸的含量。

1. 原理

油脂经皂化处理后生成游离脂肪酸，其中的长碳链不饱和脂肪酸（EPA 和 DHA）经甲酯化后挥发性提高。可以用色谱柱有效分离，用氢火焰离子化检测器检测，使用外标法定量。

2. 试剂

（1）正乙烷：分析纯，重蒸。

（2）甲醇：优级纯。

（3）2mol/L 氢氧化钠-甲醇溶液：称取 8g 氢氧化钠溶于 100mL 甲醇中。

（4）2mol/L 盐酸-甲醇溶液：把浓硫酸小心滴加在约 100g 的氯化钠上，把产生的氯化氢气体通入事先量取的约 470mL 甲醇中，按质量增加量换算，调制成 2mol/L 盐酸-甲醇溶液，密闭保存在冰箱内。

（5）二十碳五烯酸、二十二碳六烯酸标准溶液：精密称取 EPA、DHA 各 50.00mg，加入正乙烷溶解并定容至 100mL，此溶液每毫升含 0.50mgEPA 和 0.50mgDHA。

3. 仪器

（1）气相色谱仪：附有氢火焰离子化检测器（FID）。

（2）索氏提取器。

（3）氯化氢发生系统（启普发生器）。

（4）刻度试管（带分刻度）：2mL、5mL、10mL。

（5）组织捣碎机。

（6）漩涡式振荡混合器。

（7）旋转蒸发仪。

4. 试样制备

（1）海鱼类食品。用蒸馏水冲洗干净晾干，先切成碎块去除骨骼，然后用组织捣碎机捣碎、混匀，称取样品 50g 置于 250mL 具塞碘量瓶中，加 100～200mL 石油醚，沸程 30～60℃，充分摇匀后，放置过夜，用快速滤纸过滤，减压蒸馏挥发干溶剂，得到油脂后称量备用（可计算提油率）。

（2）添加食品。称取样品 10g 置于 60mL 分液漏斗中，用 60mL 正乙烷分 3 次萃取（每次振摇萃取 10min），合并提取液，在 70℃水浴上挥发至近干，备用。

（3）鱼油制品。直接进行样品前处理。

5. 操作方法

1）皂化

（1）鱼油制品和海鱼类食品。取鱼油制品或经上述"海鱼类食品"处理得到的海鱼油脂试样 1g 于 50mL 具塞容量瓶中，加入 10mL 正乙烷轻摇使油脂溶解，并用正乙烷定容至刻度。吸取此溶液 1.00～5.00mL 于另一 10mL 具塞比色管中，再加入 2mol/L 氢氧化钠-甲醇溶液 1mL，充分振荡 10min 后放入 60℃的水浴中加热 1～2min，皂化完成后，冷却到室温，待甲酯化用。

（2）添加食品。用 2～3mL 正己烷分 2 次将经 4.（2）"添加食品"处理而得到的浓缩样液小心转至 10mL 具塞比色管中，以下按上述①中，"再加入 2mL 2.0mol/L 氢氧化钠-甲醇溶液"……操作。

2）甲酯化

（1）标准溶液系列。准确吸取二十碳五烯酸、二十二碳六烯酸标准溶液 1.0、2.0、5.0mL 分别移入 10mL 具塞比色管中，再加入 2mol/L 盐酸-甲醇溶液 2mL，充分振荡 10min，并于 50℃的水浴中加热 2min 进行甲酯化，弃去下层液体，再加约 2mL 蒸馏水，洗净并去除水层，用滴管吸出正乙烷层，移至另一装有无水硫酸钠的漏斗中脱水，将脱水后的溶液在 70℃水浴上加热浓缩，定容至 1mL，待上机测试用。此标准系列中 EPA 或 DHA 的浓度依次为 0.5、1.0、2.5mg/mL。

（2）样品溶液。在经皂化处理后的样品溶液中加入 2mol/L 盐酸-甲醇溶液 2mL，以下按"（1）标准溶液系列"中"充分振荡 10min……"起操作。

3）气相色谱测定条件

（1）色谱柱：玻璃柱 1m×4mm（内径），填充涂有 10% DEGS/Chromosorb W DMCS 80～100 目的担体。

（2）气体及气体流速：氮气 50mL/min、氢气 70mL/min，空气 100mL/min。

（3）系统温度：色谱柱 185℃、进样 210℃、检测器 210℃。

4）操作方法

（1）标准曲线制作。分别吸取经甲酯化处理后的标准溶液 1.0μL，注入气相色谱仪中，可测得不同浓度 EPA 甲酯、DHA 甲酯的峰高，以浓度为横坐标，相应的峰高响应值为纵坐标，绘制标准曲线。

（2）把经甲酯化处理后的样品溶液 1.0～5.0μL 注入气相色谱仪中，以保留时间定性，以测得的峰高响应值与标准曲线比较定量。

6. 结果计算

（1）海鱼类（以脂肪计）按下式进行计算：

$$X = \frac{c \times V_3 \times V_1}{m \times V_2}$$

（2）鱼油制品按下式计算：

$$X = \frac{c \times V_3 \times V_1}{m \times V_2}$$

（3）添加食品按下式进行计算：

$$X = \frac{c \times V_3}{m}$$

式中　$X$——试样中二十碳五烯酸或二十二碳六烯酸的含量，mg/g；

　　　　$c$——被测定样液中二十碳五烯酸或二十二碳六烯酸的含量，mg/mL；

　　　　$V_1$——鱼油和海鱼类试样皂化前定容总体积，mL；

　　　　$V_2$——鱼油和海鱼类试样用于皂化样液体积，mL；

　　　　$V_3$——样液最终定容体积，mL；

　　　　$m$——样品质量，g。

7. 色谱图

EPA 和 DHA 的气相色谱图见图 5-9。

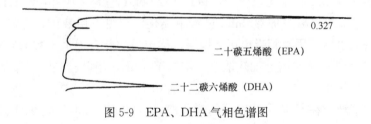

图 5-9　EPA、DHA 气相色谱图

8. 说明与注意事项

（1）检出限：0.1mg/kg。

（2）精密度：在重复性条件下获得的 2 次独立测定结果的绝对差值不得超过算术平均值的 15%。

## 第五节　碳水化合物的测定

碳水化合物也称糖类，是由碳、氢、氧三种元素组成的一大类化合物，是人体的重要能源物质，人体所需能量的 60%～70% 来自于糖类。一些糖还能与蛋白质或脂肪结合形成糖蛋白或糖脂等具有重要生理功能的物质。糖是人体必需的营养素之一。

糖类按其组成分成单糖、低聚糖和多糖。最常见的单糖有葡萄糖、果糖。常见的低聚糖为双糖，其中以蔗糖和麦芽糖最常见。而多糖主要有淀粉、果胶、纤维素等。这些糖中，单糖和双糖都能溶于水，又称可溶性糖，它们在食品工业中应用广泛。

碳水化合物是食品工业的主要原料和辅助材料，是大多数食品的主要成分之一。在食品加工工艺中，糖类对改变食品的形态、组织结构、物化性质及色、香、味等感官指标起着重要作用。食品中糖类含量也标志着食品营养价值的高低，是某些食品的主要质量指标。所以，碳水化合物的测定具有重要意义。

测定食品中糖类的方法很多。测定单糖和双糖常用的方法有物理法、化学法、色谱法和酶法。物理法如相对密度法、折光法、旋光法常用于高含量糖类物质的测定，如测定糖液浓度、糖品的蔗糖成分、番茄酱中固形物含量。对常量含糖物质测定常采用化学法，它包括还原糖法、碘量法、缩合反应法。酶法测定糖类也有一定的应用。食品中多糖如淀粉的测定常采用先使其水解成单糖，然后用测定单糖的方法测出总生成的单糖量再行折算。

## 一、还原糖的测定

还原糖是指具有还原性的糖类。在糖类中，分子中含有游离醛基或酮基的单糖和含有游离醛基的双糖都具有还原性。包括葡萄糖、果糖、乳糖和麦芽糖。还原糖的测定方法很多，目前主要采用斐林试剂直接滴定法、高锰酸钾滴定法和比色法。

（一）直接滴定法

本法是国家标准分析方法第一法，又称为斐林试剂法。

1. 测定原理

样品经除去蛋白质后，在加热条件下，以次甲基蓝作指示剂，直接滴定标定过的碱性酒石酸铜溶液。当二价铜全部被还原后，稍过量的还原糖把次甲基蓝还原，溶液由蓝色变为无色，指示终点。根据样液消耗量可计算出还原糖含量。各步反应式如下（1）～（3）步。

(1) $CuSO_4 + 2NaOH \Longrightarrow Cu(OH)_2 \downarrow + Na_2SO_4$

(2)
$$Cu(OH)_2 + \begin{array}{c} COOK \\ | \\ CHOH \\ | \\ CHOH \\ | \\ COONa \end{array} \Longrightarrow \begin{array}{c} COOK \\ | \\ CHO \\ \diagdown \\ Cu + 2H_2O \\ CHO \\ \diagup \\ | \\ COONa \end{array}$$

(3)

$$\begin{matrix}CHO\\|\\(CHOH)_4\\|\\CH_2OH\end{matrix} + 2\begin{matrix}COOK\\|\\CHO\\Cu\\CHO\\|\\COONa\end{matrix} + 2H_2O \Longrightarrow \begin{matrix}COOH\\|\\(CHOH)_4\\|\\CH_2OH\end{matrix} + 2\begin{matrix}COOK\\|\\CHOH\\|\\CHOH\\|\\COONa\end{matrix} + Cu_2O\downarrow$$

(4)

$$\begin{matrix}CHO\\|\\(CHOH)_4\\|\\CH_2OH\end{matrix} + (CH_3)_2N\text{—}[吩噻嗪环]\text{—}N+(CH_3)_2Cl^- + H_2O \Longrightarrow$$

$$\begin{matrix}COOH\\|\\(CHOH)_4\\|\\CH_2OH\end{matrix} + (CH_3)_2N\text{—}[吩噻嗪环,H]\text{—}N+(CH_3)_2 + HCl$$

实际上，还原糖在碱性溶液中均硫酸铜的反应并不完全符合以上关系，还原糖在此反应条件下将产生降解，形成多种活性降解产物，其反应过程极为复杂，并非反应方程式中所反映的那么简单。在碱性及加热条件下还原糖将形成某些差向异构体的平衡体系。由上述反应看，1mol 葡萄糖可以将 6mol 的 $Cu^{2+}$ 还原为 $Cu^+$。而实际上，从实验结果表明，1mol 的葡萄糖只能还原 5mol 多点的 $Cu^{2+}$，且随反应条件的变化而变化。因此，不能根据上述反应直接计算出还原糖含量，而是要用已知浓度的葡萄糖标准溶液标定的方法，或利用通过实验编制出来的还原糖检索表来计算。

2. 试剂

(1) 碱性酒石酸铜（斐林试剂）甲液。称取 15g 硫酸铜（$CuSO_4 \cdot 5H_2O$）及 0.05g 次甲基蓝，溶于水中并稀释到 1000mL。

(2) 碱性酒石酸铜（斐林试剂）乙液。称取 50g 酒石酸钾钠及 75g 氢氧化钠，溶于水中，再加入 4g 亚铁氰化钾，完全溶解后，用水稀释至 1000mL，储存于橡胶塞玻璃瓶中。

(3) 乙酸锌溶液（219g/L）。称取 21.9g 乙酸锌 [$Zn(CH_3COO)_2 \cdot 2H_2O$]，加 3mL 冰醋酸，加水溶解并稀释到 100mL。

(4) 亚铁氰化钾溶液（106g/L）。称取 10.6g 亚铁氰化钾 [$K_4Fe(CN)_6 \cdot 3H_2O$]，溶于水并稀释至 100mL。

(5) 1g/L 葡萄糖标准溶液。准确称取 1g（精确至 0.0001g）经 98～100℃ 干燥 2h 葡萄糖，加水溶解后加入 5mL 盐酸（防止微生物生长）并以水稀释后至 1000mL。此溶液每毫升相当于 1.0mg 葡萄糖。

(6) 果糖标准溶液。称取 1g（精确至 0.0001g）经 98～100℃ 干燥 2h 的果糖，加水溶解后加入 5mL 盐酸并以水稀释后至 1000mL。此溶液每毫升相当于 1.0mg 果糖。

（7）乳糖标准溶液：称取 1g（精确至 0.0001g）经 96℃±2℃ 干燥 2h 的乳糖，加水溶解后加入 5mL 盐酸并以水稀释后至 1000mL。此溶液每毫升相当于 1.0mg 乳糖（含水）。

（8）转化糖标准溶液：准确称取 1.0526g 蔗糖，用 100mL 水溶解，加入 5mL 盐酸（1+1），在 68～70℃ 水浴中加热 15min，放置至室温，转移至 1000mL 容量瓶中并定容至 1000mL。每毫升标准溶液相当于 1.0mg 转化糖。

3. 操作方法

1）样品处理

（1）一般食品。称取粉碎后的固体试样 2.5～5g 或混匀后的液体试样 5～25g，精确至 0.001g，置 250mL 容量瓶中，加 50mL 水，慢慢加入 5mL 乙酸锌溶液及 5mL 亚铁氰化钾溶液，加水至刻度，混匀，静置 30min，用干燥滤纸过滤，弃去初始滤液，取续滤液备用。

（2）酒精性饮料。称取约 100g 混匀后的试样，精确至 0.01g，置于蒸发皿中，用氢氧化钠（40g/L）溶液中和至中性，在水浴上蒸发至原体积的 1/4 后，移入 250mL 容量瓶中，慢慢加入 5mL 乙酸锌溶液及 5mL 亚铁氰化钾溶液，加水至刻度，混匀，静置 30min，用干燥滤纸过滤，弃去初始滤液，取续滤液备用。

（3）含大量淀粉的食品。称取 10～20g 粉碎后或混匀后的试样，精确至 0.001g，置于 250mL 容量瓶中，加 200mL 水，在 45℃ 水浴中加热 1h，并时时摇动，冷却后加水至刻度，混匀、静置、沉淀。吸 200mL 上清液于另一 250mL 容量瓶中，慢慢加入 5mL 乙酸锌溶液及 5mL 亚铁氰化钾溶液，加水至刻度，混匀，静置 30min，用干燥滤纸过滤，弃去初始滤液，取续滤液备用。

（4）碳酸类饮料。称取约 100g 混匀后的试样，精确至 0.01g，试样置于蒸发皿中，在水浴上微热搅拌除去二氧化碳后，移入 250mL 容量瓶，用水洗涤蒸发皿，洗液并入容量瓶中，再加水至刻度，摇匀备用。

2）标定碱性酒石酸铜溶液

吸取 5.0mL 碱性酒石酸铜甲液及 5.0mL 碱性酒石酸铜乙液，置于 150mL 锥形瓶中，加水 10mL，加入玻璃珠 2 粒，从滴定管滴加约 9mL 葡萄糖或其他还原糖标准溶液，控制在 2min 内加热至沸，趁热以 1 滴/2s 的速度继续滴加葡萄糖或其他还原糖标准溶液，直至溶液蓝色刚好退去为终点，记录消耗葡萄糖或其他还原糖标准溶液的总体积，同时平行操作 3 份，取其平均值，计算每 10mL（甲、乙液各 5mL）碱性酒石酸铜溶液相当于葡萄糖的质量（mg）。

3）试样溶液预测

吸取 5.0mL 碱性酒石酸铜甲液及 5.0mL 碱性酒石酸铜乙液，置于 150mL 锥形瓶中，加水 10mL，加入玻璃珠 2 粒，控制在 2min 内加热至沸，保持沸腾以先快后慢的速度，从滴定管中滴加试样溶液，并保持溶液沸腾状态，待溶液颜色变浅时，以 1 滴/2s 的速度滴定，直至溶液蓝色刚好退去为终点，记录样液消耗体积。当样液中还原糖浓度过高时，应适当稀释后再进行正式测定，使每次滴定消耗样液的体积控制在与标定碱性酒石酸铜溶液时所消耗的还原糖标准溶液的体积相近，约 10mL 左右，结果按式

（1）计算。当浓度过低时则采取直接加入 10mL 样品溶液，免去加水 10mL，再用还原糖标准溶液滴定至终点，记录消耗的体积与标定时消耗的还原糖标准溶液的体积之差相当于 10mL 样液中所含还原糖的量，结果按式（2）计算。

4）试样溶液测定

吸取 5.0mL 碱性酒石酸铜甲液及 5.0mL 碱性酒石酸铜乙液，置于 150mL 锥形瓶中，加水 10mL，加入玻璃珠 2 粒，从滴定管滴加比预测体积少 1mL 的试样溶液至锥形瓶中，使在 2min 内加热至沸，保持沸腾继续以 1 滴/2s 的速度滴定，直至蓝色刚好退去为终点，记录样液消耗体积，同法平行操作 3 份，得出平均消耗体积。

4. 结果计算

$$X = \frac{m_1}{m \times \dfrac{V}{250} \times 1000} \times 100$$

式中　$X$——试样中还原糖（以葡萄糖计）的含量，g/100g；

　　　$m_1$——10mL 碱性酒石酸铜溶液相当于某种还原糖的质量，mg；

　　　$m$——试样质量，g；

　　　$V$——测定时平均消耗的试样溶液体积，mL；

　　　250——样品处理液的总体积，mL。

当浓度过低时试样中还原糖的含量按下式进行计算：

$$X = \frac{m_2}{m \times \dfrac{10}{250} \times 1000} \times 100$$

式中　$X$——试样中还原糖（以葡萄糖计）的含量，g/100g；

　　　$m_2$——标定时体积与加入样品后消耗的还原糖标准溶液体积之差相当于某种还原糖的质量，mg；

　　　$m$——试样质量，g；

　　　250——样品处理液的总体积，mL。

5. 说明与注意事项

（1）本法操作和计算都较简便、快捷，试剂用量少，终点明显，适用于各类食品中还原糖的测定，但对深色样品终点不明显。

（2）碱性酒石酸铜甲液和乙液应分别配制储存，用时才混合。

（3）碱性酒石酸铜的氧化能力较强，可将醛糖和酮糖都氧化，所以测得的数据是总还原糖量。

（4）测定时需保持沸腾状态，其原因一是可以加速还原糖与 $Cu^{2+}$ 的反应速度；二是次甲基蓝变色反应是可逆的，无色的还原型次甲基蓝遇空气中氧时又会被氧化成蓝色的氧化型次甲基蓝。另外氧化亚铜也极不稳定，易被空气中氧所氧化。保持反应液沸腾可防止空气进入，避免次甲基蓝和氧化亚铜被氧化而增加耗糖量。

（5）本法要求还原糖浓度控制在 0.1% 左右。浓度过高或过低都会增加测定误差。通过样液预测，可以对样液浓度进行调整，使测定时样品溶液消耗的体积与标定葡萄糖标准溶液时消耗的体积相近。通过样液预测，还可知道样液的大概消耗量，使正式测定时可预先加入大部分样液与碱性酒石酸铜溶液共沸，充分反应，仅留 1mL 左右样液应在续滴定时加入，以保证在 1min 内完成滴定，提高测定准确度。

（6）本法不宜用氢氧化钠和硫酸铜作澄清剂，以免引入 $Cu^{2+}$，采用乙酸锌和亚铁氰化钾作澄清剂可形成白色的氰亚铁酸锌沉淀，吸附样液中的蛋白质，用于乳品及富含蛋白质的浅色糖液。

（7）在碱性酒石酸铜乙液中加入亚铁氰化钾，是为了使所生成的 $Cu_2O$ 的红色沉淀与之形成可溶性的无色络合物，使终点便于观察。

$$Cu_2O\downarrow + K_4Fe(CN)_6 + H_2O == K_2CuFe(CN)_6 + 2KOH$$

（8）测定中锥形瓶壁厚度、热源强度、加热时间、滴定速度、反应液碱度对测定精密度影响很大，故预测及正式测定中应力求实验条件一致。平行试验中样液消耗量相差不应超过 0.1mL。

（二）高锰酸钾滴定法

1. 原理

试样经去除蛋白质后，其中还原糖把铜盐还原为氧化亚铜，加硫酸铁后，氧化亚铜被氧化为铜盐，以高锰酸钾溶液滴定氧化作用后生成的亚铁盐，根据高锰酸钾消耗量，计算氧化亚铜含量，查"氧化亚铜质量相当于葡萄糖、果糖、乳糖、转化糖的质量表"（附表 5-1），即可计算出还原糖的含量。以葡萄糖为例，反应式为

（1）$CuSO_4 + 2NaOH == Cu(OH)_2\downarrow + Na_2SO_4$

（2）

$$Cu(OH)_2 + \begin{matrix}COOK\\|\\CHOH\\|\\CHOH\\|\\COONa\end{matrix} == \begin{matrix}COOK\\|\\CHO\\|\\CHO\\|\\COONa\end{matrix}Cu + 2H_2O$$

（3）

$$\begin{matrix}CHO\\|\\(CHOH)_4\\|\\CH_2OH\end{matrix} + 6\begin{matrix}COOK\\|\\CHO\\|\\CHO\\|\\COONa\end{matrix}Cu + 6H_2O == \begin{matrix}COOH\\|\\(CHOH)_4\\|\\CH_2OH\end{matrix} + 6\begin{matrix}COOK\\|\\CHOH\\|\\CHOH\\|\\COONa\end{matrix} + 3Cu_2O\downarrow + H_2CO_3$$

（4）$Cu_2O + Fe_2(SO_4)_3 + H_2SO_4 == 2CuSO_4 + 2FeSO_4 + H_2O$

（5）$10FeSO_4 + 2KMnO_4 + 8H_2SO_4 == 5Fe_2(SO_4)_3 + K_2SO_4 + 2MnSO_4 + 8H_2O$

由反应式可见，5mol $Cu_2O$ 相当于 2mol $KMnO_4$，故根据高锰酸钾标准溶液的消耗量可计算出氧化亚铜量。再由氧化亚铜量查检索表得到相应的还原糖的量。

2. 试剂

(1) 碱性酒石酸铜（斐林试剂）甲液：称取 34.639g 硫酸铜（$CuSO_4 \cdot 5H_2O$），加适量水溶解，加 0.5mL 浓硫酸，再加水稀释至 500mL，用精制石棉过滤。

(2) 碱性酒石酸铜（斐林试剂）乙液：称取 173g 酒石酸钾钠与 50gNaOH，加适量水溶解，并稀释至 500mL，用精制石棉过滤，储存于橡胶塞玻璃瓶内。

(3) 精制石棉：取石棉先用 3mol/L 盐酸浸泡 2～3d，用水洗净后再用氢氧化钠（400g/L）浸泡 2～3d。倾去溶液，再用热碱性酒石酸铜乙液浸泡数小时，用水洗净，再用 3mol/L 盐酸浸泡数小时，用水洗至不呈酸性。加水振荡，使其变成微细的浆状软纤维，用水浸泡并储存于玻璃瓶中，即可用于填充古氏坩埚。

(4) 氢氧化钠溶液（400g/L）：称取 4gNaOH，加水溶解并稀释到 100mL。

(5) 硫酸铁溶液（50g/L）：称取 50g 硫酸铁，加入 200mL 水溶解后，慢慢加入 100mL 硫酸，冷却后加水稀释至 1000mL。

(6) 盐酸（3mol/L）：量取 30mL 盐酸，加水稀释至 120mL。

(7) 高锰酸钾标准溶液 $[c_{1/5KMnO_4} = 0.100mol/L]$：称取 3.3g 高锰酸钾溶于 10～50mL 水中，慢慢煮沸 20～30min，冷却后于暗处密闭保存数日，用垂融漏斗过滤，保存于棕色瓶中。

标定：精密称取经 150～200℃ 干燥 1～1.5h 的基准草酸钠约 0.2g，溶于 50mL 水中，加 8mL 硫酸，用配制的高锰酸钾溶液滴定，接近终点时加热至 70℃，继续加热至溶液呈粉红色 30s 不退为止。同时做空白试验。

计算：

$$c = \frac{m \times 1000}{(V-V_0) \times 134} \times \frac{2}{5}$$

式中　$c$——高锰酸钾标准溶液浓度，mol/L；

　　　$m$——草酸钠质量，g；

　　　$V$——标定时消耗的高锰酸钾溶液体积，mL；

　　　$V_0$——空白时消耗的高锰酸钾溶液体积，mL；

　　　134——$Na_2C_2O_4$ 的摩尔质量，g/mol。

3. 仪器

(1) 25mL 古氏坩埚或 $G_4$ 垂融坩埚。

(2) 真空泵或水力抽气泵。

4. 操作方法

1) 试样处理

(1) 一般食品。称取粉碎后的固体试样 2.5～5g 或混匀后的液体试样 5～25g，精确至 0.001g，置 250mL 容量瓶中，加 50mL 水，摇匀后加 10mL 碱性酒石酸铜甲液及 4mL 氢氧化钠溶液（40g/L），加水至刻度，混匀，静置 30min，用干燥滤纸过滤，弃去初始滤液，取续滤液备用。

（2）酒精性饮料。称取约 100g 混匀后的试样，精确至 0.01g，置于蒸发皿中，用氢氧化钠（40g/L）溶液中和至中性，在水浴上蒸发至原体积的 1/4 后，移入 250mL 容量瓶中，加 50mL 水，混匀，加 10mL 碱性酒石酸铜甲液及 4mL 氢氧化钠溶液（40g/L），加水至刻度，混匀，静置 30min，用干燥滤纸过滤，弃去初始滤液，取续滤液备用。

（3）含大量淀粉的食品。称取 10～20g 粉碎后或混匀后的试样，精确至 0.001g，置于 250mL 容量瓶中，加 200mL 水，在 45℃水浴中加热 1h，并时时振摇，冷却后加水至刻度，混匀、静置、沉淀。吸 200mL 上清液于另一 250mL 容量瓶中，加 10mL 碱性酒石酸铜甲液及 4mL 氢氧化钠溶液（40g/L），加水至刻度，混匀，静置 30min，用干燥滤纸过滤，弃去初始滤液，取续滤液备用。

（4）碳酸类饮料。称取约 100g 混匀后的试样，精确至 0.01g，试样置于蒸发皿中，在水浴上微热搅拌除去二氧化碳后，移入 250mL 容量瓶，用水洗涤蒸发皿，洗液并入容量瓶中，再加水至刻度，摇匀备用。

2）测定

吸取 50.00mL 处理后的试样溶液，于 400mL 烧杯内，加入 25mL 碱性酒石酸铜甲液及 25mL 乙液，于烧杯上盖上一表面皿，加热，控制在 4min 内沸腾，再准确沸腾 2min，趁热用铺好石棉的古氏坩埚或 $G_4$ 垂融坩埚抽滤，用 60℃热水洗涤烧杯及沉淀，至洗液不呈碱性为止。将古氏坩埚或 $G_4$ 垂融坩埚放回原 400mL 烧杯中，加 25mL 硫酸铁溶液及 25mL 水，用玻棒搅拌至氧化亚铜完全溶解。用高锰酸钾标准溶液（$c_{1/5KMnO_4}=0.1000mol/L$）滴至微红色为终点。

同时吸取 50mL 水代替样液，加入与测定试样时相同量的碱性酒石酸铜甲液、乙液、硫酸铁溶液及水，按同一方法做空白试验。

5. 结果计算

试样中还原糖质量相当于氧化亚铜的质量，按下列式进行计算。

$$X=c\times(V-V_0)\times71.54$$

式中 $X$——试样中还原糖质量相当于氧化亚铜的质量，mg；

$c$——高锰酸钾标准溶液的实际浓度，mol/L；

$V$——测定用试液消耗 $KMnO_4$ 标准溶液的体积，mL；

$V_0$——试剂空白消耗 $KMnO_4$ 标准溶液的体积，mL；

71.54——1mL 1.000mol/L 高锰酸钾溶液相当于氧化亚铜的质量，mg。

根据式中计算所得氧化亚铜的质量，查表，再计算试样中还原糖含量，按下式进行计算

$$X=\frac{m_3}{m_4\times\frac{V}{250}\times1000}\times100$$

式中　X——试样中还原糖质量相当于氧化亚铜的质量，mg；

　　　$m_3$——查表得还原糖质量，mg；

　　　$m_4$——试样质量或体积，g（mL）；

　　　V——测定用试样溶液体积，mL；

　　　250——试样处理后的总体积，mL。

还原糖含量≥10g/100g 时计算结果保留 3 位有效数字；还原糖含量＜10g/100g 时，计算结果保留 2 位有效数字。

6. 说明与注意事项

（1）本法准确度高，重现性好，准确度和重现性都优于直接滴定法，适用于各类食品中还原糖的测定但本法操作复杂、费时，需使特制的检索表。

（2）测定必须严格按规定的操作条件，煮沸时间必须在 4min 内，否则误差大。可先取水 50mL 加碱性酒石酸铜甲、乙液各 25mL，调节好热源强度，使其在 4min 内加热至沸，维持热源强度再正式测定。

（3）本法所用碱性酒石酸铜溶液是过量的，以保证所有的还原糖都全部氧化，所以煮沸后反应液应呈蓝色。如不呈蓝色，说明样液含糖浓度过高，应做调整。

（4）在过滤和洗涤氧化亚铜沉淀的整个过程中，应使沉淀始终在液面下，避免氧化亚铜暴露于空气中而被氧化。

（5）碱性酒石酸铜甲、乙液应分别存放，临用时等量混合，以免在碱性溶液中氢氧化铜被酒石酸钾钠缓慢地还原而析出氧化亚铜沉淀，影响测定准确度。

（6）常用的澄清剂有中性醋酸铅，乙酸锌和亚铁氰化钾溶液及硫酸铜和氢氧化钠。用醋酸铅作澄清剂时，测定中如样液中残留有铅离子，则会与果糖结合使结果偏低，需加入草酸钠钠或草酸钾等除铅剂。本法因以反应中产生的定量的 $Fe^{2+}$ 为计算依据，故不宜采用乙酸锌和亚铁氰化钾作澄清剂，以免引入 $Fe^{2+}$。

（7）样品中的还原糖既有单糖也有麦芽糖或乳糖等双糖时，还原糖的测定结果会偏低，这主要是因为双糖的分子中仅有一个还原糖所致。

（三）比色法

比色法有斐林试剂比色法，3,5-二硝基水杨酸比色法、纳尔逊-索模吉（Nelson-Somogyi）试剂比色法和酚-硫酸比色法。在这里介绍斐林试剂比色法和 3,5-二硝基水杨酸比色法。

1. 斐林试剂比色法

1）原理

含有醛基或酮基的单糖的水解产物，在碱性条件下煮沸能使斐林试剂中的 $Cu^{2+}$ 还原为一价的 $Cu_2O$，而使蓝色的斐林试剂脱色，脱色的程度与溶液中含糖量成正比。本法在 100～500mg/L 还原糖范围内呈良好的线性关系。

2）试剂

（1）斐林试剂甲。40g 硫酸铜溶于蒸馏水并定容至 1000mL。

（2）斐林试剂乙。200g 酒石酸钾钠与 150gNaOH 溶于蒸馏水并定容至 1000mL。在使用前取 20mL 甲液，加入等体积乙液。

（3）0.1％葡萄糖标准液。取经 105℃干燥 2h 的恒重的葡萄糖 0.1g，加蒸馏水溶解并定容至 100mL。

3）测定

（1）标准曲线绘制。在各试管中分别加入 0.1％葡萄糖标准液 0、1、2、3、4、5、6mL 并分别加蒸馏水补足至 6mL，在各管中加入 4mL 斐林试剂甲、乙混合液，混匀，在试管口用玻璃球盖好，放入沸水浴加热 15min，取出后在流水中冷却，再以 1500r/min 离心 5min，取上清液在 590nm 波长处进行比色测定，以蒸馏水调零，读取各管吸光值。然后把空白管的吸光值减去各管不同浓度糖的吸光度值。然后把空白管的吸光值减去各管不同浓度糖的吸光度值，并以此差值作纵坐标，各相对的糖含量作横坐标，绘制标准曲线。

（2）样品测定。吸取 6.0mL 待测样品溶液（适当稀释至约含 500mL/L 还原糖），加 4mL 斐林试剂混合液，并和标准曲线同样操作，在 590nm 波长处测出吸光度。据不含样品的空白管吸光值减去样品测得的吸光度值，在标准曲线上查得糖含量，并乘以样品稀释倍数，计算出单位体积或质量样品中的含糖体积分数或质量分数（％）。

2. 3,5-二硝基水杨酸比色法

1）原理

在氢氧化钠和丙三醇存在下，还原糖能将 3,5-二硝基水杨酸中的硝基还原为氨基，生成氨基化合物。此化合物在过量的氢氧化钠碱性溶液中呈橘红色，在 540nm 波长处有最大吸收，其吸光度与还原糖含量成线性关系。

此法具有准确度高，重现性好，操作简便、快速等优点。

2）试剂

3,5-二硝基水杨酸溶液：称取 6.5g 3,5-二硝基水杨酸溶于少量水中，移入 1000mL 容量瓶中，加入 2mol/L 氢氧化钠溶液 325mL，再加入 45g 丙三醇，摇匀，定容至 1000mL。

3）测定

吸取样液 1.0mL（含糖 3～4mg），置于 25mL 容量瓶中，各加入 3,5-二硝基水杨酸溶液 2mL，置于沸水浴中煮 2min，进行显色，然后以流水迅速冷却，用水定容至 25mL，摇匀。以试剂空白调零，在 540nm 处测定吸光度，与葡萄糖标样作对照，求出样品中还原糖含量。

（四）几种方法比较

斐林试剂直接滴定法是传统的方法，操作和计算都较简便、快捷，试剂用量少，终点明显，适用于各类食品中还原糖的测定，但对深色样品终点不明显。

　　高锰酸钾滴定法准确度高，重现性好，准确度和重现性都优于直接滴定法，适用于各类食品中还原糖的测定但本法操作复杂、费时，需使特制的检索表。

　　比色法较迅速，样品多时采用此法为好。斐林试剂比色法在 100～500mg/L 还原糖范围内呈良好的线性关系。而 3,5-二硝基水杨酸比色法具有准确度高，重现性好，操作简便、快速等优点。

## 二、蔗糖的测定

　　在食品生产中，为判断原料的成熟度，鉴别白糖、蜂蜜等食品原料的品质，以及控制糖果、果脯、加糖乳制品等产品的质量指标，常常需要测定蔗糖的含量。

　　蔗糖是非还原性双糖，不能用测定还原糖的方法直接进行测定，可采用高效液相色谱法进行分析，但蔗糖经酸水解后可生成具有还原性的葡萄糖和果糖，因此可按测定还原糖的方法进行测定。对于纯度较高的蔗糖溶液，可用相对密度、折光率、旋光率等物理检验法进行测定。在此仅介绍酸水解法。

### 1. 原理

　　样品除去蛋白质等杂质后．用稀盐酸水解，使蔗糖转化为还原糖。然后按还原糖测定的方法，分别测定水解前后样液中还原糖的含量，两者的差值即为由蔗糖水解产生的还原糖的量，再乘以换算系数 0.95 即为蔗糖的含量。

### 2. 试剂

　　(1) 盐酸溶液 (1+1)。量取 50mL 盐酸，缓缓加入 50mL 水中，冷却后混匀。

　　(2) 氢氧化钠溶液 (200g/L)。称取 20g 氢氧化钠加水溶解后，放冷，并定容至 100mL。

　　(3) 甲基红指示剂 (1g/L)。称取 0.1g 甲基红，用少量乙醇溶解后，定容到 100mL。

　　(4) 碱性酒石酸铜甲液。称取 15g 硫酸铜 ($CuSO_4 \cdot 5H_2O$) 及 0.05g 次甲基蓝，溶于水中并稀释到 1000mL。

　　(5) 碱性酒石酸铜乙液。称取 50g 酒石酸钾钠及 75g 氢氧化钠，溶于水中，再加入 4g 亚铁氰化钾，完全溶解后，用水稀释至 1000mL，储存于橡胶塞玻璃瓶中。

　　(6) 乙酸锌溶液 (219g/L)。称取 21.9g 乙酸锌 [$Zn (CH_3COO)_2 \cdot 2H_2O$]，加 3mL 冰醋酸，加水溶解并稀释到 100mL。

　　(7) 亚铁氰化钾溶液 (106g/L)。称取 10.6g 亚铁氰化钾 [$K_4Fe (CN)_6 \cdot 3H_2O$]，溶于水并稀释至 100mL。

　　(8) 1g/L 葡萄糖标准溶液。称取 1g (精确至 0.0001g) 经 98～100℃ 干燥 2h 葡萄糖，加水溶解后加入 5mL 盐酸并以水稀释后至 1000mL。此溶液每毫升相当于 1.0mg 葡萄糖。

### 3. 操作方法

　　(1) 试样处理。同"还原糖的测定"中"直接滴定法"。

（2）酸水解。吸取 2 份 50mL 经处理后的样液，分别置于 100mL 容量瓶中，其中 1 份加入 5mL 盐酸（1＋1），在 68～70℃水浴中加热 15mm，取出迅速冷却至室温，加 2 滴甲基红指示剂，用氢氧化钠溶液（200g/L）中和至中性，加水至刻度，摇匀。另一份直接用水稀释至 100mL。

（3）测定。按直接滴定法或高锰酸钾滴定法测定上述样液中的还原糖。

4. 结果计算

$$X=\frac{A}{m\times\frac{V}{250}\times1000}\times100$$

式中　$X$——试样中还原糖的含量（以葡萄糖计），g/100g；

　　　$A$——碱性酒石酸铜液（甲液、乙液各半），mg；

　　　$m$——试样质量，g；

　　　$V$——滴定时平均消耗试样溶液体积，mL。

以葡萄糖为标准滴定溶液时，按下式计算试样中蔗糖

$$X=（R_2-R_1）\times0.95$$

式中　$X$——试样中蔗糖含量（以葡萄糖计），g/100g；

　　　$R_2$——水解后样液中还原糖含量，g/100g；

　　　$R_1$——不经水解处理样液中还原糖含量，g/100g；

　　　0.95——还原糖（以葡萄糖计）换算为蔗糖的系数。

5. 说明与注意事项

（1）蔗糖在本法规定的水解条件下，可以完全水解，而其他双糖和淀粉等的水解作用很小，可忽略不计。所以必须严格控制水解条件，以确保结果的准确性与重现性。此外，果糖在酸性溶液中易分解，故水解结束后应立即取出并迅速冷却中和。

（2）根据蔗糖的水解反应方程式：

$$C_{12}H_{22}O_{11}+H_2O \Longrightarrow C_6H_{12}O_6+C_6H_{12}O_6$$

　　　蔗糖　　　　　　　葡萄糖　　　果糖

　　　342　　　　　　　180　　　　180

蔗糖的相对分子质量为 342，水解后生成 2 分子单糖，其相对分子质量之和为 360。

$$\frac{342}{360}=0.95$$

即 1g 转化糖相当于 0.95g 的蔗糖量。

（3）用还原糖法测定蔗糖时，为减少误差，测得的还原糖应以转化糖表示，所以，用直接法滴定时，碱性酒石酸铜溶液的标定需采用蔗糖标准溶液按测定条件水解后进行标定。

（4）碱性酒石酸铜溶液的标定：

① 称取 105℃烘干至恒重的纯蔗糖 1.000g，用蒸馏水溶解，并定容至 500mL，混

匀。此标准溶液 1mL 相当于纯蔗糖 2mg。

②吸取上述蔗糖标准溶液 50mL，于 100mL 容量瓶中，加 5mL 6mol/L 盐酸溶液，在 68~70℃水浴中加热 15min，取出迅速冷却至室温，加 2 滴甲基红指示剂，用 200g/L 的氢氧化钠溶液中和至中性，加水至刻度，摇匀。此液 1mL 相当于纯蔗糖 1mg。

③取经水解的蔗糖标准溶液，按直接滴定法标定碱性酒石酸铜溶液。

$$m_2 = \frac{m_1}{0.95} V$$

式中　$m_1$——1mL 蔗糖标准水解液相当于蔗糖质量，mg；

　　　$m_2$——10mL 碱性酒石酸铜溶液相当于转化糖质量，mg；

　　　$V$——标定中消耗蔗糖标准水解液的体积，mL；

　　　0.95——蔗糖换算为转化糖的系数。

（5）若选用高锰酸钾滴定时，查附表时应查转化糖项。

### 三、总糖的测定

食品中的总糖通常是指具有还原性的糖（葡萄糖、果糖、乳糖、麦芽糖等）和在测定条件下能水解为还原性单糖的蔗糖的总量。

许多食品中含有多种糖类，包括具有还原性的葡萄糖、果糖、麦芽糖、乳糖等，以及非还原性的蔗糖、棉子糖等。这些糖有的来自原料；有的是因生产需要而加入的；有的是在生产过程中形成的（如蔗糖水解为葡萄糖和果糖）。许多食品中通常只需测定其总量，即总糖。应当注意这里所讲的总糖与营养学上所指的总糖是有区别的，营养学上的总糖是指被人体消化、吸收利用的糖类物质的总和，包括淀粉。而这里讲的总糖不包括淀粉，因为在该测定条件下，淀粉的水解作用很微弱。

总糖是许多食品（如麦乳精、果蔬罐头、巧克力、软饮料等）的重要质量指标，是食品生产中常规的检验项目，总糖含量直接影响食品的质量及成本。所以，在食品分析中总糖的测定中具有十分重要的意义。

总糖的测定通常是以还原糖的测定方法为基础，常用的方法是直接滴定法或高锰酸钾滴定法，也可用蒽酮比色法等。限于篇幅，这里只介绍直接滴定法。

1. 原理

样品经处理除去蛋白质等杂质后，加入稀盐酸在加热条件下使蔗糖水解转化为还原糖，再以直接滴定法或高锰酸钾滴定法测定水解后样品中还原糖的总量。

2. 试剂

（1）6mol/L 盐酸溶液。

（2）20％氢氧化钠溶液。

（3）0.1％甲基红指示剂：称取 0.1g 甲基红，用 60％乙醇溶解并定容至 100mL。

（4）转化糖标准溶液。准确称取经 105℃干燥至恒重的纯蔗糖 1.9000g，用水溶解并移入 1000mL 容量瓶中，定容，混匀。吸取 50mL 于 100mL 容量瓶中，加 6mol/L 盐酸 5mL,在 68～70℃ 水浴中加热 15min,取出于流动水下迅速冷却至室温,加 2 滴甲基红指示剂,用 20％ 氢氧化钠调至中性,加水定容,混匀。此溶液每毫升含转化糖 1mg。

按测还原糖方法标定并计算 10mL 酒石酸铜溶液相当于转化糖质量。

(5) 其他试剂同还原糖测定,试剂的选用应随不同的测定方法而变更。

### 3. 操作方法

(1) 样品处理。同直接测定法测定还原糖。

(2) 水解。吸取处理后的样液 50mL,置于 100mL 容量瓶中,加入 5mL 6mol/L 盐酸溶液,置于 68～70℃ 水浴中加热 15min,取出于流动水下迅速冷却至室温,加 2 滴甲基红指示剂,用 20％ 氢氧化钠调至中性,加水定容,混匀备用。

(3) 测定。经(2)处理的样液,按还原糖测定法中以高锰酸钾滴定法或直接滴定法操作。

### 4. 结果计算

$$w（以转化糖计,\%）=\frac{m_2}{m\times\frac{50}{V_1}\times\frac{V_2}{100}\times1000}\times100\%$$

式中　$w$——总糖的质量分数,％;

　　　$m_2$——高锰酸钾滴定中查表得出的与氧化亚铜质量相当的转化糖量或直接滴定法中 10mL 碱性酒石酸铜相当于转化糖的量,mg;

　　　$m$——样品质量或体积,g 或 mL;

　　　$V_1$——样品处理液总体积,mL;

　　　$V_2$——高锰酸钾法中测定用的样品水解液体积或直接滴定法中消耗的样品水解液体积,mL。

### 5. 说明与注意事项

(1) 总糖测定结果一般以转化糖计,但也可用葡萄糖计,要根据产品质量指标而定。用转化糖表示时,应用标准转化糖液标定碱性酒石铜溶液;用葡萄糖表示时,则应用标准葡萄糖液标定。

(2) 转化糖即是水解后的蔗糖,因蔗糖的旋光性是右旋的,而水解后所得的葡萄糖和果糖的混合物是左旋的,这种旋光性的变化称转化,故称转化糖。

## 四、淀粉的测定

淀粉是多糖中的一种,它广泛存在于植物的根、茎、叶、种子等组织中,是人类食物的重要组成部分,是人体的主要能量来源。

许多食品中都含有淀粉,有的来自原料,有的是生产中添加的以改变食品的物理性状。如在糖果中作填充剂,在雪糕等冷饮中作稳定剂,在午餐肉等肉类罐头中作增稠剂，在其他食品中还可作为胶体生成剂、保湿剂、乳化剂、黏合剂等。淀粉含量是某些食品主要的质量指标，是食品生产管理中常做的分析项目。

淀粉的测定方法很多，通常采酶或酸将淀粉水解为还原糖，再按还原糖测定方法测定后折算成淀粉量，也可根据淀粉具有旋光性而采用旋光法。下面就分别介绍酸水解法、酶水解法和旋光法。

（一）酸水解法

该法适用于淀粉含量较高，而其他能被水解为还原糖的多糖含量较少的样品。因为酸水解法不仅是淀粉水解，其他多糖如半纤维素和多缩戊糖等也会被水解为具有还原性的木糖、阿拉伯糖等，使得测定结果偏高。因此，对于淀粉含量较低而半纤维素、多缩戊糖和果胶含量较高的样品不适宜用该法。该法操作简单、应用广泛，但选择性和准确性不如酶法。

1. 原理

试样经除去脂肪及可溶性糖类后，其中淀粉用酸水解成具有还原性的单糖，然后按还原糖测定，并折算成淀粉。

2. 试剂

（1）甲基红指示液（2g/L）。称取甲基红 0.2g，用少量乙醇溶解后，并定容至 100mL。

（2）精密 pH 试纸。6.8～7.2。

（3）乙酸铅溶液（200g/L）。称取 20g 乙酸铅，加水溶解并稀释至 100mL。

（4）氢氧化钠溶液（400g/L）。称取 40g 氢氧化钠，加水溶解后，放冷，并稀释至 100mL。

（5）硫酸钠溶液（100g/L）。称取 10g 硫酸钠，加水溶解并稀释至 100mL。

（6）盐酸溶液（1+1）。量取 50mL 盐酸，与 50mL 水混合。

（7）85％乙醇。取 50mL 无水乙醇，加水定容至 100mL 混匀。

3. 操作方法

1）试样处理

（1）易于粉碎的试样：将试样磨碎过 40 目筛，称取 2.0～5.0g（精确至 0.001g），置于放有慢速滤纸的漏斗中，用 50mL 乙醚或石油醚分 5 次洗去试样中脂肪，弃去乙醚或石油醚。用 150mL 乙醇（85％）分数次洗涤残渣，除去可溶性糖类物质。滤干乙醇溶液，以 100mL 水洗涤漏斗中残渣并转移至 250mL 锥形瓶中，加入 30mL 盐酸（1+1），接好冷凝管，置沸水浴中回流 2h。回流完毕后，立即冷却。待试样水解液冷却后，加入 2 滴甲基红指示液，先以氢氧化钠溶液（400g/L）调至黄色，再以盐酸（1+1）校正至水解液刚变红色。若水解液颜色较深，可用精密 pH 试纸测试，使试样水解液的 pH 约为 7。然后加 20mL 乙酸铅溶液（200g/L），摇匀，放置 10min。再加 20mL 硫酸钠溶液（100g/L），以除去过多的铅。摇匀后将全部溶液及残渣转入 500mL 容量瓶中，用水洗涤锥形瓶，洗液合并于容量瓶中，加水稀释至刻度。过滤，弃去初滤液 20mL，滤液供测定用。

（2）其他样品。按加适量水在组织捣碎机中捣成匀浆（蔬菜、水果需先洗净、晾干、取可食部分）。称取相当于原试样质量 2.5～5g 匀浆（精确至 0.001g），于 250mL 锥形瓶中，用 50mL 乙醚或石油醚分 5 次洗去试样中脂肪，弃去乙醚或石油醚。以下按①中自"用 150mL 乙醇（85％）"起依法操作。

另取 100mL 水和 30mL 盐酸（1＋1）于 250mL 锥形瓶中，按上述方法操作，得试剂空白液。

2）测定

取试样水解液及试剂空白液按高锰酸钾滴定法或直接滴定法进行。

4. 结果计算

$$X = \frac{(A_1 - A_0) \times 0.9}{m \times \dfrac{V}{500} \times 1000} \times 100$$

式中 $X$——试样中淀粉含量，g/100g；

    $A_1$——测定试样中水解液还原糖质量，mg；

    $A_0$——试剂空白中还原糖的质量，mg；

    0.9——还原糖（以葡萄糖计）换算成淀粉的系数；

    $m$——试样质量，g；

    $V$——测定用试样水解液体积，mL；

    500——试样液总体积，mL。

5. 说明与注意事项

（1）此法适用于淀粉含量高而其他多糖含量少的样品，因为半纤维素、果胶质等在此条件下也能水解成还原糖，使结果偏高。

（2）水解条件要严格控制，要保证淀粉水解完全，并避免因加热时间过长葡萄糖形成糖醛聚合体，失去还原性。

（3）因水解时间较长，应采用回流装置，以保证水解过程中盐酸浓度不发生大的变化。

（4）淀粉的水解反应：

$$(C_6H_{10}O_5)_n + nH_2O \Longrightarrow n(C_6H_{12}O_6)_n$$
$$\quad\ 162 \qquad\qquad\qquad\qquad 180$$

把葡萄糖含量折算为淀粉的换算系数为 162/180＝0.9

（二）酶水解法

1. 原理

试样经除去脂肪及可溶性糖类后，淀粉用淀粉酶水解成小分子糖，再用盐酸水解成单糖，最后按还原糖测定，并折算成淀粉含量。

### 2. 试剂

（1）乙醚。

（2）85%乙醇。

（3）淀粉酶溶液（5g/L）：称取淀粉酶 0.5g，加 100mL 水溶解，临用现配；也可加入数滴甲苯或三氯甲烷防止长霉，储存于 4℃冰箱中。

（4）碘溶液：称取 3.6g 碘化钾溶于 20mL 水中，加入 1.3g 碘，溶解后加水定容至 100mL。

（5）其余试剂同总糖测定。

### 3. 操作方法

1）试样处理

（1）易于粉碎的试样。磨碎过 40 目筛，称取 2～5g（精确至 0.001g）。置于放有折叠滤纸的漏斗内，先用 50mL 乙醚或乙醇分 5 次洗除脂肪，再用约 150mL 乙醇（85%）洗去可溶性糖类，滤干乙醚，将残留物移入 250mL 烧杯内，并用 50mL 水洗滤纸及漏斗，洗液并入烧杯内，将烧杯置沸水浴上加热 15min，使淀粉糊化，放冷至 60℃以下，加 20mL 淀粉酶溶液，在 55～60℃保温 1h，并时时搅拌。然后取 1 滴此液加 1 滴碘溶液，应不显现蓝色。若显蓝色，再加热糊化并加 20mL 淀粉酶溶液，继续保温，直至加碘不显蓝色为止。加热至沸，冷后移入 250mL 容量瓶中，并加水至刻度，混匀，过滤，弃去初滤液。取 50mL 滤液，置于 250mL 锥形瓶中，加 5mL 盐酸（1+1），装上回流冷凝器，在沸水中回流 1h，冷却后加 2 滴甲基红指示液，用氢氧化钠溶液（200g/L）中和至中性。把溶液移入 100mL 容量瓶中，洗涤锥形瓶，洗液并入 100mL 容量瓶中，加水定容，摇匀备用。

（2）其他样品。加适量水在组织捣碎机中捣成匀浆（蔬菜、水果需先洗净，晾干，取可食部分），称取相当于原样质量 2～5g（精确至 0.001g）的匀浆，以下按（1）中"置于放有折叠滤纸的漏斗内"起依法操作。

2）测定

按高锰酸滴定法或直接滴定法测定还原糖。同时取 50mL 水及与样品处理时相同量的淀粉酶溶液，按同一方法做试剂空白试验。

### 4. 结果计算

1）试样中还原糖的含量（以葡萄糖计）按下式进行计算

$$X = \frac{A}{m \times \dfrac{V}{500} \times 1000} \times 100$$

式中　X——试样中还原糖的含量（以葡萄糖计），g/100g；

　　　A——碱性酒石酸铜溶液（甲液、乙液各半）相当于葡萄糖的质量，mg；

*m*——试样质量，g；

*V*——测定时平均消耗试样溶液的体积，mL；

2) 试样中淀粉的含量按下式进行计算

$$X = \frac{(A_1 - A_2) \times 0.9}{m \times \frac{50}{250} \times \frac{V}{100} \times 1000} \times 100$$

式中　*X*——试样中淀粉的含量，g/100g；

$A_1$——测定用试液中葡萄糖的质量，mg；

$A_2$——空白中葡萄糖的质量，mg；

0.9——以葡萄糖计换算成淀粉的换算系数；

*m*——称取试样质量，g；

*V*——测定用试样处理液的体积，mL。

5. 说明与注意事项

（1）淀粉酶有严格的选择性，测定不受其他多糖的干扰，适合于其他多糖含量高的样品。结果准确可靠，但操作复杂费时。

（2）淀粉酶使用前，应先确定其活力及水解时加入量。

（3）脂肪会妨碍酶对淀粉的作用及可溶性糖的去除，故应用乙醚除掉。若样品脂肪含量少，可省去加乙醚处理。

（三）旋光分析法

该法适用于淀粉含量较高，而可溶性糖类含量较少的谷类样品，如面粉、米粉等。此法重现性好，操作简便。

1. 原理

淀粉具有旋光性，在一定条件下旋光度的大小与淀粉的浓度成正比。用氯化锡溶液作为蛋白质澄清剂，以氯化钙溶液作为淀粉的提取剂，然后测定其旋光度，即可计算出淀粉含量。

2. 试剂

（1）氯化钙溶液。溶解 546g $CaCl_2 \cdot 2H_2O$ 于水中并稀释到 1000mL。调节溶液相对密度为 1.30（20℃），再用体积分数约 1.6% 的醋酸，调整溶液 pH 为 2.4±0.1，过滤后备用。

（2）氯化锡溶液。溶解 2.5g $SnCl_4 \cdot 5H_2O$ 于 75mL 上述氯化钙溶液中。

3. 仪器

旋光仪，配钠光灯。

### 4. 测定方法

将样品磨碎并通过 40 目以上的标准筛，称取磨碎后的样品 2g。置于 250mL 烧杯中，加蒸馏水 10mL，搅拌使样品湿润，加入 70mL 氯化钙溶液，用表面皿盖上，在 5min 内加热至沸，并继续煮沸 15min，随时搅拌以免样品附在烧杯壁上。若泡沫过多，可加 1～2 滴辛醇消泡。迅速冷却后，移入 100mL 容量瓶中，用氯化钙溶液洗涤烧杯壁上附着的样品，洗液并入容量瓶中。加氯化锡溶液 5mL，用氯化钙溶液定容至刻度，混匀，过滤，弃去初滤液，收集其余的滤液，装入观测管中，测定其旋光度。

### 5. 结果计算

$$X = \frac{\alpha \times 100}{L \times 203 \times m} \times 100$$

式中　$X$——试样中淀粉含量，g/100g；

$\alpha$——旋光度读数（角旋度），（°）；

$L$——观测管长度，dm；

$m$——试样质量，g；

203——淀粉的比旋光度，（°）。

### 6. 说明与注意事项

（1）该法选用氯化钙溶液作为淀粉提取剂，是因为钙与淀粉分子上的前羟基生成络合物，使它对水具有较高的亲和力，从而在水中易溶解。

（2）淀粉的比旋光度根据其来源的不同一般在 +190°～+203°。如玉米、淀粉为 203°，豆类淀粉为 200°。由于其比旋光度较高，除糊清（比旋光度为 +195°）外，干扰物质的影响可忽略不计。

（3）淀粉溶液加热后必须迅速冷却，否则淀粉会老化，形成不溶性淀粉微束，从而影响测定结果的准确性。

## 五、粗纤维的测定

纤维是植物性食品的主要成分之一，广泛存在于各种植物体内，其含量随食品种类的不同而异，尤其在谷类、豆类、水果、蔬菜中含量较高。食品的纤维在化学上不是单一组分的物质，而是包括多种成分的混合物，其组成十分复杂，且随食品的来源、种类而变化。原来的"粗纤维"的概念，是用来表示食品中不能被稀酸、稀碱所溶解，不能为人体所消化利用的物质。它仅包括食品中部分纤维素、半纤维素、木质素及少量含氮物质。到了近代，从营养学的观点，提出了食物纤维（膳食纤维）的概念。它是指食品中不能被人体消化酶所消化的多糖类和木质素的总和。它包括纤维素、半纤维素、戊聚糖、木质素、果胶、树胶等。食物纤维比粗纤维更能客观、准确地反映食物的可利用率，因此有逐渐取代粗纤维指标的趋势。

纤维是人类膳食中不可缺少的重要物质之一，能促进肠道蠕动，有较好的保健功效，尤其是现在人们的生活水平提高，饮食中缺少了纤维素，引起不少疾病，因此，纤维在维持人体健康、预防疾病方面有着独特的作用，已日益引起人们的重视。人类每天要从食品中摄入一定量（8～12g）纤维才能维持人体正常的生理代谢功能。为保证纤维的正常摄取，一些国家强调增加纤维含量高的谷物、果蔬制品的摄食，同时还开发了许多强化纤维的配方食品。在食品生产和食品开发中，常需要测定纤维的含量，它也是食品成分全分析项目之一，对于食品品质管理和营养价值的评定具有重要意义。

食品中纤维的测定提出最早、应用最广泛的是粗纤维测定法。此外还有中性洗涤纤维法（测定 NDF）、酸性洗涤纤维法（测定 ADF）、酶解重量法和纤维素测定仪等分析方法。下面分别介绍粗纤维测定法、中性洗涤纤维法和酸性洗涤纤维法。

（一）粗纤维的测定（重量法或酸碱法）

1. 原理

在硫酸作用下，样品中的糖、淀粉、果胶质和半纤维素经水解而除去后，再用碱处理，除去蛋白质及脂肪酸。剩余的残渣为粗纤维，如其中含有不溶于酸碱的杂质，可灰化后除去。

2. 试剂

（1）1.25%硫酸。
（2）1.25%氢氧化钾溶液。

3. 仪器

（1）$G_2$ 垂融坩埚或 $G_2$ 垂融漏斗。
（2）石棉。加 5%氢氧化钠溶液浸泡石棉，在水浴上回流 8h 以上，再用热水充分洗涤，然后用 20%盐酸在沸水浴上回流 8h 以上，再用热水充分洗涤，干燥，在 600～700℃中灼烧后，加水使成混悬物，储存于玻塞瓶中。

4. 操作方法

称取 20～30g 捣碎的试样（或 5.0g 干试样），移入 500mL 锥形瓶中，加入 200mL 煮沸的 1.25%硫酸，加热使微沸，保持体积恒定，维持 30min，每隔 5min 摇动锥形瓶一次，以充分混合瓶内的物质。

取下锥形瓶，立即用亚麻布过滤后，用沸水洗涤至洗液不呈酸性。

再用 200mL 煮沸的 1.25%氢氧化钾溶液，将亚麻布上的存留物洗入原锥形瓶内加热微沸 30min 后，取下锥形瓶，立即以亚麻布过滤，以沸水洗涤 2～3 次后，移入已干燥称量的 $G_2$ 垂融坩埚或同型号的垂融漏斗中，抽滤，用热水充分洗涤后，抽干。再依次用乙醇和乙醚洗涤一次。将坩埚和内容物在 105℃烘箱中烘干后称量，重复操作，直至恒量。

如试样中含有较多的不溶性杂质，则可将试样移入石棉坩埚，烘干称量后，再移入550℃高温炉中灰化，使含碳的物质全部灰化，置于干燥器内，冷却至室温称量，所损失的量即为粗纤维量。

5. 结果计算

$$X = \frac{m_1}{m} \times 100\%$$

式中　$X$——试样中粗纤维的含量；

　　　$m_1$——残余物的质量（或经高温炉损失的质量），g；

　　　$m$——试样的质量，g。

6. 说明与注意事项

（1）为了提高测定结果的准确度，应严格遵守操作条件。样品粒度不宜过大或过细，防止影响消化和降解，细度应掌握在 1mm 左右。沸腾不能过于剧烈，防止样品脱离液体而附于液面之上的瓶壁上，影响消化。

（2）酸碱消化时，如产生大量泡沫，可加入 2 滴硅油或辛醇消泡。

（3）用亚麻布过滤时，由于孔径不稳定，结果出入较大，最好采用 200 目尼龙筛绢过滤，既耐高温，孔径又稳定，本身不吸留水分，洗残渣也较容易。

（4）过滤时间不宜太长，一般不超过 10min，否则应适量减少称样量。

（5）恒重要求：烘干质量<1mg，灰化质量<0.5mg。

（6）计算结果表示到小数点后一位。精密度要求在重复性条件下获得的 2 次独立测定结果的绝对差值不得超过算术平均值的 10%。

（7）该法操作简便、迅速，适用于各类食品，是应用最广泛的经典分析法。目的，我国的食品成分表中"纤维"一项的数据都是用此法测定的，但该法测定结果粗糙，重现性差。由于酸碱处理时纤维成分会发生不同程度的降解，使测得值与纤维的实际含量差别很大，这是此法的最大缺点。

（二）中性洗涤法：测定 NDF

鉴于粗纤维测定方法的诸多缺点，近几十年来各国学者对食物纤维的测定方法进行了广泛的研究，1963 年提出了中性洗涤纤维（NDF）和酸性洗涤纤维（ADF）的观点及相应的测定方法，试图用来代替粗纤维指标。目前，有的国家已把 NDF 和 ADF 列为营养分析的正式指标之一。

1. 原理

样品经热的中性洗涤剂浸煮后，残渣用热蒸馏水充分洗涤，除去样品中游离淀粉、蛋白质、矿物质，然后加入 α-淀粉酶溶液以分解结合态淀粉，再用蒸馏水、丙酮洗涤，以除去残存的脂肪、色素等，残渣经烘干，即为中性洗涤纤维（不溶性膳食纤维）。

2. 试剂

（1）中性洗涤剂溶液配制：

① 将 18.61g 乙二胺四乙酸二钠和 6.81g 四硼酸钠（Na$_2$B$_4$O$_7$·10H$_2$O）用 250mL 水加热溶解。

② 另将 30g 月桂基硫酸钠（十二烷基硫酸钠）和 10mL 乙二醇独乙醚溶于 200mL 热水中，合并于①液中。

③ 把 4.56g 磷酸氢二钠溶于 150mL 热水，并入①液中。

④ 用磷酸调节混合液 pH 至 6.9～7.1，最后加水至 1000mL，此液使用期间如有沉淀生成，需在使用前加热到 60℃，使沉淀溶解。

（2）十氢萘（萘烷）。

（3）α-淀粉酶溶液：取 0.1mol/L Na$_2$HPO$_4$ 和 0.1mol/L NaH$_2$PO$_4$ 溶液各 500mL，混匀，配成磷酸盐缓冲液。称取 12.5mgα-淀粉酶，用上述缓冲溶液溶解并稀释到 250mL。

（4）丙酮。

（5）无水亚硫酸钠。

3. 仪器

（1）提取装置。由带冷凝器的 300mL 锥形瓶和可将 100mL 水在 5～10min 内由 25℃升温到沸腾的可调电热板组成。

（2）玻璃过滤坩埚（滤板平均孔径 40～90μm）。

（3）抽滤装置。由抽滤瓶、抽滤架、真空泵组成。

4. 操作方法

（1）将样品磨细，使之通过 20～40 目筛。精确称取 0.500～1.000g 样品，放入 300mL 锥形瓶中，如果样品中脂肪含量超过 10%，按每克样品用 20mL 石油醚，提取 3 次。

（2）依次向锥形瓶中加入 100mL 中性洗涤剂、2mL 十氢萘和 0.05g 无水亚硫酸钠，加热锥形瓶使之在 5～20min 内沸腾，从微沸开始计时，准确微沸 1h。

（3）把洁净的玻璃过滤器在 110℃烘箱内干燥 4h，放入干燥器内冷却至室温，称重。将锥形瓶内全部内容物移入过滤器，抽滤至干，用不少于 300mL 的热水（100℃）分 3～5 次洗涤残渣。

（4）加入 5mLα-淀粉酶溶液，抽滤，以置换残渣中水，然后塞住玻璃过滤器的底部，加 20mL 淀粉酶液和几滴甲苯（防腐），置过滤器于 37℃±2℃培养箱中保温 1h。取出滤器，取下底部的塞子，抽滤，并用不少于 500mL 热水分次洗去酶液，最后用 25mL 丙酮洗涤，抽干过滤器。

（5）置过滤器于 110℃烘箱中干燥过夜，移入干燥器冷却至室温，称重。

5. 结果计算

$$X=\frac{m_1-m_0}{m}\times100$$

式中　$X$——中性洗涤纤维（NDF）的含量，g/100g；

　　　$m_0$——玻璃过滤器质量，g；

　　　$m_1$——玻璃过滤器和残渣质量，g；

　　　$m$——样品质量，g。

　　6. 说明与注意事项

　　（1）中性洗涤纤维相当于植物细胞壁，它包括了样品中全部的纤维素、半纤维素、木质素、角质素，因为这些成分是膳食纤维中不溶于水的部分，故又称为"不溶性膳食纤维"。由于食品中可溶性膳食纤维（来源于水果的果胶、某些豆类种子中的豆胶、海藻的藻胶、某些植物的黏性物质等可溶于水，称为水溶性膳食纤维）含量较少，所以中性洗涤纤维接近于食品中膳食纤维的真实含量。

　　（2）这里介绍的是美国谷物化学家协会审批的方法。

　　（3）样品粒度对分析结果影响较大，颗粒过粗时结果偏高，而过细时又易造成滤板孔眼堵塞，使过滤无法进行。一般采用 20～30 目为宜，过滤困难时，可加入助剂。

　　（4）十氢钠是作为消泡剂，也可用正辛醇，但测定结果精密度不及十氢钠。

　　（5）测定结果中包含灰分，可灰化后扣除。

　　（6）中性洗涤纤维测定值高于粗纤维测定值，且随食品种类的不同，两者的差异也不同，实验证明，粗纤维测定值占中性洗涤纤维测定值的百分比：谷物为 13%～27%；干豆类为 35%～52%；果蔬为 32%～66%。

　　（7）本法适用于谷物及其制品、饲料、果蔬等样品，对于蛋白质、淀粉含量高的样品，易形成大量泡沫，黏度大，过滤困难，使此法应用受到限制。本法设备简单、操作容易、准确度高、重现性好。所测结果包括食品中全部的纤维素、半纤维素、木质素，最接近于食品中膳食纤维的真实含量，但不包括水溶性非消化性多糖，这是此法的最大缺点。

　　（三）酸性洗涤法——测定 ADF

　　如上所述，中性洗涤纤维测定法比粗纤维测定法有许多优点，但由于泡沫问题，使应用受到了限制。鉴于粗纤维测定法重现性差的主要原因是碱处理时纤维素、半纤维素和木质素发生了降解而流失。酸性洗涤纤维法取消了碱处理步骤，用酸性洗涤剂浸煮代替酸碱处理。

　　1. 原理

　　样品经磨碎烘干，用十六烷基三甲基溴化铵的硫酸溶液回流煮沸，除去细胞内容物，经过滤、洗涤、烘干，残渣即为酸性洗涤纤维。

　　2. 试剂

　　（1）酸性洗涤剂溶液。称取 20g 十六烷基三甲基溴化铵，加热溶于 0.5mol/L 硫酸溶液中并稀释至 2000mL。

　　（2）0.5mol/L 硫酸溶液。取 56mL 硫酸，徐徐加入水中，稀释到 2000mL。

（3）消泡剂：萘烷。

（4）丙酮。

3. 操作方法

将样品磨碎使之通过 16 目筛，在强力通风的 95℃烘箱内烘干移入干燥器中，冷却，精确称取 1.00g 样品．放入 500mL 三角瓶中，加入 100mL 酸性洗涤剂溶液，2mL 萘烷，连接回流装置，加热使其在 3～5min 内沸腾，并保持微沸 2h，然后用预先称好重量的粗孔玻璃砂芯（1 号）过滤（靠自重过滤，不抽气）。

用热水洗涤三角瓶，滤液合并入玻璃砂芯坩埚内，轻轻抽滤，将坩埚充分洗涤，热水总用量约为 300mL。

用丙酮洗涤残留物，抽滤，然后将坩埚连同残渣移入 95～105℃烘箱中烘干至恒重。移入干燥器内冷却后称重。

4. 结果计算

$$X=\frac{m_1}{m}\times100$$

式中　X——酸性洗涤纤维（ADF）的含量，g/100g；

　　　$m_1$——残留物质量，g；

　　　m——样品质量，g。

5. 说明与注意事项

（1）在用酸性洗涤剂浸煮过程中，样品中的淀粉、果胶、半纤维素、蛋白质等成分分解，经过滤而除去，所得残留物中包括全部的纤维素和木质素及少量矿物质（灰分），测得结果高于粗纤维测定值，但低于中性洗涤纤维测定值，也比较接近于食品中膳食纤维的含量。

（2）中性洗涤纤维相酸性洗涤纤维之差，即为半纤维素含量。

（3）洗涤坩埚内残渣时，加水量为坩埚溶液的 2/3，用玻璃棒搅碎滤渣，浸泡 15～30s 后，轻轻抽滤。

## 六、果胶物质的测定

果胶是一种植物胶，存在于果蔬类植物中，是构成植物细胞壁的主要成分之一。果胶物质一般以原果胶、果胶酯酸、果胶酸三种不同的形态存在。植物中各种形态果胶物质含量与其成熟度有关。在果蔬未成熟时，主要以原果胶形式存在，果蔬整个组织比较坚硬。在成熟过程中，在酶的作用下，原果胶水解成果胶酯酸，并与纤维素、半纤维素分离，使组织变软。如果过熟，果胶酯酸则可进一步水解成果胶酸而使组织溃烂。

果胶在食品工业中用途较广。利用果胶的水溶液在适当条件下可形成凝胶特性，可用于果酱、果冻及高级糖果的生产；利用果胶的增稠、稳定、乳化功能又可解决饮料分层，防止沉淀及改善风味等问题。还可利用低甲氧基果胶具有与有害金属配位的性质，可以用其制成防治某些职业病的保健饮料。

果胶的测定方法有重量法、咔唑比色法、蒸馏滴定法、果胶酸钙滴定法等法。较常用的是重量法。

1. 原理

先用 70％乙醇处理样品，使果胶沉淀，再依次用乙醇、乙醚洗涤沉淀，以除去可溶性糖类、脂肪、色素等物质，残渣分别用酸或用水提取总果胶或水溶性果胶。果胶经皂化生成果胶酸钠，再经醋酸酸化使之生成果胶酸，加入钙盐则生成果胶酸钙沉淀，烘干后称重。

2. 试剂

(1) 乙醇。

(2) 乙醚。

(3) 0.05mol/L 盐酸溶液。

(4) 0.1mol/L 氢氧化钠。

(5) 1mol/L 醋酸：取 58.3mL 冰醋酸，用水定容到 100mL。

(6) 1mol/L 氯化钙溶液：称取 110.99g 无水氯化钙，用水定容到 500mL。

3. 仪器

(1) 布氏漏斗。

(2) $G_2$ 垂融坩埚。

(3) 抽滤瓶。

(4) 真空泵。

4. 操作方法

1) 样品处理

(1) 新鲜样品。称取试样 30～50g，用小刀切成薄片，置于预放有 99％乙醇的 500mL 锥形瓶中，装上回流冷凝器，在水浴上沸腾回流 15min 后，冷却，用布氏漏斗过滤，残渣于研钵中一边慢慢磨碎，一边滴加 70％的热乙醇，冷却后再过滤，反复操作至滤液不呈糖的反应（用苯酚-硫酸法检验）为止。残渣用 99％乙醇洗涤脱水，再用乙醚洗涤以除去脂类和色素，风干乙醚。

(2) 干燥样品。研细，使之通过 60 目筛，称取 5～10g 样品于烧杯中，加入热的乙醇，充分搅拌以提取糖类，过滤。反复操作至滤液不呈糖的反应。残渣用 99％乙醇洗涤，再用乙醚洗涤，风干乙醚。

2) 提取果胶

(1) 水溶性果胶提取。用 150mL 水将上述漏斗中残渣移入 250mL 烧杯中，加热至沸并保持沸腾 1h，随时补足蒸发的水分，冷却后移入 250mL 容量瓶中，加水定容、摇匀、过滤、弃去初滤液，收集滤液即得水溶性果胶提取液。

(2) 总果胶的提取。用 150mL 加热至沸的 0.05mol/L 盐酸溶液把漏斗中残渣移入 250mL 锥形瓶中，装上冷凝器，于沸水浴中加热回流 1h，冷却后移入 250mL 容量瓶中，加甲基红指示剂 2 滴，用 0.5mol/L 氢氧化钠中和后，用水定容，摇匀，过滤，收集滤液即得总果胶提取液。

3）测定

取 25mL 提取液（能生成果胶酸钙 25mg 左右）于 500mL 烧杯中，加入 0.1mol/L 氢氧化钠溶液 100mL，充分搅拌，放置 0.5h，再加入 1mol/L 醋酸 50mL，放置 5min，边搅拌边缓缓加入 1mol/L 氯化钙溶液 25mL，放置 1h（陈化）。加热煮沸 5min，趁热用烘干至恒重的滤纸（或 G2 垂融坩埚）过滤，用热水洗涤至无氯离子（用 10％硝酸银溶液检验）为止。滤渣连同滤纸一同放入称量瓶中，置 105℃烘箱中（G2 垂融坩埚可直接放入）干燥至恒重。

5. 结果计算

$$X = \frac{(m_1 - m_2) \times 0.9233}{m \times \frac{25}{250}} \times 100$$

式中 $X$——果胶物质（以果胶酸计），g/100g；

$m_1$——果胶酸钙和滤纸或垂融坩埚质量，g；

$m_2$——滤纸或垂融坩埚的质量，g；

$m$——样品质量，g；

25——测定时取果胶提取液的体积，mL；

250——果胶提液总体积，mL；

0.9233——由果胶酸钙换算为果胶的系数。果胶酸钙的实验式定为 $C_{17}H_{23}O_{11}Ca$，其中钙含量约为 7.67％，果胶酸含量约为 92.33％。

6. 说明与注意事项

（1）检验糖分的苯酚-硫酸法：取样液 1mL 于试管中，加入 5％苯溶液 1mL，再加入 5mL 硫酸，混匀，如溶液呈褐色，说明有糖分。

（2）为防止果胶分解酶的作用，新鲜试样需切片浸入乙醇中，以钝化酶的活性。

（3）加入氯化钙溶液时，应边搅拌边缓缓滴加，以减小饱和度，避免溶液局部过浓。

（4）用热水过滤和洗涤沉淀，可降低溶液黏度，加快过滤和洗涤速度，并增大杂质溶解度，便于洗去。

（5）此法适用于各类食品，方法稳定可靠，但操作较烦琐费时。果胶酸钙沉淀中易夹杂其他胶态物质，使本法选择性较差。

## 第六节 蛋白质和氨基酸的测定

蛋白质是生命的基础，是构成生物体细胞组织的重要成分，是生物体发育及修补组织的原料。人体内酸碱平衡、水平衡的维持；遗传信息的传递；物质的代谢及转运都与蛋白质有关。人和动物只能从食物中得到蛋白质及其分解产物，来构成自身的蛋白质。

此外，在食品加工过程中，蛋白质及其分解产物对食品的色、香、味有极大的影响，是食品的重要的组成成分。

各种食品中蛋白质的含量各有不同，一般说来，动物性食品蛋白质含量高与植物性食品。测定食品中蛋白质含量，对评价食品营养价值的高低，合理开发利用食品资源，控制食品加工中食品品质等，都具有重要意义。

蛋白质是复杂的有机含氮化合物，其相对分子质量很大，它由 20 种氨基酸通过酰胺键以一定方式结合起来，并具有一定的空间结构，其所含主要元素为 C、H、O、N，而含 N 是蛋白质区别于其他有机化合物的主要标志。

不同的蛋白质其氨基酸构成比例及方式不同，故各种不同的蛋白质其含氮量也不同。一般蛋白质含氮量为 16%，即 1 份氮素相当于 6.25 份蛋白质，此为蛋白质系数，不同类食品的蛋白质系数有所不同。如玉米、荞麦为 6.25，花生为 5.46，大米为 5.95，大豆及其制品为 5.71、面粉为 5.70、乳汁品为 6.38。

测定蛋白质的方法可分为两大类：一类是利用蛋白质的共性，即含氮量、肽键和折射率等测定蛋白质含量；另一类是利用蛋白质中持定氨基酸残基、酸性和碱性基因以及芳香基团等测定蛋白质含量。但因食品种类繁多，食品中蛋白质含量各异，持别是其他成分，如碳水化合物、脂肪和维生素等干扰成分很多，因此蛋白质含量测定最常用的方法是凯氏定氮法，它是测定总有机氮的最准确和操作较简便的方法之一，在国内外应用普遍。由于样品中常含有少量非蛋白质含氮化合物，故此法的结果称为粗蛋白质含量。

蛋白质的测定，目前多采用将蛋白质消化，测定其总含氮量，再换算为蛋白质含量的凯氏定氮法（也有称 K 氏定氮法）。由于食品中蛋白质含量不同又分为常量凯氏定氮法、半微量凯氏定氮法和微量凯氏定氮法。此外，双缩脲分光光度比色法、染料结合分光光度比色法、酚试剂法等也常用于蛋白质含量的测定。近年来，国外采用红外线检测仪对蛋白质进行快速定量分析。下面就介绍凯氏定氮法和比色法。

# 一、蛋白质的测定

## （一）凯氏定氮法

新鲜食品中的含氮化合物大都以蛋白质为主体，所以检验食品中蛋白质时，往往只限于测定总氮量，然后乘以蛋白质换算系数 6.25，即可得到蛋白质含量。凯氏法可用于所有动、植物食品的蛋白质含量测定，但由于样品中常含有核酸、生物碱、含氮类脂、卟啉以及含氯色素等非蛋白质的含氮化合物，故结果称为粗蛋白质含量。

凯氏定氮法经长期改进，迄今已演变成常量法、微量法、自动定氮仪法、半微量法及改良凯氏法等多种，这里仅介绍常量法和微量法。

### 1. 常量凯氏定氮法

#### 1）原理

样品与浓硫酸和催化剂一同加热消化，使蛋白质分解，其中碳和氢被氧化为二氧化碳和水逸出，而样品中的有机氮转化为氨与硫酸结合成硫酸铵。然后加碱蒸馏，使氨蒸出，用硼酸吸收后再以标准盐酸或硫酸溶液滴定。根据标准酸消耗量可计算出蛋白质的含量。

（1）样品消化。消化反应方程式为

$$2NH_2(CH_2)_2COOH + 13H_2SO_4 \Longrightarrow (NH_4)_2SO_4 + 6CO_2 + 12SO_2 + 16H_2O$$

浓硫酸具有脱水性，使有机物脱水后被炭化为碳、氢、氮。浓硫酸又有氧化性，将有机物炭化后的碳化为二氧化碳，硫酸则被还原成二氧化硫：

$$2H_2SO_4 + C \xrightarrow{\triangle} 2SO_2 + 2H_2O + CO_2 \uparrow$$

二氧化硫使氮还原为氨，本身则被氧化为三氧化硫，氨随之与硫酸作用生成硫酸铵留在酸性溶液中：

$$H_2SO_4 + 2NH_3 \Longrightarrow (NH_4)_2SO_4$$

在消化反应中，为了加速蛋白质的分解，缩短消化时间，常加入下列物质：

① 硫酸钾。加入硫酸钾目的是为了提高溶液的沸点，加快有机物的分解。硫酸钾与硫酸作用生成硫酸氢钾可提高反应温度，一般纯硫酸的沸点在340℃左右，而添加硫酸钾后，可使温度提高至400℃以上，而且随着消化过程中硫酸不断地被分解，水分不断进出而使硫酸氢钾的浓度逐渐增大，故沸点不断升高，其反应式为

$$K_2SO_4 + H_2SO_4 \Longrightarrow 2KHSO_4$$

$$2KHSO_4 \xrightarrow{\triangle} K_2SO_4 + H_2O \uparrow + SO_2$$

所以硫酸钾的加入量也不能太大，否则消化体系温度过高，又会引起已生成的铵盐发生热分解析出氨而造成损失：

$$(NH_4)_2SO_4 \xrightarrow{\triangle} NH_3 \uparrow + (NH_4)HSO_4$$

$$2(NH_4)HSO_4 \xrightarrow{\triangle} 2NH_3 \uparrow + 2SO_3 \uparrow + 2H_2O$$

$$2CuSO_4 \xrightarrow{\triangle} Cu_2SO_4 + SO_2 \uparrow + O_2 \uparrow$$

除硫酸钾外，也可以加入硫酸钠、氯化钾等盐类来提高沸点，但效果不如硫酸钾。

② 硫酸铜 $CuSO_4$。硫酸铜起催化剂的作用。凯氏定氮法中可用的催化剂种类很多，除硫酸铜外，还有氧化汞、汞、硒粉等，但考虑到效果、价格及环境污染等多种因素，应用最广泛的是硫酸铜，使用时常加入少量过氧化氢、次氯酸钾等作为氧化剂以加速有机物的氧化分解，硫酸铜的作用机理如下所示：

$$Cu_2SO_4 + 2H_2SO_2 \longrightarrow 2CuSO_4 + 2H_2O + SO_2 \uparrow$$

$$C + 2CuSO_4 \longrightarrow Cu_2SO_4 + SO_2 \uparrow + CO_2 \uparrow$$

此反应不断进行，待有机物全部被消化完后，不再有硫酸亚铜（$Cu_2SO_4$ 褐色）生成，溶液呈现清澈的二价铜的蓝绿色。故硫酸铜除起催化剂的作用外，还可指示消化终点的到达，以及下一步蒸馏时作为碱性反应的指示剂。

（2）蒸馏。在消化完全的样品消化液中加入浓氢氧化钠使呈碱性，此时氨游离出来，加热蒸馏即可释放出氨气，反应方程式为

$$2NaOH + (NH_4)_2SO_4 \xrightarrow{\triangle} 2NH_3 \uparrow + Na_2SO_4 + 2H_2O$$

（3）吸收与滴定：蒸馏所释放出来的氨，用硼酸溶液进行吸收，硼酸呈微弱酸性（$K_{a_1} = 5.8 \times 10^{-10}$），与氨形成强碱弱酸盐，待吸收完全后，再用盐酸标准溶液滴定，

吸收及滴定反应方程式为

$$2NH_3 + 4H_3BO_3 \longrightarrow (NH_4)_2B_4O_7 + 5H_2O$$

$$(NH_4)_2B_4O_7 + 5H_2O + 2HCl \longrightarrow 2NH_4Cl + 4H_3BO_3$$

蒸馏释放出来的氨，也可以采用硫酸或盐酸标准溶液吸收，然后再用氢氧化钠标准溶液反滴定吸收液中过剩的硫酸或盐酸，从而计算出总氮量。

2）适用范围

此法可应用于各类食品中蛋白质含量的测定。

3）试剂

（1）浓硫酸。

（2）硫酸铜。

（3）硫酸钾。

（4）400g/L 氢氧化钠溶液。

（5）40g/L 硼酸吸收液：称取 20g 硼酸溶解于 500mL 热水中，摇匀备用。

（6）甲基红-溴甲酚绿混合指示剂：5 份 2g/L 溴甲酚绿 95％乙醇溶液与 1 份 2g/L 甲基红乙醇溶液混合均匀。

（7）0.1000mol/L HCl 标准溶液。

4）主要仪器

常量凯氏烧瓶（500mL）定氮蒸馏装置，如图 5-10 所示。

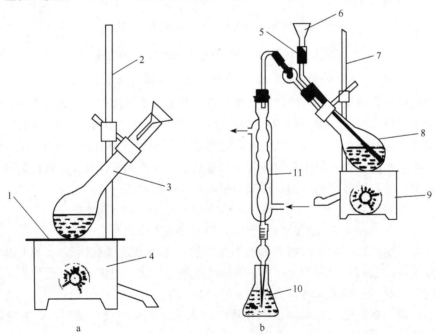

图 5-10　常量凯氏定氮蒸馏装置

a. 消化装置；b. 蒸馏吸收装置

1. 石棉网；2. 铁支架；3. 凯氏烧瓶；4. 电炉；5. 玻璃珠；6. 进样漏斗；

7. 铁支架；8. 蒸馏烧瓶；9. 电炉；10. 吸收瓶；11. 冷凝管

5）操作方法

称取充分混匀的固体样品 0.2～2g、半固体样品 2～5g 或液体试样 10～20g（精确至 0.001g），小心移入干燥洁净的 100mL、250mL、500mL 凯氏烧瓶中，加入研细的硫酸铜 0.2g、硫酸钾 6g 和浓硫酸 20mL，轻摇后于瓶口放一小漏斗，将瓶以 45°斜支于有小孔的石棉网上（图 5-10a）。小心加热，待内容物全部炭化，泡沫完全停止后，加强火力，并保持瓶内液体微沸，至液体呈蓝绿色并澄清透明后，再继续加热微沸 0.5～1h，消化结束。取下冷却，小心加入 200mL 水，放冷后，加入玻璃珠数粒以防蒸馏时爆沸。

将凯氏瓶按图 5-10b 蒸馏装置方式连好，塞紧瓶口，冷凝管下端插入吸收瓶液面下（瓶内预先装入 50mL 40g/L 硼酸溶液及混合指示剂 2～3 滴）。放松夹子，通过漏斗加入 70～80mL 400g/L 氢氧化钠溶液，并摇动凯氏瓶，至瓶内溶液变为深蓝色，或产生黑色沉淀，再加入 100mL 蒸馏水（从漏斗中加入），夹紧夹子，加热蒸馏，至氨全部蒸出（蒸馏液约 250mL 即可），将冷凝管下端提离液面，用蒸馏水冲洗管口，继续蒸馏 1min，用表面皿接几滴馏出液，以奈氏试剂检查，如无红棕色物生成，表示蒸馏完毕，即可停止加热。

将上述吸收液用 0.1000molg/LHCl 标准溶液直接滴定至由蓝色变为微红色即为终点，记录盐酸溶液用量，同时做一试剂空白（除不加样品外，从消化开始操作完全相同），记录空白试验消耗盐酸标准溶液的体积。

6）结果计算

$$X=\dfrac{c\times(V_1-V_2)\times\dfrac{M}{1000}}{m}\times F\times 100$$

式中　$X$——试样中蛋白质的含量，g/100g；

　　　$c$——盐酸标准溶液的浓度，mol/L；

　　　$V_1$——滴定样品吸收液时消耗盐酸标准溶液体积，mL；

　　　$V_2$——滴定空白吸收液时消耗盐酸标准溶液体积，mL；

　　　$m$——样品质量，g；

　　　$M$——氮的摩尔质量，14.01g/mol；

　　　$F$——氮换算为蛋白质的系数。一般为 15％～17.6％。不同食物中蛋白质换算系数不同。乳制品为 6.38，面粉为 5.70，玉米、高粱为 6.24，花生为 5.46，米为 5.95，大豆及其制品为 5.71，肉与肉制品为 6.25，大麦、小米等为 5.83，芝麻、向日葵为 5.30。

7）说明与注意事项

（1）所用试剂溶液应用无氨蒸馏水配制。

（2）消化时不要用强火，应保持和缓沸腾，注意不断转功凯氏烧瓶，以便利用冷凝酸液将附在瓶壁上的固体残渣洗下并促进其消化完全。

（3）样品中若含脂肪或糖较多时，消化过程中易产生大量泡沫，为防止泡沫溢出瓶外，在开始消化对应用小火加热，并不断摇动；或者加入少量辛醇或液体石蜡或硅油消泡剂，并同时注意控制热源强度。

（4）当样品消化液不易澄清透明时，可将凯氏烧瓶冷却，加入 30％过氧化氢 2～3mL 后再继续加热消化。

（5）若取样量较大，如干试样超过 5g，可按每克试样 5mL 的比例增加硫酸用量。

（6）一般消化至呈透明后，继续消化 30min 即可，但对于含有特别难以氨化的氮化合物的样品，如含赖氨酸、组氨酸、色氨酸、酪氨酸或脯氨酸等时，需适当延长消化时间。有机物如分解完全，消化液呈蓝色或浅绿色，但含铁量多时，呈较深绿色。

（7）蒸馏装置不能漏气。蒸馏前若加碱量不足，消化液呈蓝色不生成氢氧化铜沉淀，此时需再增加氢氧化钠用量。

（8）硼酸吸收液的温度不应超过 40℃，否则对氨的吸收作用减弱而造成损失，此时可置于冷水浴中使用。

（9）蒸馏完毕后，应先将冷凝管下端提离液面清洗管口，再蒸 1min 后关掉热源，否则可能造成吸收液倒吸。

（10）混合指示剂在碱性溶液中呈绿色，在中性溶液中呈灰色，在酸性溶液中呈红色。

## 2. 微量凯氏定氮法

1）原理及适用范围

同常量凯氏定氮法。

2）试剂

0.01000mol/L 盐酸标准溶液；

其他试剂同常量凯氏定氮法。

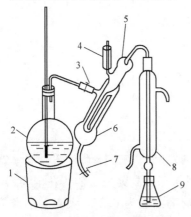

图 5-11　微量凯氏定氮装置

1. 电炉；2. 水蒸气发生器（2L 烧瓶）；3. 螺旋夹；
4. 小玻杯及棒状玻塞；5. 反应室；6. 反应室外层；
7. 橡皮管及螺旋夹；8. 冷凝管；9. 蒸馏液接收瓶

3）主要仪器

（1）凯氏烧瓶（100mL）。

（2）微量凯氏定氮装置，见图 5-11。

4）操作方法

样品消化步骤同常量法。

将消化完的消化液冷却后，完全转入 100mL 容量瓶中，加蒸馏水至刻度，摇匀。

按图 5-11 安装好定氮蒸馏装置，向水蒸气发生器内装水至 2/3 处，加入数粒玻璃珠，加甲基红乙醇溶液数滴及数毫升硫酸，以保持水呈酸性，加热煮沸水蒸气发生器内的水并保持沸腾，清洗定氮蒸馏装置内室 2～3 次。

向接收瓶内加入 10.0mL 硼酸溶液及 1～2 滴混合指示液，并使冷凝管的下端插入液面下，根据试样中氮含量，准确吸取 2.0～10.0mL 试样处理液由小玻杯注入反应室，以 10mL 水洗涤小玻杯并使之流入反应室内，随后塞紧棒状玻塞。将 10.0mL 氢氧化钠溶液倒入小玻杯，提起玻塞使其缓缓流入反应室，立即将玻塞盖紧，并加水于小玻杯以防漏气。夹紧螺旋夹，开始蒸馏。蒸馏 10min 后移动蒸馏液接收瓶，液面离开冷凝管下端，再蒸馏 1min。然后用少量水冲洗冷凝管下端外部，取下蒸馏液接收瓶，准备滴定。

以盐酸标准滴定溶液滴定蒸出液至终点，终点颜色由蓝绿色变成微红色。

同时作试剂空白。

5）结果计算

试样中蛋白质的含量按下式进行计算：

$$X = \frac{(V_1 - V_2) \times c \times 0.0140}{\dfrac{m \times V_3}{100}} \times F \times 100$$

式中 $X$——试样中蛋白质的含量，g/100g；

$V_1$——试液消耗硫酸或盐酸标准滴定液的体积，mL；

$V_2$——试剂空白消耗硫酸或盐酸标准滴定液的体积，mL；

$V_3$——吸取消化液的体积，mL；

$c$——硫酸或盐酸标准滴定溶液浓度，mol/L；

0.0140——盐酸 [$c_{HCl}$＝1.000mol/L] 标准滴定溶液相当的氮的质量，g；

$m$——试样的质量，g；

6）说明与注意事项

（1）蒸馏前给水蒸气发生器内装水至 2/3 容积处，加甲基橙指示剂数滴及硫酸数 mL，以使其始终保持酸性，这样可以避免水中的氨被蒸出而影响测定结果。

（2）2％硼酸吸收液每次用量为 25mL，用前加入甲基红-溴甲酚绿混合指示剂 2 滴。

（3）在蒸馏时，蒸汽发生要均匀充足，蒸馏过程中不得停火断汽，否则将发生倒吸。

（4）加碱要足量，操作要迅速；漏斗应采用水封措施，以免氨由此逸出损失。

（二）比色法

为了满足生产单位对工艺过程的快速控制分析，尽量减少环境污染和操作简便省时，因此又陆续创立了不少快速测定蛋白质的方法，如水杨酸比色法、双缩脲法、紫外分光光度法、染料结合法、折光法、旋光法及近红外光谱法等。下面介绍水杨酸比色法。

1. 水杨酸比色法测定原理

样品中的蛋白质经硫酸消化而转化成铵盐溶液后，在一定的酸度和温度条件下可与水杨酸钠和次氯酸钠作用生成蓝色的化合物，可以在波长 660nm 处比色测定，求出样品含氮量，进而可计算出蛋白质含量。

2. 试剂

（1）氮标准溶液。称取经 110℃ 干燥 2h 的硫酸铵 [(NH$_4$)$_2$SO$_4$] 0.4719g，置于小

烧杯中，用水溶解移入 100mL 容量瓶中，用水稀释至刻度，摇匀。此溶液每 1mL 相当于 1.0mg 氮标准溶液。使用时用水配制成每毫升相当于 2.50μg 含氮量的标准溶液。

（2）空白酸溶液。称取 0.50g 蔗糖，加入 15mL 浓硫酸及 5g 催化剂（其中含硫酸铜 1 份和无水硫酸钠 9 份，两者研细混匀备用），与样品一样处理消化后移入 250mL 容量瓶中，加水至标线。临用前吸取此液 10mL，加水至 100mL，摇匀作为工作液。

（3）磷酸盐缓冲溶液。称取 7.1g 磷酸氢二钠、38g 磷酸三钠和 20g 酒石酸钾钠，加入 400mL 水溶解后过滤，另称取 35g 氢氧化钠溶于 100mL 水中，冷至室温，缓慢地边搅拌边加入磷酸盐溶液中，用水稀释至 1000mL 备用。

（4）水杨酸钠溶液。称取 25g 水杨酸钠和 0.15g 亚硝基铁氰化钠溶于 200mL 水中，过滤，加水稀释至 500mL。

（5）次氯酸钠溶液。吸取试剂安替福民溶液 4mL，用水稀释至 100mL，摇匀备用。

3. 主要仪器

（1）分光光度计。
（2）恒温水浴锅。

4. 操作方法

（1）标准曲线的绘制。准确吸取每毫升相当于氮含量 2.5μg 的标准溶液 0、1.0、2.0 3.0、4.0、5.0mL，分别置于 25mL 容量瓶或比色管中，分别加入 2mL 空白酸工作液、5mL 磷酸盐缓冲溶液，并分别加水至 15mL，再加入 5mL 水杨酸钠镕液，移入 36～37℃的恒温水浴中加热 15min 后，逐瓶加入 2.5mL 次氯酸钠溶液，摇匀后再在垣温水浴中加热 15min，取出加水至标线，在分光光度计上于 660nm 波长处进行比色测定，测得各标准液的吸光度后绘制标准曲线。

（2）样品处理。准确称取 0.20～1.00g 样品（视含氮量而定，小麦及饲料称取样品 0.50 左右），置于凯氏定氮瓶中，加入 15mL 浓硫酸、0.5g 硫酸铜及 4.5g 无水硫酸钠，置煤气灯或电炉上小火加热至沸腾后，加大火力进行消化。待瓶内溶液澄清呈暗绿色时，不断地摇动瓶子，使瓶壁黏附的残渣溶下消化。待溶液完全澄清后取出冷却，加水移至 25mL 容量瓶中并用水稀释至标线。

（3）样品测定。准确吸取上述消化好的样液 10mL（如取 5mL 则补加 5mL 空白酸原液），置于 100mL 容量瓶中，并用水稀释至标线。准确吸取 2mL 于 25mL 容量瓶中（或比色管中），加入 5mL 磷酸盐缓冲溶液，以下操作手续按标准曲线绘制的步骤进行，并以试剂空白为参比液测定样液的吸光度，从标准曲线上查出其含氮量。

5. 结果计算

$$X = \frac{c \times F}{m \times 1000 \times 1000} \times 100\%$$

式中　$X$——含氮量，%；

　　　$c$——从标准曲线查得的样液的含氮量，g；

$F$——样品溶液的稀释倍数；

$m$——样品的质量，g。

则蛋白质（％）＝总氮‰×$K$

$K$——值见凯氏定氮法计算。

6. 说明与注意事项

（1）样品消化完全后当天进行测定结果的重现性好第二天比色即有变化。

（2）温度对显色影响极大，故应严格控制反应温度。

（3）对谷物及饲料等样品的测定证明，此法结果与凯氏法基本一致。

（三）其他方法简介

测定蛋白质的方法还有很多，下面就分别简单介绍几种蛋白质分析方法。

1. 凯氏自动定氮仪法

测定原理与常量凯氏定氮法同，除硫酸铜与硫酸钾制成片剂外，其他试剂与常量凯氏定氮法同，主要是有凯氏自动定氮仪，可以自动进行测定，在 1h 内可以测定 8 个样品，蛋白质含量可以由自动数字显示出来。检验部分常用。

2. 紫外分光光度法（$A_{280nm}$）

原理：带有芳香族结构的蛋白质降解产物（如酪氨酸、色氨酸、苯丙氨酸）对 280nm 紫外线有最大吸收，在一定浓度范围（3～8mg/mL）内，其吸光度与蛋白质浓度符合比尔-朗伯定律，与其浓度成正比，可做定量测定。

3. 染料结合法（$A_{615nm}$）

原理：在特定的条件下，蛋白质可与某些染料（如胺黑 10B 或酸性橙 12 等）定量结合而生成沉淀，用分光光度计 $A_{615nm}$ 测定沉淀反应完成后剩余的染料量，可计算出反应消耗的染料量，进而可求得样品中蛋白质含量。

本法适用于牛乳、冰淇淋、酪乳、巧克力饮料、脱脂乳粉等食品。

4. 分光光度法（$A_{400nm}$）

原理：食品与硫酸、催化剂一起加热消化，使蛋白质分解，分解的氨与硫酸结合生成硫酸铵。然后在 pH4.8 的乙酸钠-乙酸缓冲溶液中，铵与乙酰丙酮和甲醛反应生成黄色的 3,5-二乙酰基-2,6-二甲基-1,4-二氢化吡啶化合物，在波长 400nm 处测定吸光度，与标准系列比较定量，结果乘以换算系数，即为蛋白质含量。

此法不仅能满足对工艺过程的快速控制分析，而且具有环境污染少、操作简便、省时等特点。

5. 考玛斯亮蓝染料比色法（$A_{620nm}$）

原理：考玛斯亮蓝染料 G250 是一种蛋白质染料，与蛋白质通过范德华引力结合，使蛋白质染色，在 620nm 处有最大吸收值，可用于蛋白质的定量测定。此法简单而快速，并且不受酚类、游离氨基酸和小分子肽的影响。

6. 福林-酚比色法（$A_{750nm}$）

原理：蛋白质与福林（Folin）-酚试剂反应，产生蓝色复合物。作用机理主要是蛋白质中的肽键与碱性铜盐产生双缩脲反应，同时也由于蛋白质中存在的酪氨酸与色氨酸同磷钼酸-磷钨酸试剂反应产生颜色。呈色强度与蛋白质含量成正比，是检测可溶性蛋白质含量最灵敏的经典方法之一。测定的光度值为 $A_{750nm}$，此法在 $0\sim60mg/L$ 蛋白质范围呈良好线性关系。但酚类及柠檬酸均对此法有干扰。

## 二、氨基酸态氮的测定

蛋白质可以被酶、酸或碱水解，其水解的中间产物蛋白胨、蛋白肽等，最终产物为氨基酸。氨基酸是构成蛋白质的最基本物质，虽然从各种天然源中分离得到的氨基酸已达 175 种以上，但是构成蛋白质的氨基酸主要是其中的 20 种，而在构成蛋白质的氨基酸中，亮氨酸、异亮氨酸、赖氨酸、苯丙氨酸、蛋氨酸、苏氨酸、色氨酸和缬氨酸等 8 种氨基酸在人体中不能合成，必须依靠食品供给，故被称为人体的必需氨基酸，它们对人体有着极其重要的生理功能。氨基酸含量一直是许多调味品和保健食品的质量指标之一。鉴于食品中氨基酸成分的复杂性，在一般的常规检验中多测定样品中的氨基酸总量，通常采用酸碱滴定法来完成。还可以通过薄层色谱法、气相色谱法、液相色谱法对氨基酸进行测定、分离、鉴别。色谱技术的发展为各种氨基酸的分离、鉴定及定量提供了有力的工具，近年世界上已出现了多种氨基酸分析仪，这使得快速鉴定和定量氨基酸的理想成为现实。另外利用近红外反射分析仪，输入各类氨基酸的软件，通过电脑控制进行自动检测和计算，也可以快速、准确地测出各类氨基酸含量。下面分别介绍常用的氨基酸测定方法甲醛法和茚三酮比色法。

（一）甲醛法

1. 原理

氨基酸具有酸性的—COOH 基和碱性的—$NH_2$ 基。它们相互作用而使氨基酸成为中性的内盐。当加入甲醛溶液时，—$NH_2$ 基与甲醛结合，从而使其碱性消失。这样就可以用强碱标准溶液来滴定—COOH，并用间接的方法测定氨基酸总量。因采用两种指示剂，故也称双指示剂甲醛法。

2. 试剂

（1）40％中性甲醛溶液：以百里酚酞作指示剂 40％甲醛中和至淡蓝色。

（2）1g/L 百里酚酞乙醇溶液。

（3）1g/L 中性红 50％乙醇溶液。

（4）0.1mol/L 氢氧化钠标准溶液。

3. 操作方法

移取含氨基酸 20～30mg 的样品格液 2 份，分别置于 250mL 锥形瓶中，各加 50mL 蒸馏水，其中 1 份加入 3 滴中性红指示剂，用 0.1mol/L 氢氧化钠标准溶液滴定至由红变为琥珀色为终点；另一份加入 3 滴百里酚酞指示剂及中性甲醛 20mL，摇匀，静置 1min，用 0.1mol/L 氢氧化钠标准溶液滴定至淡蓝色为终点。分别记录 2 次所消耗的碱液毫升数。

4. 结果计算

$$X = \frac{(V_2 - V_1) \times c \times 0.014}{m} \times 100$$

式中　$X$——氨基酸态氮的含量，g/100g；

$c$——氢氧化钠标准格液的浓度，mol/L；

$V_1$——用中性红作指示剂滴定时消耗氢氧化钠标准溶液体积，mL；

$V_2$——用百里酚酞作指示剂滴定时消耗氢氧化钠标准溶液体积，mL；

$m$——测定用样品溶液相当于样品的质量，g；

0.014——氮的毫摩尔质量，g/mmol。

5. 说明与注意事项

（1）此法适用于测定食品中的游离氨基酸。

（2）固体样品应先进行粉碎，准确称样后用水萃取，然后测定萃取液；液体试样如酱油、饮料等可直接吸取试样进行测定。萃取可在 50℃ 水浴中进行 30min 即可。

（3）若样品颜色较深，可加适量活性炭脱色后再测定，或用电位滴定法进行测定。

（4）与本法类似的还有单指示剂（百里酚酞）甲醛滴定法，此法用标准碱完全中和—COOH 基时的 pH 为 8.5～9.5，但分析结果稍偏低，即双指示剂法的结果更准确。

（二）茚三酮比色法

1. 原理

氨基酸在碱性溶液中能与茚三酮作用，生成蓝紫色化合物（除脯氨酸外均有此反应），该颜色与氨基酸的含量成正比，其最大吸收波长为 570nm，因此可用吸光光度法测定。

2. 主要仪器

（1）可见分光光度计。

（2）电热恒温水浴锅 100℃±0.5℃。

（3）25mL 容量瓶或比色管。

3. 试剂

（1）2% 茚三酮溶液。称取茚三酮 1g 于盛有 35mL 热水的烧杯中使其溶解，加入 40mg 氯化亚锡（$SnCl_2 \cdot H_2O$），搅拌过滤（作防腐剂），滤液置冷暗处过夜，加水至

50mL，摇匀备用。

（2）pH8.04磷酸缓冲溶液。准确称取磷酸二氢钾（$KH_2PO_4$）4.5350g于烧杯中，用少量蒸馏水溶解后，定量转入500mL容量瓶中，用水稀释至标线，摇匀备用。

准确称取磷酸氢二钠（$Na_2HPO_4$）11.9380g于烧杯中，用少量蒸馏水溶解后，定量转入500mL容量瓶中，用水稀释至标线，摇匀备用。

取上述配好的磷酸二氢钾溶液10.0mL与190mL磷酸氢二钠溶液混合均匀即为pH8.04的磷酸缓冲溶液。

（3）氨基酸标准溶液。准确称取干燥的氨基酸（如异亮氨酸）0.2000g于烧杯中，充用少量水溶解后，定量转入100mL容量瓶中，用水稀释至标线，摇匀。准确吸取此液10.0mL于100mL容量瓶中，加水至标线，摇匀。此为200μg/mL氨基酸标准溶液。

4. 操作方法

1）标准曲线绘制

准确吸取200μg/mL的氨基酸标准溶液0.0、0.5、1.0、1.5、2.0、2.5、3.0mL（相当于0、100、200、300、400、500、600μg氨基酸），分别置于25mL容量瓶或比色管中，各加水补充至容积为4.0mL，然后加入茚三酮和磷酸缓冲溶液各1mL，混合均匀，于水浴上加热15min，取出迅速冷至室温，加水至标线，摇匀。静置15min后，在570nm波长下，以试剂空白为参比液测定其余各溶液的吸光度$A$。以氨基酸的微克数为横坐标，吸光度$A$为纵坐标，绘制标准曲线。

2）样品的测定

吸取澄清的样品溶液1～4mL，按标准曲线制作步骤，在相同条件下测定吸光度$A$值，用测得的$A$值在标准曲线上即可查得对应的氨基酸微克数。

5. 结果计算

$$X = \frac{c}{m \times 1000} \times 100$$

式中　$X$——氨基酸含量，μg/100g；

　　　$c$——从标准曲线上查得的氨基酸的质量，μg；

　　　$m$——测定的样品溶液相当于样品的质量，g。

6. 说明与注意事项

（1）通常采用的样品处理方法：准确称取粉碎样品5～10g或吸取液体样品5～10mL，置于烧杯中，加入50mL蒸馏水和5g左右活性炭，加热煮沸、过滤，用30～40mL热水洗涤活性炭，收集滤液于100mL容量瓶中，加水至标线，摇匀待测。

（2）茚三酮受阳光、空气、温度、湿度等影响而被氧化呈淡红色或深红色，使用前须进行纯化，方法是：取10g茚三酮溶于40mL热水中，加入1g活性炭，摇动1min，静置30min，过滤。将滤液放入冰箱中过夜，即出现蓝色结晶，过滤，用2mL冷水洗涤结晶，置干燥器中干燥，装瓶备用。

## 第七节　维生素的测定

维生素是调节人体各种新陈代谢过程中不可缺少的重要营养素。除少数几种维生素可在人体内合成外，大多数维生素都必须由食物中摄取。当人体内缺乏某种维生素时就会引起相应的维生素缺乏症。测定食品中的维生素含量，不仅可评价食品的营养价值，同时还起到监测维生素强化食品的强化剂量，以防摄入过多的维生素而引起中毒，所以测定食品中的维生素含量，具有重要意义。

维生素的种类繁多，目前已知的维生素有 30 多种，其中被认为对维持人体健康和促进发育至关重要的有 20 余种。这些维生素结构复杂，理化性质及生理功能各异，有的属于醇类（如维生素 A），有的属于胺类（如维生素 $B_1$），有的属于醛类（如维生素 $B_2$），还有的属于酚类或酯的化合物等。根据维生素的溶解性，可分为脂溶性维生素（如：维生素 A、维生素 D、维生素 E、维生素 K）和水溶性维生素（如维生素 $B_1$、维生素 $B_2$、维生素 $B_6$、维生素 C 等）两大类（表 5-8）。脂溶性维生素不溶于水，易溶于脂肪、乙醇、丙酮氯仿、乙醚、苯等有机溶剂。而水溶性维生素正好相反。

**表 5-8　维生素种类和名称**

| 种类 | 名　称 | 英　文　名　称 |
|---|---|---|
| 脂溶性 | 维生素 A（$A_1$、$A_2$） | Vitamin A（$A_1$名 retinol） |
| | 维生素 D（$D_2$、$D_3$、$D_4$、$D_5$） | Vitamin D（$D_2$、$D_3$、$D_4$、$D_5$） |
| | 维生素 E（α、β、γ、δ 等构型） | Vitamin E（α、β、γ、δ） |
| | 维生素 K（$K_1$、$K_2$） | Vitamin K（$K_1$：phylloquinone、$K_2$：farnoquinone） |
| 水溶性 | 维生素 B 族 | Vitamin B complex |
| | 维生素 $B_1$（硫胺素） | Vitamin $B_1$（thiamin aneurin） |
| | 维生素 $B_2$（核黄素） | Vitamin $B_2$（riboflavin） |
| | 维生素 $B_3$（泛酸） | Vitamin $B_3$（pantothenic acid） |
| | 维生素 $B_5$（烟酰胺、烟酸、尼克酰胺） | Vitamin $B_5$（nicotinamide, niacin） |
| | 维生素 $B_6$（吡哆素） | Vitamin $B_6$（pyridoxine） |
| | 维生素 $B_7$（生物素） | Vitamin $B_7$（Vitamin H, biotin） |
| | 维生素 $B_{11}$（叶酸） | Vitamin $B_{11}$（folic acid, folacin pteroyl glutamic acid） |
| | 维生素 $B_{12}$（钴维生素） | Vitamin $B_{12}$（cobalamins） |
| | 维生素 C | Vitamin C（ascorbic acid） |

食品中各种维生素的含量主要取决于食品的品种，通常某种维生素相对集中于某些品种的食品中，此外，还与食品的工艺及储存等条件有关，许多维生素对光、热、氧、pH 敏感。因而加工工艺条件不合理或储存不当都会造成维生素的损失。人体比较容易缺乏而在营养上又较重要的维生素有：维生素 A、维生素 D、维生素 E、维生素 $B_1$、维生素 $B_2$、烟酸和维生素 C 等。

测定维生素含量的方法有化学法、仪器法、微生物法相生物鉴定法。在这一节里将介绍测定维生素 A、维生素 D、维生素 E、维生素 $B_1$、维生素 $B_2$、维生素 $B_5$ 和维生素 C 的主要分析测定方法。

## 一、维生素 A 的测定

维生素 A 是指对人体发育、表皮组织的生长、分化，视觉机能，生殖等生理作用不可缺少的一类化合物，是由 β-紫罗酮环与不饱和一元醇所组成的一类化合物及其衍生物的总称。包括视黄醇、视黄醛、视黄酸及其各类异构体，它们都具有维生素 A 的作用，总称为类视黄素。中国规定成人维生素 A 的供给量为 1mg/d。

维生素 A 存在于动物性脂肪中。植物性食品中不含维生素 A，但在深色果蔬中含有胡萝卜素，它在人体内可转变为维生素 A，故称为维生素 A 原。

维生素 A 的测定常采用高效液相色谱法、三氯化锑比色法、紫外分光光度法。三氯化锑比色法适用于维生素 A 含量较高的样品，方法简便、快速，结果准确，但对维生素 A 含量低于 $5\sim10\mu g/g$ 的样品，因其易受其他脂溶性物质的干扰，一般不用比色法测定。而紫外分光光度法不用加显色剂，在紫外区维生素 A 有吸收光谱，对于低含量的样品也能测得准确的结果，具有操作简便、灵敏度高、快速等特点，所以对维生素 A 含量低的样品要用紫外分光光度法测定。下面只介绍紫外分光光度法。

（一）紫外分光光度法

1. 原理

维生素 A 的异丙醇溶液在 325nm 波长下有最大吸收峰，其吸光度与维生素 A 的含量成正比。

2. 试剂

（1）维生素 A 标准溶液：同比色法试剂。
（2）异丙醇。

3. 仪器

紫外分光光度计。

4. 操作方法

（1）样品处理。按照三氯化锑比色法进行。
（2）标准曲线绘制。分别取维生素 A 标准溶液（10IU/mL）0.0、1.0、2.0、3.0、4.0、5.0mL，于 10mL 棕色容量瓶中，用异丙醇定容。以空白液调仪器零点，于紫外分光光度计在 325nm 波长下分别测定吸光度，绘制标准曲线。
（3）样品经皂化、提取、洗涤、浓缩后，迅速用异丙醇溶解并移入 50mL 容量瓶中，用异丙醇定容，于紫外分光光度计 325nm 处测定其吸光度，从标准曲线上查出相当的维生素 A 含量。

5. 结果计算

$$X = \frac{c \times V}{m} \times 100$$

式中　$X$——维生素 A 含量，IU/100g；

　　　$c$——由标准曲线查得维生素 A 含量，IU/mL；

　　　$V$——样品的异丙醇溶液体积，mL；

　　　$m$——样品质量，g。

6. 说明与注意事项

本法的最低检测限为 $5\mu g/g$。由于许多伴随物在 325nm 处均有吸光，故在测定必须进行分离和纯化处理。

## 二、胡萝卜素的测定

胡萝卜素是一种广泛存在于有色蔬菜和水果中的天然色素，有多种异构体和衍生物，总称为类胡萝卜素，包括：α、β、γ 胡萝卜素、玉米黄素，还包括叶黄素、番茄红素。其中。α、β、γ 胡萝卜素、玉米黄素在分子结构中含有 β-紫罗宁残基，在人体内可转变为维生素 A，故称为维生素 A 原。以 β-胡萝卜素故价最高，每 1mg β-胡萝卜素约相当于 $167\mu g$（或 560IU）维生素 A。

胡萝卜素对热及酸、碱比较稳定，但紫外线和空气中的氧可促进其氧化破坏。因属于脂溶性维生素，故可用有机溶剂从食物中提取。

胡萝卜素本身是一种色素，在 450nm 波长处有最大吸收值，故只要能完全分离，便可对其进行定性和定量测定。但在植物体内，胡萝卜素经常与叶绿素、叶黄素等共存，在提取 β-胡萝卜素时，这些色素也能被有机溶剂提取，因此在测定前，必须将胡萝卜素与其他色素分开。通常使用的方法有色谱法中的高效液相色谱法、纸层析、柱层析和薄层层析法。

这里介绍在 β-胡萝卜素检测中应用的纸层析法。

1. 原理

试样经过皂化后，用石油醚提取食品中的胡萝卜素及其他植物色素，以石油醚为展开剂进行纸层析，胡萝卜素极性最小，移动速度最快，从而与其他色素分离，剪下含胡萝卜素的区带，洗脱后于 450nm 波长下定量测定。

2. 试剂

（1）石油醚（沸程 30～60℃）：同时是展开剂。

（2）丙酮：分析纯。

（3）丙酮-石油醚混合液：（3∶7 体积混合液）。

（4）无水硫酸钠：分析纯。

（5）5%硫酸钠溶液（g/L）。

（6）氢氧化钾溶液（1+1）：取 50g 氢氧化钾溶于 50mL 水

（7）无水乙醇：同比色法测定维生素 A 试剂（1）。

（8）β-胡萝卜素标准储备液：准确称取 50.0mgβ-胡萝卜素标准品，溶于 100.0mL 三氯甲烷中，浓度约为 500μg/mL，准确测其浓度。

β-胡萝卜素标准储备液标定：取标准储备液 10.0μL，加正己烷 3.00mL，混匀。测其吸光度值，比色杯厚度为 1cm，以正己烷为空白，入射光波长 450nm，平行测定 3 份，取均值。

β-胡萝卜素标准储备液浓度计算：

$$X = \frac{A}{E} \times \frac{3.01}{0.01}$$

式中　$X$——胡萝卜素标准储备液浓度，μg/mL；

　　　$A$——吸光度值；

　　　$E$——β-胡萝卜素在正己烷溶液中，入射光波长 450nm，比色杯厚度 1cm，溶液浓度为 1mg/L 的吸光系数，为 0.2638。

　　　$\frac{3.01}{0.01}$——测定过程中稀释倍数的换算。

（9）β-胡萝卜素标准使用液：将已标定的标准储备液用石油醚准确稀释 10 倍，使每毫升溶液相当于 50μg，避光保存于冰箱中。

3. 仪器

（1）玻璃层析缸。

（2）分光光度计。

（3）旋转蒸发器，具 150mL 球形瓶。

（4）点样器或微量注射器。

（5）滤纸：18cm×30cm。定性、快速或中速。

4. 操作方法

1）试样预处理

以下步骤需在避光条件下进行。

（1）皂化。取适量试样，相当于原样 1~5g（含胡萝卜素 20~80μg）匀浆，粮食试样视其胡萝卜素含量而定，植物油和高脂肪试样取样量不超过 10g。置 100mL 带塞锥形瓶中，加脱醛乙醇 30mL，再加 10mL 氢氧化钾溶液（1+1），回流加热 30min，然后用冰水使之迅速冷却。皂化后试样用石油醚提取，直至提取液无色为止，每次提取石油醚用量为 15~25mL。

（2）洗涤。将皂化后试样提取液用水洗涤至中性。将提取液通过盛有 10g 无水硫酸钠的小漏斗，漏入球形瓶，用少量石油醚分数次洗净分液漏斗和无水硫酸钠层内的色素，洗涤液并入球形瓶内。

（3）浓缩与定容。将上述球形瓶内的提取液于旋转蒸发器上减压蒸发，水浴温度为 60℃，蒸发至约 1mL 时，取下球形瓶，用氮气吹干，立即加入 2.00mL 石油醚定容，备层析用。

2）纸层析

点样：在 18cm×30cm 滤纸下端距底边 4cm 处做一基线，在基线上取 A、B、C、D 四点（图 5-12），吸取 0.100～0.400mL 浓缩液在 AB 和 CD 间迅速点样。

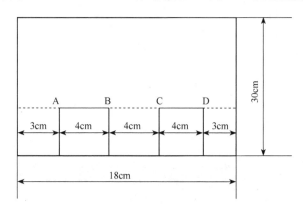

图 5-12　纸层析点样示意图

展开：待纸上所点样液自然挥发干后，将滤纸卷成圆筒状，置于预先用石油醚饱和的层析缸中，进行上行展开。

洗脱：待胡萝卜素与其他色素完全分开后，取出滤纸，自然挥发干石油醚，将位于展开剂前沿的胡萝卜素层析带剪下，立即放入盛有 5mL 石油醚的具塞试管中，用力振摇，使胡萝卜素完全溶入试剂中。

3）测定

用 1cm 比色杯，以石油醚调零点，于 450nm 波长下，测吸光度值。以其值从标准曲线上查出 β-胡萝卜素的含量，供计算时使用。

4）标准工作曲线绘制

取 β-胡萝卜素标准使用液（浓度为 50μg/mL）1.00、2.00、3.00、4.00、6.00、8.00mL，分别置于 100mL 具塞锥形瓶中，按试样分析步骤进行预处理和纸层析，点样体积为 0.100mL，标准曲线各点含量依次为 2.5、5.0、7.5、10.0、15.0、20.0μg。为测定低含量试样，可在 0～2.5μg 间加做几点，以 β-胡萝卜素含量为横坐标，以吸光度为纵坐标绘制标准曲线。见图 5-13。

5. 结果计算

$$X = m_1 \times \frac{V_2}{V_1} \times \frac{100}{m}$$

式中　$X$——试样中胡萝卜素的含量（以 β-胡萝卜素计），μg/100g；

$m_1$——在标准曲线上查得的胡萝卜素的含量，μg；

$V_1$——点样体积，mL；

$V_2$——试样提取液浓缩后的定容体积，mL；

$m$——试样质量，g。

计算结果保留 3 位有效数字。

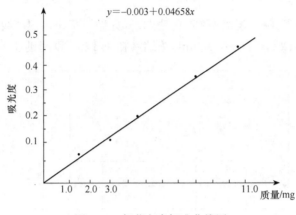

图 5-13 胡萝卜素标准曲线图

6. 说明与注意事项

（1）本法为国家标准方法，方法简便，色带清晰，最小检出限为 $0.11\mu g$，线性范围 1～20ng。

（2）样品和标准液的提取一定要注意避免丢失。

（3）浓缩提取液时，一定要防止蒸干，避免胡萝卜素在空气中氧化或因高温、紫外线直射等破坏。定容、点样、层析后剪样点等操作环节一定要迅速。

（4）层析分离也可采用氧化镁、氧化铝作为吸附剂进行柱层析，洗脱色素后进行比色，这样分离较好，但比纸层析费时、费事。

（5）没有中速滤纸时，也可用普通滤纸，但层析展开时，溶剂前沿距底部不得少于 20cm。

（6）精密度要求：在重复性条件下获得的两次独立测定结果的绝对差值不得超过算术平均值的 10%。

### 三、维生素 D 的测定

维生素 D 为类固醇衍生物，可促进钙、磷在肠道的吸收，含有抗佝偻病活性的一类物质，可预防佝偻病和软骨症。在钙、磷充足的条件下，成人每天获得 300～400 国际单位的维生素 D 即满足需要。维生素 D 的化合物约有 10 种，其中最重要的是维生素 $D_2$、维生家 $D_3$ 及其维生素 D 原。维生素 $D_2$ 天然不存在，维生素 $D_3$ 只存在于某些动物性食物中，但它们都可由维生素 D 原（麦角固醇和 7-脱氢胆固醇）经紫外线照射形成，如图 5-14 所示。

食品中维生素 D 的含量很少，且主要存在于动物性食品中，维生素 D 的含量一般用国际单位（IU）表示，1 国际单位的维生素 D 相当于 $0.025\mu g$ 的维生素 D。几种富含维生素 D 的食品中维生素 D 的含量（IU/100g）如下：奶油 50，蛋黄 150～400，鱼 40～150，肝 10～70，鱼肝油 800～30000，强化麦乳精及强化奶粉 400。

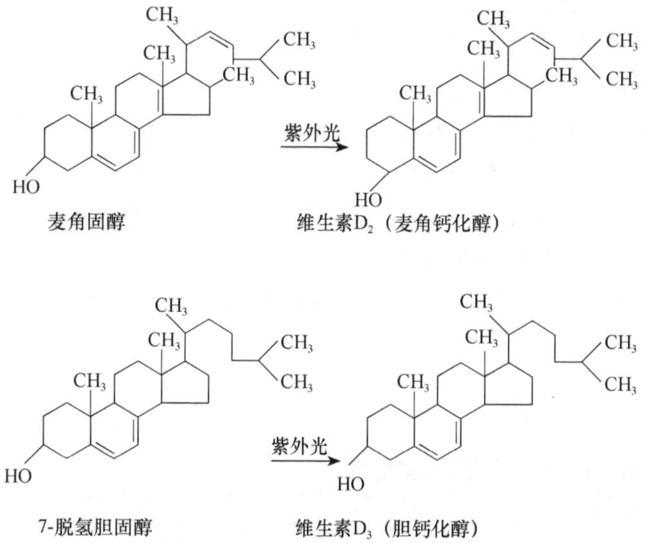

图 5-14　维生素 D 原的变化

维生素 D 的测定有比色法、紫外分光光度法、高效液相色谱法、荧光法、气相色谱法和薄层层析法等。其中比色法灵敏度较高，但操作十分复杂、费时。气相色谱法虽然操作简单。精密度也高，但灵敏度低，不能用于含微量维生素 D 的样品。液相色谱法的灵敏度比比色法高 20 倍以上，且操作简便，精度高，分析速度快。是目前分析维生素 D 的最好方法。而其中比色法与高效液相色谱法被 AOAC 选为正式方法。在此只介绍高效液相色谱法测定维生素 D 的方法。

（参照 GB 54139—2010 婴幼儿食品和乳品中维生素 A、维生素 D、维生素 E 的测定方法）

1. 原理

试样皂化后，经石油醚萃取，维生素 D 用正相色谱法净化后，反相色谱法分离，外标法定量。

2. 试剂

除非另有规定，本方法所用试剂均为分析纯或以上规格，水为 GB/T 6682—2008 规定的一级水。

（1）α-淀粉酶：酶活力≥1.5U/mg。

（2）无水硫酸钠。

（3）异丙醇：色谱纯。

（4）乙醇：色谱纯。

（5）氢氧化钾水溶液：称取固体氢氧化钾 250g，加入 200mL 水溶解。

（6）石油醚：沸程 30～60℃。

（7）甲醇：色谱纯。

（8）正己烷：色谱纯。

（9）环己烷：色谱纯。

（10）维生素 D 标准溶液

① 维生素 $D_2$ 标准储备液（100μg/mL）：精确称取 10mg 的维生素 $D_2$ 标准品，用乙醇溶解并定容于 100mL 棕色容量瓶中。

② 维生素 $D_3$ 标准储备液（100μg/mL）：精确称取 10mg 的维生素 $D_3$ 标准品，用乙醇溶解并定容于 100mL 棕色容量瓶中。

注：维生素 D 标准储备液均须−10℃以下避光储存。标准工作液临用前配制。标准储备溶液用前需校正，参见附录 A。

### 3. 仪器

（1）高效液相色谱仪，带紫外检测器。

（2）旋转蒸发器。

（3）恒温磁力搅拌器：20～80℃。

（4）氮吹仪。

（5）离心机：转速≥5000r/min。

（6）培养箱：60℃±2℃。

（7）天平：感量为 0.1mg。

### 4. 操作方法

（1）试样处理。

① 含淀粉的试样。称取混合均匀的固体试样约 5g 或液体试样约 50g（精确到 0.1mg）于 250mL 三角瓶中，加入 1gα-淀粉酶，固体试样需用约 50mL45～50℃的水使其溶解，混合均匀后充氮，盖上瓶塞，置于 60℃±2℃培养箱内培养 30min。

② 不含淀粉的试样。称取混合均匀的固体试样约 10g 或液体试样约 50g（精确到 0.1mg）于 250mL 三角瓶中，固体试样需用约 50mL45～50℃水使其溶解，混合均匀。

（2）测定维生素 D 的试样需要同时做回收率实验。

（3）待测液的制备。

① 皂化：于上述处理的试样溶液中加入约 100mL 维生素 C 的乙醇溶液，充分混匀后加 25mL 氢氧化钾水溶液混匀，放入磁力搅拌棒，充氮排出空气，盖上胶塞。1000mL 的烧杯中加入约 300mL 的水，将烧杯放在恒温磁力搅拌器上，当水温控制在 53℃±2℃时，将三角瓶放入烧杯中，磁力搅拌皂化约 45min 后，取出立刻冷却到室温。

② 提取：用少量的水将皂化液全部转入 500mL 分液漏斗中，加入 100mL 石油醚，轻轻摇动，排气后盖好瓶塞，室温下振荡约 10min 后静置分层，将水相转入另一

500mL 分液漏斗中，按上述方法进行第二次萃取。合并醚液，用水洗至近中性。醚液通过无水硫酸钠过滤脱水，滤液收入 500mL 圆底烧瓶中，于旋转蒸发器上在 40℃±2℃充氮条件下蒸至近干（绝不允许蒸干）。残渣用石油醚转移至 10mL 容量瓶中，定容。

③ 从上述容量瓶中准确移取 7.0mL 石油醚溶液放入试管 B 中，将试管置于 40℃±2℃的氮吹仪中，将试管 B 中的石油醚吹干。向试管 B 中加 2.0mL 正己烷，振荡溶解残渣。再将试管 B 以不低于 5000r/min 的速度离心 10min，取出静置至室温后待测。B 管用来测定维生素 D。

（4）维生素 D 的测定。

① 维生素 D 待测液的净化。

a. 色谱参考条件：

色谱柱：硅胶柱，150mm×4.6mm，或具有同等性能的色谱柱。

流动相：环己烷与正己烷按体积比 1：1 混合，并按体积分数 0.8% 加入异丙醇。

流速：1mL/min。

波长：264nm。

柱温：35℃±1℃。

进样体积：500$\mu$L。

b. 取约 0.5mL 维生素 D 标准储备液于 10mL 具塞试管中，在 40℃±2℃的氮吹仪上吹干。

c. 残渣用 5mL 正己烷振荡溶解。取该溶液 50$\mu$L 注入液相色谱仪中测定，确定维生素 D 保留时间。然后将 500$\mu$L 待测液（即 B 管）注入液相色谱仪中，根据维生素 D 标准溶液保留时间收集维生素 D 馏分于试管 C 中。将试管 C 置于 40℃±2℃条件下的氮吹仪中吹干，取出准确加入 1.0mL 甲醇，残渣振荡溶解，即为维生素 D 测定液。

② 维生素 D 测定液的测定。

a. 参考色谱条件。

色谱柱：C$_{18}$柱，250mm×4.6mm，5$\mu$m，或具同等性能的色谱柱。

流动相：甲醇。

流速：1mL/min。

检测波长：264nm。

柱温：35℃±1℃。

进样量：100$\mu$L。

b. 标准曲线的绘制。分别准确吸取维生素 D$_2$（或维生素 D$_3$）标准储备液 0.20、0.40、0.60、0.80、1.00mL 于 100mL 棕色容量瓶中，用乙醇定容至刻度混匀。此标准系列工作液浓度分别为 0.200、0.400、0.600、0.800、1.000$\mu$g/mL。

分别将维生素 D$_2$（或维生素 D$_3$）标准工作液注入液相色谱仪中，得到峰高（或峰面积），参见图 5-15、图 5-16。以峰高（或峰面积）为纵坐标，以维生素 D$_2$（或维生素 D$_3$）标准工作液浓度为横坐标分别绘制标准曲线。

　　c. 维生素 D 试样的测定。吸取维生素 D 测定液 100μL 注入液相色谱仪中（色谱图参见图 5-15、图 5-16），得到峰高（或峰面积），根据标准曲线得到维生素 D 测定液中维生素 $D_2$（或维生素 $D_3$）的浓度。

　　维生素 D 回收率测定结果记为回收率校正因子 f，代入测定结果计算公式，对维生素 D 含量测定结果进行校正。

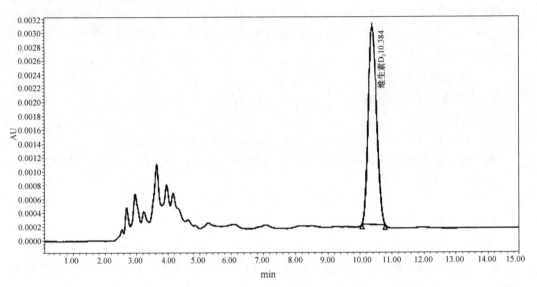

图 5-15　维生素 $D_2$ 标准品液相色谱图

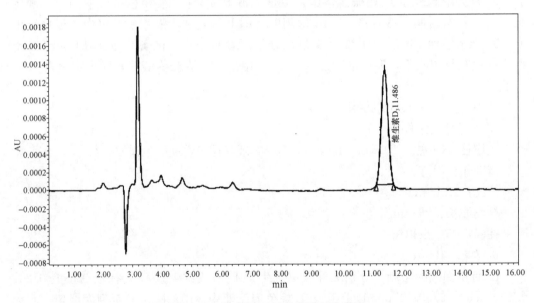

图 5-16　维生素 $D_3$ 标准品液相色谱图

## 5. 结果计算

　　维生素 D 含量按下式计算：

$$X = \frac{c_s \times 10/7 \times 2 \times 2 \times 100}{m \times f}$$

式中　$X$——试样中维生素 $D_2$（或维生素 $D_3$）的含量，$\mu g/100g$；

　　　$c_s$——从标线得到的维生素 $D_2$（或维生素 $D_3$）待测液的浓度，$\mu g/mL$；

　　　$m$——试样的质量，g；

　　　$f$——回收率校正因子。

注：试样中维生素 D 的含量以维生素 $D_2$ 和维生素 $D_3$ 的含量总和计。

以重复性条件下获得的 2 次独立测定结果的算术平均值表示，结果保留 3 位有效数字。

6. 说明与注意事项

（1）在重复性条件下获得的 2 次独立测定结果的绝对差值，维生素 D 不得超过算术平均值的 10%。

（2）本标准检出限：维生素 D 为 $0.20\mu g/100g$。

（3）标准溶液浓度校正方法。维生素 D 标准储备液配制后需要进行校正，具体操作如下：

分别取维生素 D 标准储备液若干微升，分别注入至含有 3.00mL 乙醇的比色皿中，根据给定波长测定各维生素的吸光值，按表 5-9 给定的条件进行测定，通过下列公式计算出该维生素的浓度。

表 5-9　各维生素吸光值的测定条件

| 标准品 | 加入标准储备液的量/$\mu L$ | 比吸光系数 $E_{cm}^{1\%}$ | 波长 $\lambda/nm$ |
|---|---|---|---|
| 维生素 $D_2$ | | 485 | 264 |
| 维生素 $D_3$ | | 462 | 264 |

浓度计算按下式算：

$$c = \frac{A}{E} \times \frac{1}{100} \times \frac{3.00}{V \times 10^{-3}}$$

式中　$c$——维生素 D 浓度，g/mL；

　　　$A$——维生素 D 的平均紫外吸光值；

　　　$V$——加入标准储备液的量，$\mu L$；

　　　$E$——维生素 D 的 1% 比色光系数；

　　　$\dfrac{3.00}{V \times 10^{-3}}$——标准储备液稀释倍数。

## 四、维生素 E 的测定

维生素 E 又称生育酚，属于酚类化合物。目前已经确认的有 8 种异构体：$\alpha$、$\beta$、$\gamma$、$\delta$ 个育酚和 $\alpha$、$\beta$、$\gamma$、$\delta$ 三烯生育酚。

生育酚与三烯生育酚之间的不同，在于生育酚含有一个饱和的 16 碳侧链，而三烯生育酚的 16 碳侧链上含有 3 个不饱和双键。α、β、γ、δ 之间的区别在于苯环上甲基的数目和位置不同。这 8 种异构体都具有相同的生理作用，其中 α-生育酚的生理活性最高，分布最广泛。其结构式为

α-生育酚

维生素 E 广泛分布于动、植物食品中，含量较多的为麦胚油、棉子油、玉米油、花生油、芝麻油、大豆油等植物油料，此外肉、鱼、禽、蛋、乳、豆类、水果以及绿色蔬菜中也都含有维生素 E。建议膳食中维生素 E 的供给量，成年男子为 15 国际单位，成年女子为 12 国际单位。

食品中维生素 E 的测定方法有比色法、荧光法、气相色谱法和液相色谱法。比色法操作简单，灵敏度较高，但对维生素 E 没有特异的反应，需要采取一些方法消除干扰。荧光法特异性强、干扰少、灵敏、快速、简便。高效液相色谱法具有简便、分辨率高等优点，可在短时间完成同系物的分离定量，是日前测定维生素 E 最好的分析方法。这里只介绍荧光法。

### 1. 原理

α-维生素 E 分子结构中具有苯环，因此具有荧光，且其荧光强度与样品中维生素 E 含量成正比。样品经皂化、提取、浓缩蒸干后，用正己烷溶解不皂化物。在 295nm 激发波长，324nm 发射波长下测定其荧光强度，并与标准 α-维生素 E 做比较，从而计算出样品中维生素 E 的含量。

### 2. 试剂

（1）无水乙醇：同比色法测维生素 A 试剂。

（2）无水乙醚：同比色法测维生素 A 试剂。

（3）正己烷。

（4）氢氧化钾溶液（50%）。

（5）维生素 C。

（6）无水硫酸钠。

（7）α-维生素 E 标准溶液：准确称取 10mg 标准 α-维生素 E 溶于正己烷中，定容 10mL，此液浓度为 1mg/mL。临用时，精确吸收此溶液 0.5mL，置于 10mL 容量瓶中，用正己烷定容，为中间液，吸取 1mL 中间液，稀释至 10mL，则成为稀释成 5μg/mL 的标准使用液。当天配制当天使用。

### 3. 操作方法

（1）样品处理。准确称取油样 0.50g（样品中含维生素 E<0.2mg）置于索氏油瓶中，

加维生素 C 0.9g，无水乙醇 12mL，接好冷凝器，在水浴上加热。当瓶内液体开始沸腾时，加入 3mL 氢氧化钾水溶液。旋转油瓶，并从加入氢氧化钾起计时 15min，然后将瓶在水流中迅速冷却。随即加入 40mL 蒸馏水使皂化物溶解，并移入 250mL 分液漏斗中。加入 40mL 乙醚，充分振摇 2min，静止分层。醚层移至 500mL 分液漏斗中。如此萃取 4 次，合并醚液，用等量水多次洗至中性，将醚液通过无水硫酸钠脱水后，在氮气流、真空下蒸干。加入正己烷溶解残渣，定容到 10mL。再吸收 1mL，定容到 10mL。

仪器工作条件（参考条件）

激发波长：295nm　　　发射波长：324nm

激发狭缝：3mm　　　　发射狭缝：2mm

灵敏度：0.3×7

（2）根据以上条件，分别测定 α-维生素 E 标准使用液和样品溶液的荧光强度。

4. 结果计算

$$X = \frac{U \times c \times V}{S \times m} \times \frac{100}{1000}$$

式中　$X$——样品中 α-维生素 E 的含量，mg/100g；

　　　$U$——样品溶液的荧光强度；

　　　$S$——标准使用液的荧光强度；

　　　$c$——标准使用液的浓度，μg/mL；

　　　$V$——样品稀释体积，mL；

　　　$m$——试样质量，g。

5. 说明与注意事项

（1）溶剂不同时，激发波长和发射波长不同。

（2）对于 α-维生素 E 含量高的样品，如动物组织、人的血液、脏器等，用本法测得值与样品中总维生素 E 的含量的真实值相近。方法灵敏度较比色法高得多；对于植物性样品，一般 α-维生素 E 含量不多，而其他异构体含量较多，每一种同系物的激发波长和发射波长的荧光强度不尽相同，因此测定值多数不能代表真实值，测定误差较大。特别是当含有大量 δ-维生素 E 时，测定值比真实值高得多，因为 δ 体的荧光强度比 α 体强 70%。

（3）本法测定的样品为花生油，如测其他食品，需先抽提脂肪。经抽提脂肪后的样品其发射波长改为 330nm。

## 五、硫胺素（维生素 B₁）的测定

维生素 B₁ 又名硫胺素、抗神经炎素，为水溶性维生素，通常以游离态，或以焦磷酸酯形式存在于自然界。在酵母、米糠、麦胚、花生、黄豆以及绿色蔬菜和牛乳、蛋黄中含量较为丰富。除了以磷酸酯形式存在的维生素 B₁ 外，还有近 10 种维生素 B₁ 的盐类及其衍生物，都可作为食品添加剂。维生案 B₁ 的需要量与机体热能总摄入量成正比，中国现规定的供给量为 0.5mg/1000kcal（1kcal＝4.184kJ，全书同）。

维生素 $B_1$ 在碱性溶液中不稳定，易分解，而酸性溶液中即使加热也较稳定。

测定维生素 $B_1$ 的方法，有利用游离型维生素 $B_1$ 与重氮化对氨基苯乙酮的反应，呈紫红色，进行比色测定的方法，也有将游离型维生素 $B_1$ 氧化成硫色素，测定其荧光强度的硫色素荧光法。还有近年发展起来的利用荧光检测器的高效液相色谱法。比色法灵敏度低，准确度也稍差，适用于测定维生素 $B_1$ 含量高的样品，荧光法和高效液相色谱法适用于微量测定。下面只介绍高效液相色谱法。

### 1. 原理

维生素 $B_1$ 测定通常采用反相键合相色谱法进行分离，利用紫外检测器或荧光检测器检测。利用荧光检测器检测时，应首先使从样品中提取的维生素 $B_1$ 氧化成硫色素，然后转入正丁醇或异丁醇中，再进行 HPLC 分析（即高效液色色谱法）。HPLC 法快速、简便、准确、灵敏度高。

### 2. 试剂

（1）0.025mol/L 磷酸盐缓冲溶液（pH7.4）。

（2）流动相：以磷酸盐缓冲液 80 份和乙腈 20 份相互混合而成。

（3）碱性铁氰化钾溶液：吸收 97mL 15％NaOH 溶液加入 3mL 1％铁氰化钾相互混合而成。

（4）混合酶溶液：根据酶的浓度和活力，用 2mol/L 乙酸钠溶液取适量的淀粉酶和木瓜蛋白酶配制成各 3％的浓度。

（5）维生素 $B_1$ 标准溶液：用 0.01mol/L 盐酸溶液将符合药典的含盐酸硫胺素配制成 $100\mu g/mL$ 维生素 $B_1$ 标准溶液。

（6）维生素 $B_1$ 工作液：取维生素 $B_1$ 标准溶液 2mL，用重蒸馏水定容至 100mL，最终浓度为 $2\mu g/mL$。

### 3. 仪器

（1）液相色谱仪（配荧光分光检测器和记录仪）。

（2）微量注射器（5、$10\mu L$ 微量注射器）。

### 4. 操作方法

（1）样品处理：将固体样品粉碎后经 20 目过筛备用。肉类及水产类样品经捣碎机捣碎。果蔬类样品也经捣碎后备用。

称取试样 1.00g（维生素 $B_1$ 含量不低于 $0.5\mu g$）于 50mL 棕色容量瓶中，加入 35mL 0.1mol/L 盐酸溶液，在超声波浴中处理 3min 或转动摇动，在高压灭菌器内于 121℃、20～30min 或者置于沸水中加热 30min，然后轻摇数次。取出，冷却至 40℃以下，分别加入 2.5mL 混合酶液，摇匀，置于 37℃下过夜或于 42～43℃加热 4h，冷却，用水定容至 50mL，样液经 3000r/min 的速度离心后过滤，取约 10mL 滤液备用。

取上述滤液 5mL 于 60mL 分液漏斗中，边振边沿分液漏斗壁加入 3mL 碱性铁氰化钾溶液，继续振摇 10s，立即加入 8mL 异丁醇，并猛烈振摇 45s，静置分层后，弃去水层。有机相通过无水硫酸钠小柱，收集待测溶液维生素 B。

维生素 $B_1$ 工作液：分别取 0.0、0.25、0.50、1.00、2.00mL 和 4.00mL 维生素 $B_1$ 于 50mL 的棕色容量瓶中，再加入与样品等量的 0.1mol/L 盐酸液，以下操作方法与样品处理相同。

（2）样品测定：样品液与维生素 $B_1$ 液分别进样分析（等量进样）。

色谱分析条件：色谱柱为 YWG-$C_{18}$，250mm × 3.8mm（I·D）；激发波长为 435nm，狭缝为 10nm；发射波长为 375nm，狭缝为 12.5nm，灵敏度为 10；流动相速度 1mL/min；进样量 4$\mu$L 或 8$\mu$L。

5. 结果计算

以标准系列的峰高为纵坐标，标准系列的维生素 $B_1$ 含量（$\mu$g）为横坐标，制作标准曲线。则计算公式为

$$X = \frac{m'}{m}$$

式中　$X$——维生素 $B_1$ 含量，mg/kg；

　　　$m'$——由标准曲线查得相当于维生素 $B_1$ 的质量，$\mu$g；

　　　$m$——进入色谱内相当于样品质量，g。

## 六、核黄素（维生素 $B_2$）的测定

维生素 $B_2$ 又称核黄素。在食品中以游离形式或磷酸酯等结合形式存在。膳食中的主要来源是各种动物性食品，其中以肝、肾、心、蛋、奶含量最多。其次是植物性食品的豆类和新鲜绿叶、蔬菜等。维生素 $B_2$ 与能量代谢有密切关系，标准为 0.5mg/1000kcal（1kcal = 4.184kJ）。

测定维生素 $B_2$ 常用的方法为高效液相色谱法。

1. 原理

样品经酸水解与酶处理后得到维生素 $B_2$ 测定样液，然后经 HPLC 分离测定。该法简便、快速，还能同时测定维生素 $B_1$、FMN（黄素单核苷酸）、FAD（黄素核嘌呤二核苷酸）。

2. 试剂

（1）乙腈（分析纯，重蒸）

（2）0.025mol/L 磷酸盐缓冲溶液（pH7.4）。

（3）流动相：以磷酸盐缓冲液 80 份和乙腈 20 份相互混合而成。

（4）混合酶溶液：根据酶的浓度和活力，用 2mol/L 乙酸钠溶液取适量的淀粉酶和木瓜蛋白酶配制成各 3% 的浓度。

（5）维生素 $B_2$ 标准溶液：称取维生素 $B_2$ 10mg，用 0.01mol/L 盐酸溶液溶解并定容至 100mL（100μg/mL），取 2mL 用 0.01mol/L 盐酸稀释定容至 100mL，即为 2μg/mL 维生素 $B_2$ 标准溶液。

3. 仪器

（1）高压液相色谱仪（配荧光分光检测器和记录仪，色谱柱为 YWG-$C_{18}$，柱长 250mm，内径为 3.8mm）。

（2）微量注射器（5、10μL 微量注射器）。

（3）超声波清洗仪。

4. 操作方法

（1）样品处理。将固体样品粉碎后经 20 目过筛备用。肉类及水产类样品经捣碎机捣碎。果蔬类样品也经捣碎后备用。

称取试样 1.00g（维生素 $B_2$ 含量不低于 0.5μg）于 50mL 棕色容量瓶中，加入 35mL 0.1mol/L 盐酸溶液，在超声波浴中处理 3min 或转动摇动，在高压灭菌器内于 121℃、20～30min 或者置于沸水中加热 30min，然后轻摇数次。取出，冷却至 40℃以下，分别加入 2.5mL 混合酶液，摇匀，置于 37℃下过夜或于 42～43℃加热 4h，冷却，用水定容至 50mL，样液经 3000r/min 的速度离心后过滤，滤液备用。上机前取 5μL 滤液用微孔滤膜再过滤。

取上述滤液 5mL 于 60mL 分液漏斗中，边振边沿分液漏斗壁加入 3mL 碱性铁氰化钾溶液，继续振摇 10s，立即加入 8mL 异丁醇，并猛烈振摇 45s，静置分层后，弃去水层。有机相通过无水硫酸钠小柱，收集待测溶液维生素 B。

（2）样品测定。样品液与维生素 $B_2$ 液分别进样分析（等量进样）。

色谱分析条件：色谱柱为 YWG-$C_{18}$，250mm × 3.8mm（I·D）；激发波长为 440nm，狭缝为 10nm；发射波长为 565nm，狭缝为 12.5nm，灵敏度为 3；流动相速度 1mL/min；进样量 5μL。

5. 结果计算

$$X=\frac{h_B}{h_A}\times\rho\times\frac{100}{m}\times100$$

式中　$X$——维生素 $B_2$ 含量，μg/100g；

　　　$h_A$——标准峰高；

　　　$h_B$——样品峰高；

　　　$\rho$——标准溶液上机浓度，μg/mL；

　　　$m$——样品质量，g。

## 七、烟酸（维生素 $B_5$）的测定

烟酸为 B 族维生素成员之一，包括烟酰胺和烟酸（也称尼克酰胺和尼克酸，通称烟

酸或维生素 B₅）。烟酸的人体供给量的标准为 5mg/1000kcal。VB₅的定量方法有溴化氰比色法、气相色谱法、高效液相色谱法及微生物法等。下面介绍较常使用的气相色谱法。

1. 原理

VB₅具有羟基，不溶于有机溶剂，不能直接用气相色谱法进行测定，但烟酸经酯化转变成烟酸乙酯或 N-乙基酰胺之后，可以用气相色谱法进行分离、测定。

2. 操作方法

1) 样品提取

(1) 植物组织样品提取。精确称取 2～10g 样品，加入 100mL 1mol/L 盐酸溶液，摇匀，在沸水浴上水解 1h，冷却后加入 40%氢氧化钾溶液调节 pH 至 6.5，加入 95%乙醇溶液 100mL，混合均匀，过滤。于滤液中加入 2g 烧碱石棉剂，振摇 3min，使烟酸吸附于烧碱石棉剂上，过滤。再用 25mL 1mol/L 氢氧化钾与烧碱石棉剂混合，振摇 3min，将烟酸重新提取出来。将溶液离心除去烧碱石棉剂，上清液中加入硫酸锌溶液，调 pH 至 6.5。将溶液再次过滤，除去生成的沉淀，滤液置于电热板上加热，并同时逐滴加入 4%高锰酸钾溶液以氧化滤液，直至得到透明的溶液为止，冷却，离心，上清液即为样品溶液。然后制备烟酸乙酯以及 N-乙基烟酰胺。

(2) 非谷物类样品处理。称取样品 5g 放入 1000mL 三角烧瓶中，加入 200mL 0.5mol/L 硫酸溶液，混合后置于蒸汽压力锅中，于 121℃下加热提取 30min，冷却，用 40%的氢氧化钠溶液调节 pH 至 4.5，然后用水稀释至 250mL，过滤，取滤液制备烟酸乙酯以及 N-乙基烟酰胺。

2) 烟酸乙酯以及 N-乙基烟酰胺的制备

(1) 烟酸乙酯的制备。将烟酸和浓硫酸 50mL、无水乙醇 150mL 的混合物在蒸汽浴中回流 4h，冷却，边搅拌边倾入 200g 碎冰中，加入足量的氨使溶液提取呈碱性，用乙醚提取 5 次，每次 25mL，合并乙醚提取液，加无水硫酸钠脱水干燥，进行减压(2.13kPa) 蒸馏，先回收乙醇，再收集 117～118℃馏分。

(2) N-乙基烟酰胺的制备。烟酸与亚硫酰氯作用后再用盐酸乙胺处理，或在五氧化二磷存在下，烟酸直接与乙胺作用制备 N-乙基烟酰胺。

3) 样品测定

烟酸乙酯以正己烷为溶剂，N-乙基烟酰胺以乙醇为溶剂。

色谱分析条件：2.5%NPGS 和 10%SE-30 柱（载体为 Gaschrom，100～120 目）；检测器 FID；气体流速 N₂为 50mL/min，空气为 460mL/min，氢气为 36mL/min；进样量 2UI。

温度：烟酸乙酯时柱温 180℃，检测器温度 230℃，气化室温度 220℃；烟酰胺及 N-乙基烟酰胺时柱温 230℃，检测器温度 280℃，气体室温度 270℃。

3. 结果计算

$$X=\frac{h}{h'}\times\rho\times\frac{n}{m}\times100$$

式中　$X$——烟酸乙酯或 $N$-乙基烟酰胺及烟酰胺含量，$\mu$g/100g；

　　　$h$——样品峰高；

　　　$h'$——标准液峰高；

　　　$\rho$——标样上机浓度；

　　　$n$——稀释倍数；

　　　$m$——样品质量，g。

## 八、抗坏血酸（维生素 C）的测定

维生素 C 是一种己糖醛基酸，有抗坏血病的作用，所以又称作抗坏血酸。维生素 C 广泛存在于植物组织中，在新鲜的水果、蔬菜，特别是枣、辣椒、苦瓜、柿子叶、猕猴桃、柑橘等食品中含量尤为丰富。中国规定供给量为：成年男子每日 75mg，成年女子 70mg。

维生素 C 具有较强的还原性，在水溶液中易被氧化，在碱性条件下易分解，在弱酸条件中较稳定。对光敏感，氧化后的产物为脱氢抗坏血酸，仍然具有生理活性。进一步水解则生成 2,3-二酮古乐糖酸，失去生理作用。

抗坏血酸　　脱氢抗坏血酸　　2,3-二酮古乐糖酸

在食品中，这三种形式均有存在，但主要是前两者，故许多国家的食品成分表均以抗坏血酸和脱氢抗坏血酸的总量表示。

维生素 C 具有广泛的生理功能，它参与神经介质、激素的生物合成，它能将三价铁离子还原为二价铁离子，使其易于为人体吸收，有利于血红蛋白的形成，故维生素 C 是人体重要的营养素。

在食品工业上，维生素 C 是一种营养添加剂、强化剂。由于维生素 C 的强还原性，它又是一种广泛应用的抗氧化剂。

测定维生素 C 的常用方法有：2,6-二氯靛酚滴定法、2,4-二硝基苯肼法，荧光法、高效液相色谱法及极谱。2,6-二氯靛酚滴定法测定还原型维生素 C，其他方法用于测定总维生素 C 的含量。下面介绍高效液相色谱法。

由于高效液相色谱法的高选择性与灵敏度，因而应用 HPLC 法分析食品中维生素 C 是目前最为常用的方法，它可以克服食品中其他化合物的干扰。

用 HPLC 法分析的样品，通常可用萃取液稀释后直接进样分析，如啤酒、黄酒。对水果试样，可用甲醇和 5% 偏磷酸的溶液。对含有蛋白质的样品，采用强酸、高浓度盐、有机试剂去除蛋白质。但含有强酸和高浓度盐的样品不能直接用于 HPLC 分析。

对乳制品的脱蛋白，可采用稀的高氯酸溶液（0.05mol/L）。用有机溶剂沉淀蛋白质是相当容易的，并能使注入色谱柱的蛋白减至最小，然而这种处理会使样品变稀，这时如果样品中维生素 C 含量较低，会给样品分析带来困难。在这种情况下，可采用超滤浓缩技术。

在样品前处理过程中，防止 L-抗坏血酸的氧化是非常重要的，可采用添加偏磷酸溶液的方法加以解决。

分离方式目前主要有三大类型：反相键合相色谱，离子交换色谱和反相离子对色谱。

由于维生素 C 在反相色谱系统的保留时间较短，测定易受杂质干扰，实验结果差异较大且重复性差。采用胺基柱及适当的流动相能同时产生离子交换色谱效果，有利于分离及定量。

1. 样品处理

（1）液体样品（果汁、果子露等）取 5～10g 振摇除去 $CO_2$ 或加温除去乙醇，用 $H_2PO_4$ 调 pH 为 2.8，加水定容，过滤，再经 0.45$\mu$m 滤膜过滤，即为 HPLC 分析用样液。

（2）固体样品（橘子粉，巧克力等）取样 2g，加 pH2.8 的水定容 10mL，必要时均质，离心：上清液经 0.45$\mu$m 滤膜过滤，即为 HPLC 分析用样液。

（3）蔬菜。水果：取样 2g，按（2）项处理。

2. 仪器

高效液相色谱仪（Waters 公司）。备有 510 泵，U6K 进样器. 484 型可调波长紫外检测器及 745 型数据处理机。

［色谱条件］CN 柱，4mm×300mm。流动相：甲醇；水（5：95）。流速：1.5mL/min。柱温：40℃。

检测器：紫外检测器，波长 254nm；色谱图见图 5-17。

3. 结果计算

与其他的高效液相色谱的计算方法相似。

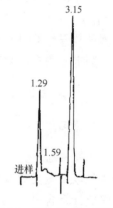

图 5-17　维生素 C 色谱图

## 第八节　水产品鲜度化学指标测定

水产品的鲜度检验主要是对水产原料进行检验，水产原料的好坏是保证产品质量的一个重要条件。捕获的水产品离水死亡后，由于自身的酶和附着体表及内脏微生物的作用，发生一系列的化学变化，如蛋白质的分解，脂肪的氧化，色泽减退，臭味出现等。在这一系列的变化过程中，除了感官表现外还产生一些活的及新鲜的水产品所不含的分解产物。有些分解产物在水产品鲜度发生变化过程中，以稳步的速度增长或消失，并可以通过化学方法定量分析测定，因此，可以作为水产品原料鲜度的指标。如挥发性盐基氮、三甲胺、氨、pH 等。水产动物蛋白质由酶的作用，分解成蛋白胨、蛋白肽、氨基酸等，再经微生物作用，氨基酸进一步分解成更低级的失去营养价值的化合物。如氨、胺类（甲胺、二甲胺、三甲胺）、二氧化碳、吲哚、硫化氢等。

水产品鲜度的化学指标检测，主要检测鱼肉的挥发性盐基氮（VBN）、pH、三甲胺（TMA）、组胺（HA）、K值的测定。下面分别介绍 VBN、三甲胺（TMA）、氨、组胺、硫化氢的化学检测标准及方法。

## 一、挥发性盐基氮（VBN）的测定法

挥发性盐基氮（VBN），来源于氨、三甲胺（TMA）、二甲胺（DMA）等的挥发性盐基氮（VBN），随着鲜度的下降，VBN 增加，在鱼体死后的前期，主要是由于 AMP 的脱氨反应而产生的氨造成的，接着通过氧化三甲胺（TMAO）的分解产生 TMA 和 DMA，再加上通过氨基酸等含氮化合物的分解产生的氨或各种氨基。挥发性盐基氮包括氨和胺类（淡水水产品鲜度变化主要产生氨，海水水产品除氨外，还有胺类），具有挥发性，均呈碱性（又称盐基），故称挥发性盐基氮。一般用 TVBN 或 TVB-N（total volatile basis nitrogen）表示，单位为 mg/100g。不同种类的水产品由于其氨基酸组成不同，鲜度变化过程中产生的 TVBN 速度及数量不同。因此，初期腐败时的 TVBN 界限值不同。例如，大黄鱼一级品 TVBN＜13mg/100g，二级品 TVBN＜30mg/100g；青鱼、草鱼一级品 TVBN％13mg/100g，二级品 TVBN＜20mg/100g 等。软骨鱼类由于肌肉内自身含有尿素以平衡体内外的渗透压，因此，新鲜的软骨鱼含 TVBN 就很高。

测定办法有半微量定氮法和微量扩散法。

（一）半微量定氮法

1. 原理

挥发性盐基氮是指动物性食品由于酶和细菌的作用，在腐败过程中使蛋白质分解而产生氨以及胺类等碱性含氮物质。此类物质具有挥发性，从碱性溶液中蒸出后，用标准酸滴定计算含量。

2. 试剂

（1）氧化镁混悬液（10g/L）：称取 1.0g 氧化镁，加 100mL 水，振摇成混悬液。

（2）硼酸吸收液（20g/L）。

（3）盐酸（$c_{HCl}$＝0.01mol/L）或硫酸（$c_{1/2H_2SO_4}$＝0.01mol/L）的标准滴定溶液。

（4）甲基红-乙醇指示剂（2g/L）。

（5）次甲基蓝指示剂（1g/L）。

临用时将上述 2 种指示液等量混合为混合指示液。

3. 仪器

（1）半微量定氮器。

（2）微量滴定管：最小分度 0.01mL。

### 4. 操作方法

（1）样品处理。将样品除去脂肪、骨及腱后，切碎搅匀，称取约 10.00g，置于锥形瓶中，加 100mL 水，不时振摇，浸渍 30min 后过滤，滤液置冰箱备用。

（2）蒸馏滴定。将盛有 10mL 吸收液及 5～6 滴混合指示液的锥形瓶置于冷凝管下端，并使其下端插入吸收液的液面下，准确吸取 5.0mL 上述样品滤液于蒸馏器反应室内，加 5mL 氧化镁混悬液（10g/L），迅速盖塞，并加水以防漏气，通入蒸汽，进行蒸馏，蒸馏 5min 即停止，吸收液用盐酸标准滴定溶液（0.01mol/L）或硫酸标准滴定溶液滴定，终点呈蓝紫色。同时做试剂空白试验。

### 5. 结果计算

$$w_1 = \frac{(V_1 - V_2) \times c_1 \times 14}{m_1 \times 5/100} \times 100$$

式中　$w_1$——样品中挥发性盐基氮的质量分数，mg/100g；

　　　$V_1$——测定用样液消耗盐酸或硫酸标准溶液体积，mL；

　　　$V_2$——试剂空白消耗盐酸或硫酸标准溶液体积；

　　　$c_1$——盐酸或硫酸标准溶液的实际浓度，mol/L；

　　　14——与 1.00mL 盐酸标准滴定溶液（1.000mol/L）或硫酸标准滴定溶液

　　　　　　（1.000mol/L）相当的氮的质量，mg；

　　　$m_1$——样品质量，g。

### 6. 说明与注意事项

报告算术平均值的 3 位有效数。

（二）微量扩散法

### 1. 原理

挥发性含氮物质可在 37℃碱性溶液中释出，挥发后吸收于吸收液中，用标准酸滴定，计算含量。

### 2. 试剂

（1）饱和碳酸钾溶液：称取 50g 碳酸钾，加 50mL 水，微加热助溶，使用上清液。

（2）水溶性胶：称取 10g 阿拉伯胶，加 10mL 水，再加 5mL 甘油及 5g 无水碳酸钾（或无水碳酸钠），研匀。

（3）吸收液、混合指示液、盐酸或硫酸标准滴定溶液（0.010mol/L）分别同半微量定氮法。

### 3. 仪器

（1）扩散皿（标准型）：玻璃质，内外室总直径 61mm，内室直径 35mm；外室深度 10mm，内室深度 5mm；外室壁厚 3mm，内室壁厚 2.5mm，加磨砂厚玻璃盖。

（2）微量滴定管同半微量定氮法。

### 4. 操作方法

将水溶性胶涂于扩散皿的边缘，在皿中央内室加入 1mL 吸收液及 1 滴混合指示液。在皿外室一侧加入 1.00mL 制备的样液，另一侧加入 1mL 饱和碳酸钾溶液，注意勿使两液接触，立即盖好；密封后将皿于桌面上轻轻转动，使样液与碱液混合，然后于 37℃温箱内放置 2h，揭去盖，用盐酸或硫酸标准滴定溶液（0.010mol/L）滴定，终点呈蓝紫色。同时做试剂空白试验。

### 5. 结果计算

$$w_1 = \frac{(V_1 - V_2) \times c_1 \times 14}{m_1 \times 5/100} \times 100$$

式中　$w_1$，$V_1$，$V_2$，$c_1$，14，$m_1$ 同半微量定氮法。

## 二、氧化三甲胺（TMAO）的测定

氧化三甲胺（TMAO）是水产动物肌肉中具有鲜味的碱性物质，一般海水硬骨类含有氧化三甲胺 100～1000mg/100g，海水软骨鱼类含氧化三甲胺 700～1400mg/100g，淡水鱼类氧化三甲胺含量很少，一般氧化三甲胺在 10mg/100g 以下。

当水产动物鲜度发生变化时，肌肉中的氧化三甲胺被还原成三甲胺，其单位也是 mg/100g。此外，水产动物体内的卵磷脂经微生物作用分解也产生三甲胺。测得三甲胺含量越多，说明水产品鲜度越差。这种方法广泛用于判定鱼类的鲜度，严格来讲是其腐败度。但对于含有大量尿素和 TMAO 的板鳃类不适用。活鱼的肌肉中不存在 TMA，即使存在也是极微量的，因为 TMA 随着细菌的增加而增加，所以是鉴别腐败的好指标，有时单独进行测定。

初期腐败的临界值因鱼种而有所不同，一般 2～7mg/100g，但这种方法对于 TMAO 含量低的淡水鱼是不适用的。必须注意的是，加热过的肉，由于 TMAO 的热分解产生 TMA；此外，即使是新鲜肉，有时 TMAO 由于酶的作用也产生 TMA。

### 1. 原理

三甲胺是鱼类食品由于细菌的作用，在腐败过程中将氧化三甲胺还原而产生的，系挥发性碱性含氮物质，将此项物质抽提于无水甲苯中，与苦味酸作用，形成黄色的苦味酸三甲胺盐，然后与标准管同时比色，即可测得试样中三甲胺氮含量。

### 2. 试剂

（1）20％三氯乙酸溶液。

（2）甲苯：试剂级，用无水硫酸钠脱水，再用 0.5mol/L 硫酸振摇，蒸馏，除干扰物质，最后再用无水硫酸钠脱水使其干燥。

（3）苦味酸甲苯溶液。

（4）储备液：将 2g 干燥的苦味酸（试剂级）溶于 100mL 无水甲苯中，使其成为 2％苦味酸甲苯溶液。

（5）应用液：将储备液稀释成为 0.02％苦味酸甲苯溶液即可应用。

（6）碳酸钾溶液（1＋1）。

（7）10％甲醛溶液：先将甲醛（试剂级，含量为 36％～38％）用碳酸镁振摇处理并过滤，然后稀释成浓度 10％。

（8）无水硫酸钠。

（9）三甲胺氮标准溶液配制：称取盐酸三甲胺（试剂级）约 0.5g，稀释到 100mL，取其 5mL 再稀释到 100mL，取最后稀释液 5mL 用微量或半微量凯氏蒸馏法准确测定三甲胺氮含量，并计算出每 1mL 的含量，然后稀释使每 1mL 含有 100μg 的三甲胺氮，作为储备液用。测定时将上述储备液 10 倍稀释，使每 1mL 含有 10μg 三甲胺氮。准确吸取最后稀释标准液 1.0、2.0、3.0、4.0、5.0mL（相当于 10、20、30、40、50μg）于 25mL maijel Gerson 反应瓶中，加蒸馏水至 5.0mL，并同时做一空白，以下处理按试样测定操作方法，以光密度数制备成标准曲线。

3. 仪器

（1）25mL Maijel Gerson 反应瓶。
（2）100mL 或 150mL 玻塞三角瓶。
（3）100mL 量筒。
（4）试管。
（5）吸管。
（6）微量或半微量凯氏蒸馏器。
（7）581 型或 72 型光电比色计。

4. 操作方法

（1）试样处理。取被检样品 20g（视试样新鲜程度确定取样量）剪细研匀，加水 70mL 移入玻塞三角瓶中，并加 20％三氯乙酸 10mL，振摇，沉淀蛋白后过滤，滤液即可供测定用。

（2）测定方法。取上述滤液 5mL（亦可视试样新鲜程度确定之，但必须加水补足至 5mL）于 Maijel Gerson 反应瓶中，加 10％甲醛溶液 1mL，甲苯 10mL 及碳酸钾溶液（1＋1）3mL，立即盖塞，上下剧烈振摇 60 次，静置 20min，吸去下面水层，加入无水硫酸钠约 0.5g 进行脱水，吸出 5mL 于预先已置有 0.02％苦味酸甲苯溶液 5mL 的试管中，在 410nmg 处或用蓝色滤光片测得吸光度，并做一空白试验，同时将上述三甲胺氮标准溶液（相当于 10、20、30、40、50μg）按上法同样测定，制备标准曲线，按下式计算即得试样中的三甲胺氮质量分数。

$$w=\frac{\dfrac{OD_1}{OD_2}\times m}{m_1\times\dfrac{V_1}{V_2}}\times 100$$

式中　　$w$——试样中三甲胺氮质量分数，mg/100g；

　　　　$OD_1$——试样光密度；

　　　　$OD_2$——标准光密度；

　　　　$m$——标准管三甲胺氮质量，mg；

　　　　$m_1$——试样质量，g；

　　　　$V_1$——测定时体积，mL；

　　　　$V_2$——稀释后的体积，mL。

### 三、鱼肉的 pH 测定

一般活鱼肌肉的 pH 为 7.2～7.4，鱼死后随着体内酶解反应的进行，肌肉中乳酸的产生，pH 逐渐下降，达到最低后，随着鲜度下降，蛋白质分解，呈碱性的产物不断增加，肌肉 pH 上升。根据此原理可从 pH 判断鲜度。肌肉 pH 先降后升的规律性变化，是随水产品鲜度变化而变化，pH 高说明鲜度不好。pH 的测定也可用玻璃电极简单而正确地进行，这是其优点。但由于鱼种和鱼体部位不同，pH 变化的进程也不同，所以得到一个判定鲜度的共同临界值是较困难的。对于有限的试样来说，再结合其他鲜度判定法做出判断常常是有效的。

一般鲜度判断指标：新鲜鱼：pH 为 6.5～6.8；次鲜鱼：pH 为 6.9～7.0；变质鱼：pH 为 7.1 以上。

1. 原理

水产品中游离脂肪酸用氢氧化钾标准溶液滴定，每克试样消耗的氢氧化钾的毫克数，称为酸价。

2. 试剂

(1) 乙醚＋乙醇混合液：按乙醚＋乙醇（2＋1）混合，用氢氧化钾溶液（3g/L）中和至酚酞指示液呈中性。

(2) 氢氧化钾标准滴定溶液（$c_{KOH}$0.050mol/L）。

(3) 酚酞指示液：10g/L 乙醇溶液。

3. 操作方法

称取 3.00～5.00g 混匀试样，置于锥形瓶中，加入 50mL 中性乙醚＋乙醇混合液，振摇使样品中的油脂溶解，必要时置于热水中，温热促其充分溶解。冷至室温，加入酚酞指示液 2～3 滴，以氢氧化钾标准滴定溶液（0.050mol/L）滴定，至初现微红色，且 0.5min 内不退色为终点。

4. 结果计算

试样的酸价按下列式进行计算。

$$w=\frac{V\times c\times 56.11}{m}$$

式中　$w$——试样的酸价（以氢氧化钾计），mg/g；

　　　　$V$——试样消耗氢氧化钾标准滴定溶液体积，mL；

　　　　$c$——氢氧化钾标准滴定溶液的实际浓度，mol/L；

　　　　$m$——试样质量，g；

　　　　56.11——与 1.0mL 氢氧化钾标准滴定溶液（1.000mol/L）相当的氢氧化钾毫
　　　　　　　　克数。计算结果保留 2 位有效数字。

## 四、组胺含量测定

1. 原理

鱼体中组胺用正戊烷提取，遇偶氮试剂显橙色，与标准系列比较定量。

2. 试剂

（1）正戊醇。

（2）三氯乙酸溶液（100g/L）。

（3）碳酸钠溶液（50g/L）。

（4）氢氧化钠溶液（250g/L）。

（5）盐酸（1+11）。

（6）组胺标准储备液：准确称取 0.2767g 于 100℃±5℃ 干燥 2h 的磷酸组胺，溶于
蒸馏水，移入 100mL 容量瓶中：再加水稀释至刻度。此溶液每 1mL 相当于 1.0mg
组胺。

（7）磷酸组胺标准使用液：吸取 1.0mL 组胺标准溶液，置于 50mL 容量瓶中，加
水稀释至刻度。此溶液每 1mL 相当于 20.0μg 组胺。

（8）偶氮试剂。

甲液：称取 0.5g 对硝基苯胺，加 5mL 盐酸溶液溶解后，再加水稀释至 200mL，置
冰箱中。

乙液：亚硝酸钠溶液（5g/L），临用现配。

吸取甲液 5mL、乙液 40mL 混合后立即使用。

3. 操作方法

1）试样处理

称取 5.00～10.00g 样品，绞碎并混合均匀试样，置于具塞锥形瓶中，加入 15～
20mL 三氯乙酸溶液，浸泡 2～3h，过滤。吸取 2.0mL 滤液，置于分液漏斗中，加氢氧

化钠溶液，使呈碱性。每次加入 3mL 盐酸（1＋11）振摇提取 3 次，合并盐酸提取液并稀释到 10.0mL，备用。

2）测定

吸取 2.0mL 盐酸提取液于 10mL 比色管中，另吸取 0.00、0.20、0.40、0.60、0.80、1.0mL 组胺标准使用液（相当于 0.0、4.0、8.0、12.0、16.0、20.0μg 组胺），分别置于 10mL 比色管中，加水至 1mL，再各加 1mL 盐酸（1＋11）。试样与标准管各加 3mL 碳酸钠溶液（5g/L），3mL 偶氮试剂，加水至刻度，混匀，放置 10min 后用 1cm 比色杯以零管调节零点，于 480nm 波长处测吸光度，与绘制标准曲线比较，或与标准系列目测比较。

4. 结果计算

试样中组胺的质量分数按下式进行计算。

$$w=\frac{m_1}{m_2\times\dfrac{2}{V_1}\times\dfrac{2}{10}\times\dfrac{2}{10}\times1000}\times100$$

式中　$w$——试样中组胺的质量分数，mg/100g；

　　　$V_1$——加入三氯乙酸溶液（100g/L）的体积，mL；

　　　$m_1$——测定时试样中组胺的质量，μg；

　　　$m_2$——试样质量，g。

## 五、水产品中硫化氢的检测

硫化氢是一种有毒气体，会产生亚急性和慢性中毒，家兔吸入 0.01mg/L，2h/d，3 个月，引起中枢神经系统的机能改变，气管、支气管黏膜刺激症状，大脑皮层出现病理改变。小鼠长期接触低浓度硫化氢，有小气道损害。腐败的水产品中也容易产生，因此要加强监控和检测措施。

称取检样鱼肉 20g，装入小广口瓶内，加入 10％硫酸 40mL，置大于瓶口的方形或圆形滤纸一张，在滤纸块中央滴 10％醋酸铅碱性液 1～2 滴，然后将有液滴的一面向下盖在瓶口上并用橡皮圈扎好。15min 后取下滤纸块，观察其颜色有无变化。

识别方法如下。

新鲜鱼：滴乙酸铅碱性液处，颜色无变化，为阴性反应（－）。

次鲜鱼：在接近滴液边缘处，呈现微褐色或褐色痕迹，为疑似反应（±）或弱阳性反应（＋）。

腐败鱼：滴液处全是褐色，边缘处色较深，为阳性反应（＋＋）；或全部呈深褐色，为强阳性反应（＋＋＋）。

## 六、K 值测定简介

它是以核苷酸的分解物作为指标的判定方法，这种方法能从数量上反映出鱼的鲜度，换句话说是"鲜活的程度"，这是该法的特征。

鱼肉的 ATP 是循 ATP（三磷酸腺苷）→ADP（二磷酸腺苷）→AMP（磷酸腺苷）→

IMP（次黄嘌呤核苷酸）HxR→（次黄嘌呤核苷）→Hx（次黄嘌呤）的途径而分解的，随着鲜度的下降，反应向右进行，但这些与 ATP 有关的化合物的总量几乎是一定的，以 HxR、Hx 占核苷酸及其关联化合物总量的百分率作为鱼肉的鲜度指标，称为 K 值（K Value）。

$$K=\frac{HxR+Hx}{ATP+ADP+AMP+IMP+HxR+Hx}\times100\%$$

即杀鱼：K 值在 10% 左右；生鱼片要求：≤20%；新鲜鱼：≤40%；初期腐败鱼：60%～80%。

K 值的大小，实际上是反映鱼体在僵硬至自溶阶段的不同鲜度。因为鱼死后至僵硬这段时间，ATP 迅速分解，K 值增加很快。因此测出 K 值比测出挥发性盐基氨更能准确地反映出鱼体的鲜度，因为在这段时间蛋白质分解速度是缓慢的。如果鱼体处于腐败阶段，再去测 K 值或以 K 值来表示"鲜度"，则显然失去意义。此方法在日本较流行。

 **思考题**

1. 说明蒸馏法测水分的原理。直接干燥法、减压干燥法、蒸馏法各自的适用范围是什么。

2. 测定的精密度要求一般是多少？测定水分最为准确的化学方法是哪种方法？

3. 说明水分活度测定仪测水分活度值的原理。

4. 何为灰分？共分哪几种？测定灰分有何意义？主要有几种测定方法？

5. 食品中的酸味成分主要是什么？总酸度、有效酸度与挥发酸有何不同？

6. 测定脂肪有何意义？测定脂肪是哪几种方法？

7. 糖类按其组成成分可分成哪几种？测定方法共有几种？哪个方法较迅速？

8. 测定食品中蔗糖为什么要进行水解？如何进行？

9. 淀粉的测定方法有哪几种？各种方法的原理是什么？适用范围？

10. 粗纤维是指什么？膳食纤维是指什么？纤维起何作用？

11. 纤维测定方法有几种？其原理是什么。

12. 为何凯氏定氮法测定的蛋白质含量称为粗蛋白质含量？

13. 说明茚三酮测定法测定氨基酸态氮的原理及操作要点。

14. 维生素是指什么？共有哪几种？哪些是脂溶性的？哪些又是水溶性的？

15. 水产品鲜度指标主要是哪些？

# 第六章 水产品添加剂的测定

☞ 学习要点

　　了解食品添加剂的种类。了解常用食品添加剂甜味剂、防腐剂、护色剂、漂白剂、着色剂、抗氧化剂的品种和作用，掌握常用食品添加剂的测定原理和方法。掌握糖精钠、甜蜜素、苯甲酸、山梨酸（钾）、亚硝酸盐、硝酸盐、亚硫酸盐和二氧化硫、食用合成着色剂的检测技能；掌握相关仪器设备的使用方法。

## 第一节 概　　述

### 一、食品添加剂的概念及分类

　　食品添加剂是指为改善食品品质和色、香、味，以及为防腐、保鲜和加工工艺的需要而加入食品中的人工合成或者天然物质。食品添加剂的添加可以保持或提高食品本身的营养价值，提高食品的质量和稳定性，改进其感官特性，或便于食品的生产、加工、包装、运输和储藏，也可作为某些特殊膳食用食品的必要配料或成分。营养强化剂、食品用香料、胶基糖果中基础剂物质、食品工业用加工助剂也包括在内。

　　食品添加剂的种类很多。按照其来源不同可以分为天然食品添加剂和化学合成食品添加剂两大类。前者是利用动植物或微生物的代谢产物等为原料，经提取所得的天然物质；后者是通过化学手段人工合成的物质。我国《食品安全国家标准食品添加剂使用标准》（GB 2760—2011）将食品添加剂划分为23类：酸度调节剂、抗结剂、消泡剂、抗氧化、漂白剂、膨松剂、胶基糖果中基础剂物质、着色剂、护色剂、乳化剂、酶制剂、增味剂、面粉处理剂、被膜剂、水分保持剂、营养强化剂、防腐剂、稳定剂和凝固剂、甜味剂、增稠剂、食品用香料、食品工业用加工助剂及其他。

　　目前食品添加剂的使用多为化学合成食品添加剂，但从长远和总的方面来看，天然食品添加剂的使用有不断上升的趋势。

### 二、食品添加剂的使用规定

　　食品添加剂本身不是食品的基本成分，因此食品添加剂存在安全性问题。为此，世界各国制定了有关食品添加剂的质量标准和使用安全标准，以监督食品添加剂的生产和使用。WHO/FAO 规定了《使用食品添加剂的一般原则》，就食品添加剂的安全性和维护消费者利益方面制定了一系列严格的管理办法，并对食品添加剂的安全性进行审查，制定出它们的 ADI 值。食品添加剂法典委员会（Codex Committee on Food Additives，CCFA）每年定期召开会议，对食品添加剂制定统一的规格和标准，确定统一的试验方法和评价方法等，对食品添加剂联合专家委员会（the joint FAO /WHO Expert Committee on Food Additives，JECFA）所通过的各种食品添加剂的标准、安全性评价方法等进行审议和认可，在提交食品法典委员会（Codex Alimentarius Commission，CAC）复审后公布。我国于 2009 年 6 月 1 日开始实施《中华人民共和国食品安全法》，2011年卫生部颁发了《食品安全国家标准 食品添加剂使用标准》（GB 2760—2011），对食品添加剂的生产和使用做了严格的规定。

《中华人民共和国食品安全法》第四十六条对于食品添加剂的使用进行了规定：食品生产者应当依照食品安全标准关于食品添加剂的品种、使用范围、用量的规定使用食品添加剂；不得在食品生产中使用食品添加剂以外的化学物质和其他可能危害人体健康的物质。《食品安全国家标准食品添加剂使用标准》（GB 2760—2011）也明确指出食品添加剂使用时应符合以下基本要求：

（1）不应对人体产生任何健康危害。

（2）不应掩盖食品腐败变质。

（3）不应掩盖食品本身或加工过程中的质量缺陷或以掺杂、掺假、伪造为目的而使用食品添加剂。

（4）不应降低食品本身的营养价值。

（5）在达到预期目的前提下尽可能降低在食品中的使用量。

食品添加剂在安全性监督管理下，在允许范围内按照要求使用一般来说是安全的。

### 三、测定水产品中食品添加剂的意义

我国水产品总产量居世界前列，但质量却不尽如人意，出口常因微生物超标及使用禁用的抗生素、过量使用添加剂等问题引起贸易争端。如水产品中违法使用孔雀石绿、工业用甲醛、工业用火碱、硼砂、一氧化碳、亚硫酸钠等，导致了严重的后果。因此，在水产品的养殖、加工、流通和经营过程中对水产品中的食品添加剂进行检测十分必要，也是保障水产品质量安全的有效手段。

# 第二节　甜味剂的测定

赋予食品以甜味的物质称为甜味剂。按来源分为天然甜味剂和人工合成甜味剂。我国允许使用的甜味剂有甜菊糖苷、D-甘露糖醇、糖精钠、环己基氨基磺酸钠（甜蜜素）、乙酰磺胺酸钾（安赛蜜）、阿斯巴甜、甘草、木糖醇和麦芽糖醇等 23 种（SN/T 2360.18—2009 进出口食品添加剂检验规程第 20 部分：甜味剂）。下面介绍糖精钠和环己基氨基磺酸钠的测定方法。

## 一、糖精钠的测定

糖精钠（sodium saccharin）是糖精的钠盐，是应用较为广泛的人工合成甜味剂。糖精的学名为邻甲苯磺酰胺。由于糖精难溶于水，所以食品生产中一般用糖精的钠盐。糖精钠为无色结晶或稍带白色结晶性粉末，无臭或稍微有香气，味浓甜带苦。易溶于水，不溶于乙醚、三氯甲烷等有机溶剂。糖精钠的测定的主要方法有高效液相色谱法和薄层色谱法（GB/T 5009.28—2003），这里介绍高效液相色谱法。

### 1. 原理

样品加温除去二氧化碳和乙醇，调 pH 至近中性，过滤后进高效液相色谱仪，经反相色谱分离后，根据保留时间和峰面积进行定性和定量。

### 2. 试剂

（1）甲醇：经滤膜（0.5$\mu$m）过滤。

（2）氨水（1+1）：氨水加等体积水混合。

（3）乙酸铵溶液（0.02mol/L）：称取 1.54g 乙酸铵，加水至 1000mL 溶解，经滤膜（0.45$\mu$m）过滤。

（4）糖精钠标准储备溶液：准确称取 0.0851g 经 120℃ 烘干 4h 后的糖精钠（$C_6H_4CONNaSO_2 \cdot 2H_2O$），加水溶解定容至 100mL。糖精钠含量 1.0mg/mL，作为储备溶液。

（5）糖精钠标准使用溶液：吸取糖精钠标准储备液 10mL 放入 100mL 容量瓶中，加水至刻度。经滤膜（0.45$\mu$m）过滤。该溶液每毫升相当于 0.10mg 的糖精钠（$C_6H_4CONNaSO_2 \cdot 2H_2O$）。

### 3. 仪器

高效液相色谱仪，紫外检测器。

### 4. 操作方法

1）试样处理

称取 5.00～10.00g 经均质的匀浆试样，用氨水（1+1）调 pH 约 7，加水定容至适当的体积，离心沉淀，上清液经 0.45$\mu$m 滤膜过滤。

2）高效液相色谱参考条件

（1）色谱柱：YWG-C18　4.6mm×250mm　10$\mu$m 不锈钢柱。

（2）流动相：甲醇＋乙酸铵溶液（0.02mol/L）（5+95）。

（3）流速：1mL/min。

（4）检测器：紫外检测器，波长 230nm，灵敏度 0.2AUFS。

3）测定

取样品处理液和标准使用液各 10$\mu$L（或相同体积）注入高效液相色谱仪进行分离，

以其标准溶液峰的保留时间为依据进行定性，以其峰面积求出样液中被测物质的含量，供计算。

5. 结果计算

试样中糖精钠的含量按下式进行计算。

$$X = \frac{A \times 1000}{m \times \dfrac{V_2}{V_1} \times 1000}$$

式中　$X$——试样中糖精钠的含量，g/kg 或 g/L；

　　　$A$——进样体积中糖精钠的质量，mg；

　　　$m$——试样质量，g；

　　　$V_1$——试样稀释液总体积，mL；

　　　$V_2$——进样体积，mL。

6. 说明与注意事项

（1）在重复性条件下获得的 2 次独立测定结果的绝对差值不得超过算术平均值的 10%。

（2）取样量为 10g，进样量为 $10\mu$L 时检出量为 1.5ng。

（3）采用高效液相色谱法测定食品中的糖精钠时，可同时测定食品中的添加剂苯甲酸、山梨酸（见 GB/T 23495—2009 苯甲酸、山梨酸和糖精钠的测定-高效液相色谱法）。

## 二、环己基氨基磺酸钠的测定

环己基氨基磺酸钠（Sodium cyclamate）的商品名为甜蜜素，是人工合成的非营养型甜味剂，为白色针状、片状结晶或结晶状粉末，无臭，味甜，其稀溶液的甜度约为蔗糖的 30 倍，对酸、碱、光、热、空气稳定，溶于水，不溶于乙醇、乙醚、苯和氯仿。可作为糖尿病患者、肥胖者的代替糖。由于其致癌作用引起世界各国的争议，至今尚未达成一致看法，部分国家禁止使用。甜蜜素的测定主要有气相色谱法和比色法（GB/T 5009.97—2003），气相色谱法准确度高，操作更简便。

1. 原理（气相色谱法）

在硫酸介质中环己基氨基磺酸钠与亚硝酸反应，生成环己醇亚硝酸酯，利用气相色谱法进行定性和定量。

2. 试剂

（1）正己烷。

（2）氯化钠。

（3）层析硅胶（或海砂）。

（4）50g/L 亚硝酸钠溶液。

（5）100g/L 硫酸溶液。

（6）环己基氨基磺酸钠标准溶液（含环己基氨基磺酸钠，98%）：精确称取 1.0000g 环己基氨基磺酸钠，加水溶解并定容至 100mL，此溶液每毫升含环己基氨基磺酸钠 10mg。

3. 仪器

（1）气相色谱仪：附氢火焰离子化检测器。

（2）漩涡混合器。

（3）离心机。

（4）10$\mu$L 微量注射器。

（5）色谱条件

① 色谱柱：长 2m，内径 3mm，U 形不锈钢柱。

② 固定相：Chromosorb W AW DMCS 80~100 目，涂以 10% SE-30。

③ 测定条件

柱温：80℃；汽化温度：150℃；检测温度：150℃。

流速：氮气 40mL/min；氢气 30mL/min；空气 300mL/min。

4. 操作方法

1）试样处理

取样品放入均质器，加工成匀浆。

2）试样制备

称取 2.0g 已经均质的匀浆试样于研钵中，加少许层析硅胶（或海砂）研磨至呈干粉状，经漏斗倒入 100mL 容量瓶中，加水冲洗研钵，并将洗液一并转移至容量瓶中，加水至刻度，不时摇动，1h 后过滤，即得试样，准确吸取 20mL 于 100mL 带塞比色管，置冰浴中。

3）测定

（1）标准曲线的制备：准确吸取 1.00mL 环己基氨基磺酸钠标准溶液于 100mL 带塞比色管中，加水 20mL，置冰浴中，加入 5mL 50g/L 亚硝酸钠溶液，5mL 100g/L 硫酸溶液，摇匀，在冰浴中放置 30min，并经常摇动，然后准确加入 10mL 正己烷，5g 氯化钠，摇匀后置漩涡混合器上振动 1min（或振摇 80 次），待静止分层后吸出己烷层于 10mL 带塞离心管中进行离心分离，每毫升己烷提取液相当 1mg 环己基氨基磺酸钠，将标准提取液进样 1~5$\mu$L 于气相色谱仪中，根据响应值绘制标准曲线。

（2）样品管按 4.3.1 自"加入 5mL 50g/L 亚硝酸钠溶液……"起依法操作，然后将试料同样进样 1~5$\mu$L，测得响应值，从标准线图中查出相应含量。

5. 结果计算

试样中环己基氨基磺酸钠的含量按下式进行计算。

$$X = \frac{m \times 10 \times 1000}{m \times V \times 1000} = \frac{10m_1}{m \times V}$$

式中 $X$——试样中环己基氨基磺酸钠的含量，g/kg；

      $m$——试样质量，g；

      $V$——进样体积，μL；

      10——正己烷加入量，mL；

      $m_1$——测定用试样中环己基氨基磺酸钠的质量，μg。

计算结果保留两位有效数字。

6. 说明与注意事项

（1）在重复性条件下获得的两次独立测定结果的绝对差值不得超过算术平均值的10%。

（2）检出限：4μg。

## 第三节 防腐剂的测定

### 一、概述

防腐剂是用于防止食品在加工后的储存、运输、销售过程中由于微生物的繁殖等原因引起的食物腐败变质，延长食品的保存期限、提高食品的食用价值而在食品中使用的添加剂。我国批准使用的防腐剂有苯甲酸、苯甲酸钠、山梨酸、山梨酸钾、丙酸钙、脱氢乙酸及其钠盐等40种（SN/T 2360.18—2009）进出口食品添加剂检验规程第18部分：防腐剂），最常使用的是苯甲酸、苯甲酸钠、山梨酸、山梨酸钾。

苯甲酸（Benzoic Acid）又名安息香酸，为无色、无味片状晶体，熔点122.1℃，沸点249℃，在100℃时迅速升华，微溶于水，易溶于乙醇、乙醚、氯仿等有机溶剂，化学性质比较稳定。

苯甲酸钠为苯甲酸的钠盐，白色颗粒或结晶性粉末，无臭或微带安息香气味，易溶于水和乙醇，难溶于有机溶剂。

苯甲酸和苯甲酸钠在酸性条件下具有较好的防腐效果，在pH2.5~4时其抑菌效果较强，当pH>5.5时，抑菌效果明显减弱。苯甲酸进入人体后，大部分与甘氨酸结合形成无害的马尿酸，其余部分与葡萄糖醛酸结合生成苯甲酸葡萄糖醛酸苷从尿中排除，不在人体积累。

山梨酸又名花楸酸，白色结晶性粉末，具有特殊气味或酸味，对光、热稳定，熔点为134.5℃，沸点为228℃（分解），易溶于乙醇、乙醚、氯仿等有机溶剂，微溶于水。

山梨酸钾（potassium sorbat），无色至浅黄色鳞片状结晶或结晶性粉末，无臭或稍具臭味，与酸作用生成山梨酸。山梨酸及其钾盐也是用于酸性食品的防腐剂，适合于在pH5~6时使用。山梨酸是一种直链不饱和脂肪酸，可参与人体内正常代谢，最后被氧化为二氧化碳和水，几乎对人体没有毒性，是一种比苯甲酸更安全的防腐剂，可在多类食品中使用，如在干制水产品中的最大使用量为 1.0g/kg（GB 2760—2011《食品添加剂使用标准》）。

## 二、苯甲酸（钠）和山梨酸（钾）的测定

食品中的苯甲酸、山梨酸可同时测定，测定方法有气相色谱法、高效液相色谱法等。

（一）气相色谱法（GB/T 5009.29—2003）

1. 原理

样品酸化后，用乙醚提取山梨酸、苯甲酸，用附氢火焰离子化检测器的气相色谱仪进行分离测定，与标准系列比较定量。

2. 试剂

（1）乙醚：不含过氧化物。
（2）石油醚：沸程 30～60℃。
（3）盐酸。
（4）无水硫酸钠。
（5）盐酸（1+1）：取 100mL 盐酸，加水稀释至 200mL。
（6）氯化钠酸性溶液（40g/L）：于氯化钠溶液（40g/L）中加少量盐酸（1+1）酸化。
（7）山梨酸、苯甲酸标准溶液：准确称取山梨酸、苯甲酸各 0.2000g，置于 100mL 容量瓶中，用石油醚-乙醚（3+1）混合溶剂溶解后并稀释至刻度。此溶液每毫升相当于 2.0mg 山梨酸或苯甲酸。
（8）山梨酸、苯甲酸标准使用液：吸取适量的山梨酸、苯甲酸标准溶液，以石油醚-乙醚（3+1）混合溶剂稀释至每毫升相当于 50、100、150、200、250μg 山梨酸或苯甲酸。

3. 仪器

气相色谱仪：附氢火焰离子化检测器。

4. 操作方法

1）试样提取

称取 2.50g 经均质的匀浆试样，置于 25mL 带塞量筒中，加 0.5mL 盐酸（1+1）酸化，用 15、10mL 乙醚提取 2 次，每次振摇 1min，将上层乙醚提取液吸入另一个 25mL 带塞量筒中，合并乙醚提取液。用 3mL 氯化钠酸性溶液（40g/L）洗涤 2 次，静止 15min，用滴管将乙醚层通过无水硫酸钠滤入 25mL 容量瓶中。加乙醚至刻度，混匀。准确吸取 5mL 乙醚提取液于 5mL 带塞刻度试管中，置 40℃水浴上挥干，加入

2mL 石油醚-乙醚（3+1）混合溶剂溶解残渣，备用。

2）色谱参考条件

（1）色谱柱：玻璃柱，内径 3mm，长 2m，内装涂以 5‰ DEGS＋1‰ H₃PO₄ 固定液的 60~80 目 Chromosorb W AW。

（2）气流速度：载气为氮气，50mL/min（氮气和空气、氢气之比按各仪器型号不同选择各自的最佳比例条件）。

（3）温度：进样口 230℃；检测器 230℃；柱温 170℃。

3）测定

进样 2μL 标准系列中各浓度标准使用液于气相色谱仪中，可测得不同浓度山梨酸、苯甲酸的峰高，以浓度为横坐标，相应的峰高值为纵坐标，绘制标准曲线。

同时进样 2μL 样品溶液。测得峰高与标准曲线比较定量。

5. 结果计算

结果示意图参见图 6-1，试样中山梨酸或苯甲酸的含量按下式进行计算。

$$X = \dfrac{A \times 1000}{m \times \dfrac{5}{25} \times \dfrac{V_2}{V_1} \times 1000}$$

式中　$X$——试样中山梨酸或苯甲酸的含量，mg/kg；

$A$——测定用样液中山梨酸或苯甲酸的质量，μg；

$V_1$——加入石油醚-乙醚（3+1）混合溶剂的体积，mL；

$V_2$——测定时进样的体积，mL；

$m$——试样质量，g；

5——测定时吸取乙醚提取液的体积，mL；

25——试样乙醚提取液的总体积，mL。

图 6-1　山梨酸和苯甲酸的气相色谱图

由测得苯甲酸的量乘以 1.18，即为样品中苯甲酸钠的含量。

计算结果保留 2 位有效数字。

6. 说明与注意事项

在重复性条件下获得的 2 次独立测定结果的绝对差值不得超过算术平均值的 10%。

（二）高效液相色谱法（GB/T 23495—2009）

本法可同时测定苯甲酸、山梨酸和糖精钠的含量。

1. 原理

样品经提取后，将提取液过滤，经反相高效液相色谱分析，根据保留时间定性，外标峰面积定量。

2. 试剂

(1) 甲醇: 色谱纯。

(2) 乙酸铵溶液: 称取 1.54g 乙酸铵, 加水并稀释至 1000mL, 经 0.45$\mu$m 微孔滤膜过滤。

(3) 亚铁氰化钾溶液: 称取 106g 亚铁氰化钾 [$K_4Fe(CN)_6 \cdot 3H_2O$] 加水至 1000mL。

(4) 乙酸锌溶液: 称取 220g 乙酸锌 [$Zn(CH_3COO)_2 \cdot 2H_2O$] 溶于少量水中, 加 30mL 冰醋酸, 加水稀释至 1000mL。

(5) 氨水 (1+1): 氨水与水等体积混合。

(6) 标准溶液的配制:

① 苯甲酸标准储备液: 准确称取 0.236 0g 苯甲酸钠, 加水溶解并定容至 200mL。此溶液每毫升相当于含苯甲酸 1.00mg。

② 山梨酸标准储备液: 准确称取 0.268 0g 山梨酸钾, 加水溶解并定容至 200mL。此溶液每毫升相当于含山梨酸 1.00mg。

③ 糖精钠标准储备液: 准确称取 0.170 2g 糖精钠 ($C_6H_4CONNaSO_2$) (120℃烘干 4h), 加水溶解并定容至 200mL。此溶液每毫升相当于含糖精钠 1.00mg。

④ 混合标准使用液: 分别准确吸取不同体积苯甲酸、山梨酸和糖精钠标准储备溶液, 将其稀释成苯甲酸、山梨酸和糖精钠含量分别为 0.000、0.020、0.040、0.080、0.160、0.320mg/mL 的混合标准使用液。

(7) 微孔滤膜: 0.45$\mu$m, 水相。

3. 仪器

(1) 高效液相色谱仪: 配紫外检测器。

(2) 离心机: 转速不低于 4000r/min。

(3) 超声波水浴振荡器。

(4) 食品粉碎机。

(5) 漩涡混合器。

(6) pH 计。

(7) 天平: 分度值为 0.01g 和 0.1mg。

4. 操作方法

1) 样品处理

称取 2~3g (精确至 0.001g) 粉碎均匀样品或经均质的匀浆样品于小烧杯中, 用 20mL 水分数次清洗小烧杯将样品移入 25mL 容量瓶中, 超声振荡提取 5min, 取出后加 2mL 亚铁氰化钾溶液, 摇匀, 再加入 2mL 乙酸锌溶液, 摇匀, 用水定容至刻度。移入离心管中, 4000r/min 离心 5min, 吸取上清液, 用 0.45$\mu$m 微孔滤膜过滤, 滤液待上机分析。

2）参考色谱条件

（1）色谱柱：$C_{18}$柱，250mm×4.6mm，5$\mu$m，或者性能相当。

（2）流动相：甲醇＋乙酸铵溶液（5＋95）。

（3）流速：1mL/min。

（4）检测波长：230nm。

（5）进样量：10$\mu$L。

3）测定

取处理液和混合标准使用液各10$\mu$L注入高效液相色谱仪进行分离，以其标准溶液峰的保留时间为依据定性，以其峰面积求出样液中被测物质含量，供计算。

5. 结果计算

结果如图6-2所示，样品中苯甲酸、山梨酸和糖精钠的含量按下式计算：

$$X = \frac{c \times V \times 1000}{m \times 1000}$$

式中　$X$——样品中待测组分含量，g/kg；

$c$——由标准曲线得出的样液中待测物的浓度，mg/mL；

$V$——样品定容体积，mL；

$m$——样品质量，g。

计算结果保留2位有效数字。

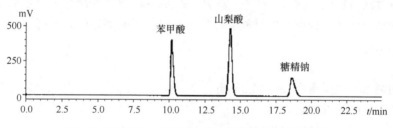

图6-2　苯甲酸、山梨酸和糖精钠的高效液相色谱图

6. 说明与注意事项

（1）在重复性条件下获得的2次独立测定结果的绝对差值不得超过算术平均值的10%。

（2）该法对于固态食品，苯甲酸、山梨酸和糖精钠的检出限分别为1.8、1.2、3.0mg/kg。

## 第四节　护色剂的测定

### 一、概述

护色剂又称为发色剂，指能与肉及肉制品中呈色物质作用，使其在加工、保藏等过程中不致分解、破坏，呈现良好色泽的物质。在使用护色剂的同时，还常加入一些能促进发色的物质，这类物质称为发色助剂。

我国批准使用的护色剂有 4 种：硝酸钾、硝酸钠、亚硝酸钾和亚硝酸钠（SN/T 2360.18—2009《进出口食品添加剂检验规程》第 10 部分：护色剂）。在使用中均规定使用量。

在肉类腌制品中最常使用的护色剂是硝酸盐及亚硝酸盐，发色助剂为 L-抗坏血酸、L-抗坏血酸钠及盐酰胺等。

近年来的研究表明，亚硝酸盐在人体胃中能合成亚硝胺，而许多亚硝胺对实验动物有致癌性。有鉴于此，国内外各方面广泛要求在保证发色的条件下，把硝酸盐和亚硝酸盐的添加量限制在最低水平。我国食品添加剂使用标准规定（GB 2760—2011），在肉类罐头和肉类制品中最大使用量，硝酸钠为 0.5g/kg，亚硝酸钠为 0.15g/kg；残留量以亚硝酸钠计，肉类罐头不得超过 50mg/kg，肉类制品不得超过 30mg/kg。

## 二、亚硝酸盐的测定

（一）离子色谱法（GB/T 5009.33—2010）

本法适用于食品中亚硝酸盐和硝酸盐的同时测定。

1. 原理

试样经沉淀蛋白质、除去脂肪后，采用相应的方法提取和净化，以氢氧化钾溶液为淋洗液，阴离子交换柱分离，电导检测器检测。以保留时间定性，外标法定量。

2. 试剂

（1）超纯水：电阻率>18.2MΩ·cm。

（2）乙酸（$CH_3COOH$）：分析纯。

（3）氢氧化钾（KOH）：分析纯。

（4）乙酸溶液（3%）：量取乙酸（2.2）3mL 于 100mL 容量瓶中，以水稀释至刻度，混匀。

（5）亚硝酸根离子（$NO_2^-$）标准溶液（100mg/L，水基体）。

（6）硝酸根离子（$NO_3^-$）标准溶液（1000mg/L，水基体）。

（7）亚硝酸盐（以 $NO_2^-$ 计，下同）和硝酸盐（以 $NO_3^-$ 计，下同）混合标准使用液：准确移取亚硝酸根离子（$NO_2^-$）和硝酸根离子（$NO_3^-$）的标准溶液各 1.0mL 于 100mL 容量瓶中，用水稀释至刻度，此溶液每 1L 含亚硝酸根离子 1.0mg 和硝酸根离子 10.0mg。

3. 仪器

（1）离子色谱仪：包括电导检测器，配有抑制器，高容量阴离子交换柱，50μL 定量环。

（2）食物粉碎机。

（3）超声波清洗器。

（4）天平：感量为 0.1mg 和 1mg。

（5）离心机：转速≥10000r/min，配 5mL 或 10mL 离心管。

（6）0.22μm 水性滤膜针头滤器。

（7）净化柱：包括 $C_{18}$ 柱、Ag 柱和 Na 柱或等效柱。

（8）注射器：1.0mL 和 2.5mL。

注：所有玻璃器皿使用前均需依次用 2mol/L 氢氧化钾和水分别浸泡 4h，然后用水冲洗 3～5 次，晾干备用。

4. 操作方法

1）试样预处理

用四分法取适量或取全部，用食物粉碎机制成匀浆备用。

2）提取

（1）鱼类、肉类等：称取试样匀浆 5g（精确至 0.01g，可适当调整试样的取样量，以下相同），以 80mL 水洗入 100mL 容量瓶中，超声提取 30min，每隔 5min 振摇一次，保持固相完全分散。于 75℃水浴中放置 5min，取出放置至室温，加水稀释至刻度。溶液经滤纸过滤后，取部分溶液于 10 000r/min 离心 15min，上清液备用。

（2）腌鱼类、腌肉类及其他腌制品：称取试样匀浆 2g（精确至 0.01g），以 80mL 水洗入 100mL 容量瓶中，超声提取 30min，每 5min 振摇一次，保持固相完全分散。于 75℃水浴中放置 5min，取出放置至室温，加水稀释至刻度。溶液经滤纸过滤后，取部分溶液于 10 000r/min 离心 15min，上清液备用。

（3）取上述备用的上清液约 15mL，通过 0.22μm 水性滤膜针头滤器、$C_{18}$ 柱，弃去前面 3mL（如果氯离子大于 100mg/L，则需要依次通过针头滤器、$C_{18}$ 柱、Ag 柱和 Na 柱，弃去前面 7mL），收集后面洗脱液待测。

固相萃取柱使用前需进行活化，如使用 OnGuard Ⅱ RP 柱（1.0mL）、OnGuard Ⅱ Ag 柱（1.0mL）和 OnGuard Ⅱ Na 柱（1.0mL），其活化过程为：OnGuard Ⅱ RP 柱（1.0mL）使用前依次用 10mL 甲醇、15mL 水通过，静置活化 30min。OnGuard Ⅱ Ag 柱（1.0mL）和 OnGuard Ⅱ Na 柱（1.0mL）用 10mL 水通过，静置活化 30min。

3）参考色谱条件

（1）色谱柱：氢氧化物选择性，可兼容梯度洗脱的高容量阴离子交换柱，如Dionex IonPac AS11-HC 4mm×250mm（带 IonPac AG11-HC 型保护柱 4mm×50mm），或性能相当的离子色谱柱。

（2）淋洗液：氢氧化钾溶液，浓度为 6～70mmol/L；洗脱梯度为 6mmol/L 30min，70mmol/L 5min，6mmol/L 5min；流速 1.0mL/min。

（3）抑制器：连续自动再生膜阴离子抑制器或等效抑制装置。

（4）检测器：电导检测器，检测池温度为 35℃。

（5）进样体积：50μL（可根据试样中被测离子含量进行调整）。

4）测定

（1）标准曲线。移取亚硝酸盐和硝酸盐混合标准使用液，加水稀释，制成系列标准溶液，含亚硝酸根离子浓度为 0.00、0.02、0.04、0.06、0.08、0.10、0.15、0.20mg/L；硝酸根离子浓度为 0.0、0.2、0.4、0.6、0.8、1.0、1.5、2.0mg/L 的混合标准溶液，从低到高浓度依次进样。得到上述各浓度标准溶液的色谱图（图 6-3）。以亚硝酸根离子或硝酸根离子的浓度（mg/L）为横坐标，以峰高（μs）或峰面积为纵坐标，绘制标准曲线或计算线性回归方程。

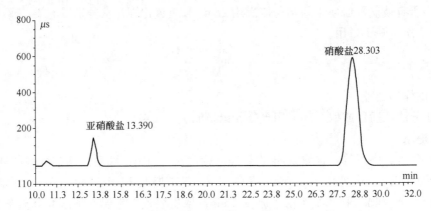

图 6-3　亚硝酸盐和硝酸盐混合标准溶液的色谱图

（2）样品测定。分别吸取空白和试样溶液 50μL，在相同工作条件下，依次注入离子色谱仪中，记录色谱图。根据保留时间定性，分别测量空白和样品的峰高（μs）或峰面积。

5. 结果计算

样品中亚硝酸盐（以 $NO_2^-$ 计）或硝酸盐（以 $NO_3^-$ 计）的含量按下式计算：

$$X = \frac{(c-c_0) \times V \times f \times 1000}{m \times 1000}$$

式中　$X$——试样中亚硝酸根离子或硝酸根离子的含量，mg/kg；

　　　$c$——测定用试样溶液中的亚硝酸根离子或硝酸根离子浓度，mg/L；

　　　$c_0$——试剂空白液中亚硝酸根离子或硝酸根离子的浓度，mg/L；

　　　$V$——试样溶液体积，mL；

　　　$f$——试样溶液稀释倍数；

　　　$m$——试样取样量，g。

说明：试样中测得的亚硝酸根离子含量乘以换算系数 1.5，即得亚硝酸盐（按亚硝酸钠计）含量；试样中测得的硝酸根离子含量乘以换算系数 1.37，即得硝酸盐（按硝酸钠计）含量。

以重复性条件下获得的 2 次独立测定结果的算术平均值表示，结果保留 2 位有效数字。

6. 说明与注意事项

（1）在重复性条件下获得的 2 次独立测定结果的绝对差值不得超过算术平均值的 10%。

（2）本法中亚硝酸盐和硝酸盐检出限分别为 0.2mg/kg 和 0.4mg/kg。

（二）分光光度法（盐酸萘乙二胺法）（GB/T 5009.33—2010）

1. 原理

试样经沉淀蛋白质、除去脂肪后，在弱酸条件下亚硝酸盐与对氨基苯磺酸重氮化后，再与盐酸萘乙二胺偶合形成紫红色染料，外标法测得亚硝酸盐含量。

2. 试剂

（1）亚铁氰化钾溶液（106g/L）：称取 106.0g 亚铁氰化钾，用水溶解，并稀释至 1000mL。

（2）乙酸锌溶液（220g/L）：称取 220.0g 乙酸锌，先加 30mL 冰醋酸溶解，用水稀释至 1000mL。

（3）饱和硼砂溶液（50g/L）：称取 5.0g 硼酸钠，溶于 100mL 热水中，冷却后备用。

（4）对氨基苯磺酸溶液（4g/L）：称取 0.4g 对氨基苯磺酸，溶于 100mL 20%（体积比）盐酸中，置棕色瓶中混匀，避光保存。

（5）盐酸萘乙二胺溶液（2g/L）：称取 0.2g 盐酸萘乙二胺，溶于 100mL 水中，混匀后，置棕色瓶中，避光保存。

（6）亚硝酸钠标准溶液（200μg/mL）：准确称取 0.1000g 于 110~120℃ 干燥恒重的亚硝酸钠，加水溶解移入 500mL 容量瓶中，加水稀释至刻度，混匀。

（7）亚硝酸钠标准使用液（5.0μg/mL）：临用前，吸取亚硝酸钠标准溶液 5.00mL，置于 200mL 容量瓶中，加水稀释至刻度。

3. 仪器

（1）天平：感量为 0.1mg 和 1mg。
（2）组织捣碎机。
（3）超声波清洗器。
（4）恒温干燥箱。
（5）分光光度计。

4. 操作方法

1）试样预处理
用四分法取适量或取全部，用食物粉碎机制成匀浆备用。

2）提取

称取 5g（精确至 0.01g）制成匀浆的试样（如制备过程中加水，应按加水量折算），置于 50mL 烧杯中，加 12.5mL 饱和硼砂溶液，搅拌均匀，以 70℃左右的水约 300mL 将试样洗入 500mL 容量瓶中，于沸水浴中加热 15min，取出置冷水浴中冷却，并放置至室温。

3）提取液净化

在振荡上述提取液时加入 5mL 亚铁氰化钾溶液，摇匀，再加入 5mL 乙酸锌溶液，以沉淀蛋白质。加水至刻度，摇匀，放置 30min，除去上层脂肪，上清液用滤纸过滤，弃去初滤液 30mL，滤液备用。

4）测定

吸取 40.0mL 上述滤液于 50mL 带塞比色管中，另吸取 0.00、0.20、0.40、0.60、0.80、1.00、1.50、2.00、2.50mL 亚硝酸钠标准使用液（相当于 0.0、1.0、2.0、3.0、4.0、5.0、7.5、10.0、12.5μg 亚硝酸钠），分别置于 50mL 带塞比色管中。于标准管与试样管中分别加入 2mL 对氨基苯磺酸溶液，混匀，静置 3～5min 后各加入 1mL 盐酸萘乙二胺溶液，加水至刻度，混匀，静置 15min，用 2cm 比色杯，以零管调节零点，于波长 538nm 处测吸光度，绘制标准曲线比较。同时做试剂空白。

5. 结果计算

样品中亚硝酸盐（以亚硝酸钠计）的含量按下式计算：

$$X = \frac{A_1 \times 1000}{m \times \frac{V_1}{V_2} 1000}$$

式中 $X$——试样中亚硝酸钠的含量，mg/kg；

$A_1$——测定用样液中亚硝酸钠的质量，μg；

$m$——试样质量，g；

$V_1$——测定用样液体积，mL；

$V_2$——试样处理液总体积，mL。

以重复性条件下获得的 2 次独立测定结果的算术平均值表示，结果保留 2 位有效数字。

6. 说明与注意事项

（1）在重复性条件下获得的 2 次独立测定结果的绝对差值不得超过算术平均值的 10%。

（2）本法中亚硝酸盐的检出限为 1.0mg/kg。

## 三、硝酸盐的测定

（一）离子色谱法（GB/T 5009.33—2010）

见本节亚硝酸盐的测定：离子色谱法。

（二）隔柱还原法（GB/T 5009.33—2010）

1. 原理

样品经沉淀蛋白质，除去脂肪后，溶液通过镉柱，使其中的硝酸根离子还原成亚硝酸根离子，在弱酸性条件下，亚硝酸根与对氨基苯磺酸重氮化后，再与盐酸萘乙二胺偶合形成红色染料，外标法测得亚硝酸盐总量，由总量减去亚硝酸盐含量即得硝酸盐含量。

2. 试剂

（1）锌皮或锌棒。

（2）硫酸镉。

（3）亚铁氰化钾溶液（106g/L）：称取 106.0g 亚铁氰化钾，用水溶解，并稀释至 1000mL。

（4）乙酸锌溶液（220g/L）：称取 220.0g 乙酸锌，先加 30mL 冰醋酸（9.3）溶解，用水稀释至 1000mL。

（5）饱和硼砂溶液（50g/L）：称取 5.0g 硼酸钠，溶于 100mL 热水中，冷却后备用。

（6）氨缓冲溶液（pH9.6～9.7）：量取 30mL 盐酸（1.19g/mL），加 100mL 水，混匀后加 65mL 氨水（25%），再加水稀释至 1000mL，混匀。调节 pH 至 9.6～9.7。

（7）氨缓冲液的稀释液：量取 50mL 氨缓冲溶液，加水稀释至 500mL，混匀。

（8）盐酸（0.1mol/L）：量取 5mL 盐酸，用水稀释至 600mL。

（9）对氨基苯磺酸溶液（4g/L）：称取 0.4g 对氨基苯磺酸，溶于 100mL 20%（体积分数）盐酸中，置棕色瓶中混匀，避光保存。

（10）盐酸萘乙二胺溶液（2g/L）：称取 0.2g 盐酸萘乙二胺，溶于 100mL 水中，混匀后，置棕色瓶中，避光保存。

（11）亚硝酸钠标准溶液（200μg/mL）：准确称取 0.1000g 于 110～120℃ 干燥恒重的亚硝酸钠，加水溶解移入 500mL 容量瓶中，加水稀释至刻度，混匀。

（12）亚硝酸钠标准使用液（5.0μg/mL）：临用前，吸取亚硝酸钠标准溶液 5.00mL，置于 200mL 容量瓶中，加水稀释至刻度。

（13）硝酸钠标准溶液（200μg/mL，以亚硝酸钠计）：准确称取 0.1232g 于 110～120℃ 干燥恒重的硝酸钠，加水溶解，移于入 500mL 容量瓶中，并稀释至刻度。

（14）硝酸钠标准使用液（5μg/mL）：临用时吸取硝酸钠标准溶液 2.50mL，置于 100mL 容量瓶中，加水稀释至刻度。

3. 仪器

（1）天平：感量为 0.1mg 和 1mg。

（2）组织捣碎机。

（3）超声波清洗器。

（4）恒温干燥箱。

（5）分光光度计。

（6）镉柱（参见图6-4）。

① 海绵状镉的制备：投入足够的锌皮或锌棒于500mL硫酸镉溶液（200g/L）中，经过3～4h，当其中的镉全部被锌置换后，用玻璃棒轻轻刮下，取出残余锌棒，使镉沉底，倾去上层清液，以水用倾泻法多次洗涤，然后移入组织捣碎机中，加500mL水，捣碎约2s，用水将金属细粒洗至标准筛上，取20～40目之间的部分。

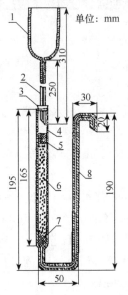

图6-4　镉柱

1. 储液漏斗；2. 进液毛细管，内径0.4mm，
外径6mm；3. 橡皮管；4. 镉柱玻璃管，
内径12mm，外径16mm；5、7. 玻璃棉；
6. 海绵状镉；8. 出液毛细管，
内径2mm，外径8mm

② 镉柱的装填：如图6-4所示。用水装满镉柱玻璃管，并装入2cm高的玻璃棉做垫，将玻璃棉压向柱底时，应将其中所包含的空气全部排出，在轻轻敲击下加入海绵状镉至8～10cm高，上面用1cm高的玻璃棉覆盖，上置一储液漏斗，末端要穿过橡皮塞与镉柱玻璃管紧密连接。

如无上述镉柱玻璃管时，可以25mL酸式滴定管代用，但过柱时要注意始终保持液面在镉层之上。当镉柱填装好后，先用25mL盐酸（0.1mol/L）洗涤，再以水洗2次，每次25mL，镉柱不用时用水封盖，随时都要保持水平面在镉层之上，不得使镉层夹有气泡。

③ 镉柱每次使用完毕后，应先以25mL盐酸（0.1mol/L）洗涤，再以水洗2次，每次25mL，最后用水覆盖镉柱。

④ 镉柱还原效率的测定：吸取20mL硝酸钠标准使用液，加入5mL氨缓冲液的稀释液，混匀后注入储液漏斗，使流经镉柱还原，以原烧杯收集流出液，当储液漏斗中的样液流完后，再加5mL水置换柱内留存的样液。取10.0mL还原后的溶液（相当10μg亚硝酸钠）于50mL比色管中，另吸取0.00、0.20、0.40、0.60、0.80、1.00、1.50、2.00、2.50mL亚硝酸钠标准使用液（相当于0.0、1.0、2.0、3.0、4.0、5.0、7.5、10.0、12.5μg亚硝酸钠），分别置于50mL带塞比色管中。于标准管与还原后的溶液管中分别加入2mL对氨基苯磺酸溶液，混匀，静置3～5min后各加入1mL盐酸萘乙二胺溶液，加水至刻度，混匀，静置15min，用2cm比色杯，以零管调节零点，于波长538nm处测吸光度，绘制标准曲线。根据标准曲线计算测得结果，与加入量一致，还原效率应大于98%为符合要求。

⑤ 还原效率计算。

还原效率按下式进行计算。

$$X = \frac{m}{10} \times 100\%$$

式中　$X$——还原效率，%；

　　　$m$——测得亚硝酸钠的含量，μg；

10——测定用溶液相当亚硝酸钠的含量，$\mu$g。

### 4. 操作方法

1) 试样预处理

同本节"亚硝酸盐测定：分光光度法"中的"试样预处理"。

2) 提取

同本节"亚硝酸盐测定：分光光度法"中的"提取"。

3) 提取液净化

同本节"亚硝酸盐测定：分光光度法"中的"提取液净化"。

4) 镉柱还原

（1）先以 25mL 稀氨缓冲液冲洗镉柱，流速控制在 3～5mL/min（以滴定管代替的可控制在 2～3mL/min）。

（2）吸取 20mL 滤液于 50mL 烧杯中，加 5mL 氨缓冲溶液，混合后注入储液漏斗，使流经镉柱还原，以原烧杯收集流出液，当储液漏斗中的样液流尽后，再加 5mL 水置换柱内留存的样液。

（3）将全部收集液如前再经镉柱还原一次，第二次流出液收集于 100mL 容量瓶中，继续以水流经镉柱洗涤 3 次，每次 20mL，洗液一并收集于同一容量瓶中，加水至刻度，混匀。

5) 试样中亚硝酸钠含量的测定

同本节"亚硝酸盐测定：分光光度法"中的方法，求出试样中亚硝酸钠含量 $X_1$。

6) 亚硝酸钠总量的测定

吸取 10～20mL 还原后的样液于 50mL 比色管中。另吸取 0.00、0.20、0.40、0.60、0.80、1.00、1.50、2.00、2.50mL 亚硝酸钠标准使用液（相当于 0.0、1.0、2.0、3.0、4.0、5.0、7.5、10.0、12.5$\mu$g 亚硝酸钠），分别置于 50mL 带塞比色管中。于标准管与还原后的样液管中分别加入 2mL 对氨基苯磺酸溶液，混匀，静置 3～5min 后各加入 1mL 盐酸萘乙二胺溶液，加水至刻度，混匀，静置 15min，用 2cm 比色杯，以零管调节零点，于波长 538nm 处测吸光度，绘制标准曲线。根据标准曲线计算测得结果。

### 5. 结果计算

样品中硝酸盐（以硝酸钠计）的含量按下式计算：

$$X_2 = \left[ \frac{m_1 \times 1000}{m \times \dfrac{V_2}{V_1} \times \dfrac{V_4}{V_3} \times 1000} - X_1 \right] \times 1.232$$

式中　$X_1$——试样中亚硝酸钠的含量，mg/kg；

　　　$X_2$——试样中硝酸钠的含量，mg/kg；

　　　$m_1$——经镉粉还原后测得总亚硝酸钠的质量，$\mu$g；

　　　$m$——试样的质量，g；

　　　1.232——亚硝酸钠换算成硝酸钠的系数；

$V_1$——试样处理液总体积，mL；

$V_2$——测总亚硝酸钠的测定用样液体积，mL；

$V_3$——经镉柱还原后样液总体积，mL；

$V_4$——经镉柱还原后样液的测定用体积，mL。

以重复性条件下获得的 2 次独立测定结果的算术平均值表示，结果保留 2 位有效数字。

6. 说明与注意事项

在重复性条件下获得的两次独立测定结果的绝对差值不得超过算术平均值的 10%。

# 第五节　漂白剂的测定

## 一、概述

漂白剂是指通过还原等化学作用消耗食品中的氧，破坏、抑制食品氧化酶活性和食品的发色因素，使食品褐变色素退色或免于褐变的食品添加剂。漂白剂还具有一定的防腐作用。我国批准使用的漂白剂包括二氧化硫、焦亚硫酸钾、焦亚硫酸钠、亚硫酸钠、低亚硫酸钠（保险粉）、亚硫酸氢钠和硫磺。其中硫磺仅限于干果、蜜饯、干制蔬菜、粉丝、食糖的熏蒸。

目前，在我国食品行业中，使用较多的是二氧化硫和亚硫酸盐。这两种物质本身没有营养，也非食品的不可缺少成分，而且具有一定的腐蚀性，对人体健康有一定影响，所以在食品中添加应加以限制。

## 二、亚硫酸盐的测定

亚硫酸盐测定方法采用盐酸副玫瑰苯胺法（GB/T 5009.34—2003）

1. 原理

亚硫酸盐与四氯汞钠反应生成稳定的络合物，再与甲醛及盐酸副玫瑰苯胺作用生成紫红色络合物，与标准系列比较定量。

2. 试剂

(1) 四氯汞钠吸收液：称取 13.6g 氯化高汞及 6.0g 氯化钠，溶于水中并稀释至 1000mL，放置过夜，过滤后备用。

(2) 氨基磺酸铵溶液（12g/L）。

(3) 甲醛溶液（2g/L）：吸取 0.55mL 无聚合沉淀的甲醛（36%），加水稀释至 100mL，混匀。

(4) 淀粉指示液：称取 1g 可溶性淀粉，用少许水调成糊状，缓缓倾入 100mL 沸水中，搅拌煮沸，放冷备用，此溶液临用时配制。

（5）亚铁氰化钾溶液：称取 10.6g 亚铁氰化钾 [$K_4Fe(CN)_6 \cdot 3H_2O$]，加水溶解并稀释至 100mL。

（6）乙酸锌溶液：称取 22g 乙酸锌 [$Zn(CH_3COO)_2 \cdot 2H_2O$]，溶于少量水中，加入 3mL 冰乙酸，加水稀释至 100mL。

（7）酸副玫瑰苯胺溶液：称取 0.1g 盐酸副玫瑰苯胺（$C_{19}H_{18}N_2Cl \cdot 4H_2O$；p-ros-aniline hydrochloride）于研钵中，加少量水研磨使溶解并稀释至 100mL。取出 20mL，置于 100mL 容量瓶中，加盐酸（1+1），充分摇匀后使溶液由红变黄，如不变黄再滴加少量盐酸至出现黄色，再加水稀释至刻度，混匀备用（如无盐酸副玫瑰苯胺可用盐酸品红代替）。

（8）碘溶液（$c_{1/2I_2} = 0.100\text{mol/L}$）。

（9）硫代硫酸钠标准溶液（$c_{Na_2S_2O_3 \cdot 5H_2O} = 0.100\text{mol/L}$）。

（10）二氧化硫标准溶液：称取 0.5g 亚硫酸氢钠，溶于 200mL 四氯汞钠吸收液中，放置过夜，上清液用定量滤纸过滤备用。

吸取 10.0mL 亚硫酸氢钠-四氯汞钠溶液于 250mL 碘量瓶中，加 100mL 水，准确加入 20.00mL 碘溶液（0.1mol/L），5mL 冰乙酸，摇匀，放置于暗处，2min 后迅速以硫代硫酸钠（0.100mol/L）标准溶液滴定至淡黄色，加 0.5mL 淀粉指示剂，继续滴定至无色。另取 100mL 水，准确加入碘溶液 20.0mL（0.1mol/L）、5mL 冰乙酸，按同一方法做试剂空白试验。

二氧化硫标准溶液的浓度按下式进行计算：

$$X = \frac{(V_2 - V_1) \times c \times 32.3}{10}$$

式中　$X$——二氧化硫标准溶液浓度，mg/mL；

$V_1$——测定用亚硫酸氢钠-四氯汞钠溶液消耗硫代硫酸钠标准溶液体积，mL；

$V_2$——试剂空白消耗代硫酸钠标准溶液体积，mL；

$c$——硫代硫酸钠标准溶液的摩尔浓度，mol/L；

32.3——每毫升硫代硫酸钠（$c_{Na_2S_2O_3 \cdot 5H_2O} = 1.000\text{mol/L}$）标准溶液相当于二氧化硫的质量，mg。

（11）二氧化硫标准使用液：临用前将二氧化硫标准溶液以四氯汞钠吸收液稀释成每毫升相当于 2μg 二氧化硫。

（12）氢氧化钠溶液（20g/L）。

（13）硫酸（1+71）。

3. 仪器

分光光度计。

4. 操作方法

1）试样处理

称取 5.0～10.0g 经均质的匀浆试样，以少量水湿润并移入 100mL 容量瓶中，然后加入 20mL 四氯汞钠吸收液，浸泡 4h 以上，若上层溶液不澄清可加入亚铁氰化钾溶液及乙酸锌溶液各 2.5mL，最后用水稀释至 100mL 刻度，过滤后备用。

2）测定

吸取 0.50～5.0mL 上述试样处理液于 25mL 带塞比色管中。

另吸取 0、0.20、0.40、0.60、0.80、1.50、2.00mL 二氧化硫标准使用液（相当于 0、0.4、0.8、1.2、1.6、2.0、3.0、4.0μg 二氧化硫），分别置于 25mL 带塞比色管中。

于试样及标准管中各加入四氯汞钠吸收液至 10mL，然后再加入 1mL 氨基磺酸铵溶液（12g/L）、1mL 甲醛溶液（2g/L）、及 1mL 盐酸副玫瑰苯胺溶液，摇匀，放置 20min。用 1cm 比色杯，以零管调节零点，于波长 550nm 处测吸光度，绘制标准曲线比较。

5. 结果计算

样品中二氧化硫的含量按下式计算：

$$X = \frac{m_1 \times 1000}{m \times \dfrac{V}{100} \times 1000 \times 1000}$$

式中　$X$——试样中二氧化硫的含量，g/kg；

　　　$m_1$——测定用样液中二氧化硫的质量，μg；

　　　$m$——试样质量，g；

　　　$V$——测定用样液的体积，mL。

计算结果表示到 3 位有效数字。

6. 说明与注意事项

（1）在重复性条件下获得的 2 次独立测定结果的绝对差值不得超过算术平均值的 10%。

（2）本法检出浓度为 1mg/kg。

## 三、二氧化硫的测定

蒸馏法（GB/T 5009.34—2003）

1. 原理

在密闭容器中对试样进行酸化并加热蒸馏，以释放出其中的二氧化硫，释放物用乙酸铅溶液吸收。吸收后用浓酸酸化，再以碘标准溶液滴定，根据所消耗的碘标准溶液量计算出试样中的二氧化硫含量（本法适用于色酒及葡萄糖糖浆、果脯）。

2. 试剂

（1）盐酸（1+1）：浓盐酸用水稀释 1 倍。

（2）乙酸铅溶液（20g/L）：称取2g乙酸铅，溶于少量水中并稀释至100mL。

（3）碘标准溶液（$c_{1/2I_2}$ 0.010mol/L）：将碘标准溶液（0.100mol/L）用水稀释10倍。

（4）淀粉指示液（10g/L）：称取1g可溶性淀粉，用少许水调成糊状，缓缓倾入100mL沸水中。随加随搅拌，煮沸2min，放冷，备用，此溶液应临用时新制。

### 3. 仪器

（1）全玻璃蒸馏器。

（2）碘量瓶。

（3）酸式滴定管。

### 4. 操作方法

#### 1）试样处理

称取5.0g经均质的匀浆试样（试样量可视含量高低而定）。置于500mL圆底蒸馏烧瓶中。

#### 2）测定

（1）蒸馏：将称好的试样置入500mL圆底蒸馏烧瓶中。加入250mL水，装上冷凝装置，冷凝管下端应插入碘量瓶中的25mL乙酸铅（20g/L）吸收液中，然后在蒸馏瓶中加入10mL盐酸（1+1），立即盖塞，加热蒸馏。当蒸馏约200mL时，使冷凝管下端离开液面，再蒸馏1min。用少量蒸馏水冲洗插入乙酸铅溶液的装置部分。在检测试样的同时要做空白试验。

（2）滴定：向取下的碘量瓶中一次加入10mL浓盐酸，1mL淀粉指示液（10g/L）。摇匀之后用碘标准滴定溶液（0.010mol/L）滴定至变蓝且在30s内不退色为止。

### 5. 结果计算

样品中二氧化硫的含量按下式计算：

$$X = \frac{(V_A - V_B) \times 0.01 \times 0.032 \times 1000}{m}$$

式中　$X$——试样中二氧化硫的含量，g/kg；

　　　$V_A$——滴定试样所用碘标准滴定溶液（0.01mol/L）的体积，mL；

　　　$V_B$——滴定试剂空白所用碘标准滴定溶液（0.01mol/L）的体积，mL；

　　　$m$——试样质量，g；

　　　0.032——1mL碘标准溶液（$c_{1/2I_2}$ 1.0mol/L）相当的二氧化硫的质量，g。

### 6. 说明与注意事项

本法检出浓度为1mg/kg。

## 第六节　着色剂的测定

### 一、概述

着色剂，即食用色素，是以赋予食品色泽和改善食品色泽为目的的食品添加剂，可分为食用天然色素和食用合成色素。天然色素是从一些动、植物组织中提取，或经微生物发酵制得，其安全性高，但稳定性差，着色力差，且资源短缺，目前尚不能满足食品工业的需求；而食用合成色素较天然色素色彩鲜艳，坚牢度大，性质稳定，着色力强，且可取得任意色调，加之成本低廉，使用方便，所以在食用合成色素中占主导地位。我国批准使用的合成色素有赤藓红、靛蓝、喹啉黄、亮蓝、柠檬黄、日落黄、酸性红、苋菜红、新红、胭脂红、诱惑红 11 种（SN/T 2360.9—2009 进出口食品添加剂检验规程第 9 部分：着色剂），这些色素多属偶氮化合物，一般是以芳香烃化合物为原料合成的，不仅无营养价值，而且大多对人体有害，因此我国在食品添加剂使用标准中对合成色素的使用范围和最大使用量作了严格规定。

近年来，随着研究工作的不断深入，合成色素的安全性问题逐渐被人们所认识。人们对食用天然色素越来越感兴趣。特别是不少天然色素，长期以来是人们的饮食成分，且有的还具有一定的营养和药理作用，因而更增加了人们的安全感，对食用天然色素的研制和应用日益增多。

### 二、食用合成着色剂的测定

高效液相色谱法（GB/T 5009.35—2003）

1. 原理

食品中人工合成着色剂用聚酰胺吸附法或液-液分配法提取，制成水溶液，注入高效液相色谱仪，经反相色谱分离，根据保留时间定性和与峰面积比较进行定量。

2. 试剂

（1）正己烷。

（2）盐酸。

（3）乙酸。

（4）甲醇：经滤膜（0.5μm）过滤。

（5）聚酰胺粉（尼龙6）：过 200 目筛。

（6）乙酸铵溶液（0.02mol/L）：称取 1.54g 乙酸铵，加水至 1000mL，溶解，经滤膜（0.45μm）过滤。

（7）氨水：量取氨水 2mL，加水至 100mL，混匀。

（8）氨水-乙酸铵溶液（0.02mol/L）：量取氨水 0.5mL，加乙酸铵溶液（0.02mol/L）至 1000mL，混匀。

（9）甲醇-甲酸（6+4）溶液：量取甲醇 60mL，甲酸 40mL，混匀。

（10）柠檬酸溶液：称取 20g 柠檬酸（$C_6H_8O_7 \cdot H_2O$），加水至 100mL，溶解混匀。

（11）无水乙醇-氨水-水（7+2+1）溶液：量取无水乙醇 70mL、氨水 20mL、水 10mL，混匀。

（12）三正辛胺正丁醇溶液（5%）：量取三正辛胺 5mL，加正丁醇至 100mL，混匀。

（13）饱和硫酸钠溶液。

（14）硫酸钠溶液（2g/L）。

（15）pH6 的水：水加柠檬酸溶液调 pH 到 6。

（16）合成着色剂标准溶液：准确称取按其纯度折算为 100% 质量的柠檬黄、日落黄、苋菜红、胭脂红、新红、赤藓红、亮蓝、靛蓝各 0.100g，置 100mL 容量瓶中，加 pH6 水到刻度。配成水溶液（1.00mg/mL）。

（17）合成着色剂标准使用液：临用时上述溶液加水稀释 20 倍，经 0.45μm 滤膜过滤，配成每毫升相当 50.0μg 的合成着色剂。

3. 仪器

高效液相色谱仪，带紫外检测器，254nm 波长。

4. 操作方法

1）试样处理

称取 5.00～10.00g 经均质的匀浆试样放入 100mL 小烧杯中，用水反复洗涤色素，到试样无色素为止，合并色素漂洗液为样品溶液。

2）色素提取

（1）聚酰胺吸附法。样品溶液加柠檬酸溶液调 pH 到 6，加热至 60℃，将 1g 聚酰胺粉加少许水调成粥状，倒入样品溶液中，搅拌片刻，以 G3 垂融漏斗抽滤，用 60℃ pH4 的水洗涤 3～5 次，然后用甲醇-甲酸混合溶液洗涤 3～5 次（含赤藓红的样品用下面的"液-液分配法"），再用水洗至中性，用乙醇-氨水-水混合溶液解吸 3～5 次，每次 5mL，收集解吸液，加乙酸中和，蒸发至近干，加水溶解，定容至 5mL，经 0.45μm 滤膜过滤，取 10μL 进高效液相色谱仪。

（2）液-液分配法（适用于含赤藓红的样品）。将制备好的样品溶液放入分液漏斗中，加 2mL 盐酸、三正辛胺正丁醇溶液（5%）10～20mL，振摇提取，分取有机相，重复提取至有机相无色，合并有机相，用饱和硫酸钠溶液洗 2 次，每次 10mL。分取有机相，放蒸发皿中，水浴加热浓缩至 10mL，转移至分液漏斗中，加 60mL 正己烷，混匀，加氨水提取 2～3 次，每次 5mL，合并氨水溶液层（含水溶性酸性色素），用正己烷洗 2 次，氨水层加乙酸调成中性，水浴加热蒸发至近干，加水定容至 5mL，经 0.45μm 滤膜过滤，取 10μL 进高效液相色谱仪。

3）色谱参考条件

（1）色谱柱：YWG-C18　10μm 不锈钢柱 4.6mm（id）×250mm。

（2）流动相：甲醇：乙酸铵溶液（pH4，0.02mol/L）。

（3）梯度洗脱：甲醇：20%～35%，3%/min；35%～98%，9%/min；98%继续 6min。

（4）流速：1mL/min。

（5）紫外检测器，254nm 波长。

4）测定

取相同体积样液和合成着色剂标准使用液分别注入高效液相色谱仪，根据保留时间定性，外标峰面积法定量。

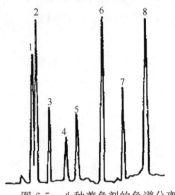

图 6-5　八种着色剂的色谱分离图

1. 新红；2. 柠檬黄；3. 苋菜红；
4. 靛蓝；5. 胭脂红；6. 日落黄；
7. 亮蓝；8. 赤藓红

5. 结果计算

结果参见示意图 6-5，试样中着色剂的含量按下式计算：

$$X = \frac{m_1 \times 1000}{m \times \dfrac{V_2}{V_1} \times 1000 \times 1000}$$

式中　$X$——试样中着色剂的含量，g/kg；

　　　$m_1$——样液中着色剂的质量，μg；

　　　$V_2$——进样体积，mL；

　　　$V_1$——试样稀释总体积，mL；

　　　$m$——试样质量，g；

计算结果保留 2 位有效数字。

6. 说明与注意事项

（1）在重复性条件下获得的 2 次独立测定结果的绝对差值不得超过算术平均值的 10%。

（2）本法检出限，新红 5ng、柠檬黄 4ng、苋菜红 6ng、胭脂红 8ng、日落黄 7ng、赤藓红 18ng、亮蓝 26ng。当进样量相当 0.025g 时，最低检出浓度分别为 0.2mg/kg；0.16mg/kg；0.24mg/kg；0.32mg/kg；0.28mg/kg；0.72mg/kg；1.04mg/kg。

# 第七节　抗氧化剂（BHA、BHT）的测定

## 一、概述

含油脂的食品容易酸败，其主要原因之一是食品在储存过程中，其中所含易于氧化的成分与空气中的氧反应，生成了醛、酮、醛酸、酮酸等氧化产物。为防止或延缓油脂或食品成分氧化分解、变质，提高食品稳定性的物质，则需向食品中添加抗

氧化剂。

抗氧化剂分为油溶性抗氧化剂和水溶性抗氧化剂两大类，我国批准使用的有丁基羟基茴香醚（BHA）、二丁基羟基甲苯（BHT）、没食子酸丙酯（PG）、维生素 E、D-异抗坏血酸及其钠盐、茶多酚、磷脂等。

我国食品添加剂使用标准规定，BHA 和 BHT 单独在食品中的最大使用量为 0.2 g/kg，PG 在食品中单独最大使用量为 0.1g/kg。

BHA 和 BHT 的测定有气相色谱法、薄层色谱法和分光光度法。

## 二、水产品中 BHA 和 BHT 的测定

气相色谱法（GB/T 5009.30—2003）

### 1. 原理

试样中的叔丁基羟基茴香醚（BHA）和 2,6-二叔丁基对甲酚（BHT）用石油醚提取，通过层析柱使 BHA 与 BHT 净化，浓缩后，经气相色谱分离后用氢火焰离子化检测器检测，根据试样峰高与标准峰高比较定量。

### 2. 试剂

（1）石油醚：沸程 30～60℃。

（2）二氯甲烷，分析纯。

（3）二硫化碳，分析纯。

（4）无水硫酸钠，分析纯。

（5）硅胶 G：60～80 目于 120℃活化 4h 放干燥器备用。

（6）弗罗里矽土（Florisil）：60～80 目于 120℃活化 4h 放干燥器中备用。

（7）BHA、BHT 混合标准储备液：准确称取 BHA、BHT（纯度为 99%）各 0.1g 混合后用二硫化碳溶解，定容至 100mL，此溶液分别为每毫升含 1.0mg BHA、BHT，置冰箱保存。

（8）BHA、BHT 混合标准使用液：吸取标准储备液 4.0mL 于 100mL 容量瓶中，用二硫化碳定容至 100mL，此溶液分别为每毫升含 0.040mg BHA、BHT，置冰箱中保存。

### 3. 仪器

（1）气相色谱仪：附 FID 检测器。

（2）蒸发器：容积 200mL。

（3）振荡器。

（4）层析柱：1cm×30cm 玻璃柱，带活塞。

（5）气相色谱柱：柱长 1.5m，内径 3mm 玻璃柱内装涂质量分数为 10% 的QF-1 Gas Chrom Q（80～100 目）。

### 4. 操作方法

#### 1）试样处理

（1）试样的制备。称取 500g 含油脂较多经均质的匀浆试样，含油脂少的试样取 1000g，然后用对角线取1/2或1/3，或根据试样情况取有代表性试样，在玻璃乳钵中研碎，混合均匀后放置广口瓶内保存于冰箱中。

（2）脂肪的提取。含油脂高的试样：称取 50g，混合均匀，置于 250mL 具塞锥形瓶中，加 50mL 石油醚（沸程为 30～60℃），放置过夜，用快速滤纸过滤后，减压回收溶剂，残留脂肪备用。

含油脂中等的试样：称取 100g 左右，混合均匀，置于 500mL 具塞锥形瓶中，加 100～200mL 石油醚（沸程：30～60℃），放置过夜，用快速滤纸过滤后，减压回收溶剂，残留脂肪备用。

含油脂少的样品：称取 250～300g 混合均匀后，于 500mL 具塞锥形瓶中，加入适量石油醚浸泡试样，放置过夜，用快速滤纸过滤后，减压回收溶剂残留脂肪备用。

#### 2）样品净化

（1）层析柱的制备。于层析柱底部加入少量玻璃棉，少量无水硫酸钠，将硅胶-弗罗里矽土（6＋4）共 10g，用石油醚湿法混合装柱，柱顶部再加入少量无水硫酸钠。

（2）样品净化。称取 4.1.2 制备的脂肪 0.50～1.00g，用 25mL 石油醚溶解移入层析柱上，再以 100mL 二氯甲烷分 5 次淋洗，合并淋洗液，减压浓缩近干时，用二硫化碳定容至 2.0mL，该溶液为待测溶液。

#### 3）气相色谱参考条件

（1）色谱柱：长 1.5m，内径 3mm 玻璃柱，质量分数为 10% 的 QF-1 Gas Chrom Q（80～100 目）。

（2）检测器：FID。

（3）温度：检测室 200℃，进样口 200℃，柱温 140℃。

（4）载气流量：氮气 70mL/min；氢气 50mL/min，空气 500mL/min。

#### 4）测定

注入气相色谱 3.0μL 标准使用液，绘制色谱图，分别量取各组分峰高或面积；进 3.0μL 试样待测溶液（应视试样含量而定），绘制色谱图，分别量取峰高或面积，与标准峰高或面积比较计算含量。

### 5. 结果计算

待测溶液 BHA（或 BHT）的质量按下式进行计算。

$$m_i = \frac{h_i}{h_s} \times \frac{V_m}{V_i} \times V_s \times c_s$$

式中　$m_i$——待测溶液 BHA（或 BHT）的质量，mg；

　　　$h_i$——注入色谱试样中 BHA（或 BHT）的峰高（或面积）；

　　　$h_s$——标准使用液中 BHA（或 BHT）的峰高（或面积）；

$V_i$——注入色谱试样溶液的体积，mL；

$V_m$——待测试样定容的体积，mL；

$V_s$——注入色谱中标准使用液的体积，mL；

$c_s$——标准使用液的浓度，mg/mL。

食品中以脂肪计 BHA（或 BHT）的含量按下式进行计算。

$$X=\frac{m_1\times1000}{m_2\times1000}$$

式中　$X$——食品中以脂肪计 BHA（或 BHT）的含量，g/kg；

$m_1$——待测溶液中 BHA（或 BHT）的质量，mg；

$m_2$——油脂（或食品中脂肪）的质量，g；

计算结果保留 3 位有效数字。

6. 说明与注意事项

（1）在重复性条件下获得的 2 次独立测定结果的绝对差值不得超过算术平均值的 15%。

（2）本方法检出限：2.0μg，油脂取样量为 0.50g 时检出浓度为 4.0mg/kg。最佳线性范围：0～100.0μg。

 复习思考题

1. 什么是食品添加剂？中国允许使用的食品添加剂有多少种？

2. 常用的甜味剂有哪些？甜蜜素的化学名称是什么？如何用气相色谱法测定其在食品中的含量？

3. 防腐剂在食品中起到什么作用？常用的防腐剂有哪些？采用气相色谱法测定食品中的苯甲酸和山梨酸（钾），样品制备时为什么要进行酸化处理？

4. 简要说明盐酸萘乙二胺法测定亚硝酸盐的方法和原理。若测定肉制品中亚硝酸盐含量，使用什么物质作为蛋白质的沉淀剂？

5. 如何制备镉柱？如何测定镉柱的还原效率？

6. 亚硫酸盐和二氧化硫在食品中的作用？说明食品中亚硫酸盐和二氧化硫的测定方法和原理。

7. 如何标定二氧化硫溶液的浓度？

8. 我国允许使用的合成食用色素有哪些？采用高效液相色谱法测定合成色素，样品如何处理？

9. 添加到食品中的抗氧化剂有何作用？常用的抗氧化剂有哪些？说明气相色谱法测定 BHA 和 BHT 的原理及样品处理方法。

# 第七章　水产品中矿物质元素的测定

## 第一节　概　　述

### 一、水产品中的矿物质元素的分类及作用

　　水产品中的矿物质元素是指除去碳、氢、氧、氮四种元素以外的存在于水产品中的其他元素。

　　存在于水产品中的矿物质元素从维持人体正常代谢所需要的数量分类，可归纳为常量元素、微量元素两类。在生命必需的元素中，金属元素共有 14 种，其中钾（K）、钠（Na）、钙（Ca）、镁（Mg）的含量占人体内金属元素总量的 99% 以上，其余的元素含量很少。习惯上把含量高于 0.01% 的元素，称为常量元素；低于此值的元素，称为微量元素，所谓微量元素是针对宏量元素而言的。人体内的宏量元素又称为主要元素，共有 11 种，按需要量多少的顺序排列为：氧（O）、碳（C）、氢（H）、氮（N）、钙（Ca）、磷（P）、钾（K）、硫（S）、钠（Na）、氯（Cl）、镁（Mg）。其中：O、C、H、N 占人体质量的 95%，其余约 4%。微量元素主要有铁（Fe）、锌（Zn）、锰（Mn）、镍（Ni）、钴（Co）、钼（Mo）、硒（Se）、铬（Cr）、碘（I）、氟（F）、锡（Sn）、硅（Si）、钒（V）等 13 种，约占 1%。

　　近年来，微量元素对人体健康的影响越来越受到了人们的重视。人体若缺乏某种主要元素，会引起人体机能失调，但日常饮食中宏量元素的供应绰绰有余。在人体中，微量元素的含量虽然很少，但它们是生命过程中必不可少的。假如人体中缺少必要的微量元素，可能导致人类生命过程难以维持，如酶活性的降低或完全丧失，激素、蛋白质、维生素等的合成和代谢发生障碍等现象。同时这些微量元素也是细胞中遗传信息传递者-核酸的重要组成部分，对人类自身的繁衍具有重大的影响。但如某种微量元素摄入过多，也可发生中毒。随着科学的发展，人们认识的不断扩大，微量元素的数目还会增加。某些元素在极小的剂量下即可导致机体呈现毒性反应，这类元素称之为有毒元素，如汞、铅、砷等。有毒元素在人体中具有蓄积性，随着在人体内蓄积量的增加，机体会出现各种中毒反应，如患癌症、畸形甚至死亡。对于这类元素，必须严格控制其在食品中的含量。

自 20 世纪 50 年代以来，随着工农业的发展，各种化学类制品进入市场并转入环境，其中重金属对自然环境的污染比较严重。重金属离子在环境中不能被破坏，它们的毒性取决于其原子结构，它们在自然界中并不能完全被矿化为完全无毒的形式，它们的氧化态、溶解性因与其他不同无机元素或有机物的结合而不同。重金属对生物的影响就其在生命新陈代谢中的作用分为生命必需元素和非生命必需元素两类。重金属中 Cu、Zn、Fe 是生命新陈代谢必需元素，而其他一些重金属元素像 Hg、Cd、Pb 等在生命代谢过程中无益。对生命必需元素来说，还有一个合适的含量范围问题，超过或不足都不利于生物正常的生理活动。目前，重金属 Cu 的污染广泛存在，特别对水环境的污染而导致水产品的污染，从而对人类的健康造成严重威胁。鱼类在水生生态系统中分布广泛，是水生食物链中占有重要位置的物种，对水环境中发生的物理、化学和生物性的各种变化，反应十分灵敏，在毒理学和生态风险评价中具有重要的实用价值。国内外学者对水生生态系统中的重金属污染物进行了广泛而深入的研究，并取得了重要成果。

近年来，各种工业废液、生活废水，固体废弃物的浸出液直接排入水体和水产品生产过程中投入品的携带，导致水产养殖环境中有毒重金属元素的含量越来越多，严重危害着包括人类在内的各种生命体的健康与生存。

## 二、水产品中矿物质元素的测定方法

食品中矿物质元素的测定，方法主要有：滴定法、比色法、分光光度法、原子吸收分光光度法（AAS）、电感耦合等离子体发射光谱法（ICP-AES）、电感耦合等离子体质谱法（ICP-MS）等。作为传统的检测方法，滴定法、比色法的操作较为复杂、相对偏差大，现有的国家标准已经不再采用这类方法；分光光度法的设备简单、投入较少，基本能够达到检测标准，因此，在一定时期和一定的应用范围内被采用；原子吸收分光光度法具有选择性好、灵敏度高、适用范围广、可同时对多种元素测定、操作简便等优点，已成为微量元素测定中最常用的方法。电感耦合等离子体发射光谱法（ICP-AES）、电感耦合等离子体质谱法（ICP-MS）是近年来发展的新型检测方法，具有：①检出限低（到 $1\mu g/L$）；②测量的动态范围达（5～6 个数量级）；③准确度好；④基体效应小；⑤精密度高；⑥曝光时间短（10～30s）；⑦多元素同时分析等优点。这些优点是 ICP 原子发射光谱分析法逐步被国家标准方法采用的重要原因。

在本章中如无特殊说明，各方法中应注意以下几个方面：

（1）在样品处理中所用硝酸、高氯酸、硫酸应为优级纯。

（2）样品制备过程中应特别注意防止各种污染。所用设备如电磨、绞肉机、匀浆器、打碎机等必须是不锈钢制品。所用容器必须使用玻璃或聚乙烯制品。

（3）所用试剂规格应为优级纯，水为新制备的去离子水或同等纯度的水。

（4）如玻璃仪器使用前须用 20％的硝酸浸泡 24h 以上，分别用水和去离子水冲洗干净后晾干。

（5）标准储备液和使用液配制后应储存于聚乙烯瓶内，4℃保存。

## 第二节　金属元素的测定

水产品中矿物质元素测定步骤通常分为三个步骤：

（1）样品的消解。水产品中微量元素通常以各种形态结合在生物的机体中，在测定前须将有机物消解后，将无机元素转化为离子状态溶于水溶液中。常用的消解方法有：高温干法灰化，湿法消解，高压消解法、浸提法及微波消解法等。

（2）检测。根据样品干扰、测定的精密度、灵敏度、分析速度和分析范围要求等方面选择相应的检测方法。

（3）计算和报告结果。根据分析方法对分析数据进行处理，得出检测结果并形成报告。

### 一、钙的测定（GB/T 5009.92—2003）

钙是人体中无机元素存在最多的一种。人体内的钙主要存在于骨骼和牙齿、细胞外液、血液和软组织中，对于人们的正常生理活动起重要作用。婴幼儿期由于处在不断生长发育，虽需要各种营养物质的供给，但矿物质中最容易缺乏的是钙和铁，且必须从食物中摄取钙。

食品中钙的测定有原子吸收分光光度法、滴定法（EDTA 法）两种国家标准方法，两种方法都适用于各种食品中钙的测定。

（一）原子吸收分光光度法

1. 原理

湿法消化后的样品测定液被导入原子吸收分光光度计中，经火焰原子化后，吸收422.7nm 的共振线，根据吸收量的大小与钙的含量成正比的关系，与标准系列比较定量。

2. 试剂

（1）0.5mol/L 硝酸溶液：量取 32mL 硝酸，加水并稀释至 1000mL。

（2）混合酸消化液：硝酸∶高氯酸＝4∶1（体积比）。

（3）20g/L 氧化镧溶液：称取 20.45g 氧化镧（纯度大于 99.99％），先加少量水溶解后，再加 75mL 盐酸于 1000mL 容量瓶中，加水稀释至刻度。

（4）钙标准储备液：精确称取 1.2486g 碳酸钙（纯度大于 99.99％），加 50mL 水后，再加盐酸溶解，移入 1000mL 容量瓶中，加 20g/L 氧化镧溶液稀释至刻度。此溶液1mL 相当于 500μg 钙。

（5）钙标准使用液：准确吸取 5.0mL 钙标准储备液，置于 100mL 容量瓶中，加 20g/L 氧化镧溶液稀释至刻度，混匀。此溶液 1mL 含钙 25μg。钙标准使用液配制后，储藏于聚乙烯瓶内，4℃保存。

3. 仪器

（1）常规玻璃仪器：要用硫酸-重酪酸钾洗液浸泡数小时，再用洗衣粉充分洗涤，后用水反复冲洗，最后用去离子水冲洗，晒干或烘干，方可使用。

（2）原子吸收分光光度计。

4. 操作方法

（1）样品处理。

① 样品制备要注意防止污染，所用设备必须是不锈钢制品，所用容器必须是玻璃或者聚乙烯制品。鲜样（鲜肉等）要先用清水洗涤后，再用去离子水充分冲洗干净。干粉类试样（如鱼粉等）取样后立即装容器内保藏，防止污染。精确称取均匀样品干样 0.5~1.5g（湿样 2.0~4.0g，饮料等液体样品 5.0~10.0g）转移于 250mL 烧杯中，加混合消化液 20~30mL，上盖表面皿。在电热板或沙浴上加热消化。如酸液过少但仍未消化好时，再补加几毫升混合酸消化液，继续加热消化，直至无色透明为止。加几毫升水，加热赶酸。待烧杯中的液体接近 2~3mL 时，取下冷却。用 20g/L 氧化镧溶液稀释定容与 10mL 刻度试管中。

② 取与消化样品相同量的混合酸消化液，按同样方法做试剂空白试验溶液。

（2）系列标准溶液配制。

准确吸取钙标准使用液 1.0、2.0、3.0、4.0、6.0mL（相当于含钙量 0.5、1.0、1.5、2.0、3.0μg/mL），分别置于 50mL 具塞试管中，依次加入 20g/L 氧化镧溶液稀释至刻度，摇匀。

（3）仪器参考条件的选择。

波长：422.7nm；光源：可见；火焰：空气-乙炔；其他如：灯电流、狭缝、空气乙炔流量及灯头高度均按仪器说明调至最佳状态。

（4）标准曲线的绘制。将不同浓度钙的系列标准溶液分别导入火焰原子化器进行测定。记录其对应的吸光度值，以各浓度系列标准溶液钙的含量为横坐标，对应的吸光度为纵坐标，绘制出标准曲线。

（5）样品测定。将消化样品溶液和空白溶液分别导入火焰原子化器进行测定，记录其对应的吸光度值，以测出的吸光度在标准曲线上查得样品测定溶液的钙含量。

5. 结果计算

按下列式子计算

$$X = \frac{(c - c_0) \times V \times f \times 100}{m \times 1000}$$

式中　$X$——样品中钙元素的含量，mg/100g；

　　$c$——测定用样品中钙元素的浓度（由标准曲线查出），$\mu g/mL$；

　　$c_0$——空白溶液中钙元素的浓度，$\mu g/mL$；

　　$V$——样品消化液定容总体积，$mL$；

　　$f$——稀释倍数；

　　$m$——样品质量，$g$。

计算结果到小数点后 2 位。

### 6. 说明与注意事项

（1）本方法最低检出限为 $0.1\mu g$。

（2）在重复性条件下获得 2 次独立性结果的绝对差值不得大于算术平均值的 10%。

### （二）滴定法（EDTA 法）

#### 1. 原理

根据钙与氨羧络合剂能定量地形成金属络合物，该络合物的稳定性较钙与指示剂所形成的络合物更强。在一定的 pH 范围内，以氨羧络合剂 EDTA 滴定，在达到等量点时，EDTA 就从指示剂络合物中夺取钙离子，使溶液呈现游离指示剂的颜色。根据 EDTA 络合剂消耗量，可计算出钙的含量。

#### 2. 试剂

（1）1.25mol/L 氢氧化钾溶液：精确称取 70.13g 氢氧化钾，用稀释至 1000mL。

（2）10g/L 氰化钠溶液：称取 1.0g 氰化钠，用水稀释至 100mL。

（3）0.05mol/L 柠檬酸钠溶液：称取 14.7g 柠檬酸钠，用水稀释至 1000mL。

（4）高氯酸-硝酸消化液：高氯酸：硝酸＝1：4（体积比）。

（5）EDTA 溶液：精确称取 4.50g EDTA（乙二胺四乙酸二钠），用水稀释至 1000mL。使用时稀释 10 倍。

（6）钙标准溶液：精确称取 0.1248g 碳酸钙（纯度大于 99.99%，105～110℃烘干 2h），加 20mL 水及 3mL 0.5mol/L 盐酸溶解，移入 500mL 容量瓶中，加水稀释至刻度。此溶液 1mL 相当于 100$\mu g$ 钙。

（7）钙红指示剂：称取 0.1g 钙红指示剂，用水稀释至 100mL，溶解后使用。储存干冰箱中可保持 1.5 月以上。

#### 3. 仪器

高型烧杯 250mL，微量滴定管（1mL、2mL）、碱式滴定管（50mL）、刻度吸管（0.5～1mL）、电热板（1000～3000W）等滴定装置。

#### 4. 操作方法

（1）样品处理。

与原子吸收分光光度法相同。

（2）标定 EDTA 浓度。吸取 0.5mL 钙标准溶液，以 EDTA 滴定，标定其 EDTA 的浓度，根据滴定结果计算出 1mLEDTA 相当于钙的 mg 数，即滴定度（$T$）。

（3）样品测定。吸取 0.1～0.5mL（根据样品中钙的含量而定）样品消化液及等量的空白消化溶液转移于试管中，加 1 滴氰化钠溶液和 0.1mL 柠檬酸钠溶液，用滴定管加 1.5mL 的 1.25mol/L 氢氧化钾溶液，并加 3 滴钙红指示剂，立即用稀释 10 倍后 EDTA 溶液滴定，至指示剂由紫红色变蓝为终点。记录 EDTA 溶液的消耗量。

5. 结果计算

按下式计算

$$X = \frac{(V - V_0) \times T \times f \times 100}{m}$$

式中　$X$——样品中钙元素的含量，mg/100g；

　　　$T$——EDTA 的滴定度，mg/mL；

　　　$V$——滴定样品消化液时所用 EDTA 量，mL；

　　　$V_0$——滴定空白消化溶液时所用 EDTA 量，mL；

　　　$f$——样品稀释倍数；

　　　$m$——样品称重量，g。

6. 说明与注意事项

（1）所用玻璃仪器需用硫酸-重铬酸钾洗液浸泡数小时，再用洗衣粉充分洗刷，后用水反复冲洗，最后用去离子水冲洗、烘干。

（2）钙标准溶液和 EDTA 溶液配制后应储存于聚乙烯瓶内，4℃保存。

## 二、铁的测定

铁是维持生命的必需元素，在人体内具有重要的生理功能，是人体造血不可缺少的微量元素，人体内的血与血红蛋白的结合密切相关，缺铁会引起贫血，因此水产品中铁含量的测定显得非常重要。

铁元素测定常用的方法有原子吸收分光光度、化学发光法、邻二氮菲分光光度法，邻二氮菲分光光度法是常用的方法。

干法灰化法处理样品，先把样品置于 520℃左右马弗炉中灰化，使铁游离出来，再用盐酸羟胺将三价铁还原成二价铁，然后在 510nm 波长处测定橙红色络合物的吸光度，由标准曲线及样品的吸光度可查得溶液的铁含量。此法快速、简单、准确，可为指导人们在食用水产品的同时进行补铁提供理论依据。该法具有较高的灵敏度，铁的检测下限可达 $10^{-6}$。

1. 原理

邻二氮菲（phen）和 $Fe^{2+}$ 在 pH 2～9 的溶液中，生成一种稳定的橙红色络合物

Fe (phen)$_3^{2+}$，其 $1gK21.3$，$\kappa_{508}1.1\times10^4$L/（mol·cm），铁含量在 $0.1\sim6\mu$g/mL 范围内遵守比尔定律。显色前需用盐酸羟胺或抗坏血酸将 $Fe^{3+}$ 全部还原为 $Fe^{2+}$，然后再加入邻二氮菲，并调节溶液酸度至适宜的显色酸度范围。有关反应为

$$2Fe^{3+}+2NH_2OH\cdot HCl=\!=\!=2Fe^{2+}+N_2\uparrow+2H_2O+4H^++2Cl^-$$

用分光光度法测定物质的含量，一般采用标准曲线法，即配制一系列浓度的标准溶液，在实验条件下依次测量各标准溶液的吸光度（$A$），以溶液的浓度为横坐标，相应的吸光度为纵坐标，绘制标准曲线。在同样实验条件下，测定待测溶液的吸光度，根据测得吸光度值从标准曲线上查出相应的浓度值，即可计算试样中被测物质的质量浓度。

### 2. 试剂

（1）100g/mL 铁标准储备液：准确称取 0.3511g 的 $FeSO_4\cdot(NH_4)_2\cdot SO_4\cdot 6H_2O$，用 15mL，2mol/L 的盐酸溶解，移到 500mL 的容量瓶中，用蒸馏水稀释至刻度，摇匀。

（2）10$\mu$g/mL 铁标准使用液：准确移取铁标准储备液 50mL，置于 500mL 的容量瓶中，用蒸馏水稀释至刻度，摇匀并稀释 10 倍。

（3）100g/L 盐酸羟胺溶液（新鲜配制）；1.2g/L 邻二氮菲（新鲜配制）。

（4）1mol/L 乙酸钠溶液（新鲜配制）；2mol/L 盐酸（新鲜配制）。

### 3. 仪器

S22 型可见分光光度计，电子天平，TD 调温万用电炉，马弗炉，恒温干燥箱，恒温水浴锅。

### 4. 样品的处理

瓷坩埚在使用前用体积比 1:4 的盐酸溶液在万用电炉上煮沸大约 30min。再用清水冲洗，放入恒温箱中进行干燥，然后放入马弗炉中烧大约 30min。将准备好的水产品准确称取 2g 放入瓷坩埚中，依次放电炉上低温充分炭化，直至无白烟，然后将其置于 520℃马弗炉中灰化约 6h，使其中的灰分呈浅灰褐色或灰白色残渣。冷却后加入 5mL 体积比 1:1 的盐酸，置于恒温水浴锅上煮沸蒸干，再加入 8mL 的蒸馏水和 2mol/L 的盐酸 2mL，然后加热沸腾，冷却后移入 100mL 的容量瓶中，并用蒸馏水少量多次洗瓷坩埚，将洗液一起合并于容量瓶中，最后，用蒸馏水定容至刻度，混匀后备用。

### 5. 操作方法

（1）吸收曲线的绘制。吸取 10$\mu$g/mL 铁标准溶液 1mL，置于 50mL 容量瓶中，分别加入 100g/L 盐酸羟胺 1mL，1.2g/L 的邻二氮菲 5mL，然后加入乙酸钠溶液 5mL，用蒸馏水定容至刻度，摇匀。用 1cm 吸收池，以试剂空白为参比，从波长 480～540nm 每隔 10nm 测定一次吸光度（在 500～520nm 之内，每隔 5nm 测量一次）。以波长为横

坐标，吸光度为纵坐标绘制吸收曲线，铁的最大吸光波长 $\lambda_{max}$ 为 510nm。

（2）标准曲线的绘制：吸取 $10\mu g/mL$ 铁标准使用液 0.0、1.0、2.0、3.0、4.0、5.0mL，分别置于 6 个 50mL 容量瓶中，分别加入 100g/L 的盐酸羟胺 1mL，1.2g/L 的邻二氮菲 5mL，1mol/L 的乙酸钠溶液 5mL，每加入一种试剂都要摇匀，然后用蒸馏水稀释至刻度。大约 10min 后，用 1cm 比色皿，以不加铁标的试剂作为空白参比，在 510nm 波长处测定各个溶液的吸光度。以含铁量为横坐标，吸光度为纵坐标，绘制标准曲线。

（3）样品铁含量的测定：准确吸取样品溶液各 10mL 于 50mL 容量瓶中，分别加入 100g/L 的盐酸羟胺 1mL，1.2g/L 的邻二氮菲 5mL，1mol/L 的乙酸钠溶液 5mL，每加入一种试剂都要摇匀。然后用蒸馏水稀释至刻度，大约 10min 后，在 510nm 波长处测定各个溶液的吸光度，并通过标准曲线求出各样品中铁的含量。

## 三、锌的测定

锌是人体所必需的一种微量元素，主要存在于多种酶中，人体锌缺乏将累及全身各个系统，如引起味觉减退、厌食、食欲不振、异食癖，代谢紊乱；还会引起明显的生长缓慢和免疫功能低下，甚至影响生殖及诱发癌肿等。水产品中锌的测定有原子吸收光谱法、二硫腙比色法、二硫腙比色法（一次提取）等方法，下面介绍原子吸收光谱法和二硫腙比色法。相关法规参照 GB/T 5009.14—2003 食品中锌的测定。

（一）原子吸收光谱法

1. 原理

样品灰化或酸消解处理后，导入原子吸收分光光度计中，经原子化，锌在波长 213.8nm 处，其吸收值与锌的含量成正比，与标准系列比较定量分析。

2. 试剂

（1）磷酸（1+10）。
（2）盐酸（1+11）：量取 10mL 盐酸，加到适量水中，再稀释至 120mL。
（3）高氯酸-硝酸消化液：高氯酸＋硝酸＝1＋3（体积比）。
（4）锌的标准储备液：准确称取 0.500g 金属锌（99.99％）溶于 10mL 盐酸中，然后在水浴上蒸发至近干，再用少量水溶解后移入 1000mL 容量瓶中，以水稀释至刻度，储于聚乙烯瓶中。此溶液 1mL 相当于 0.5mg 锌。
（5）锌的标准使用液：吸取 10.0mL 锌的标准储备液置于 50mL 容量瓶中，以 0.1mol/L HCl 稀释至刻度。此溶液 1mL 相当于 100.0g 锌。

3. 主要仪器

原子吸收分光光度计。

4. 操作方法

（1）样品处理。将水产品可食用部分粉碎混匀后，称取 5.00～10.00g 置于瓷坩埚中，小火炭化，移入马弗炉中，在 500℃±25℃下灰化 8h，取出坩埚，放冷后再加入少量混合酸，以小火加热，避免蒸干，必要时补加少许混合酸。如此反复处理，直至残渣中无炭粒。等坩埚稍冷，加 10mL 盐酸（1+11）溶解残渣，移入 50mL 容量瓶中，再用盐酸（1+11）反复洗涤坩埚，洗液也并入容量瓶中，稀释至刻度，混匀备用。取与样品处理量相同的混合酸和盐酸（1+11），按相同的方法做试剂空白试验溶液。

（2）系列标准溶液的制备。分别吸取 0.00、0.10、0.20、0.40、0.80mL 锌的标准使用液置于 50mL 容量瓶中，再以 1mol/L 盐酸稀释至刻度，混匀。此时溶液中 1mL 分别相当于 0.0、0.2、0.4、0.8、1.6μg 锌。

（3）仪器条件。测定波长 213.8nm；灯电流 6mA；狭缝 0.38nm；空气流量 10L/min；乙炔流量 2.3L/min；灯头高度 3nm；背景校正为氘灯；其他条件均按仪器说明调至最佳状态。

（4）标准曲线的绘制。将锌的系列标准溶液分别导入火焰原子化器内进行测定，记录其对应的吸光度。以标准溶液中锌的浓度为横坐标，对应的吸光度为纵坐标，绘制出标准曲线。

（5）样品测定。将处理好的试剂空白液和样品溶液分别导入火焰原子化器中进行测定，记录其对应的吸光度，与标准曲线比较定量分析。

5. 结果计算

按下式计算

$$X = \frac{(\rho - \rho_0) \times V \times 1000}{m \times 1000}$$

式中　$X$——样品的锌含量，mg/kg 或 mg/L；

　　　$\rho$——测定用样品液中锌的浓度，μg/mL；

　　　$\rho_0$——试剂空白液中锌的浓度，μg/mL；

　　　$m$——样品的质量或体积，g 或 mL；

　　　$V$——样品处理液总体积，mL。

6. 说明

本方法最低检出浓度为 0.4μg/mL。

（二）二硫腙比色法

1. 原理

样品经消化后，在 pH4.0～5.5 的条件时，锌离子与二硫腙形成紫红色络合物，溶于四氯化碳，加入硫代硫酸钠，防止铜、汞、铅、铋、银和镉等离子干扰，与标准系列比较定量分析。

2. 试剂

（1）150g/L 硝酸镁溶液：称取 15g 硝酸镁溶于水中，并稀释至 100mL。

（2）高氯酸-硝酸消化液：高氯酸＋硝酸＝1＋4（体积比）。

（3）氧化镁。

（4）2mol/L CH₃COOH：量取 10.0mL 冰醋酸，加水稀释至 85mL。

（5）2mol/L CH₃COONa：称取 68g 乙酸钠，加水溶解后稀释至 250mL。

（6）乙酸-乙酸盐缓冲液：将 2mol/L CH₃COONa 溶液与 2mol/L CH₃COOH 等体积混合，此溶液 pH 为 4.7 左右。用二硫腙-四氯化碳（0.1g/L）提取数次，每次 10mL，除去其中的锌，至四氯化碳层绿色不变为止，弃去四氯化碳层，再用四氯化碳提取乙酸-乙酸盐缓冲液中过剩的二硫腙，至四氯化碳无色，弃去四氯化碳层。

（7）氨水（1＋1）。

（8）2mol/L HCl：量取 10mL 盐酸，加水稀释至 60mL。

（9）0.02mol/L HCl：吸取 1mL 2mol/L HCl，加水稀释至 100mL。

（10）200g/L 盐酸羟胺溶液：称取 20g 盐酸羟胺，加 60mL 水，滴加氨水（1＋1），调节至 pH4.0～5.5，用二硫腙-四氯化碳（0.1g/L）提取数次，每次 10mL，除去其中的锌，至四氯化碳层绿色不变为止，弃去四氯化碳层，再用四氯化碳提取乙酸-乙酸盐缓冲液中过剩的二硫腙，至四氯化碳无色，弃去四氯化碳层。

（11）250g/L 硫代硫酸钠溶液：用 2mol/L CH₃COOH 调节至 pH4.0～5.5，用二硫腙-四氯化碳（0.1g/L）提取数次，每次 10mL，除去其中的锌，至四氯化碳层绿色不变为止，弃去四氯化碳层，再用四氯化碳提取乙酸-乙酸盐缓冲液中过剩的二硫腙，至四氯化碳无色，弃去四氯化碳层。

（12）0.1g/L 二硫腙-四氯化碳溶液。

（13）二硫腙使用液：吸取 1.0mL 0.1g/L 二硫腙-四氯化碳溶液，加四氯化碳至 10.0mL 混匀。用 1cm 比色杯，以四氯化碳调节零点，于波长 530nm 处测吸光度（$A$）。用下式计算出配制 100mL 二硫腙使用液（57％透光率）所需的 0.1g/L 二硫腙-四氯化碳溶液的体积（$V$）。

$$V=\frac{10\times(2-\lg57)}{A}=\frac{2.44}{A}\ (mL)$$

（14）锌标准储备液：准确称取 0.1000g 锌，加 10mL 2mol/L HCl，溶解后移入 1000mL 容量瓶中，加水稀释至刻度。此溶液 1mL 相当于 100.0μg 锌。

（15）锌标准使用液：吸取 1.0mL 锌标准储备液，置于 100mL 容量瓶中，加 1mL 2mol/L HCl，以水稀释至刻度，此溶液 1mL 相当于 1.0μg 锌。

（16）1g/L 酚红指示液：称取 0.1g 酚红，用乙醇溶解至 100mL。

3. 仪器

分光光度计。

4. 操作方法

1）样品处理

（1）硝酸-高氯酸-硫酸法消化。取水产品可食部分样品捣成匀浆，称取 5.00～

10.00g（海产藻类、贝类可适当减少取样量），置于 250～500mL 定氮瓶中，加数粒玻璃珠、5～10mL 硝酸-高氯酸混合液，混匀后，沿瓶壁加入 5mL 或 10mL 硫酸，再加热，至瓶中液体开始变成棕色时，不断沿瓶壁滴加硝酸-高氯酸混合液至有机质分解完全。加大火力，至产生白烟，待瓶口白烟冒净后，瓶内液体再产生白烟为消化完全，该溶液应澄明无色或微带黄色，放冷。加 20mL 水煮沸，除去残余的硝酸至产生白烟为止，如此处理 2 次，放冷。将冷后的溶液移入 50mL 或 100mL 容量瓶中，用水洗涤定氮瓶，洗液并入容量瓶中，放冷，加水至刻度，混匀。定容后的溶液每 10mL 相当于 1g 样品，相当于加入硫酸 1mL。

取与消化样品相同量的硝酸-高氯酸混合液和硫酸，按同样方法做试剂空白试验。

（2）硝酸-硫酸法。以硝酸代替硝酸-高氯酸混合液按“硝酸-高氯酸-硫酸法”进行操作。

（3）灰化法。取水产品可食部分样品捣成匀浆，称取 5.00g 置于坩埚中，加 1g 氧化镁及 10mL 硝酸镁溶液，混匀，浸泡 4h。于低温或置水浴锅上蒸干，用小火炭化至无烟后移入马弗炉中加热至 550℃，灼烧 3～4h，冷却后取出。加 5mL 水湿润后，用细玻璃棒搅拌，再用少量水洗下玻璃棒上附着的灰分至坩埚内。在水浴上蒸干后移入马弗炉 550℃灰化 2h，冷却后取出。加 5mL 水湿润灰分，再慢慢加入 10mL 盐酸（1+1），然后将溶液移入 50mL 容量瓶中，坩埚用盐酸（1+1）洗涤 3 次，每次 5mL，再用水洗涤 3 次，每次 5mL，洗液均并入容量瓶中，再加水至刻度，混匀。定容后的溶液每 10 毫升相当于 1g 样品，其加入盐酸量不少于（中和需要量除外）1.5mL。

取与灰化样品相同量的氧化镁和硝酸镁溶液，按同样方法做试剂空白试验溶液。

2）系列标准溶液的制备

吸取 0.0、1.0、2.0、3.0、4.0、5.0mL 锌标准使用液（相当于锌 0、1.0、2.0、3.0、4.0、5.0μg），分别置于 125mL 分液漏斗中，各加盐酸（0.02mol/L）至 20mL。

3）仪器参考条件的选择

测定波长 530nm；其他条件均按仪器说明调至最佳状态。

4）标准曲线的绘制

在锌标准溶液各分液漏斗中加 10mL 乙酸-乙酸盐缓冲液 1mL 250g/L 硫代硫酸钠溶液，摇匀，再各加入 10.0mL 二硫腙使用液，剧烈振摇 2min。静置分层后，经脱脂棉将四氯化碳层滤入 1cm 比色杯中，以四氯化碳调节零点，在波长 530nm 处测吸光度，标准各点吸光度减去零管吸光度后绘制标准曲线。

5）样品测定

准确吸取 5～10mL 定容的消化液和相同量的试剂空白液，分别置于 125mL 分液漏斗中，加 5mL 水、0.5mL 200g/L 盐酸羟胺溶液，摇匀，再加 2 滴酚红指示液，用氨水（1+1）调节至红色，再多加 2 滴。再加 5mL 0.1g/L 二硫腙-四氯化碳溶液，剧烈振摇 2min，静置分层。将四氯化碳层移入另一分液漏斗中，水层再用少量二硫腙-四氯化碳溶液振摇提取，每次 2～3mL，直至二硫腙-四氯化碳溶液绿色不变为止。合并提取液，用 5mL 水洗涤，四氯化碳层用 0.02mol/L HCl 提取 2 次，每次 10mL，提取时剧烈振摇 2min，合并 0.02mol/L HCl 提取液，并用少量四氯化碳洗去残留的二硫腙。

在样品消化液和试剂空白液各分液漏斗中加 10mL 乙酸-乙酸盐缓冲液、1mL 250g/L 硫代硫酸钠溶液，摇匀，再各加入 10.0mL 二硫腙使用液，剧烈振摇 2min。静置分层后，经脱脂棉将四氯化碳层滤入 1cm 比色杯中，以四氯化碳调节零点，于波长 530nm 处测吸光度，样品与标准曲线比较定量分析。

5. 结果计算

下列计算公式计算。

$$X = \frac{m_1 - m_2}{m} \times \frac{V_1}{V_2} \times \frac{1000}{1000}$$

式中　$X$——样品中锌的含量，mg/kg 或 mg/L；

$m_1$——测定用样品消化液中锌的质量，$\mu$g；

$m_2$——试剂空白液中锌的质量，$\mu$g；

$m$——样品质量（体积），g 或 mL；

$V_1$——样品消化液的总体积，mL；

$V_2$——测定用样品消化液体积，mL。

6. 说明与注意事项

（1）本方法最低检出限为 2.5mg/kg。

（2）样品处理中硝酸-高氯酸-硫酸法消化时，在操作过程中应注意防止暴涨或爆炸。

## 四、汞的测定

汞（Hg），又称水银，是银白色液体金属，内聚力很强，在空气中稳定。蒸气有剧毒，溶于硝酸和热浓硫酸，但与稀硫酸、盐酸、碱都不起作用。能溶解许多金属。汞以各种化学形态排入环境中，污染空气、水质及土壤，导致对食品的污染。被污染的鱼、贝类是人类食物中汞的主要来源，通过食物链的富集，使鱼能蓄积水体中的汞达到百倍，甚至万倍以上。如摄入量在体内蓄积到一定量时，将损害人体健康。食品一旦被汞污染，无论使用何种加工和烹饪方法，均无法将鱼、贝体内的汞去掉。

水产品中汞残留的检测方法主要有二硫腙比色法、冷原子吸收光谱法和原子荧光光谱法。下面原子荧光光谱法。

1. 原理

试样经酸加热消解后，在酸性介质中，试样中汞被硼氢化钾（KBH$_4$）或硼氢化钠（NaBH$_4$）还原成原子态汞，由载气（氩气）载入原子化器中，在特制汞空心阴极灯照射下，基态汞原子被激发至高能态，在去活化回到基态时，发射出特征波长的荧光，其荧光强度与汞的含量成正比，与标准系列比较定量分析。

2. 试剂

(1) 硝酸（优级纯）、30%过氧化氢、硫酸（优级纯）。

(2) 硝酸溶液（1+9）：量取 50mL 硝酸，缓缓倒入 450mL 水中，混匀。

(3) 硫酸+硝酸+水（1+1+8）：量取 10mL 硝酸和 10mL 硫酸，缓缓倒入 80mL 水中，冷却后小心混匀。

(4) 氢氧化钾溶液（5g/L）：称取 5.0g 氢氧化钾，用水溶解后，稀释至 1000mL，混匀备用。

(5) 硼氢化钾溶液（5g/L）：称取 5.0g 硼氢化钾，溶于 5.0g/L 的氢氧化钾溶液中，并稀释至 1000mL，混匀，现用现配。

(6) 汞标准储备溶液：精密称取 0.1354g 干燥过的二氯化汞，加硫酸+硝酸+水混合酸（1+1+8）溶解后移入 100mL 容量瓶中，并稀释至刻度，混匀备用，此溶液 1mL 相当于 1mg 汞。

(7) 汞标准使用溶液：用移液管吸取汞标准储备液（1mg/mL）1mL 于 100mL 容量瓶中，用硝酸溶液（1+9）稀释至刻度，混匀，此溶液浓度为 10μg/mL。吸取 10μg/mL 汞标准溶液 1mL 于 100mL 容量瓶中，用硝酸溶液（1+9）稀释至刻度，混匀，溶液浓度分别为 100ng/mL，用于测定低浓度样品，制作标准曲线。

所用试剂除标以纯度外均为分析纯试剂，所用水均为去离子水，电导率<1μS。

3. 仪器

双道原子荧光光度计、聚四氟乙烯高压消解罐（100mL 容量）、微波消解炉、电热温箱和配套玻璃器皿等。

4. 操作方法

1) 样品预处理

样品经匀浆机捣匀，移入储样罐于 4℃冰箱保存备用。

2) 样品消解

(1) 高压消解法。样品用捣碎机打成匀浆，称取匀浆 1.0~5.0g，置于聚四氟乙烯塑料内罐中，加盖留缝于 65℃干燥箱中烘至近干，取出，加 5mL 硝酸，混匀后放置过夜，再加 2mL 过氧化氢，盖上内盖放入不锈钢外套中，旋紧密封。然后将消解器放入普通干燥箱中加热，升温至 120~130℃后保持恒温 2~3h，至消解完全，自然冷却至室温，将消解液用硝酸溶液（1+9）定量转移并定容至 25mL 备用。

取与样品消化相同量的硝酸、过氧化氢、硝酸溶液（1+9）的试剂，按同样方法做试剂空白试验溶液。

(2) 微波消解法。称取 0.10~0.50g 样品于消解罐中加入 1~5mL 硝酸、1~2mL 过氧化氢，盖好安全阀后，将消解罐放入微波炉消解系统中，根据不同的样品选择不同的消解条件进行消解。至消解完全，用硝酸溶液（1+9）定量转移并定容至 25mL（含量低的定容至 10mL），摇匀。

3）系列标准溶液配制

分别精密移取 100$\mu$g/mL 的汞标准使用液 0.125、0.25、0.375、1.25、2.5mL 于 25mL 容量瓶中，用硝酸溶液（1+9）稀释至刻度，混匀。各自相当浓度为 0.5、1.0、2.0、5.0、10ng/mL 的汞标准系列溶液。

4）仪器参考条件的选择

波长，253.7nm；光源，紫外；标准系列浓度范围，0.0～10$\mu$g/mL；光电倍增管负高压，240V；汞空心阴极灯电流，30mA；原子化器，温度 300℃，高度 8.0mm；氩气流速，载气 500mL/min，屏蔽气 1000mL/min；测量方式，标准曲线法；读数方式，峰面积；读数延迟时间，1.0s；读数时间，10.0s；硼氢化钾溶液加液时间，8.0s；标准溶液或样品液加液体积，2mL。

5）样品测定方法

开机时设定条件和预热后，输入必要的参数，即样品量（g 或 mL）、稀释体积（mL）、进样体积（mL），结果的浓度单位，系列标准溶液各点的重复测量次数，系列标准溶液的点数（不计零点），各点的浓度值。首先将炉温逐渐升温至所需温度，预热稳定 10～20min 后开始测定，连续用硝酸溶液（1+9）进样，等读数稳定后，开始系列标准溶液测定，绘制标准曲线。在转入测定样品前，先进入空白值测量状态，先用样品空白消化液进样，让仪器取平均值作为扣除的空白值，随后即可依次测定样品。测定完毕后，选择"打印报告"打印测定结果。

5. 说明与注意事项

（1）标准曲线及检出限：本方法的检出限为 0.15$\mu$g/mL，线性范围为 0～80$\mu$g/L，线性相关系数为 0.9997。

（2）氢化试剂的浓度及用量：文中用的氢化试剂 $KBH_4$ 在酸性介质中的离解和与金属离子氢化过程：

$$KBH_4 + 3H_2O + H^+ \longrightarrow H_3BO_3 + K^+ + 8H^+ \longrightarrow EHn + H_2 \uparrow （过剩）$$

测试反应过程中硼氢化物的形成决定于两个因素：首先是被测元素与氢化合的速度，其次是决定于 $KBH_4$ 在酸性溶液中的分解速度。

$$NH_4^- + H + 3H_2O \longrightarrow H_3BO_3 + 4H_2 \uparrow$$

经计算，在浓酸溶液中（pH0）上述反应仅需 4.3$\mu$s，故在经氢化物反应时，必需保持一定的反应速度，被测元素也必须以一定的价态存在，这些条件可能随氢化物发生的方式有所不同。在氢化物发生过程中，其浓度越大，越易引起液相干扰。否则可能使干扰元素优先还原，引起共沉淀。也可能吸附氢化物使其接触分解致使氢化物发生过程减缓或者完全停止。文中采用 5g/L 的 $KBH_4$ 溶液的准确度（回收率）可达到理想的结果。

由于样品中汞的含量高低不同，故在选定标准曲线的浓度范围时，必须根据样品中汞含量而定。若上下检出限定得过高和过低都可能引起测定结果的误差。

汞标准储备溶液从冰箱取出后，要使之升到室温才能移取应用，否则因不同温度的物理参数（尤其是黏度）不同而引起标准数据系列偏差。汞标准使用液必须现用现配。

在 120℃恒温消解好的待解汞样品溶液，必须加水 10～20mL 在恒温电热源上赶残余酸。因残酸中的氮氧化物将对汞产生干扰，造成测定结果偏差。

测定时主要是 $Se^{4+}$、$Te^{4+}$ 的干扰。可用 $KMnO_4$ 将其氧化为高阶后消除之。过量 $KMnO_4$ 用草酸还原。在食品样品中，二者含量可不考虑。

### 五、铜的测定

铜是一种生命必需微量元素，在动物和人体上起着十分重要的作用：作为金属酶组成部分直接参与体内代谢；维持铁的正常代谢，有利于血红蛋白和红细胞成熟；参与骨形成。但物体内铜含量必须符合一定的范围，超过或不足都不利于生物正常的生理活动。

食品中铜的测定有火焰原子吸收光谱法、二乙基二硫代氨基甲酸钠法、石墨炉原子吸收光谱法三种国家标准方法。以下主要对火焰原子吸收光谱法、石墨炉原子吸收分光光度法进行详细阐述。

在水产品中，铜是一种常见的元素。用原子吸收法测定饲料中铜元素含量时，样本的前处理有两种方法：一是干法灰化；二是湿法消化。

（1）干法灰化法。称取试料 10～20g（精确至 0.001g）放入石英坩埚中，置于 130℃左右的烘箱中干燥脱水后将坩埚在电炉上缓慢加热，使试料炭化，开始时用小火细心加热，以防止试料溅出或燃烧，待大烟冒过之后，提高温度使试料完全炭化，直到不冒烟为止。炭化好的试料放入高温炉中，于 450℃±20℃灰化 4h。灰化好的试料应为灰白色，若灰分中有黑色颗粒时，应待坩埚冷却至室温后滴加水或 1∶1 盐酸润湿残渣，烘干后再置于 450℃±20℃的高温炉中灰化，直至灰分呈灰白色。灰分用 1∶1 盐酸 2.5mL 溶解，转移到 50mL 容量瓶中定容混匀。同时制备试剂空白溶液。干法灰化法较费电、费时、重现性差、回收率偏低。

（2）湿法消化法。混酸［硝酸-高氯酸（4∶1）］，加盖浸泡过夜。加一小漏斗在电炉上消解，溶液若变棕黑色，再加混合酸适量，直至无色为止，冷却后加 10mL 水，加热以除去多余的硝酸，待烧杯中的液体接近 2～3mL 时，取下冷却，由于溶液出现白色晶体不溶物，加 10mL 水过滤至 25mL 量瓶中，用水少量多次洗涤凯氏烧瓶，洗液均过滤至 25mL 量瓶中，过滤结束后，定容至刻度，摇匀备用。注意控制加热温度，以防高氯酸爆炸。趁热将试料溶液转移到容量瓶中，冷后稀至刻度，混匀过滤，滤液备用。同时制备试剂空白溶液。铜易被器壁吸附，故所用玻璃仪器均需以硝酸（10%）浸泡，再用去离子水反复冲洗干净。这样可避免仪器残留有杂质，影响铜测定的准确性。

（一）火焰原子吸收分光光度法

1. 试剂

6mol/L 硝酸溶液；高氯酸；盐酸 1∶1 溶液；铜标准溶液；去离子水。

2. 仪器

实验室常规设备；高温炉：可控温于450℃±20℃；石英质坩埚，40～50mL（灰化法用）；高型烧杯，300～400mL（消化法用）；不锈钢质绞肉机，多孔板孔径不超过4mm；原子吸收分光光度计。

3. 操作方法

1）样品制备

（1）按GB 9695.19—1988取样。

（2）去除不可食部分，取有代表性试样200g，用绞肉机绞2～3次，混匀。绞好的试样装入带盖的试样盒中备用。

（3）制备好的试样要尽快测定，若不能立即检测要密封冷藏储存，以防变质或成分变化。冷藏储存的试样在启用时必须重新均质。

（4）标准系列溶液的制备：吸取铜标准工作液分别置于6个50mL容量瓶中，以1:1盐酸定容并混匀。此时标准系列溶液中铜的浓度分别为0、0.20、0.40、0.60、0.80、1.00μg/mL。

2）样品的检测

3）检测步骤

将制备好的标准系列溶液、试料溶液、试剂空白溶液分别导入空气-乙炔火焰原子吸收分光光度计中，以铜元素空芯阴极灯为光源，在波长为324.8nm处调整仪器于最佳工作条件，分别测定各自的吸光度（参考工作条件：灯电流7.5mA；狭缝1.3nm；空气流量9.5L/min；乙炔流量2.3L/min；燃烧器高度7.5mm）。以标准系列溶液中铜的浓度为横坐标，吸光度为纵坐标，绘制标准工作曲线。根据试料溶液的吸光度，减去空白溶液的吸光度后从标准工作曲线上查出对应的铜浓度。同一试样至少进行2次平行测定。

4. 结果计算

按下列计算公式计算。

$$X = \frac{(\rho_1 - \rho_0) \times V \times 1000}{m \times 1000}$$

式中　$X$——样品中铜的含量，mg/kg或mg/L；
　　　$\rho_1$——样品中铜的含量，μg/mL；
　　　$\rho_0$——试剂空白液中铜的含量，μg/mL；
　　　$V$——样品处理后的总体积，mL；
　　　$m$——样品质量（体积），g或mL。

（二）石墨炉原子吸收分光光度法

样品预处理过程有：干灰化法、湿法消化法，具体过程同前。

### 1. 试剂

优级纯硝酸；铜标准溶液；临时用 0.2% 的硝酸稀释到 $50\mu g/L$；优级纯硝酸钯、硝酸镁、1% 抗坏血酸、0.1MEDTA $(NH_4)_2$、20% 硝酸铵、20% 磷酸氢二铵、硝酸镧＋Trition-100 混合液（硝酸介质）。

### 2. 仪器

PEAAnalyst800 原子吸收分光光度计；AS800 自动进样器；河北衡水市宁强光源厂生产的 PE 专用 Cu 空心阴极灯；横向加热一体化热解涂层平台石墨管及带端盖的热解涂层石墨管；Mettler Toledo AT20 电子分析天平；微量进样器：50，$500\mu L$（Eppendorf Pipette 4700）。

### 3. 操作方法

采用自动进样器，每次进样 $20\mu L$ 于石墨管中，改进剂为 $5.0\mu L$，采用塞曼效应校正，同时做试剂空白，按设定的测量条件一起进行测定（参考工作条件：波长 324.8nm，狭缝宽度 0.7nm（L），灯电流 8mA，积分方式为峰面积。石墨炉升温程序：干燥温度：阶梯升温 110℃，保持时间 32s；斜坡升温 130℃，保持 35s；灰化温度 1000℃，升温 10s，保持 20s；原子化温度 1700℃，积分时间 5s；烧净温度 2450℃，升温 1s，保持 3s。保护气体为氩气）。

以标准工作液中铜的浓度为横坐标，吸光度为纵坐标，绘制标准曲线。根据试样液的吸光度，从标准曲线上查出对应的铜浓度值。

### 4. 结果计算

公式同火焰原子吸收分光光度法。

## 六、铝的测定

### （一）火焰原子吸收光谱法

### 1. 原理

样品经消化后，导入原子吸收分光光度计中，经火焰原子化后，吸收波长 309.3nm 的共振线，其吸光度与铝含量成正比，与标准系列比较定量分析。

### 2. 试剂

（1）硝酸-高氯酸＝5＋1（体积比）。

（2）0.5mol/LHNO_3：量取 32mL 硝酸加入适量的水中，用水稀释并定容至 1000mL。

（3）铝标准储备液：精确称取 1.000g 金属铝（纯度大于 99.99%），加硝酸使之溶解，移入 1000mL 容量瓶中，用 0.5mol/L 硝酸定容至刻度，储存于聚乙烯瓶内，于冰箱内保存。此溶液 1mL 相当于 1mg 铝。

3. 仪器

原子吸收分光光度计。

4. 操作方法

1) 样品处理

(1) 硝酸-高氯酸-硫酸法消化。取水产品可食部分样品捣成匀浆，称取 5.00g 或 10.00g（海产藻类、贝类可适当减少取样量），置于 250~500mL 定氮瓶中，加数粒玻璃珠、5~10mL 硝酸-高氯酸混合液，混匀后，沿瓶壁加入 5mL 或 10mL 硫酸，再加热，至瓶中液体开始变成棕色时，不断沿瓶壁滴加硝酸-高氯酸混合液至有机质分解完全。加大火力，至产生白烟，待瓶口白烟冒净后，瓶内液体再产生白烟为消化完全，该溶液应澄明无色或微带黄色，放冷。加 20mL 水煮沸，除去残余的硝酸至产生白烟为止，如此处理 2 次，放冷。将冷后的溶液移入 50mL 或 100mL 容量瓶中，用水洗涤定氮瓶，洗液并入容量瓶中，放冷，加水至刻度，混匀。定容后的溶液每 10mL 相当于 1g 样品，相当于加入硫酸 1mL。

取与消化样品相同量的硝酸-高氯酸混合液和硫酸，按同样方法做试剂空白试验。

(2) 硝酸-硫酸法。以硝酸代替硝酸-高氯酸混合液按"硝酸-高氯酸-硫酸法"进行操作。

(3) 灰化法。取水产品可食部分样品捣成匀浆，称取 5.00g 置于坩埚中，加 1g 氧化镁及 10mL 硝酸镁溶液，混匀，浸泡 4h。于低温或置水浴锅上蒸干，用小火炭化至无烟后移入马弗炉中加热至 550℃，灼烧 3~4h，冷却后取出。加 5mL 水湿润后，用细玻璃棒搅拌，再用少量水洗下玻璃棒上附着的灰分至坩埚内。在水浴上蒸干后移入马弗炉 550℃灰化 2h，冷却后取出。加 5mL 水湿润灰分，再慢慢加入 10mL 盐酸（1+1），然后将溶液移入 50mL 容量瓶中，坩埚用盐酸（1+1）洗涤 3 次，每次 5mL，再用水洗涤 3 次，每次 5mL，洗液均并入容量瓶中，再加水至刻度，混匀。定容后的溶液每 10mL 相当于 1g 样品，其加入盐酸量不少于（中和需要量除外）1.5mL。

取与灰化样品相同量的氧化镁和硝酸镁溶液，按同样方法做试剂空白试验溶液。

2) 标准系列溶液配制

吸取 0.0、2.5、5.0、7.5、10.0mL 铝标准储备液，分别置于 50mL 容量瓶中，以 0.5mol/L HNO$_3$ 稀释至刻度，混匀，此标准系列含铝分别为 0、50、100、150、200mg/mL。

3) 仪器参考条件

波长 309.3nm；灯电流、狭缝、空气、乙炔流量及灯头高度均按仪器说明调至最佳状态。

4) 标准曲线的绘制

将处理好的铝系列标准溶液分别导入火焰原子化器进行测定，记录其对应的吸光度，以标准溶液中铝的含量为横坐标，对应的吸光度为纵坐标，绘制出标准曲线。

5）样品测定

将处理好的样品溶液、试剂空白液分别导入火焰原子化器进行测定。记录其对应的吸光度，与标准曲线比较定量分析。

5. 结果计算

按下列计算公式计算。

$$X = \frac{(\rho - \rho_0) \times V \times 1000}{m \times 1000}$$

式中　$X$——样品中铝元素的含量，mg/100g；

$\rho$——测定用样品中铝元素的浓度（由标准曲线查出），$\mu$g/mL；

$\rho_0$——空白溶液中铝元素的浓度，$\mu$g/mL；

$V$——样品消化液定容总体积，mL；

$m$——样品质量，g。

（二）石墨炉原子吸收光谱法

1. 原理

样品经消化后，导入原子吸收分光光度计的石墨炉中原子化后，吸收波长237.5nm的共振线，其吸光度与铝含量成正比，与标准系列比较定量分析。

2. 试剂

（1）混合酸：硝酸-高氯酸混合液（5＋1）。

（2）5g/L 硝酸镁：称取 2.0g 硝酸镁，加入适量的水中并使之溶解，加入 1.5mL 硝酸，用水稀释并定容至 500mL。

（3）铝标准溶液：精确称取 1.000g 金属铝（纯度大于 99.99%），加硝酸使之溶解，移入 1000mL 容量瓶中，用 0.5mol/L HNO$_3$ 定容至刻度。此溶液 1mL 相当于 1mg 铝。

3. 仪器

原子吸收分光光度计。

4. 操作方法

1）样品的处理

参照火焰原子吸收光谱法。

2）标准系列溶液制备

将铝标准储备液，用 0.5mol/L HNO$_3$，准确稀释成 1mL 含 0.0、0.1、0.2、0.3、0.4$\mu$g 铝的标准系列溶液。

3）仪器参考条件

波长 237.5nm；氩气流量 0.3L/min；氘灯背景校正。灯电流、狭缝等仪器条件均按仪器说明调至最佳状态。

4）标准曲线的绘制

将处理好的铝系列标准溶液分别导入石墨炉原子化器进行测定，记录其对应的吸光度，以标准溶液中铝的含量为横坐标，对应的吸光度为纵坐标，绘制出标准曲线。

5）样品测定

将处理好的样品溶液、试剂空白液分别注入石墨炉原子化器进行测定。记录其对应的吸收度，根据标准曲线计算样品铝含量。

5. 结果计算

按下列计算公式计算。

$$X = \frac{(\rho - \rho_0) \times V \times 1000}{m \times 1000}$$

式中　X——样品中铝元素的含量，mg/100g；

ρ——测定用样品中铝元素的浓度（由标准曲线查出），μg/mL；

ρ₀——空白溶液中铝元素的浓度，μg/mL；

V——样品消化液定容总体积，mL；

m——样品质量，g。

## 七、镉的测定

镉的测定方法有石墨炉原子吸收光谱法、火焰原子吸收光谱法、原子荧光法、比色法等。下面着重介绍对比色法、火焰原子吸收光谱法。

（一）比色法

1. 原理

样品经消化后，在碱性溶液中镉离子与 6-溴苯并噻唑偶氮萘酚形成红色络合物，溶于三氯甲烷中，与标准系列比较定量分析。

2. 试剂

（1）混合酸：硝酸-高氯酸（3+1）。

（2）400g/L 酒石酸钾钠溶液。

（3）200g/L 氢氧化钠溶液。

（4）250g/L 柠檬酸钠溶液。

（5）盐酸（5+7）：量取 50mL 盐酸加入适宜的水，再稀释至 120mL。

（6）盐酸（1+11）：量取 10mL 盐酸加入适宜的水，再稀释至 120mL。

（7）镉试剂：称取 38.4mg 的 6-溴苯并噻唑偶氮萘酚，溶于 50mL 二甲基甲酰胺溶液，储存于棕色瓶中。

（8）镉标准储备溶液：精确称取 1.000g 金属镉（纯度约 99.99%），转移到 20mL 盐酸（5+7）中，滴加 2 滴硝酸，移入 1000mL 容量瓶中，用水定容。此溶液 1mL 相当于 1mg 的镉。

（9）镉标准使用液：吸取镉标准储备液 10.0mL 置于 100mL 的容量瓶中，用盐酸（1+11）溶液稀释定容，混匀。逐次稀释，使 1mL 镉标准使用液相当于 1.0μg 镉。

3. 仪器

分光光度计。

4. 操作方法

1）样品处理

（1）硝酸-高氯酸-硫酸法消化。取水产品可食部分样品捣成匀浆，称取 5.00g 或 10.00g（海产藻类、贝类可适当减少取样量），置于 250～500mL 定氮瓶中，加数粒玻璃珠、5～10mL 硝酸-高氯酸混合液，混匀后，沿瓶壁加入 5mL 或 10mL 硫酸，再加热，至瓶中液体开始变成棕色时，不断沿瓶壁滴加硝酸-高氯酸混合液至有机质分解完全。加大火力，至产生白烟，待瓶口白烟冒净后，瓶内液体再产生白烟为消化完全，该溶液应澄明无色或微带黄色，放冷。加 20mL 水煮沸，除去残余的硝酸至产生白烟为止，如此处理 2 次，放冷。将冷后的溶液移入 50mL 或 100mL 容量瓶中，用水洗涤定氮瓶，洗液并入容量瓶中，放冷，加水至刻度，混匀。定容后的溶液每 10mL 相当于 1g 样品，相当于加入硫酸 1mL。

取与消化样品相同量的硝酸-高氯酸混合液和硫酸，按同样方法做试剂空白试验。

（2）硝酸-硫酸法。以硝酸代替硝酸-高氯酸混合液按"硝酸-高氯酸-硫酸法"进行操作。

（3）灰化法。取水产品可食部分样品捣成匀浆，称取 5.00g 置于坩埚中，加 1g 氧化镁及 10mL 硝酸镁溶液，混匀，浸泡 4h。于低温或置水浴锅上蒸干，用小火炭化至无烟后移入马弗炉中加热至 550℃，灼烧 3～4h，冷却后取出。加 5mL 水湿润后，用细玻璃棒搅拌，再用少量水洗下玻璃棒上附着的灰分至坩埚内。在水浴上蒸干后移入马弗炉 550℃灰化 2h，冷却后取出。加 5mL 水湿润灰分，再慢慢加入 10mL 盐酸（1+1），然后将溶液移入 50mL 容量瓶中，坩埚用盐酸（1+1）洗涤 3 次，每次 5mL，再用水洗涤 3 次，每次 5mL，洗液均并入容量瓶中，再加水至刻度，混匀。定容后的溶液每 10mL 相当于 1g 样品，其加入盐酸量不少于（中和需要量除外）1.5mL。

取与灰化样品相同量的氧化镁和硝酸镁溶液，按同样方法做试剂空白试验溶液。

2）系列标准溶液配制

吸取 0.0、0.5、1.0、3.0、5.0、7.0、10.0mL 镉标准使用液（相当于 0.0、0.5、1.0、3.0、5.0、7.0、10.0μg 镉），分别置于 125mL 容量瓶中，再各加水至 20mL，用 200g/L 氢氧化钠溶液调节至 pH7 左右。

3）仪器参考条件

测定波长 585nm；其他条件均按仪器说明调至最佳状态。

4）标准曲线的绘制

在镉标准液中依次加入 3mL 250g/L 柠檬酸钠溶液、4mL 400g/L 酒石酸钾钠溶液及 1mL 200g/L 氢氧化钠溶液，混匀。再各加 5.0mL 三氯甲烷及 0.2mL 镉试剂，立即振摇 2min，静置分层后，将三氯甲烷层经脱脂棉滤于试管中，以三氯甲烷调节零点，于 1cm 比色杯中在波长 585nm 处测吸光度，以标准溶液中镉的含量为横坐标，对应的吸光度为纵坐标，绘制出标准曲线。

5）样品测定

将消化好的样品液（全量）及试剂空白液用 20mL 水分数次洗入 125mL 容量瓶中，以 200g/L 氢氧化钠溶液调节至 pH7 左右。在样品消化液（全量）、试剂空白液中依次加入 3mL250g/L 柠檬酸钠溶液、4mL400g/L 酒石酸钾钠溶液及 1mL200g/L 氢氧化钠溶液，混匀。再各加 5.0mL 三氯甲烷及 0.2mL 镉试剂，立即振摇 2min，静置分层后，将三氯甲烷层经脱脂棉滤于试管中，以三氯甲烷调节零点，于 1cm 比色杯中在波长 585nm 处测吸光度，以测出的吸光度在标准曲线上查得样品测定溶液的镉含量。

5. 结果计算

按下列计算公式计算。

$$X=\frac{(m_1-m_0)\times V\times 1000}{m\times 1000}$$

式中　$X$——样品中的镉含量，mg/kg 或 mg/L；

　　　$m_1$——测定用样品液中镉的质量，$\mu$g；

　　　$m_0$——试剂空白液中镉的质量，$\mu$g；

　　　$m$——样品的质量或体积，g 或 mL；

　　　$V$——样品处理液的总体积，mL。

（二）火焰原子吸收光谱法

1. 原理

样品经消化处理后，镉离子在酸性条件下与碘离子形成络合物，并经 4-甲基戊酮-2 萃取分离，导入原子吸收分光光度计中，经火焰原子化后，吸收波长 228.8nm 的共振线，在一定浓度范围内，其吸光度与镉含量成正比，与标准系列比较定量分析。

2. 试剂

（1）硝酸-高氯酸混合酸（5＋1）。

（2）磷酸（1＋10）：量取 10mL 磷酸，加到 110mL 的水中，混匀。

（3）盐酸（1＋11）：量取 10mL 盐酸，加水稀释到 120mL，混匀。

（4）盐酸（5＋7）：量取 50mL 盐酸，加水稀释到 120mL，混匀。

（5）硫酸（1＋1）。

（6）50g/L 碘化钾溶液。

（7）4-甲基戊酮-2。

（8）镉标准储备液：精确称取 1.000g 金属镉（纯度约 99.99%），转移到 20mL 盐酸（5+7）中，滴加 2 滴硝酸，移入 1000mL 容量瓶中，用去离子水定容。此溶液 1mL 相当于 1mg 的镉。

（9）镉标准使用液：吸取镉标准储备液 10.0mL 置于 100mL 的容量瓶中，用盐酸（1+11）溶液稀释定容，混匀。逐次稀释，使 1mL 镉标准使用液相当于 0.2μg 的镉。

3. 仪器

原子吸收分光光度计。

4. 操作方法

1）样品处理

取可食部分充分混匀。称取 5.0～10.0g 样品移入瓷坩埚中，在电炉上小火炭化至无烟后移入马弗炉中，在 500℃ 温度灰化约 8h，冷却后再加入少量混合酸，如此反复处理，小火加热直至无炭粒。待坩埚稍凉，加 10mL（1+11）盐酸溶解残渣并移入 50mL 的容量瓶中，再用盐酸（1+11）反复洗涤坩埚，洗液倾入容量瓶，定容，混匀备用。

取与消化样品相同量的盐酸（1+11），按同样方法做试剂空白试验溶液。

2）系列标准溶液配制与萃取

吸取 0.00、0.25、0.50、1.50、2.50、3.50、5.00mL 镉标准使用液（相当于 0、0.05、0.1、0.3、0.5、0.7、1.0μg 镉）分别置于 125mL 的分液漏斗中，各加盐酸（1+11）至 25mL，再加 10mL 硫酸（1+1），再加 10mL 水，混匀。

在镉系列标准使用液中各加 10mL 碘化钾溶液，混匀，静置 5min，再各加 10mL 4-甲基戊酮-2，振摇 2min，静置分层约 30min，弃去下层水相，以少许脱脂棉塞入分液漏斗下端，将 4-甲基戊酮-2 层经脱脂棉滤至 10mL 具塞试管中，备用。

3）仪器参考条件的选择

测定波长 228.8nm；灯电流 6～7mA；狭缝，0.15～0.2nm；空气流量 5L/min；其他条件均按仪器说明调至最佳状态。

4）标准曲线的绘制

将萃取好的镉系列标准溶液分别导入火焰原子化器测定其对应的吸光度，并记录，以系列标准溶液中镉的含量为横坐标，对应的吸光度为纵坐标，绘制出标准曲线。

5）样品的萃取与测定

吸取样品溶液和试剂空白液各 25mL，分别置于 125mL 的分液漏斗中，各加盐酸（1+11）至 25mL。加 10mL 硫酸（1∶1），再加 10mL 水，混匀。分别加 10mL 碘化钾溶液，混匀，静置 5min，再各加 10mL 4-甲基戊酮-2，振摇 2min，静置分层约 30min，弃去下层水相，以少许脱脂棉塞入分液漏斗下端，将 4-甲基戊酮-2 层经脱脂棉滤至 10mL 具塞试管中。

将消化样品溶液和空白溶液萃取后的滤液分别导入火焰原子化器进行测定，记录其对应的吸光度，以测出的吸光度在标准曲线上查得样品测定溶液的镉含量。

5. 结果计算

按下列计算公式计算。

$$X = \frac{m_A - m_{A0}}{m} \times \frac{V_1}{V_2} \times \frac{1000}{1000}$$

式中　$X$——样品中的镉含量，mg/kg 或 mg/L；

　　　$m_A$——测定用样品液中镉的质量，$\mu$g；

　　　$m_{A0}$——试剂空白液中镉的质量，$\mu$g；

　　　$m$——样品的质量或体积，g 或 mL；

　　　$V_1$——样品消化液的总体积，mL；

　　　$V_2$——测定用样品消化液的体积，mL。

## 八、镁的测定

镁是人体内含量丰富的元素，主要存在于骨骼肌和细胞内，其主要作用为参与多种酶的活性调节，影响神经冲动的传递和维持肌肉应激性，镁浓度下降，使神经肌肉兴奋性升高，镁浓度过高可发生中毒症状。采用火焰原子吸收分光光度法测定。

1. 原理

样品经湿消化后，导入原子吸收分光光度计中，经火焰原子化后，镁的吸收共振线为 285.2nm，其吸收量与它们的含量成正比，与标准系列比较定量。

2. 试剂

（1）盐酸，硝酸，高氯酸（以上试剂均为优级纯）。

（2）混合酸消化液：硝酸与高氯酸比为 4∶1。

（3）0.5mol/L 硝酸溶液：量取 45mL 硝酸，加去离子水并稀释至 1000mL。

（4）镁标准溶液（1mg/mL）：精确称取金属镁（纯度大于 99.99%）1.0000g 或含1.0000g 纯金属相对应的氧化物。加硝酸溶解，移入 1000mL 容量瓶中，加 0.5mol/L硝酸溶液并稀释至刻度。储存于聚乙烯瓶内，4℃保存。

（5）镁标准使用液（50$\mu$g/mL）：精确吸取镁标准溶液 5mL 于 100mL 容量瓶中，加 0.5mol/L 硝酸溶液并稀释至刻度。

3. 仪器

实验室常用设备；原子吸收分光光度计。所有玻璃仪器均以硫酸-重铬酸钾洗液浸泡数小时，再用洗衣粉充分洗刷，后用水反复冲洗，最后用去离子水冲洗晒干或烘干，方可使用。

4. 操作步骤

1）样品制备

微量元素分析的样品制备过程中应特别注意防止各种污染。所用设备如电磨、绞肉机、匀浆器、打碎机等必须是不锈钢制品。所用容器必须使用玻璃或聚乙烯制品。湿样用水冲洗干净后，要用去离子水充分洗净。干粉类样品取样后立即装容器密封保存，防止空气中的灰尘和水分污染。

2）样品消化

精确称取均匀样品干样 0.5～1.5g（湿样 2.0～4.0g，液体样品 5.0～10.0g）于 250mL 高型烧杯中，加混合酸消化液 20～30mL，上盖表皿。置于电热板或电沙浴上加热消化。如未消化好而酸液过少时，再补加几毫升混合酸消化液，继续加热消化，直至无色透明为止。加几毫升去离子水，加热以除去多余的硝酸。待烧杯中的液体接近 2～3mL 时，取下冷却。用去离子水洗并转移于 10mL 刻度管中，加去离子水定容至刻度。取与消化样品相同量的混合酸消化液，按上述操作做试剂空白试验测定。

3）镁标准稀释液系列

分别吸取 0.5、1.0、2.0、3.0、4.0mL 50μg/mL 镁标准溶液进入 500mL 容量瓶中，以 0.5mol/L 硝酸溶液定容至刻度，此时各容量瓶中浓度分别为 0.05、0.1、0.2、0.3、0.4μg/mL。此溶液储存于聚乙烯瓶内，4℃保存。

4）仪器测定操作参数

测定波长 285.2nm、仪器狭缝、空气及乙炔的流量、灯头高度、元素灯电流等按使用的仪器说明调至最佳状态。

5）测定

将消化好的样液、试剂空白液和各元素的标准浓度系列分别导入火焰进行测定。标准溶液系列的浓度为横坐标、对应的吸光度为纵坐标绘制标准曲线。

5. 结果计算

根据样液及试剂空白液在标准曲线查出浓度值（$c$ 及 $c_0$）为基础，再按下列计算公式计算。

$$X = \frac{(c - c_0) \times V \times f \times 100}{m \times 1000}$$

式中　　$X$——样品中元素的含量，mg/100g；

$\quad\quad c$——测定用样品中元素的浓度（由标准曲线查出），μg/mL；

$\quad\quad c_0$——试剂空白液中元素的浓度（由标准曲线查出），μg/mL；

$\quad\quad V$——样品定容体积，mL；

$\quad\quad f$——稀释倍数；

$\quad\quad m$——样品质量，g；

$\quad\quad \dfrac{100}{1000}$——折算成每百克样品中元素的含量以 mg 计。

## 九、钡的测定

钡（Ba）与人们的生活及健康密切相关，是一种限量元素，可溶性钡是一种剧毒物，可引起食物中毒。目前，食品卫生理化指标中尚未制定钡的卫生指标。

石墨炉原子吸收法测定钡，易受基体的干扰，加入适当的基体改进剂可以有效地消除电离干扰。

1. 原理

采用盐酸-硝酸-氢氟酸-高氯酸消解的方法，使试样中的待测元素全部进入试液；将试液注入石墨炉中，经过预先设定的干燥、灰化、原子化等升温程序使共存基体成分蒸发除去，同时在原子化阶段的高温下，钡离解为基态原子蒸气，并对空心阴极灯发射的特征谱线产生选择性吸收。在最佳测定条件下，通过背景扣除，测定试液中钡的吸光度。

2. 试剂

（1）钡标准储备液（1.00mg/mL）：称取氯化钡（$BaCl_2 \cdot 2H_2O$，含量99.99%）1.7788g于250mL烧杯中，加水溶解，加优级纯硝酸10mL，转移至1000mL容量瓶，加去离子水定容至刻度，混匀，此液1.00mL含1.00mg钡。

（2）钡标准应用液（0.1mg/mL）：临用时配制。

（3）$HNO_3$（1+1）；5% $HNO_3$；0.1% $HNO_3$（所用的硝酸均为优级纯）。

3. 仪器

石墨炉原子吸收分光光度仪，热解涂层石墨管。

4. 操作方法

1）测定条件

钡分析线553.5nm；狭缝0.2nm；灯电流16mA；进样体积30μL。以峰高进行定量分析，仪器的其他工作条件见表7-1。

表7-1 钡的工作条件要求

| 仪器工作条件 | | | | | |
|---|---|---|---|---|---|
| 序号 | 阶段 | 温度/℃ | 斜坡升温/(℃/s) | 阶段升温/(℃/s) | 氩气流量/(L/min) |
| 1 | 干燥 | 100 | 30 | 15 | 1.0 |
| 2 | 干燥 | 250 | 20 | 15 | 1.0 |
| 3 | 灰化 | 900 | 20 | 5 | 1.0 |
| 4 | 原子化 | 2450 | 0 | 3 | 0 |
| 5 | 清除 | 2600 | 0 | 3 | 1.0 |

2）实验方法

（1）标准曲线绘制。分别取1.0mg/L钡标准应用液0.00、0.10、0.30、0.60、0.90mL于10mL容量瓶中，用0.1% $HNO_3$溶液定容至刻度，摇匀，按上述仪器条件进行测定，分别测出各标准液的吸光度，以吸光度为纵坐标，钡浓度为横坐标，绘制标准曲线。

（2）样品的测定。称取一定量样品于25mL石英烧杯中，在电炉上炭化后，移入马弗炉中 550℃灰化 4h，冷却后，用 $HNO_3$ （1＋1）及 5％ $HNO_3$ 溶解并定容至 10.0mL，摇匀，按照上述仪器条件进行测定，根据标准曲线，计算样品中钡含量。

5. 结果计算

$$X = \frac{(c-c_0) \times V \times f \times 100}{m \times 1000}$$

式中　$X$——样品中元素的含量，mg/100g；

　　　$c$——测定用样品中元素的浓度（由标准曲线查出），$\mu g/mL$；

　　　$c_0$——试剂空白液中元素的浓度（由标准曲线查出），$\mu g/mL$；

　　　$V$——样品定容体积，mL；

　　　$f$——稀释倍数；

　　　$m$——样品质量，g；

　　　$\dfrac{100}{1000}$——折算成每百克样品中元素的含量以 mg 计。

## 十、铅的测定

铅是一种广泛存在的但对生物和环境都有较大毒性的重金属元素，它是一种积累性毒物，易被肠胃吸收，通过血液影响酶和细胞的新陈代谢。过量铅的摄入将严重影响人体健康，主要毒性为引起贫血、神经机能失调和肾损伤。环境中铅主要的来源有两个方面：自然来源是指火山爆发、森林火灾等自然现象释放到环境中的铅。非自然来源是指人类活动，主要是指工业和交通等方面的铅排放。铅的人为排放是造成当今世界铅污染的主要原因。

水产品中铅含量的测定方法主要有以下几种：

第一，氢化物发生-原子荧光光谱法。样品经微波消解、湿消解或干灰化后，在 HCl 介质中，硼氢化钠或硼氢化钾将铅还原为铅化氢，以氩气作载气，将铅化氢从母液中分离，并导入石英原子化器中分解为原子态铅，在特制铅空心阴极灯的发射光的激发下产生原子荧光，其荧光强度在固定条件下与铅的含量成正比，与标准系列比较定量。

第二，双硫腙比色法。样品经消化后，柠檬酸铵-氨水缓冲液直接控制溶液的 pH 在 8.5～9.0 范围内，铅离子与双硫腙生产红色络合物，溶于三氯甲烷，加入柠檬酸铵、氰化钾和盐酸羟等，防止铁、铜、锌等离子干扰，与标准系列比较定量。双硫腙比色法操作繁琐、易造成实验失败、试剂成本高。检测元素种类受限、灵敏度较低、重复性差等，正被其他方法所取代。

第三，原子吸收分光光度法。基于气相中待测元素的基态原子对其共振辐射的吸收强度来测定样品中该元素含量的一种仪器分析方法，是测定痕量和超痕量元素的有效方法。主要有火焰原子化法和石墨炉原子吸收光谱法。

第四，电感耦合等离子体发射光谱法。在等离子体中，元素受到热能的激发会发射出特征谱线，而根据特征谱线的强度可进行定性定量的测定。实现了多种微量元素的同时测定，方法快速、准确，使用方便。

水产品中铅元素含量检测总的发展趋势有以下几个方面：

（1）方法简便、容易掌握、快速、灵敏度高、结果准确可靠。

（2）提高检测技术的灵敏度，满足水产品中铅元素含量越来越低的检测下限要求。

（3）前处理工作正向着省时、省力、低廉、减少溶剂、减少对环境的污染、系统化、规范化、微型化和自动化方向发展；各种在线联用技术可避免样品转移的损失，减少各种人为的偶然误差，极大的减少了分析时间，提高了分析效率，具有较好的利用价值。

（4）铅元素可以形成气态的氢化物，不但与大量的集体相分离，还大大的降低了基体干扰，而且因为是气体进样方式，极大地提高了进样效率。不同价态的元素氢化物的生成条件不同，所以可据此进行价态分析。

下面介绍石墨炉原子吸收分光光度法测定铅元素含量的方法。

### 1. 原理

水产品中重金属元素铅的测定，目前国际上通用的方法均以石墨炉原子化法较为准确、快速。该法检出限为 $5\mu g/kg$，基于基态自由原子对特定波长光吸收的一种测量方法，它的基本原理是使光源辐射出的待测元素的特征光谱通过样品的蒸汽时，被蒸汽中待测元素的基态原子所吸收，在一定范围与条件下，入射光被吸收而减弱的程度与样品中待测元素的含量成正比关系，由此可得出样品中待测元素的含量。原子化以后，其吸收量与铅成正比，与标准曲线比较定量。

### 2. 试剂

（1）1％硝酸；

（2）铅标准液的配置：称取 1g 金属铅（精确到 0.0002g）置 50mL 烧杯中，加硝酸加热溶解，冷却后定量移入 1000mL 容量瓶，用蒸馏水稀释至刻度，摇匀备用。

### 3. 仪器

（1）石墨炉原子吸收分光光度计。

（2）马弗炉。

### 4. 操作方法

1）样品处理

将水产品用搅拌器搅碎混匀。准确称取 50.000g 样品于恒重干净的坩埚中，用 100℃低温加热炭化，以挥发大量的有机物，再放入马弗炉加热至恒重，灰化时间 2h。冷却后加入 10mL 20％的硝酸浸泡，使残渣完全溶解（如果没完全溶解，可以加热处理）。转移至容量瓶中，并用蒸馏水洗涤坩埚 3 次，将洗涤液一并移入 10mL 容量瓶，用蒸馏水定容，摇匀备用。

取一组 5 个 1000mL 容量瓶，分别移取 0.20、0.40、0.60、0.80、1.0mL 标准工作液，用蒸馏水稀释至刻度，摇匀备用。

2）实验步骤

安装待测元素空心阴极灯，对准位置，固定待测波长及狭缝宽度；开启电流，固定灯电流 5～7mA；调节石墨炉位置，处于最佳状态，安装好石墨管；开启冷却水和氩气气源，调至指定的恒流值；调节原子化温度。用微量可调移液器分别取（A、B、C、D、G）标准溶液注入石墨管中．以原子化温度对吸光度信号绘制原子化标准曲线。同样做一组空白实验。

石墨炉原子吸收光度计的实验参考条件：

干燥温度：80～120℃；干燥时间：20s；

灰化温度：200～1000℃；灰化时间：20s；

原子化温度：2200℃；原子化时间：10s；

除残温度：2500℃；除残时间：3s；

5. 结果计算

按下列计算公式计算。

$$X = \frac{(\rho - \rho_0) \times V \times 1000}{m \times 1000}$$

式中　$X$——样品的铅含量，mg/kg 或 mg/L；

　　　$\rho$——测定用样品液中铅的浓度，$\mu$g/mL；

　　　$\rho_0$——试剂空白液中铅的浓度，$\mu$g/mL；

　　　$m$——样品的质量或体积，g 或 mL；

　　　$V$——样品处理液总体积，mL。

6. 说明与注意事项

（1）石墨炉原子化吸收法的不足之处在于：共存化合物的干扰要比火焰法大；取样很少，进样量以及注入石墨管位置的变动都会导致测量偏差，若采用微型泵和由微机程序控制的自动进样装置，可减免手工操作过程取样体积和注入位置等物理因素造成的分析误差，以提高精密度。加入适量的基体改进剂磷酸二氢铵，可以使仪器响应值增高，有助于水产品中铅元素的测定。

（2）在国家标准中试样消解有：干法灰化；过硫酸铵灰化法；湿式消解法；压力消解罐消解法。

（3）国家标准对空白试剂要求，空白越低，准确度越高，所以要求整个实验空白要很低，实验过程要严格控制污染，需注意的事项有：一是实验用水；二是试剂要使用优级纯，如果没有符合纯度要求的试剂，可采用化学方法进行提纯，但是在提纯过程中，要注意避免溶剂二次玷污的可能性，同时实验选用的试剂，还要以不玷污待测铅元素为基准。三实验所有玻璃仪器要用酸浸泡，其他设备也要尽可能洁净。

## 第三节　非金属元素的测定

### 一、砷的测定

砷的测定有氢化物原子荧光光谱法、银盐法、砷斑法、硼氢化物还原比色法等几种。不同测定方法对于同样原料有不同的结果，有的是包含总砷，有的不包含，需要注意。

（一）氢化物原子荧光光谱法

1. 原理

样品经湿法消化或干法灰化后，加入硫脲使五价砷还原为三价砷，再加入硼氢化钠或硼氢化钾使之还原生成砷化氢，由氩气载入到石英原子化器中分解为原子态的砷，在特制砷空心阴极灯的发射光激发下产生原子荧光。其荧光强度在一定条件下与被测溶液中的砷浓度成正比，与标准系列比较定量分析。

2. 试剂

（1）2g/L 氢氧化钠溶液。

（2）10g/L 硼氢化钠溶液：称取硼氢化钠 10.0g 溶于 2g/L 氢氧化钠溶液 1000mL 中，混匀。

（3）50g/L 硫脲溶液。

（4）硫酸溶液（1+9）：量取硫酸 100mL，小心倒入 900mL 水中，混匀。

（5）10g/L 氢氧化钠溶液：供配制砷标准液用，少量即可。

（6）0.1mg/mL 砷标准储备液：精确称取于 100℃ 干燥 2h 以上的三氧化二砷 0.1320g，加 100g/L 氢氧化钠 10mL 溶解，用水定量转入 1000mL 容量瓶中，加硫酸（1+9）25mL 定容至刻度。

（7）1μg/mL 砷标准使用液：吸取 1.00mL 砷标准储备液于 100mL 容量瓶中，用水稀释至刻度，此液应当天配制使用。

3. 仪器

原子荧光光度计。

4. 操作方法

1）样品消化

（1）湿法消解。称取干样 0.3～0.5g 或鲜样 5g（精密至 0.001g）于 150mL 锥形烧瓶中，加 15mL 硝酸，瓶口加一小漏斗，放置过夜。次日置于铺有沙子的电热板上加热，待激烈反应后，取下稍冷后，缓缓加入 2mL 过氧化氢，继续加热消解。反复补加过氧化氢和适量硝酸，直至不再产生棕色气体。再加 25mL 去离子水，煮沸除去多余的硝酸，重复处理 2 次，待溶液接近 1～2mL 时取下冷却。将消解液移入 10mL 容量瓶中，用水分次洗烧瓶，定容至刻度，混匀。同时做空白试验。

（2）高压消解。水产品用捣碎机打成匀浆，称取匀浆 2.0～5.0g（精密至 0.001g），置于聚四氟乙烯塑料罐内，加盖留缝置 80℃ 鼓风干燥箱或一般烘箱至近干，取出，加 5mL 硝酸放置过夜，再加 7mL 过氧化氢，盖上内盖放入不锈钢外套中，将不锈钢外盖和外套旋紧密封。放入恒温箱，在 120℃ 恒温 2～3h，至消解完全后，自然冷却至室温。将消解液移至 25mL 容量瓶中，用少量水多次洗罐，一并移入容量瓶，定容至刻度、摇匀。同时做空白试验，待测。

2）系列标准溶液配制

取 25mL 容量瓶或比色管 6 支，一次准确加入 1μg/mL 砷标准使用液 0.0、0.05、0.2、0.5、2.0、5.0mL，分别加入硫酸（1+9）12.5mL、50g/L 硫脲 2.5mL，加水至刻度，混匀。

3）仪器参考条件

光电倍增管电压 400V；砷空心阴极灯电流 35mA；原子化器温度 820～850℃，高度 7mm；氩气流速：载气 600mL/min，屏蔽气 800mL/min；测量方式荧光强度或浓度直读；读数方式峰面积；读数延迟时间 1s；读数时间 15s；硼氢化钠溶液加入时间 5s；标准溶液或样品液加入体积 2mL。

4）样品测定

（1）浓度方式测定。如直接测荧光强度，则在开机并设定好仪器条件后，预热稳定约 20min，调整进入空白值测量状态，连续用标准系列的零管进样，待读数稳定后，按空挡键寄存下空白值（即让仪器自动扣除）即可开始测量。先依次测系列标准溶液，并对系列标准溶液的结果进行回归运算，取得回归方程。系列标准溶液测完后应仔细清洗进样器，并再用零管测试使读数基本回零后，而后测试剂空白和样品，每测不同的样品前都应清洗进样器。记录测量数据。

（2）仪器自动方式。利用仪器提供的软件功能可进行浓度直读测定，为此在开机时设定条件和预热后，还需输入必要的参数，即样品量（g 或 mL）、稀释体积（mL）、进样体积（mL）、结果的浓度单位、系列标准溶液各点的重复测量次数、系列标准溶液的点数（不计零点）、各点的浓度值。首先进入空白值测量状态，连续测定系列标准溶液的零管以获得稳定的空白值并执行自动扣除后，再依次测系列标准溶液（此时零管需再测一次），在测样品前，需再次进入空白值测量状态，先用系列标准溶液零管测试使读数复原并稳定后，再用两个试剂空白各进一次样，让仪器取平均值作为扣除的空白值，随后即可依次测样品。测定完毕后，选择"打印报告"即可将测定结果打印出。

5. 结果计算

如果采用荧光强度测量方式，按下列公式计算样品中的砷含量。

$$X = \frac{\rho - \rho_0}{m} \times \frac{25}{1000}$$

式中　$X$——样品中的砷含量，mg/kg（mg/L）；

$\rho$——样品被测液的浓度，ng/mL；

$\rho_0$——试剂空白液的浓度，ng/mL；

$m$——样品的质量，g 或 mL。

6. 说明与注意事项

(1) 可称取 14g 硼氢化钾代替 10g 硼氢化钠。

(2) 硼氢化钠溶液在冰箱中可保存 10d，取出后应当日使用。

(二) 银盐法

1. 原理

样品经消化后，以碘化钾、氯化亚锡将高价砷还原为三价砷，然后与锌粒和酸产生的新生态氢生成砷化氢，经银盐溶液吸收后，形成红色胶态物在 510nmg 处比色，与标准系列比较定量分析。

2. 试剂

(1) 150g/L 硝酸镁溶液：称取 15g 硝酸镁溶于水中，并稀释至 100mL。

(2) 高氯酸-硝酸消化液：1＋4 混合液。

(3) 氧化镁。

(4) 150g/L 碘化钾溶液：称取 15g 碘化钾溶于水中，并稀释至 100mL，保存于棕色瓶中。

(5) 酸性氯化亚锡溶液：称取 40.0g 氯化亚锡，加盐酸溶解并稀释至 100.0mL 加入数颗金属锡粒。

(6) 盐酸溶液 (1＋1)：量取 50mL 盐酸，小心倒入 50mL 水中，混匀。

(7) 100g/L 乙酸铅溶液。

(8) 乙酸铅棉花：用 100g/L 乙酸铅溶液浸透脱脂棉后，压除多余溶液，并使疏｛｛｝，在 100℃以下干燥后，储存于玻璃瓶中。

(9) 无砷锌粒。

(10) 200g/L 氢氧化钠溶液。

(11) 硫酸溶液 (6＋94)：量取 6.0mL 硫酸，小心倒入 94mL 水中，混匀。

(12) 二乙基二硫代氨基甲酸银-三乙醇胺-三氯甲烷溶液 (银盐溶液)：称取 0.25g 二乙基二硫代氨基甲酸银置于乳钵中，加少量三氯甲烷研磨，移入 100mL 量筒中，加入 1.8mL 三乙醇胺，再用三氯甲烷分次洗涤乳钵，洗液一并移入量筒中，再用三氯甲烷稀释至 100.0mL，放置过夜，滤入棕色瓶中保存。

(13) 砷标准储备溶液：精密称取 0.1320g 在硫酸干燥器中干燥过的或在 100℃干燥 2h 的三氧化二砷，加 5mL 200g/L 氢氧化钠溶液，溶解后加 25mL 硫酸 (6＋94) 溶液，移入 1000mL 容量瓶中，加新煮沸冷却的水稀释至刻度，储存于棕色磨口试剂瓶中。此溶液 1mL 相当于 0.10mg 砷。

（14）砷标准使用液：吸取 1.0mL 砷标准溶液置于 100mL 容量瓶中，加 1mL 硫酸（6＋94）溶液，加水稀释至刻度，此溶液 1mL 相当于 1.0μg 砷。

3. 仪器

（1）分光光度计。

（2）测砷装置：

① 150mL 锥形瓶：19 号标准口。

② 导气管：管口 19 号标准口或经碱处理后洗净的橡皮塞与锥形瓶密合时不应漏气。管的另一端管径 1.0mm。

③ 吸收管：10mL 刻度离心管作吸收管用。

④ 乙酸铅棉花。

4. 操作方法

1）样品处理

（1）硝酸-高氯酸-硫酸法消化。取水产品可食部分样品捣成匀浆，称取 5.00g 或 10.00g（海产藻类、贝类可适当减少取样量），置于 250～500mL 定氮瓶中，加数粒玻璃珠、5～10mL 硝酸-高氯酸混合液，混匀后，沿瓶壁加入 5mL 或 10mL 硫酸，再加热，至瓶中液体开始变成棕色时，不断沿瓶壁滴加硝酸-高氯酸混合液至有机质分解完全。加大火力，至产生白烟，待瓶口白烟冒净后，瓶内液体再产生白烟为消化完全，该溶液应澄明无色或微带黄色，放冷。加 20mL 水煮沸，除去残余的硝酸至产生白烟为止，如此处理 2 次，放冷。将冷后的溶液移入 50mL 或 100mL 容量瓶中，用水洗涤定氮瓶，洗液并入容量瓶中，放冷，加水至刻度，混匀。定容后的溶液每 10mL 相当于 1g 样品，相当于加入硫酸 1mL。

取与消化样品相同量的硝酸-高氯酸混合液和硫酸，按同样方法做试剂空白试验。

（2）硝酸-硫酸法。以硝酸代替硝酸-高氯酸混合液按"硝酸-高氯酸-硫酸法"进行操作。

（3）灰化法。取水产品可食部分样品捣成匀浆，称取 5.00g 置于坩埚中，加 1g 氧化镁及 10mL 硝酸镁溶液，混匀，浸泡 4h。于低温或置水浴锅上蒸干，用小火炭化至无烟后移入马弗炉中加热至 550℃，灼烧 3～4h，冷却后取出。加 5mL 水湿润后，用细玻璃棒搅拌，再用少量水洗下玻璃棒上附着的灰分至坩埚内。在水浴上蒸干后移入马弗炉 550℃灰化 2h，冷却后取出。加 5mL 水湿润灰分，再慢慢加入 10mL 盐酸（1＋1），然后将溶液移入 50mL 容量瓶中，坩埚用盐酸（1＋1）洗涤 3 次，每次 5mL，再用水洗涤 3 次，每次 5mL，洗液均并入容量瓶中，再加水至刻度，混匀。定容后的溶液每 10mL 相当于 1g 样品，其加入盐酸量不少于（中和需要量除外）1.5mL。

取与灰化样品相同量的氧化镁和硝酸镁溶液，按同样方法做试剂空白试验溶液。

2）系列标准溶液配制

吸取 0.0、2.0、4.0、6.0、8.0、10.0mL 砷标准使用液（相当于 0、2、4、6、8、10μg 砷）分别置于 150mL 锥形瓶中，加水至 40mL，再加 10mL 硫酸（1＋1）。在砷标准溶液中各加 3mL 150g/L 碘化钾溶液、0.5mL 酸性氯化亚锡溶液，混匀，静置

15min，各加入 3g 无砷锌粒，立即分别塞上装有乙酸铅棉花的导气管，并使管尖端插入盛有 4mL 银盐溶液的离心管中的液面下，在常温下反应 45min 后，取下离心管，加三氯甲烷补足 4mL。

3）仪器参考条件

波长 520nm；其他条件均按仪器说明调至最佳状态。

4）标准曲线的绘制

用 1cm 比色杯，以零管调节零点，在波长 520nm 处测吸光度，记录其对应的吸光度，以各浓度系列标准溶液砷的含量为横坐标，对应的吸光度为纵坐标，绘制出标准曲线。

5）样品测定

吸取一定量的消化后的定容溶液（相当于 5g 样品）及同量的试剂空白液，分别置于 150mL 锥形瓶中，补加硫酸至总量为 5mL，加水至 50～55mL。在样品消化液、试剂空白液中各加 3mL 150g/L 碘化钾溶液、0.5mL 酸性氯化亚锡溶液，混匀，静置 15min。各加入 3g 无砷锌粒，立即分别塞上装有乙酸铅棉花的导气管，并使管尖端插入盛有 4mL 银盐溶液的离心管中的液面下，在常温下反应 45min 后，取下离心管，加三氯甲烷补足 4mL。用 1cm 比色杯，以零管调节零点，在波长 520nmg 处测吸光度，记录其对应的吸光度，以测出的吸光度在标准曲线上查得样品测定溶液的砷含量。

5. 结果计算

按下列计算公式计算。

$$X = \frac{m_1 - m_2}{m} \times \frac{V_1}{V_2} \times \frac{1000}{1000}$$

式中　$X$——样品中砷的含量，mg/kg（mg/L）；

　　　$m_1$——测定用样品消化液中砷的质量，$\mu$g；

　　　$m_2$——试剂空白液中砷的质量，$\mu$g；

　　　$m$——样品质量（体积），g（mL）；

　　　$V_1$——样品消化液的总体积，mL；

　　　$V_2$——测定用样品消化液的体积，mL。

6. 说明与注意事项

（1）所用玻璃仪器均以硫酸—重铬酸钾洗液浸泡数小时，再用洗衣粉充分洗刷，后用水反复冲洗，最后用去离子水冲洗晒干或烘干，方可使用。

（2）氯化亚锡在本实验中的作用为将五价砷还原为三价砷，在锌粒表面沉积锡层以抑制产生氢气过猛。

（3）乙酸铅棉花塞入导气管中，是为吸收可能产生的硫化氢，使其生成硫化铅而滞留在棉花上，以免吸收液吸收产生干扰，硫化物和银离子生成灰黑色的硫化银，但乙酸铅棉花要塞得不松不紧为宜。

（4）二乙基二硫代氨基甲酸银：相对分子质量为 256.15，为黄色粉末，不溶于水而溶于三氯甲烷，性质极不稳定，遇光或热易生成银的氧化物而呈灰色，因而配制浓度不易控制。

## 二、硒的测定

缺硒会直接导致人体免疫能力下降，临床医学证明，威胁人类健康和生命的 40 多种疾病都与人体缺硒有关，如癌症、心血管病、肝病、白内障、胰脏疾病、糖尿病、生殖系统疾病等。据专家考证，人需要终生补硒。无论是动物实验还是临床实践，都说明了应该不断从饮食中得到足够量的硒，不能及时补充，就会降低祛病能力。补硒的功能：可以提高人体免疫力、抗氧化、延缓衰老，保护修复细胞，参与糖尿病的治疗，防癌抗癌，保护眼睛，提高红细胞的携氧能力，防治心脑血管疾病，解毒、防毒、抗污染，保护肝脏。水产品中富含硒。水产品中硒的测定主要有氢化物原子荧光光谱法、荧光法两种方法。

（一）氢化物原子荧光光谱法

1. 原理

样品经酸加热消化后，在 6mol/L HCl 介质中，将样品中的六价硒还原成四价硒，用硼氢化钠或硼氢化钾作还原剂，将四价硒在盐酸介质中还原成硒化氢，由氩气带入原子化器中进行原子化，在硒特制空心阴极灯照射下，基态硒原子被激发至高能态，在去活化后回到基态时，发射出特征波长的荧光，其荧光强度与硒含量成正比，可与标准系列比较定量分析。

2. 试剂

（1）高氯酸-硝酸消化液：1+4 混合液。
（2）8g/L 硼氢化钠溶液：称取 8.0g 硼氢化钠，溶于 5g/L 氢氧化钠溶液中，然后定容至 1000mL。
（3）100g/L 铁氰化钾：称取 10.0g 铁氰化钾溶于 100mL 水中，混匀。
（4）硒标准储备液：精确称取 100.0mg 硒（光谱纯）溶于少量硝酸中，加 2mL 高氯酸，置沸水浴中加热 3~4h，冷却后再加 8.4mL 盐酸，再置沸水浴中煮 2min，准确稀释至 1000mL，其 HCl 浓度为 0.1mol/L，此储备液浓度为 1mL 相当于 100μg 硒。
（5）硒标准使用液：取 100μg/mL 硒标准储备液 1.0mL，定容至 100mL，此使用液浓度为 1μg/mL。

3. 仪器

原子荧光光度计。

4. 操作方法

1）样品处理
（1）样品的制备。样品取可食部用水洗净后用纱布吸去水滴，打成匀浆后备用。
（2）消化。称取 25.00g 或 50.00g 洗净打成匀浆的样品，置于 250~500mL 定氮瓶中，加数粒玻璃珠、10～15mL 硝酸-高氯酸混合液，放置片刻，小火缓缓加热，待作用缓和，放冷。沿瓶壁加入 5mL 或 10mL 硫酸，再加热，至瓶中液体开始变成棕色时，不断沿瓶壁滴加硝酸-高氯酸混合液至有机质分解完全。加大火力，至产生白烟，待瓶口白烟冒净后，瓶内液体再产生白烟为消化完全，该溶液应澄明无色或微带黄色，放冷。加 20mL 水煮沸，除去残余的硝酸至产生白烟为止，如此处理 2 次，放冷。将冷后的溶液移入 50mL 或 100mL 容量瓶中，用水洗涤定氮瓶，洗液并入容量瓶中，放冷，加水至刻度，混匀。定容后的溶液每 10mL 相当于 1g 样品，相当于加入硫酸 1mL。吸取 10mL 样品消化液于 15mL 离心管中，加浓盐酸 2mL、铁氰化钾溶液 1mL，混匀待测。

取与消化样品相同量的高氯酸-硝酸消化液，按同样方法做试剂空白试验溶液。

2）系列标准溶液配制

分别取 0.0、0.1、0.2、0.3、0.4、0.5mL 标准使用液于 15mL 离心管中，用去离子水定容至 10mL，再分别加浓盐酸 2mL、铁氰化钾 1mL，混匀。

3）仪器条件

负高压 340V；灯电流 100mA；原子化温度 800℃；炉高 8mm；载气流速 500mL/min；屏蔽气流速 1000mL/min；读数方式峰面积；延迟时间 1s；读数时间 15s；加液时间 8s；进样体积 2mL；其他条件均按仪器说明调至最佳状态。

4）标准曲线的绘制与样品测定

（1）浓度方式测定。如直接测荧光强度，则在开机并设定好仪器条件后，预热稳定约 20min，调整进入空白值测量状态，连续用标准系列的零管进样，待读数稳定后，按空挡键寄存下空白值（即让仪器自动扣除）即可开始测量。先依次测系列标准溶液，并对系列标准溶液的结果进行回归运算，取得回归方程。系列标准溶液测完后应仔细清洗进样器，并再用零管测试使读数基本回零后，而后测试剂空白和样品，每测不同的样品前都应清洗进样器。记录测量数据。

（2）仪器自动方式。利用仪器提供的软件功能可进行浓度直读测定，为此在开机时设定条件和预热后，还需输入必要的参数，即样品量（g 或 mE）、稀释体积（mL）、进样体积（mL）、结果的浓度单位、系列标准溶液各点的重复测量次数、系列标准溶液的点数（不计零点）、各点的浓度值。首先进入空白值测量状态，连续测定系列标准溶液的零管以获得稳定的空白值并执行自动扣除后，再依次测系列标准溶液（此时零管需再测一次），在测样品前，需再次进入空白值测量状态，先用系列标准溶液零管测试使读数复原并稳定后，再用两个试剂空白各进一次样，让仪器取平均值作为扣除的空白值，随后即可依次测样品。测定完毕后，选择"打印报告"即可将测定结果打印出。

5. 结果计算

如果采用荧光强度测量方式，按下列公式计算样品的硒含量：

$$X = \frac{(\rho - \rho_0) \times V \times 1000}{m \times 1000 \times 1000}$$

式中　X——样品硒的含量，mg/kg（mg/L）；

　　　ρ——样品消化液测定浓度，ng/mL；

$\rho_0$——样品空白消化液测定浓度，ng/mL；

$m$——样品质量（体积），g（mL）；

$V$——样品消化液总体积，mL。

### 6. 说明与注意事项

本方法最低检出限为 0.5ng/mL。

### （二）荧光法

#### 1. 原理

样品经湿法消化后，硒化合物被氧化为四价无机硒，在酸性条件下，四价无机硒能与 2,3-二氨基萘反应生成 4,5-苯并苯硒脑，用环己烷萃取后，在激发光波长 376nm、发射光波长 520nm 处测定荧光强度，与标准系列比较定量分析。

#### 2. 试剂

（1）盐酸（1+9）溶液：取 10mL 盐酸，加 90mL 水。

（2）氨水（1+1）。

（3）去硒硫酸（5+95）：取 5mL 去硒硫酸，加 95mL 水。

去硒硫酸：取 200mL 硫酸，加于 200mL 水中，再加 30mL 氢溴酸，混匀，置沙浴上加热蒸去硒与水至出现浓白烟，此时体积应为 200mL。

（4）0.2mol/L EDTA：称 37g EDTA 二钠盐，加水并加热溶解，冷却后稀释至 500mL。

（5）100g/L 盐酸羟胺：称取 10g 盐酸羟胺溶于水中，稀释至 100mL。

（6）硝酸-过氯酸（2+1）混合酸。

（7）0.1% 2,3-二氨基萘（纯度 95%～98%）：需在暗室配制。称取 200mg 2,3-二氨基萘于一带盖三角瓶中，加入 200mL 0.1mol/L HCl，振摇约 15min，使其全部溶解。约加 40mL 环己烷，继续振摇 5min，将此液转入分液漏斗中，待溶液分层后，弃去环己烷层，收集 DAN 层溶液。如此用环己烷纯化 DAN 直至环己烷中的荧光数值降至最低时为止（纯化次数视 DAN 纯度不同而定，一般需纯化 3～4 次）。将提纯后的 DAN 溶液储于棕色瓶中，约加 1cm 厚的环己烷覆盖溶液表面，置冰箱中保存。必要时再纯化一次。

（8）100μg/mL 硒标准储备液：精确称取 100.0mg 元素硒（光谱纯），溶于少量硝酸中，加 2mL 高氯酸，置沸水浴中加热 3～4h，冷却后加入 8.4mL 盐酸，再置沸水浴中煮 2min，准确稀释至 1000mL。此储备液浓度为 100g/mL。

（9）（0.5μg/mL）硒标准使用液：将硒标准储备液用 0.1mol/L 盐酸多次稀释，使含硒为 0.5μg/mL，于冰箱中保存。

（10）2g/L 甲酚红指示剂：称取 50mg 甲酚红溶于水中，加氨水（1+1）1 滴，待甲酚红完全溶解后加水稀释至 250mL。

（11）EDTA 混合液：取 0.2mol/L EDTA 溶液和 100g/L 盐酸羟胺溶液各 50mL，混匀，再加 5mL（0.5μg/mL）硒标准使用液，用水稀释至 1L。

3. 仪器

荧光分光光度计。

4. 操作方法

1）样品处理

（1）样品制备。①固体样品：用水洗 3 次，于 60℃烘干，用不锈钢磨成粉，储于塑料瓶内，放一小包樟脑精，盖紧盖保存，备用。②含水的动、植物性样品：取可食部分用水冲洗 3 次后用纱布吸去水滴，用不锈钢刀切碎，取混合均匀的样品于 60℃烘干，称重，粉碎，备用。

（2）消化。与"氢化物原子荧光光谱法"测硒相同。

2）仪器参考条件的选择

激发光波长 376nm；发射光波长 520nm；其他条件均按仪器说明调至最佳状态。

3）标准曲线的绘制

准确吸取硒标准使用液 0.0、0.2、1.0、2.0 及 4.0mL，加水至 5mL，加 20mL EDTA 混合液，用氨水（1＋1）或盐酸调至淡红橙色（pH 1.5～2.0）。以下步骤在暗室进行。加 3mL 2,3-二氨基萘试剂，混匀，置沸水浴中煮 5min，取出立即冷却，加 3mL 环己烷，振摇 4min，将全部溶液移入分液漏斗，待分层后弃去水层，环己烷层转入带盖试管中，小心勿使环己烷中混入水滴，在激发光波长 376nm、发射光波长 520nm 处测定苯硒脑的荧光强度。

由于硒含量在 $0.5\mu g/mL$ 以下时荧光强度与硒含量呈线性关系，在常规测定样品时，每次只需做试剂空白与样品硒含量相近的标准管（2 份）即可。

4）样品测定

在样品消化液中加 20mLEDTA 混合液，用氨水（1＋1）或盐酸调至淡红橙色（pH 1.5～2.0）。以下步骤在暗室进行。加 3mL 2,3-二氨基萘试剂，混匀，置沸水浴中煮 5min，取出立即冷却，加 3mL 环己烷，振摇 4min，将全部溶液移入分液漏斗，待分层后弃去水层，环己烷层转入带盖试管中，小心勿使环己烷中混入水滴，于激发光波长 376nm、发射光波长 520nm 处测定苯硒脑的荧光强度。

5. 结果计算

按下列计算公式计算。

$$X = \frac{(B_1 - B_0) \times m_0}{(B_2 - B_0) \times m}$$

式中　$X$——样品中硒含量，$\mu g/g$；

　　　　$B_2$——标准管荧光读数；

　　　　$B_0$——空白管荧光读数；

　　　　$B_1$——样品管荧光读数；

　　　　$m_0$——标准管中硒质量，$\mu g$；

$m$——试样质量，g。

### 6. 说明与注意事项

（1）所用玻璃仪器均以硫酸-重铬酸钾洗液浸泡数小时，再用洗衣粉充分洗刷后用水反复冲洗，最后用去离子水冲洗晒干或烘干，方可使用。

（2）检出限为 0.5 ng/mL。

## 三、氟的测定

氟是人体骨骼和牙齿的正常成分。它可预防龋齿、防止老年人的骨质疏松。但是，过多吃进氟元素，又会发生氟中毒，得"牙斑病"。体内含氟量过多时，还可产生氟骨病，引起自发性骨折。随着人们物质水平的不断提高，人们的食品安全意识也不断增强，这就为检测机构提出更高的要求。检测机构必须提供准确的检测数据，这就要求检测方法要稳定、可靠、测定结果要准确。由于我国许多区域是高氟地区，所以氟在水产品中的含量关系到人们的身体健康。长期摄入过量的氟对骨骼、肾脏、甲状腺和神经系统造成损害，严重者可形成氟骨症，使人丧失劳动能力。近年来，食品氟含量过高造成的慢性氟中毒有报道，因此，对食品中氟含量的检测尤其重要。

目前最常用的氟化物的测定方法是间接法，即对样品进行适当的预处理，使样品中的各种形态的氟化物定量转化为可溶性氟离子溶液，然后采用化学法和仪器法进行测定。测定方法主要有化学滴定法、比色法、电极法和色谱法。对于水中氟含量的测定，目前为止有两种方法常用：一个是离子选择电极法，另一个是离子色谱法。这两种方法相比较，离子选择性电极法方法简单，而且设备比较便宜，实验的成本比较低。一般来说氟离子选择性电极只能测定氟离子，并不能测定其他的离子，尽管选择性较高，但是如果想要测定溶液中存在的其他阴离子，必须换电极再测定，因此比较耗时，而离子色谱法所需要的仪器设备比较昂贵，而且所选用的柱子一定要将水的负峰和氟离子峰分开才能够对氟离子进行准确的定量。离子色谱的优点是可以把常见的阴离子彼此分开，进行多组分的同时测定，极大地节省了时间。氟离子选择性电极是比较成熟的离子选择性电极之一，其应用范围比较为广泛。

水产品中氟化物的前处理方法主要有灰化蒸馏法、微量扩散、氧瓶燃烧、碱熔、高温燃烧水解等。灰化蒸馏法是一种较为经典的样品前处理方法，国际公职分析化学家联合会（AOAC）也将其用于测定食品中氟的前处理。该法操作较为烦琐，敞开式的体系容易导致氟损失。微量扩散法是水产品中的氟化物在扩散盒内与酸作用，产生氟化氢气体，氟化氢气体扩散并被氢氧化钠吸收。该法是最为准确的一种方法，已被用于我国国家标准中食品样品氟测定的前处理。氧瓶燃烧法适用于氟含量较高的样品前处理法。该法是将食品与助燃剂蔗糖和过氧化钠混合，用氧弹燃烧分解样品，用氟离子选择电极和标准加入法测定样品中的氟含量，可以取得满意的分析结果。下面介绍较传统的方法：氟离子选择电极法（参照国标法 GB/T 5009，18—1996）。

### 1. 原理

氟离子选择电极的氟化镧单晶膜对氟离子产生选择性的对数响应，氟电极和饱和甘汞电极在被测试液中，电位差可随溶液中氟离子活度的变化而改变，电位变化规律符合能斯特方程式：$E = E^\circ - 2.303RT/\mathrm{F}\lg c_F$。

$E$ 与 $\lg c_F$ 呈线性关系，$2.303RT/F$ 为该直线的斜率（25℃时为 59.16）。与氟离子形成络合物的铁、铝等离子干扰测定，其他常见离子无影响。测量溶液的酸度为 pH5～6，用总离子强度缓冲剂，消除干扰离子及酸度的影响。

2. 试剂

本方法所用水均为去离子水，全部试剂储于聚乙烯塑料瓶中。

（1）盐酸（1+11）：取 10mL 盐酸，加水稀释 120mL。

（2）乙酸钠溶液（3mol/L）：称取 204g 乙酸钠溶 300mL 水中，加乙酸（1mol/L），调节 pH 至 7.0，加水稀释至 500mL。

（3）柠檬酸钠溶液（0.75mol/L）：称 110g 柠檬酸钠溶于 300mL 水中，加 14mL 高氯酸，再加水稀释至 500mL。

（4）总离子强度缓冲剂：乙酸钠溶液（3mol/L）与柠檬酸钠溶液（0.75mol/L）等量混合，临用时现配制。

（5）氟标准溶液：准确称 0.2210g 经 95～105℃干燥 4h 冷的氟化钠，溶于水，移入 100mL 容量瓶中，加水至刻度，混匀。置冰箱中保存。此溶液每 1mL 相当于 1.0mg 氟。

（6）氟标准使用液：吸 10.0mL 氟标准溶液置于 100mL 容量瓶中，加水稀释至刻度。如此反复稀释至此溶液每 1mL 相当于 $1.0\mu g$ 氟。

3. 仪器

（1）氟电级。

（2）酸度计：±0.01pH（或离子计）。

（3）磁力搅拌器。

（4）甘汞电极。

4. 操作方法

（1）称取 1.00g 粉碎的样品，置于 50mL 容量瓶中，加 10mL 盐酸（1+11），密闭浸泡提取 1h（不时轻轻摇动），尽量避免样品黏于瓶壁上。提取后加 25mL 总离子强度缓冲剂，加水至刻度，混匀，备用。

（2）吸取 0.0、1.0、2.0、5.0、10.0mL 氟标准使用液（相当 0、1.0、2.0、5.0、10.0 $\mu g$ 氟），分别置于 50mL 容量瓶中，于各容量瓶中分别加入 25mL 总离子强度缓冲剂，10mL 盐酸（1+11），加水至刻度，混匀，备用。

（3）将氟电极和甘汞电极与测量仪器的负端与正端相连接。电极插入盛有水的 25mL 塑料杯中，杯中放有套聚乙烯管的铁搅拌棒，在电磁搅拌中，读取平衡电位值，更换 2～3 次水后，待电位值平衡后，即可进行样液与标准液的电位测定。

（4）用系列标准溶液的数据，在坐标纸上绘制 $E\text{-}\lg c_F$ 曲线。

（5）根据样液测得的电位 $E_1$，从标准曲线上查到其氟离子浓度，计算样液中氟离子的含量（以 mol/L 计）。

（6）计算回归方程：以氟化物标准系列测得的 mV 值为 $x$，以标准液氟质量浓度的对数（$\lg c_F$）为 $y$，建立 $y=a+bx$ 方程。输入电子计算机器内，求 a、b 值；氟化物浓度（mg/L）＝$y$ 的反对数值。

（7）精密度测定：在实验条件下，精密度（RSD）为 2.9%（$n=5$）；加标量为 0.60μg/mL 时的回收率为 97.0%。

## 四、碘的测定

采用重铬酸钾氧化法测定碘。

### 1. 原理

样品在碱性环境下灰化，碘被有机物还原，与碱金属结合成碘化物，虽然在高温下灰化，碘也不会升华损失。碘化物在酸性条件下，加入重铬酸钾氧化，析出游离碘，溶于三氯甲烷后呈粉红色，根据颜色的深浅比色测定碘的含量。

### 2. 试剂

（1）NaOH 10.0mol/L。

（2）重铬酸钾溶液（$K_2Cr_2O_7$）0.1mol/L。

（3）0.1mg/mL 碘标准储备液：准确称取在 110℃烘至恒重的碘化钾 0.1308g，用少量水溶解后移入容量瓶中，最后定容至 1000mL。

（4）10μg/mL 碘标准使用液：吸取 1mL 碘标准储备液定容至 10mL，用时现配。

### 3. 仪器

722 分光光度计。

### 4. 操作方法

1）样品处理

称取适量样品 2.00～4.00g 放入坩埚中，加入 10.0mol/L NaOH 5mL，置于 110℃烘箱中，直至完全干燥。将坩埚置于灰化炉中 550℃灰化 4～8h，灰化后的样品必须无明显炭粒，呈灰白色，如仍有炭粒，可加 1～2 滴水再于 110℃烘箱中烘干。加 30mL 水溶解，过滤于 50mL 容量瓶中，用水定容。

2）系列标准溶液配制

在 6 支标准系列管中依次加入 0.0、2.0、4.0、6.0、8.0、10.0mL 碘标准使用液，分别移入 125mL 的分液漏斗中，加水至 40mL，再加入 2.0mL 的浓硫酸、0.1mol/L 重铬酸钾溶液 15mL，摇匀后放置 30min，加入 10mL 三氯甲烷，摇动 11min，通过棉花过滤到比色管中。

3）仪器参考条件的选择

波长 510nm；其他条件按仪器说明调至最佳状态。

4）标准曲线的绘制

将系列标准溶液摇匀后，在波长为 510nm 测定吸光度，读取标准系列吸光度。以各系列标准溶液碘的含量为横坐标，对应的吸光度为纵坐标，绘制出标准曲线。

5）样品测定

吸取适量样品液和空白溶液，分别移入 125mL 的分液漏斗中，加水至 40mL，再加入 2.0mL 的浓硫酸、0.1mol/LK$_2$Cr$_2$O$_7$，溶液 15mL 摇匀后放置 30min，加入 10mL 三氯甲烷，摇动 1min，通过棉花过滤到比色管中。在波长 510nmg 下比色，比色前用水将仪器调零，读取吸光度，并在标准曲线上查得样品测定液中的碘含量。

5. 结果计算

按下列计算公式计算。

$$X=\frac{\rho-\rho_0}{m}\times\frac{V_1}{V_2}\times100$$

式中　$X$——测定样品中的碘浓度，$\mu g/100g$；

$\rho$——测定样品碘的含量，$\mu g$；

$\rho_0$——试剂空白液碘的含量，$\mu g$；

$V_1$——样品消化液的总体积，mL；

$V_2$——测定用样品消化液的体积，mL；

$m$——样品质量，g。

6. 说明与注意事项

（1）实验所用的各种玻璃容器，如试管、坩埚、刻度吸管、移液管等要用 2mol/L 的盐酸浸泡 2h，然后再用无碘水进行冲洗。

（2）所用试剂规格必须在分析纯以上，水为无碘水或去离子水。

## 五、磷的测定

磷是构成人体骨骼和牙齿的主要成分，与蛋白质结合成磷蛋白，是构成细胞核的成分。同时，磷酸盐在维持机体酸碱平衡上有缓冲作用。当人体中缺磷时，就会影响人体对钙的吸收，就会患软骨病和佝偻病等。如果摄取过量的磷，同样会破坏矿物质的平衡和造成缺钙。

水产品中磷的测定有分光光度法、分子吸收光谱法、食品中磷酸盐的测定等方法，其中分光光度法、分子吸收光谱法用于各种食品中总磷的测定。下面介绍分光光度测定法。

1. 原理

样品经酸氧化后，磷在酸性条件下与钼酸铵结合生成磷钼酸铵，磷钼酸铵能被对苯二酚、亚硫酸钠还原成蓝色化合物——钼蓝。在 660nm 波长下测定钼蓝的吸光度，根据吸光度的大小与磷的含量成正比的关系，与标准系列比较定量分析。

2. 试剂

(1) 高氯酸-硝酸消化液：高氯酸＋硝酸＝1＋4（体积比）。

(2) 15％（体积分数）硫酸溶液：取 15mL 硫酸徐徐加入到 80mL 水中混匀，冷却后用水稀释至 100mL。

(3) 钼酸铵溶液：称取 0.5g 钼酸铵用 15％硫酸溶液稀释至 100mL。

(4) 对苯二酚溶液：称取 0.5g 对苯二酚于 100mL 水中，使其溶解，并加入一滴浓硫酸。

(5) 200g/L 亚硫酸钠溶液：称取 20g 无水硫酸钠于 100mL 水中，使其溶解。

(6) 磷标准储备液（100μg/mL）：精确称取在 105℃下干燥至恒重的磷酸二氢钾（优级纯）0.4394g，置于 1000mL 的容量瓶中，加水溶解并稀释至刻度。此溶液 1mL 含 100μg 的磷。

(7) 磷标准使用液（10μg/mL）：准确吸取 10mL 磷标准储备液，置于 100mL 容量瓶中，加水稀释至刻度，混匀。此溶液 1mL 含磷 10μg。

3. 仪器

分光光度计。

4. 操作方法

1) 样品处理

(1) 称取被测的均匀干样 0.1~0.5g 或湿样 2~5g 转移于 100mL 凯氏烧瓶中，加入 3mL 硫酸、3mL 高氯酸-硝酸消化液，置于消化炉上消化，消化液液体开始为棕黑色。当溶液变成无色或微带黄色清亮液体时，消化即已完全。将溶液放冷，加入 20mL 水赶酸，后转移至 100mL 容量瓶中，用水多次洗涤凯氏烧瓶，洗液合并倒入容量瓶内，加水至刻度，混匀。此溶液为样品测定液。

(2) 取与消化样品同量的硫酸、高氯酸-硝酸消化液，按同样方法做试剂空白试验溶液。

2) 系列标准溶液的配制

准确吸取磷标准使用液 0.0、0.5、1.0、2.0、3.0、4.0、5.0mL（相当于含磷量 0、5、10、20、30、40、50μg），分别置于 20mL 具塞试管中，依次加入 2mL 钼酸铵溶液摇匀，静置几秒钟。加入 1mL 亚硫酸钠溶液、1mL 对苯二酚溶液摇匀，加水至刻度，混匀。

3) 仪器参考条件的选择

波长 660nmg；其他条件按仪器说明调至最佳状态。

4) 标准曲线的绘制

系列标准溶液静置 0.5h 以后，在分光光度计 660nmg 波长处测定吸光度。记录其对应的吸光度，以各浓度系列标准溶液磷的含量为横坐标，对应的吸光度为纵坐标，绘制出标准曲线。

5) 样品测定

准确吸取样品测定液及空白溶液各 2mL，分别置于 20mL 具塞试管中，加入 2mL

钼酸铵溶液摇匀，静置几秒钟。加入亚硫酸钠溶液和对苯二酚溶液各 1mL 摇匀。加水至刻度，混匀。静置 0.5h 以后，在分光光度计 660nmg 波长处测定吸光度。记录其对应的吸光度，并在标准曲线上查得样品测定液中的磷含量。

5. 结果计算

按下列计算公式计算。

$$X = \frac{m_1 - m_2}{m} \times \frac{V_1}{V_2} \times \frac{100}{1000}$$

式中　$X$——样品中磷含量，mg/100g；

　　　$m_1$——由标准曲线查得的样品测定液中磷的质量，$\mu g$；

　　　$m_2$——空白溶液中磷的质量，$\mu g$；

　　　$V_1$——样品消化液定容总体积，mL；

　　　$V_2$——测定用样品消化液的体积，mL；

　　　$m$——样品质量，g。

6. 说明与注意事项

（1）在配制对苯二酚溶液时加入浓硫酸的目的是减缓氧化。

（2）亚硫酸钠溶液应于实验前临时配制，否则可使钼蓝溶液发生浑浊。

（3）本方法最低检出限为 $2\mu g$。

 复习思考题

1. 水产品中微量元素是指哪些？如何分类？

2. 水产品中微量元素的测定方法有哪些？

3. 分解水产品有机物的常用方法有哪些？其操作要点和注意事项是什么？

4. 简述原子吸收分光光度法的测定金属元素的原理。

5. 简述原子荧光法测定非金属元素的原理。

# 第八章　水产品中有害成分残留的检测

### ☞ 学习目标

掌握水产品中常见的有机磷、有机氯及拟除虫菊酯类、氨基甲酸酯类等农药残留的测定方法；掌握水产品中兽药残留的测定方法；掌握水产品中黄曲霉毒素、苯并［a］芘、N-亚硝胺和甲醛等的测定方法；掌握水产品动、植物毒素、激素的测定方法。

食物中的有害物质，按其性质可分为三类：化学性污染物、生物性污染物、放射性污染物。这些污染物可通过食品对人体造成不同性质的危害。

## 第一节　水产品农药残留的检测

随着人们生活水平的提高，人们对食品质量安全越来越重视，国家对食品中的农药残留也提出了新的要求，GB 2763—2005《食品中农药最大残留量》中列出了 136 种农药在食品中的最大残留限量。海洋、河流和湖泊作为"三废"的最终排放地，也是农药的最终汇集地。水产品作为人们膳食中不可或缺的食品，其在养殖过程中因违规或非科学施用农药，难免造成农药在其中的残留而危及人体健康。

### 一、有机磷农药残留的测定

有机磷是一种在自然界中不存在的人工合成的化合物，而非天然产物。有机磷农药是一类重要的杀虫剂，具有高效、光谱；易被水、酶及生物降解等特性。由于有机磷杀虫剂具有一定的残留活性，大部分是果蔬中的有机磷残留。残留的有机磷通过食物等途径进入人体，并在体内蓄积，给人类健康存在潜在的威胁，同时引起了生态环境的污染。由于这类农药的大量使用而引发的食物中毒在我国农药食物中毒中占第一位。加强有机磷农药残留检测方法和环境毒理研究，对于合理开发和正确指导使用农药，保护生态环境，保障人类健康，避免和减少不必要的农业损失等都具有重要的现实意义。

有机磷农药的测定方法包括高效液相色谱法、气相色谱法、液相色谱-质谱联用法、气相色谱-质谱联用法、比色法、速测卡检测法等多种方法，其中气相色谱法是最常用的检测快速的方法，不仅消耗的耗材少，对环境的二次污染小，检测结果的准确性可靠性高。

本节主要介绍发光菌检测技术、化学发光技术、免疫分析技术、生物传感器技术等四种快速检测有机磷农药残留的方法。

（一）发光菌检测技术

在自然界中，发光细菌主要分布在海洋环境中，包括明亮发光杆菌、发光杆菌、羽田希瓦氏菌、海氏交替单胞菌、哈维氏弧菌等菌种，而淡水发光细菌包括青海弧菌、发光异短杆菌和霍乱弧菌等。

目前，在国际上通用的发光细菌是海洋发光菌（明亮发光杆菌 P. *phosphoreum*）。发光细菌是一类非致病的革兰氏阴性兼厌氧性细菌，在正常的生理条件下能够发射可见荧光的细菌，这种可见荧光波长在 450～490nm，在黑暗处肉眼可见。

1. 发光细菌检测法的工作原理

当发光细菌接触有毒污染物时，细菌新陈代谢则受到影响，发光强度减弱或熄灭，发光细菌发光强度变化可用发光检测仪测定出来。在一定浓度范围内，有毒物浓度大小与发光细菌光强度变化成一定比例关系，用精密仪器测出它与待测物作用前后的光强变化，就可以推算出综合毒性的大小。该方法应用于环境毒物的检测源于 20 世纪 80 年代，由于其检测速度快、灵敏度高、设备简单以及具有极好的可扩展性，在环境样品的毒性检测中得到了迅猛的发展。我国于 1995 年也将这一方法列为环境生物毒性检测的标准方法（GB/T 15441—1995）。

研究表明，大部分有机污染物对发光细菌毒性与对多种水生生物的毒性明显正相关。发光细菌的发光机理的研究表明，不同种类的发光细菌的发光机理相同，是由特异性的荧光酶（LE）、还原性的黄素（$FMNH_2$）、八碳以上长链脂肪醛（RCHO）、氧分子（$O_2$）所参与的复杂反应，大致历程为

$$FMNH_2 + LE \longrightarrow FMNH_2 \cdot LE + O_2 \longrightarrow LE \cdot FMNH_2 \cdot O_2 + RCH \longrightarrow LE \cdot FMNH_2 \cdot O_2 \cdot RCHO \longrightarrow LE + FMN + H_2O + RCOOH + 光$$

2. 发光菌技术在有机磷农药残留检测中的应用

有机磷农药包括杀虫剂、杀菌剂和除草剂。由于有机磷农药具有药效高、品种多、防治对象多等优点，在我国农业生产中大量使用。有机磷农药中的大多数品种属于高毒性，长期大量使用不但会对环境造成严重影响，且人们在食用高残留的水果蔬菜时会发生急性中毒或慢性中毒，危害食用者的身体健康。

3. 发光菌技术的前景

生物发光法可以对多种有毒有害物质共存时产生的综合生物毒性进行评价，且前处理简单、成本低廉，在定性、半定量的现场快速检测中逐渐显现出了其优势。特别是以淡水发光细菌——青海弧菌为主的农产品安全性检测技术是现代食品安全监测技术的一个新的发展领域。

（二）化学发光技术（chemiluminescence）

化学发光的机理是反应体系中某种物质（反应物、产物、中间体）的分子吸收了反应所释放的能量而由基态跃迁至激发态，然后再从激发态返回基态，同时将能量以光辐射的形式释放出来，产生化学发光。基于分子发光强度和被测物含量之间的关系建立的分析方法称为化学发光（CL）分析法。由于通常所使用的发光反应速度很快，所以必须保证样品与发光试剂能够快速、有效、高度重现的混合，流动注射技术满足了这一要求，它与化学发光分析相结合产生的流动注射化学发光分析法（FI-CL）不仅灵敏度高，线性范围宽，而且快速、重现性好、自动化程度高，在农业、药物和环境分析等领域得到了迅速的发展。

流动注射分析（flow injection analysis，FIA）是 1975 年由丹麦技术大学的 Ruzicka 和 Hansen 提出的新型分析技术。它的原理是基于把一定体积的液体试样注射到一个运动着的、无空气间隔的由适当液体组成的连续载流中。被注入的试样在向前运动过程中由于对流和扩散作用而分散成一个具有浓度梯度的试样带，试样带与载流中某些组分发生化学反应，产生某种可以被检测的物质，然后被载带到检测器中连续记录其吸光度、电极电位或其他物理参数。试样流过检测器的流通池时，这些参数连续地发生变化。典型的检测仪输出信号呈峰形，其高度或面积与待测物浓度有关。流动注射作为一种强有力的样品处理技术，只有同特定的检测技术相结合才能形成一个完整的分析体系。

流动注射技术中可以作为化学发光试剂的物质很多，如酰肼类、酚类等。其中，鲁米诺体系因检测灵敏度高，而且反应在水相中进行而应用较多。一些有机磷农药在碱性鲁米诺-$H_2O_2$ 体系中直接产生化学发光，利用这一机理可对它们进行检测。如选择 CTMAB 作为反应增敏剂，可建立鲁米诺-$H_2O_2$-CTMAB 化学发光法直接测定敌敌畏，得到敌敌畏的检测限为 0.008mg/L。聚乙二醇对甲基对硫磷与鲁米诺-$H_2O_2$ 体系也具有增敏作用，该法的检测限为 0.02mg/L。以罗丹明 B 作为增效剂，氧乐果的水解反应和巯基化合物-铈（Ⅳ）的化学发光反应，建立的检测方法检出限为 0.02mg/L。基于毒死蜱对鲁米诺-高碘酸盐化学发光体系的抑制作用，结合试剂固定化技术，可建立流动注射化学发光测定毒死蜱的绿色分析方法，测定的线性范围 0.48~484.0mg/L，检出限为 0.18mg/L。

（三）免疫分析技术

免疫分析法（IA）是一种以抗体作为生物化学检测器对化合物、酶或蛋白质等物质进行定性定量分析的分析技术。农药本身没有免疫原性，但是它们能和适当的抗体反应，即有免疫反应性。流动注射化学发光技术与免疫分析技术联用，综合了两者的特点，灵敏度高、精度好、分析快速、省时、省力、操作简便，容易实现自动化。

基于对胆碱酯酶抑制的检测方法；有机磷和氨基甲酸酯类农药均为胆碱酯酶抑制剂，可使胆碱酯酶磷酰化或氨基甲酰化。基于酶抑制原理，利用乙酰胆碱酯酶被有机磷和氨基甲酸酯类农药抑制前后的活性差别，建立了多种农药的快速检测方法。Roda 等采用流动注射（FIA-CL）法检测了对氧磷、涕灭威等有机磷农药，该方法有 3 种酶（AchE 等）参与反应，对氧磷和涕灭威的检测限分别是 0.00075mg/L 和 0.004mg/L。Moris 等采用对

AchE 抑制的 CL 法检测了乐果等有机磷农药，该反应有两种酶参与反应，检测限达到了 $10^{-6}$ mg/L。金盛烨等基于 AchE 可催化分解乙酰胆碱生成胆碱和乙酸，使溶液中的 pH 发生变化，某些荧光化合物对 pH 变化比较敏感，微量的酸会使荧光化合物的荧光强度发生变化，采用荧光化合物作为检测 pH 变化的段，建立了酶抑制荧光探针流动注射法检测果蔬样品中农药残留的方法，克百威和对氧磷的检测限分别可达 0.0035、0.012mg/L。

　　（四）生物传感器技术

　　生物传感器通常是指由一种生物敏感部件与转换器紧密配合，对特定种类化合物或生物活性物质具有选择和可逆响应的分析工具。当待测物与分子识别元件（由具有识别能力的生物功能物质如酶、微生物、抗原和抗体等构成）特异性地结合后，产生的光、热等通过信号转换器转变为可以输出的电信号、光信号等，由检测器经过电子技术处理，在仪器上显示或记录下来，从而达到分析检测的目的。

　　酶生物传感器是有机磷农药与乙酰胆碱酶酯基的活性部位发生不可逆的键合从而抑制酶活性，酶反应产生的 pH 变化由电位型生物传感器检测。其优点是快速、准确、可重复使用，但是酶对底物具有高度专一性且稳定性较差。Bernabeil M 等在一个生物传感器上偶联几种酶促反应从而增加了待测物的数目，即用乙酰胆碱酶和胆碱氧化酶双酶系统，制备了检测对氧磷和涕灭威的电流型 $H_2O_2$ 传感器。

　　免疫生物传感器利用抗体和抗原之间的免疫化学反应来制作的生物传感器。可以高灵敏度、高选择性、方便、快速地检测待测样品中的农药残留量。

　　（五）气相色谱法测定水产品中有机磷农药残留

　　1. 有机磷农药检测的样品前处理

　　1）提取溶剂的选择

　　提取溶剂的选择要根据具体所测有机磷农药及所测样品的性质来确定。一般可采用乙腈、二氯甲烷和丙酮等溶剂。敌敌畏、甲胺磷、乙酰甲胺磷等极性大的农药在丙酮中溶解度较大提取效果好；极性小的有机磷农药用二氯甲烷萃取回收率好提取效率高。所以也可采用丙酮与二氯甲烷相结合的提取方法，可得到较完全的有机磷样品，提高了方法的准确度；对于极性范围较广的有机磷农药也可采用乙腈提取，但乙腈易污染环境要注意使用后的处理问题。

　　2）样品净化

　　样品的净化的方法很多，可采用微孔滤膜滤过、微波净化、固相萃取柱净化等，其中固相萃取柱净化是最常用的方法。固相萃取柱净化的原理是使农药各组分吸附保留在固相萃取柱上，使杂质和色素等大分子与农药得到较好的分离，有效去除杂质的干扰后再以溶剂将目标农药洗脱下来，提高了检测的灵敏度。常用的固相萃取柱有 $C_{18}$ 柱、Carb 碳柱、$NH_2$ 胺柱等。在实际应用中可多种柱联用，有效去除各种杂质。还有净化过程中色素是最难去除，除了在洗脱剂上采用先丙酮后二氯甲烷洗脱外，也可辅以微波净化法，达到提高检测灵敏度的目的。

### 2. 色谱条件的确定

#### 1）检测器的选择

有机磷农药残留检测中最常用的检测器为氮磷检测器（NPD）、火焰光度检测器（FPD）等。NPD 检测器只对含磷和含氮的化合物有很高选择性和灵敏度，对磷的灵敏度约为 $10^{-14}$。FPD 检测器对磷的检测限为 $10^{-12}$，载流速及流量的提高均有利于提高检测灵敏度。

#### 2）毛细管柱的使用

毛细管柱是指内径 $0.1\sim0.5\mathrm{mm}$ 色谱柱，常用的柱长度为 12、25、50m。它大体又可分为空心柱和填充毛细管柱两大类。通常人们所说的毛细管柱多数指的是空心毛细管柱。根据固定相的不同空心柱又可分为：涂壁空心柱、涂载体空心柱、多孔层空心柱。目前有机磷的检测分析中，经常使用的毛细管柱有：DB-17 石英毛管柱、HP-5 型毛细管柱、SIL-8 型毛细管柱。它们的使用均有不同的要求。特别是不同的升温程序。

#### 3）定性与定量分析

有机磷农药的气相色谱法检测通常应用外标法，以保留时间定性、目标农药的峰面积定量。定量方法采用标准曲线法，该法的优点是操作简单和计算方便；缺点是整个操作过程和条件对分析结果影响大，每次检测都必须对标准曲线进行校正。另外，除标准曲线法外，色谱分析的方法还有归一法和内标法，它们的优点在于分析过程中可以很大程度地抵消仪器和操作条件对分析结果的影响。

标准曲线的绘制需配制一系列不同浓度的混合标准溶液，不同浓度的混合标准溶液分别注入气相色谱仪中，测得不同浓度各农药的峰高或峰面积。取同样体积的样品溶液注入气相色谱仪中测得峰高或峰面积，从标准曲线中查出相应的浓度。

### 3. 检测方法举例

请参见农药部部颁标准《NY/T 761—2008 蔬菜和水果中有机磷、有机氯、拟除虫菊酯和氨基甲酸酯类农药多残留的测定》。

## 二、有机氯及拟除虫菊酯类农药残留的测定

### （一）有机氯及拟除虫菊酯类农药的简介

有机氯农药是用于防治植物病、虫害的组成成分中含有有机氯元素的有机化合物。主要分为以苯为原料和以环戊二烯为原料的两大类。前者如使用最早、应用最广的杀虫剂 DDT 和六六六，以及杀螨剂三氯杀螨砜、三氯杀螨醇等，杀菌剂五氯硝基苯、百菌清、道丰宁等；后者有作为杀虫剂的氯丹、七氯、艾氏剂等。此外以松节油为原料的莰烯类杀虫剂、毒杀芬和以萜烯为原料的冰片基氯也属于有机氯农药。

### 1. 理化性质

#### 1）DDT

DDT 相对分子质量为 354.5，蒸气压为 $2.53\times10^{-8}\mathrm{kPa}/20℃$，闪点为 $72\sim77℃$，

熔点为 108～109℃，沸点为 260℃。DDT 在水中极不易溶解，在有机溶剂中的溶解度如下（g/100mL）：苯为 106、环己酮为 100、氯仿为 96、石油溶剂为 4～10、乙醇为 1.5。密度 1.55（25℃）。

DDT 化学性质稳定，在常温下不分解。对酸稳定，强碱及含铁溶液易促进其分解。当温度高于熔点时，特别是有催化剂或光的情况下，p,p′-DDT 经脱氯化氢可形成 DDE。

2）六六六

六六六成分是六氯环己烷，是环己烷每个碳原子上的一个氢原子被氯原子取代形成的饱和化合物，英文简称 BHC，分子式 $C_6H_6Cl_6$，结构式因分子中含碳、氢、氯原子各 6 个，可以看作是苯的 6 个氯原子加成产物，可以写作 666。白色晶体，有 8 种同分异构体，分别称为 α、β、γ、δ、ε、η、θ 和 ξ。α 异构体为单斜棱晶；熔点 159～160℃，沸点 288℃；易溶于氯仿、苯等；随水蒸气挥发；具有持久的辛辣气味；蒸气压 0.06mmHg（40℃）；沸腾时分解为 1,2,4-三氯苯（分子中脱除 3 分子氯化氢）。β 异构体为晶体；熔点 314～315℃，密度 1.89g/cm³（19℃），熔融后升华；微溶于氯仿和苯；不随水蒸气挥发；蒸气压 0.17mmHg（40℃）；与氢氧化钾醇溶液作用生成 1,3,5-三氯苯。γ 异构体为针状晶体；熔点 112～113℃，沸点 323.4℃，溶于丙酮、苯和乙醚，易溶于氯仿和乙醇；具有霉烂气味和挥发性。

3）氯丹

氯丹为无色或淡黄色液体，工业品为有杉木气味的琥珀色液体。

4）七氯

七氯相对分子质量为 373.35，蒸气压为 40MPa（25℃），熔点为 95～96℃，沸点为 135～145℃/133～200 Pa，不溶于水，溶于乙醇、醚类、芳烃等有机溶剂。相对密度为 1.57～1.59（20/4℃），对光、湿氯、酸、碱氧化剂均很稳定。

5）艾氏剂

艾氏剂纯品为白色无臭结晶，工业品为暗棕色固体。不溶于水，溶于乙醇、苯、丙酮等多数有机溶剂。

2. 有机氯农药的危害性

有机氯农药作为一类重要的持久性有机污染物所造成的污染和危害已引起普遍关注。《关于持久性有机污染物的斯德哥摩公约》中首批列入受控名单的 12 种持久性有机污染物中，有 9 种是有机氯农药。它们的使用不仅会对动物的生命健康构成威胁，而且还会积留于植物体内，也会直接污染我们的环境。

由于有机氯农药为脂溶性物质，故对富含脂肪的组织具有特殊亲和力，且可蓄积于脂肪组织中。其毒性机理一般认为系进入血循环中有机氯分子（氯代烃）与基质中氧活性原子作用而发生去氯的链式反应，产生不稳定的含氧化合物，后者缓慢分解，形成新的活化中心，强烈作用于周围组织，引起严重的病理变化。主要表现在侵犯神经和实质性器官。

由于有机氯农药非常难于降解，几十年之后，在土壤中仍有残留，且容易溶解在脂肪中。鱼、肉、奶中积存有机氯量最大，有机氯农药的使用，还会使有机氯积存于农作物中，人们在进食是往往同时摄入食物中宿存的有机氯污染物，因此，我国目前禁止生产、使用"六六六"、"滴滴涕"等有机氯农药。有机氯农药的禁用，一下子改变了人们使用农药的观念，引发了我国乃至世界范围内农药生产与使用的一场革命。

（二）气相色谱法测定水产品中有机氯及拟除虫菊酯类农药残留

1. 有机氯及拟除虫菊酯类农药的提取

1）匀浆提取法

匀浆提取法是称取打碎样品于烧杯中，加提取液（乙腈），放入组织分散机匀浆；匀浆液经玻璃漏斗过滤，收集滤液于装有氯化钠的具塞量筒中，摇匀静置，待溶液完全分层，再准确移取上层提取液（乙腈）到小烧杯中，置于70℃恒温水浴上浓缩近干，用氮气吹干。

2）振荡提取法

振荡提取法是将样品置于多用食品加工机中搅碎，称取样品于梨形瓶中，加入丙酮-正己烷混合液（1：1），加入6粒玻璃珠，振摇数分钟，中间放气。再振荡40min，抽滤，残渣用丙酮-正己烷混合液（1：1）洗涤，洗涤液过滤滤液合并于另一梨形瓶中，以硫酸钠溶液洗涤2次，以除去丙酮。正己烷相过无水硫酸钠漏斗脱水并滤入浓缩瓶中，用少量正己烷洗涤梨形瓶及无水硫酸钠漏斗，洗脱液合并于浓缩瓶中，在旋转蒸发器中浓缩。

3）超临界流体萃取

超临界流体萃取是先将样品静态萃取1min，再动态萃取；萃取物收集于3mL乙酸乙酯中，提取液经氮气吹干后加入内标液1.0mL，快速混匀后测定。超临界流体萃取（SFE）技术与传统萃取方法相比具有操作简单、分析速度快、费用低、溶剂消耗量少、选择性好和环境污染极小等优点。

2. 提取液的净化

气相色谱法测定各类样品中有机氯农药残留的过程中，样品的净化是分析方法成败的关键步骤之一，净化效果直接影响到测定结果。常用的净化方法有浓硫酸净化、凝胶色谱GPC净化和固相萃取（SPE）柱净化等，这些净化方法对色素的去除能力和回收率不同；对于SPE法不同固相萃取填料与不同的洗脱溶剂搭配对净化效果还有较大的影响。较高的净化效率可以保证方法的回收率，降低噪声，避免假阳性出现，又可以保护检测仪器，使其免受样品中杂质的污染。净化过程的优化以溶剂用量少、净化时间短和操作步骤简单为原则。

1）磺化法

磺化法是将萃取液浓缩到1mL，加入1mL浓硫酸，振荡使萃取液与浓硫酸充分混合。除去色素后加入3mL饱和氯化钠水溶液，混匀后静置，待分层后吸出有机相。向水相中加入1mL正己烷，反萃水相，待分层后吸出有机相，与之前吸出的有机相合并，浓缩定容到 1mL。

　　磺化法对不同的样品间的净化效果存在差异。对于基质复杂的样品，需要经过多次磺化和水洗除硫酸步骤。增加操作步骤可能降低回收率，但增加反萃的次数和有机溶剂用量可以提高目标化合物回收率的同时，相应地增加了浓缩时间。磺化法的优点是净化效率高，色素去除彻底；缺点是使用了浓硫酸而增加了操作的危险性，部分农药存在降解的问题。

　　2）凝胶色谱（GPC）法

　　凝胶色谱法是将萃取液浓缩定容到 1mL，进入凝胶色谱分离。凝胶色谱是利用分子的体积排阻作用进行分离。分子质量小的物质进入微孔中而后被洗脱下来，而分子质量大的分子，如脂肪、蛋白质等，无法进入微孔而先被排出。流动相以固定的流速淋洗凝胶色谱柱，按流出时间分段收集洗脱液，做洗脱曲线，从而确定目标化合物的最佳收集时间区间。流动相为正己烷-二氯甲烷（1:1，体积分数），流速为 5mL/min 的实验条件下，目标化合物收集时间为 6～22min。当此方法应用于色素成分较复杂的样品时，在目标化合物收集时间段内有色素共流出，除色效果不彻底。说明部分色素分子大小结构与目标化合物接近，从而不能完全分离。凝胶色谱净化法的优点是操作自动化，有效去除大分子杂质，具有稳定的回收率，不存在因目标化合物降解而损失的问题；缺点是耗时长，溶剂使用量大，部分样品除色素不彻底。对于油脂、蛋白质等大分子杂质含量高的样品可用凝胶色谱净化，仪器自动完成并能得到稳定的回收率。

　　3）固相萃取柱（SPE）净化

　　固相萃取柱净化是将提取液浓缩并置换溶剂为正己烷定容；先后用二氯甲烷和正己烷预淋洗固相萃取柱，将浓缩后的提取液过柱净化，以不同比例的正己烷和二氯甲烷混合液作为洗液淋洗脱，收集流出的洗脱液。将洗脱液浓缩并置换溶剂为正己烷，定容到 1mL。

　　固相萃取柱净化是根据提取液中所含目标化合物和杂质的种类不同选择不同的柱填料和淋洗溶剂组合进行净化。过程是部分与柱填料间没有相互作用力的杂质先流出，选择洗脱能力适中的淋洗溶剂将目标化合物洗脱并收集，剩下与柱填料间相互作用力强的杂质保留在柱填料中。常用的 SPE 净化柱的填料为弗罗里硅土（Florisil）和 $C_{18}$，两者相比较，Florisil 固相萃取小柱是正相固相萃取，Florisil 填料对样品中的色素等极性杂质有很强的吸附能力，而对有机氯等非极性和弱极性的待测组分不易吸附，且待测组分的极性与固定相极性差别越大，净化效果越好。

　　固相萃取柱净化用于有机氯农药残留测定中样品的净化，优点是操作简单省时，溶剂消耗量小；缺点是商品柱为一次性使用，成本较高。对于大批量不同种类的样品可用固相萃取柱净化，其适用范围广，对于不同种类的样品均能达到较好的净化效果，处理速度快并且能节省溶剂。

　　3. 色谱条件的确定

　　1）检测器的选择

　　有机氯及拟除虫菊酯类农药残留检测中最常用的检测器为电子捕获检测器（ECD）。

ECD检测器对电负性较大的物质有很强的响应，所以对有机氯农药来说是高选择性的检测器。它灵敏度高，检测限可达 $10^{-14}$。检测器的流速在 $40\sim100mL/min$ 的范围内峰高与流速无关，流速大于 $100mL/min$ 时，峰高下降，所以定量分析时应用峰高为宜。

2）毛细管柱的使用

有机氯及拟除虫菊酯类农药的检测分析中，经常使用极性较弱的毛细管柱。主要有：HP-5 型毛细管柱、HP-35 型毛细管柱等。

3）定性与定量分析

与有机磷农药的气相色谱法相同。

4. 检测方法举例

请参见农药部部颁标准《NY/T 761—2008 蔬菜和水果中有机磷、有机氯、拟除虫菊酯和氨基甲酸酯类农药多残留的测定》。

## 三、氨基甲酸酯类农药残留的测定

氨基甲酸酯类农药是一类高效、广谱性杀虫剂，自 20 世纪 70 年代以来广泛应用于粮食、蔬菜、水果及经济作物上的害虫防治。

氨基甲酸酯类农药多数品种速效，残效期短，选择性强。对叶蝉、飞虱、蓟马、玉米螟防效好，对天敌安全；多数品种对高等植物低毒，在生物和环境中易降解，个别品种如克百威等急性毒性极高；不同结构类型的品种、生物活性和防治对象差别很大；与有机磷作用机理相似，抑制乙酰胆碱酯酶，但反应过程有差异；与有机磷混用，有的产生拮抗作用，有的有增效作用。氨基甲酸酯类农药主要品种有稠环基氨基甲酸酯类、取代苯基类、氨基甲酸肟类等。

### （一）氨基甲酸酯类农药的简介

#### 1. 稠环基氨基甲酸酯类

（1）甲萘威（carbaryl）。又称西维因，在水中溶解度低，在苯、二甲苯中溶解度低；稳定性好（光、热、酸），碱中易分解，主要以可湿性粉或悬浮剂对水喷雾。用于稻、棉、果林茶桑等作物上的螟虫、稻纵卷叶螟、稻苞虫、棉铃虫、红铃虫、斜纹夜蛾、棉卷叶虫、桃小食心虫、苹果刺蛾、茶小绿叶蝉、茶毛虫、桑尺蠖、大豆食心虫等。西瓜对甲萘威敏感，不宜使用；其他瓜类应先做药害试验，有些地区反映，用甲萘威防治苹果食心虫后，促使叶螨发生，应注意观察。对蜜蜂高毒，不宜在开化期或养蜂区使用。

（2）克百威（carbofuran）。克百威又称呋喃丹，是广谱性杀虫、杀线虫剂，具有触杀和胃毒作用。它与胆碱酯酶结合不可逆，因此毒性甚高。能被植物根部吸收，并输送到植物各器官，以叶缘最多。土壤处量残效期长，稻田水面撒施残效期短。适用于水稻、棉花、烟草、大豆等作物上多种害虫的防治，也可专门用作种子处理剂使用。对眼睛和皮肤无刺激作用。在试验剂量内对动物无致畸、致突变、致癌作用。对鱼、鸟高毒，对蜜蜂无毒害。

（3）丙硫克百威（fenfuracarb）。又称安克力，难溶于水，溶于大多数有机溶剂。对光不稳定。是中等毒性杀虫剂，胆碱酯酶的抑制剂，具有触杀、胃毒和内吸作用，持效期长。

（4）丁硫克百威（carbosulfan）。又称好安威、好年冬，不溶于水，与丙酮、二氯甲烷、乙醇、二甲苯互溶，酸性介质中易分解。是中等毒性杀虫剂，杀虫谱广，有内吸性。

### 2. 取代苯基类

（1）异丙威（isoprocarb）。又称叶蝉散，不溶于卤代烷烃和水，难溶于芳烃，溶于丙醇、甲醇、乙醇、二甲亚砜、乙酸乙酯等有机溶剂。在酸性条件下稳定，碱性溶液中不稳定。属中等毒性杀虫剂，具有较强的触杀作用，速效性强，对稻飞虱、叶蝉科害虫具有特效。可兼治蓟马和蚂蟥，对飞虱天敌、蜘蛛类安全。不能与敌稗混用，否则易发生药害。

（2）仲丁威（fenobucarb）。又称巴沙，微溶于水，易溶于一般有机溶剂，如氯仿、丙酮、苯、甲苯、二甲苯、石油醚、甲醇等。遇碱或强酸易分解，弱酸介质中稳定，高温下热分解。是低毒杀虫剂，杀虫作用快，有杀卵和内吸作用，低温下仍有良好的杀虫效果，但残效期短。对飞虱、叶蝉有特效，对蚊、蝇幼虫也有一定防效。

### 3. 氨基甲酸肟类

（1）涕灭威（aldicarb）。水中溶解度大于 33%，溶于大多数有机溶剂。为高度杀虫剂，具有内吸作用。由于有一定的水溶性，可使地下水受污染。适用于防治刺吸式口器害虫和食叶性害虫，对作物各个生长期的线虫有良好防治效果。

（2）灭多威（methomyl）。又称万灵，为高毒性杀虫剂，挥发性强，吸入毒性高，具有触杀、胃毒作用，无内吸，熏蒸作用，具有一定的杀卵效果。适用于棉花、蔬菜、烟草上防治鳞翅目、同翅目、鞘翅目及其他害虫。

（3）硫双灭多威（thiodicarb）。又称拉维因，毒性较低，为胆碱酯酶抑制剂。具有一定的触杀和胃毒作用。对主要的鳞翅目、鞘翅目和双翅目害虫有效，对鳞翅目的卵和成虫也有较高的活性。对高粱和棉花的某些品种有轻微药害。

（4）苯氧威（fenoxycarb）。又名双氧威、苯醚威，具胃毒、触杀作用，杀虫谱广，选择性很强，通过干扰昆虫特有的发育和变态过程而产生杀虫的作用，因此对哺乳动物低毒。当苯氧威进入昆虫体内后，很低的浓度就可以使昆虫体内的保幼激素超过正常值，严重干扰了昆虫的正常发育而导致死亡，因此剂量很少就可以起到较好的杀虫效果。持效期长，对环境无污染。主要用于仓库，防治仓储害虫。

（5）茚虫威（indoxacarb）。和传统的氨基甲酸酯杀虫剂不同，茚虫威为钠通道抑制剂，而并非胆碱酯酶抑制剂，故无交互抗性。茚虫威主要通过阻断害虫神经细胞中的钠通道，使靶标害虫的协调受损，出现麻痹，最终致死。

（二）酶抑制法

氨基甲酸酯类农药能抑制昆虫中枢和周围神经系统中乙酰胆碱酯酶的活性，造成神经传导介质乙酰胆碱的积累，影响正常传导，使昆虫致死，根据这一昆虫毒理学原理，用在农药残留的检测中。酶抑制剂法检测方法主要包括：比色法、酶片法、酶传感器法。

1. 比色法

比色法是将蔬菜的样品残留提取液与从敏感生物中提取的胆碱酯酶作用，以碘化硫代乙酰胆碱（ATCI）或碘化硫代丁酰胆碱等为底物，以 5,5′-二硫代-2,2′二硝基苯甲酸为显色剂，经一定时间反应后，利用农药残留速测仪在波长 412nmg 处比色，根据吸光值的变化计算胆碱酯酶抑制率，从而判断氨基甲酸酯类农药残留是否超标。比色法具有可靠性和灵敏性高及成本低等明显优势，是目前使用的主要方法。在仪器方面，对分光光度计进行改装使之适合比色法检测要求。在酶学研究方面，农业部农药测定所等单位开发并制定了利用丁酰胆碱酯酶（BuChE）检测农药残留的方法和标准。丁酰胆碱酯酶主要来自动物血清，是乙酰胆碱酯酶（AchE）的替代品。与乙酰胆碱酯酶检测结果相比，用丁酰胆碱酯酶检测农药残留存在着专一性和可靠性低、检测结果假阳性率高等问题。以敏感家蝇头部提取纯化的乙酰胆碱酯酶为酶源的方法最先由我国台湾农试所研究应用，此法所需时间虽短，操作误差小，但由于配套仪器和试剂昂贵未能广泛推广。农业部药检所提供的丁酰胆碱酯酶检测农药残留的方法已在各地推广使用，其测定时间为 40min，此方法需要熟练操作，否则会影响检测结果。

2. 酶片法

酶片法是将敏感生物的胆碱酯酶和乙酰胆碱类似物 2,6-二氯靛酚乙酸酯经固化处理后加载到滤纸片上。2,6-二氯靛酚乙酸酯在胆碱酯酶的催化作用下发生水解反应迅速分解，生成蓝色的靛酚和乙酸。若样品中含氨基甲酸酯类农药，胆碱酯酶与氨基甲酸酯类农药结合，便失去催化靛酚乙酸酯水解的能力。因此，在样品中只要有微量氨基甲酸酯类农药存在就能强烈地抑制胆碱酯酶的活性，无蓝色物质生成。根据颜色变化可直接判断氨基甲酸酯类农药是否存在，蓝色示农药残留，浅蓝色或白色表示无农药残留。该方法不需要仪器，操作方便、快速，测试成本低，主要用于口岸、市场等蔬菜、水果的现场残留检测。目前使用的农药速测卡和农药残留速测箱都属于酶片法。

3. 酶传感器法

生物传感器是常由一种生物敏感部件（如胆碱酯酶）与转换器紧密配合，对特定种类化学物质具有选择性和可逆性的分析装置。生物敏感部件与特定分析物之间反应会产生一些物理化学信号的变化，再通过转移器转化、放大后显示或记录下来。生物传感器是目前农药残留速测技术中的研究热点，在测定方法多样化、缩短响应时间、提高测量灵敏度和自动化程度以及适应现场检测能力等方面已取得了长足的进步。近年来我国利用农药对靶标酶活性的抑制作用研制出酶传感器，它是将酶（如乙酰胆碱酯酶）固定在载体上，如将 AChE 固定在石英晶体表面，随着酶反应的速率和程度的改变，电流频率随着发生变化，通过测定电流频率判断 AChE 被抑制的程度。先后用丁酰胆碱酯酶和乙酰胆碱酯酶传感器测量氨基甲酸酯类农药残留，使酶抑制法的检测灵敏度和准确性又有了很大提高。通过测定胆碱酯酶生物传感器的关键技术是酶源选择和酶敏感层的制备。但是现阶段胆碱酯酶等生物材料在固定化过程中活性容易失活问题还没有很好解决，影响了这一技术的推广应用。

（三）气相色谱法测定水产品中氨基甲酸酯类农药残留

近年来在氨基甲酸酯类农药残留分析中，传统样品前处理方面的研究主要是样品提取和净化方法的简单化、微型化和自动化，如超临界流体萃取技术（SFE）、固相萃取技术（SPE）、固相微萃取技术（SPME）、基质固相分散萃取技术（MSPDE）和凝胶渗透色谱技术（GPC）等。

1. 色谱条件的确定

1）检测器的选择

氨基甲酸酯类农药残留分析常用的检测器为火焰热离子检测器（FTD），其工作原理：含氮有机化合物被色谱柱分离后在加热的碱金属片的表面产生热分解，形成氰自由基（$CN^*$），并且从被加热的碱金属表面放出的原子状态的碱金属（Rb）接受电子变成 $CN^-$，再与氢原子结合。放出电子的碱金属变成正离子，由收集极收集，并作为信号电流而被测定。电流信号的大小与含氮化合物的含量成正比。以峰面积或峰高比较定量。

另外一种常用的检测器为氮磷检测器（NPD），是分析含 N、P 化合物的高灵敏度高选择性和宽线性范围的检测器。

2）毛细管柱的使用

常用 HP-5 型中等极性的毛细管柱色谱柱。

3）定性与定量分析

与有机磷农药的气相色谱法相同。

2. 检测方法举例

请参见农药部部颁标准 NY/T 761—2008《蔬菜和水果中有机磷、有机氯、拟除虫菊酯和氨基甲酸酯类农药多残留的测定》。

# 第二节　水产品中兽药残留的检测

水产食品营养丰富，味道鲜美，深受人们喜爱。近年来，随着我国沿海水产养殖业的蓬勃发展，兽（渔）药在渔业生产中的作用越来越重要。然而，近年来水产品药物超标现象不断出现，且呈日趋严重的态势；因药物残留超标而被退货、销毁甚至中断贸易往来事件时有发生。水产品生产中适当地使用兽（渔）药这一问题引起了人们的重视。

（1）兽药（veterinary drugs）是指用于预防、治疗、诊断动物疾病或者有目的地调节动物生理机能的物质（含药物饲料添加剂）。在我国，鱼药、蜂药、蚕药也列入兽药管理。

（2）渔药。在防治水产动物疾病中使用渔药，在饲养过程中使用饲料药物添加剂等均可导致药物在水产品中残留。由于养殖的集约化，饲料药物添加剂和亚治疗量的各类抗生素在生产中广泛应用，以及用药混乱及不合理规范等因素存在，使水产品药物残留问题日益突出。现在国际上比较重视的残留药物有抗生素类（链霉素、新霉素、四环素族、氯霉素）、磺胺类、呋喃类、喹诺酮类等。

（3）促生长剂。促进动物生长而添加的物质有己烯雌酚、甲基睾酮、盐酸克伦特洛等。早在20世纪70年代，在欧洲对水产品使用同化激素就已引起了媒体的注意。

（4）激素类药物。生长激素在水产动物生长过程中起着重要的调节作用，能促进鱼类的生长发育。水产动物养殖中的生长促进剂能加快水产动物的生长速度，提高饲料的转化利用率，改善品质，显著提高养殖业的经济效率。目前，水产动物饲料中大多存在激素类添加剂。这些激素一般较稳定，不易被降解，导致鱼类体内激素含量过高，通过食物链进入人体后，仍具有较强的生物活性，会使人的正常生理功能发生紊乱，儿童性成熟加快，影响正常生长和发育，对人体可产生致癌、损伤生殖功能、导致神经系统和免疫系统功能紊乱等严重危害。

目前，我国在水产品药物残留监控体系上与国际惯例的衔接上还不是十分顺畅，检测和监控水平与欧盟、美国等要求仍有一定差距。药物残留已成为扩大水产品国际贸易的主要障碍。

## 一、检测分析方法的简介

目前水产品中药物残留检测分析方法主要有免疫法、气相色谱法、高效液相色谱法和联用技术等。兽药残留检测分析与农药残留分析相同，包括：①提取、净化，将有害物质从水产品中提取和分离出来；②利用仪器对提取净化液进行定性和定量分析。其中，提取净化阶段是各种分析方法必需的过程。

### （一）免疫分析技术

免疫分析法是近几年发展起来以抗原与抗体的特异性、可逆性结合反应为基础的新型分析技术，具有很高的选择性和灵敏性，无论作为兽药残留分析的检测手段还是样品净化手段都能使分析过程大大简化，特别是前处理步骤。作为相对独立的检测方法，免疫测定法主要包括酶联免疫吸附测定（ELISA）、放射免疫测定法（RIA）、固相免疫传感器等。目前，使用最普遍的是酶联免疫法（ELISA），具有操作简便、灵敏度高、样品容量大、仪器化程度和分析成本低的优点，是目前最理想的残留筛选性分析方法之一。目前几乎所有重要的水产品药物残留（如氯霉素、四环素、链霉素、己烯雌酚等）都已建立或试图建立ELISA检测法，但影响该法测定的因素太多，易出现假阳性结果。

（二）气相色谱法（GC）

气相色谱法（GC）对目标化合物具有非常高效的分离能力；当 GC 配备高灵敏、通用检测器（氢焰离子化检测器、FID）或选择性强的检测器（电子捕获检测器：ECD；氮磷检测器：NPD；火焰光度检测器：FPD）时不仅具有很广的检测范围而且还具备更低的检测限。但是由于大多数兽药极性或沸点偏高，需烦琐的衍生化步骤，因而限制了 GC 的应用。

（三）高效液相色谱法（HPLC）

20 世纪 80 年代后，高效液相色谱法（HPLC）的高速发展，相当数量的药物残留采用或改用 HPLC 进行分析，如氯霉素、磺胺类药物等。

HPLC 是一种灵敏度较高、可靠性较强的一种方法，此法重复性好、速度快，可使许多极难分离的待测物得以分析，目前大多数水产品药物残留分析主要采用 HPLC 法。但 HPLC 法检出限较高（5～10$\mu$g/kg），达不到国际上对水产品残留最低限量的要求。如水产品中氯霉素的含量，欧盟要求小于 0.1$\mu$g/kg。应用 HPLC 法检测时，动物组织成分复杂，必须对样品进行预处理，排除杂质干扰测定，以保证测定的准确性和灵敏度。

（四）联用技术

联用技术是现代药物残留分析乃至整个分析化学方法上的发展方向，联用技术可扬长避短，一般兼分离、定量和定性（分子结构信息）于一体，因而特别适用于确证性分析。常用的联用技术有 GC-MS、LC-MS、TLC-MS、CZE-MS 等。GC-MS 已相当成熟，LC-MS 已进入实用阶段，其灵敏度可到 ng/kg 级。美国 FDA 推荐使用 LC-MS 来检测水产品中的氯霉素。但由于联用技术需要的仪器设备昂贵，目前普及度不高。

## 二、抗生素土霉素、四环素、金霉素残留量的测定

1. 原理

样品经提取、微孔膜过滤后直接进样，用反相色谱分离，紫外检测器检测，与标准比较定量分析，出峰顺序为土霉素、四环素、金霉素。以标准加入法定量分析。

2. 试剂

（1）乙腈（分析纯）。

（2）0.01mol/L（$Na_2H_2PO_4 \cdot 2H_2O$）溶液：称取 1.56g（±0.01g）磷酸二氢钠（$Na_2H_2PO_4 \cdot 2H_2O$）溶于蒸馏水中，定容至 100mL，经微孔滤膜（0.45$\mu$m）过滤，备用。

（3）土霉素（OTC）标准溶液：称取土霉素 0.0100g（±0.0001g），用 0.1mol/L 盐酸溶解并定容至 10.00mL，此溶液 1mL 含土霉素 1mg。

(4) 四环素（TC）标准溶液：称取四环素 0.0100g（±0.0001g），用 0.1mol/L 盐酸溶解并定容至 10.00mL，此溶液 1mL 含四环素 1mg。

(5) 金霉素（OTC）标准溶液：称取金霉素 0.0100g（±0.0001g），用 0.1mol/L 盐酸溶解并定容至 10.00mL，此溶液 1mL 含金霉素 1mg。

以上标准品均按 100 $\mu g/mg$ 折算。以上标准溶液应于 4℃以下保存，可使用 1 周。

(6) 混合标准溶液：取（3）、（4）标准溶液各 1.00mL，取（5）标准溶液 2.00mL，置于 10mL 容量瓶中，加蒸馏水至刻度。此溶液 1mL 含土霉素、四环素各 0.1mg，金霉素 0.2mg，临用现配。

(7) 5％高氯酸溶液。

### 3. 仪器

高效液相色谱仪（HPLC），配有紫外检测器。

色谱条件如下：

(1) 色谱柱：ODS-$C_{18}$（5$\mu$m）6.2nm×15cm。

(2) 检测波长：355nm。

(3) 灵敏度：0.002AUFS。

(4) 柱温：室温。

(5) 流速：1.0mL/min。

(6) 进样量：10$\mu$L。

(7) 流动相：乙腈-0.01mol/L 磷酸二氢钠溶液（35＋65）（用 30％硝酸溶液调节至 pH2.5），使用前超声波脱气 10min。

### 4. 操作方法

(1) 样品测定。称取 5.00g（±0.01g）切碎的样品（小于 5mm），置于 50mL 锥形瓶中，加入 5％高氯酸 25.0mL，于振荡器上振荡提取 10min，移入离心管中，以 2000r/min 离心 3min，取上清液经 0.45$\mu$m 滤膜过滤，取溶液 10$\mu$L 进样，记录峰高，从工作曲线上查得含量。

(2) 工作曲线。分别称取 7 份切碎的样品，每份 5.00g（±0.01g），分别加入混合标准溶液 0、25、50、100、150、200、250$\mu$L（含土霉素、四环素各为 0.0、2.5、5.0、10.0、15.0、20.0、25.0$\mu$g，含金霉素 0.0、5.0、10.0、20.0、30.0、40.0、50.0$\mu$g）。然后按（1）操作，以峰高为纵坐标、抗生素含量为横坐标，绘制工作曲线。

### 5. 结果计算

$$X = \frac{m_2 \times 1000}{m_1 \times 1000}$$

式中　$X$——样品中抗生素的含量，mg/kg；

　　　$m_2$——样品溶液测得抗生素的质量，$\mu$g；

　　　$m_1$——样品质量，g。

6. 说明与注意事项

（1）目前抗生素有 11 类、数千个品种，常用的有几百种，四环素族抗生素是养殖业常用的防病治病药物。

（2）测定样品中抗生素残留量的方法较多，有微生物法、荧光免疫学法、气相色谱法、薄层层析法、放射性同位素法和高效液相色谱法等。目前应用较多的方法是微生物法和高效液相色谱法，前者虽能定量分析，但不能定性分析，灵敏度较高；后者既能定量分析也能定性分析。

## 三、己烯雌酚残留量的测定

己烯雌酚是一类与天然雌激素的分子状态极为相似的兽药，属于激素类药物。自 1939 年人工合成以后，在临床上广泛使用。20 世纪 70 年代初发现具有蛋白质同化作用。近年来许多国家将己烯雌酚用于养殖业中，不仅可以促进动物的生长发育，而且可以减少动物体中胶原蛋白而增加脂肪含量；在水产动物体内的代谢较慢，极小的残留都可对人体造成危害，如动物体中残留的雌激素可造成幼儿性发育异常，因此，世界各国已禁止使用蛋白质同化剂。

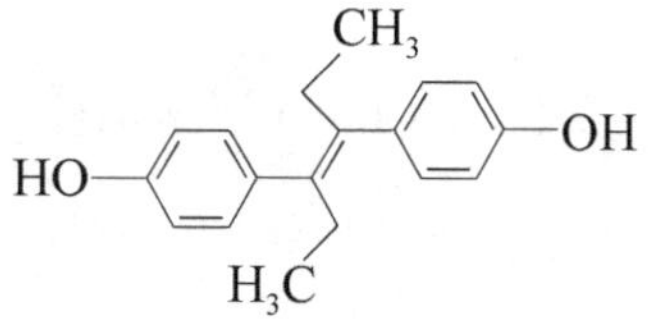

己烯雌酚

1. 原理

样品匀浆后，用甲醇提取过滤，注入 HPLC 柱中，经紫外检测器于波长 230nm 处测定吸光度，同条件下绘制工作曲线，己烯雌酚含量与吸光度在一定浓度范围内成正比，样品与工作曲线比较定量分析。

2. 试剂

使用的试剂一般为分析纯，有机溶剂需过 $0.5\mu m$ FH 滤膜，无机试剂需过 $0.45\mu m$ 滤膜。

（1）甲醇。

（2）0.043mol/L（$Na_2H_2PO_4 \cdot 2H_2O$）：取 1g 磷酸二氢钠溶于水成 500mL。

（3）磷酸。

（4）己烯雌酚（DES）标准溶液：精密称取 100mg，溶于甲醇，移入 100mL 容量瓶中，加甲醇至刻度，混匀，此溶液 1mL 含 DES 1.0mg，储于冰箱中。

（5）己烯雌酚（DES）标准使用液：吸取 10.00mL DES 储备液，移入 100mL 容量瓶中，加甲醇至刻度，混匀，此溶液 1mL 含 DES 100$\mu g$。

### 3. 仪器

高效液相色谱仪,具有紫外检测器;小型绞肉机;小型粉碎机;电动振荡机;离心机。

### 4. 操作方法

1) 提取及净化

称取 5.0g 绞碎(小于 5mm)样品,放入 50mL 具塞离心管中,加 10.00mL 甲醇,充分搅拌,振荡 20min,于 3000r/min 离心 10min,将上清液移出,残渣中再加 100mL 甲醇,混匀后振荡 20min,于 3000r/min 离心 10min,合并上清液,此时出现浑浊,需再离心 10min,取上清液 0.5μm FH 滤膜,备用。

2) 色谱条件

(1) 紫外检测器:检测波长 230nm。

(2) 灵敏度:0.04AUFS。

(3) 流动相:甲醇-0.043mol/L $Na_2H_2PO_4 \cdot 2H_2O$ (70:30),用磷酸调至 pH5 [其中磷酸二氢钠水溶液需过 0.45μm 滤膜]。

(4) 流速:1mL/min。

(5) 进样量:20μL。

(6) 色谱柱:CLC-ODS-$C_{18}$ 6.2nm×15cm 不锈钢柱。

(7) 柱温:室温。

3) 工作曲线绘制

称取 5 份(每份 5.0g)绞碎的样品,放入 50mL 具塞离心管中,分别加入不同浓度的标准溶液(6.0、12.0、18.0、24.0μg/mL)各 1.0mL,同时做空白。其中甲醇总量为 20.00mL,使其测定浓度分别为 0.00、0.30、0.60、0.90、1.20μg/mL,按提取、净化方法提取备用。

4) 测定

分别取样 20μL 注入 HPLC 柱中,可测得不同浓度 DES 标准溶液峰高,以 DES 浓度对峰高做标准曲线,同时取样液 20μL,注入 HPLC 柱中,测得的峰高从工作曲线中查出相应含量从工作曲线中查出相应含量,$R_t$=8.235。

### 5. 结果计算

$$X=\frac{m_2V_1\times1000\times1000}{m_1V_2\times1000\times1000}$$

式中 $X$——样品中己烯雌酚的含量,mg/kg;

$m_2$——样品溶液测得己烯雌酚的质量,ng;

$m_1$——样品质量,g;

$V_1$——样品甲醇提取液总体积,mL;

$V_2$——进样体积,μL。

6. 说明与注意事项

（1）本方法回收率为 $90\% \sim 93\%$，最低检出量为 1.26ng，最低检出浓度为 0.25mg/kg。

（2）测定己烯雌酚残留测定方法有竞争性蛋白质结合法，放射性免疫检测法，GC 法，TLC 法，GC-MS 法，HPLC 法，其中用得最多的是 HPLC 法。

（3）本试验采用 2 次提取（甲醇），离心，过膜，回收率高，但灵敏度不太高，如果增加灵敏度，可将样品增加 20 倍，提取液置于旋转浓缩器，通氮减压蒸馏，最后定容 1.0mL，灵敏度可大大提高，最低检出浓度 0.01mg/kg，回收率 $40\% \sim 70\%$。使用流动相时，预先进行超声波脱气，以防气泡堵塞谱柱。

## 四、甲醛残留量的测定

水产品中甲醛含量测定方法有定性筛选方法和定量分析方法（分光光度法、高效液相色谱法）。

（一）定性筛选方法

1. 原理

利用水溶液中游离的甲醛与某些化学试剂的特异性反应，形成特定的颜色进行鉴别。

2. 试剂

下列所用试剂均为分析纯，所用化学试剂应符合 GB/T 602—2002 的要求。实验用水应符合 GB/T 6682—2008 要求。

（1）1％间苯三酚溶液：称取固体间苯三酚 1g，溶于 100mL 12％氢氢氧化钠中。此溶液临用时现配。

（2）4％盐酸苯肼溶液：此溶液临用时现配。

（3）盐酸溶液（1+9）：量取盐酸 100mL，加到 900mL 的水中。

（4）5％亚硝酸亚铁氰化钠溶液：此溶液临用时现配。

（5）10％氢氧化钾溶液。

3. 仪器

组织捣碎机、10mL 纳氏比色管。

4. 操作方法

1）取样

（1）鲜活水产品：取肌肉等可食部分测定。鱼类去头、去鳞，取背部和腹部肌肉；虾去头、去壳、去肠腺后取肉；贝类去壳后取肉；蟹类去壳、去性腺和肝脏后取肉。

（2）冷冻水产品：经半解冻直接取样，不可用水清洗。

（3）水发水产品：可取其水发溶液直接测定。或将样品沥水后，取可食部分测定。

（4）干制水产品：取肌肉等可食部分测定。

2）试样的制备

可直接取用水发水产品的水发溶液，进行定性筛选实验。将取得的样品用组织捣碎机捣碎，称取 10g 于三角瓶中，加入 20mL 蒸馏水，振荡 30min，离心后取上清液作为制备液进行定性测定。

3）测定

（1）间苯三酚法：①取样品制备液 5mL 于 10mL 纳氏比色管中，然后加入 1mL 1％间苯三酚溶液，2min 内观察颜色变化。溶液若呈橙红色，则有甲醛存在，且甲醛含量较高；溶液若呈浅红色，则含有甲醛，且含量较低；溶液若无颜色变化，甲醛未检出。②该方法操作时显色时间短，应在 2min 内观察颜色的变化。水发鱿鱼、水发虾仁等样品的制备液因带浅红色，不适合此法。

（2）亚硝基亚铁氰化钠法：①取样品制备溶液 5mL 于 10mL 纳氏比色管中，然后加入 1mL 4％盐酸苯肼，3～5 滴新配的 5％亚硝基亚铁氰化钠溶液，再加入 3～5 滴 10％氢氧化钾溶液，5min 内观察颜色变化。溶液若呈蓝色或灰蓝色，说明有甲醛，且甲醛含量高；溶液若呈浅蓝色，说明有甲醛，且甲醛含量低；溶液若呈淡黄色，甲醛未检出。②该方法显色时间短，应 5min 内观察颜色的变化。

以上两种方法中任何一种方法都可作为甲醛的定性测定方法，必要时两种方法同时使用。

（二）定量测定方法

1. 分光光度法

1）原理

水产品中的甲醛在磷酸介质中经水蒸气加热蒸馏，冷凝后经水溶液吸收，蒸馏液与乙酰丙酮反应，生成黄色的二乙酰基二氢二甲基吡啶，用分光光度计在 413nm 处比色定量，甲醛分光光度计吸收光谱如图 8-1 所示。

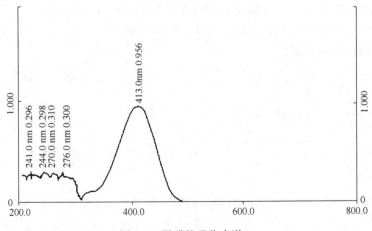

图 8-1　甲醛的吸收光谱

2）试剂

（1）磷酸溶液（1+9）：取100mL磷酸，加到900mL的水溶液，混匀。

（2）乙酰丙酮溶液：称取乙酸铵25g，溶于100mL蒸馏水中，加冰乙酸3mL和乙酰丙酮0.4mL，混匀，储存于棕色瓶，在2~8℃冰箱内可保存1个月。

（3）0.1mol/L碘溶液：称取40g碘化钾，溶于25mL水中，加入12.7g碘，待碘完全溶解后，加水定容至1 000mL，移入棕色瓶中，暗处储存。

（4）1mol/L氢氧化钠溶液。

（5）硫酸溶液（1+9）。

（6）0.1mol/L硫代硫酸钠标准溶液：按GB/T 5009.1—2003中规定的方法标定。

（7）0.5%淀粉溶液：此液应当日配置。

（8）甲醛标准储备溶液：吸取0.3mL含量为36%~38%甲醛溶液于100mL容量瓶中，加水稀释至刻度，为甲醛标准储备溶液，冷藏保存2周。按本法中规定的碘量法标定。

（9）甲醛标准溶液（5μg/mL）：根据甲醛标准储备液的浓度，精密吸取适量于100mL容量瓶中，用水定容至刻度，配置甲醛标准溶液（5μg/mL），混匀备用。此液应当日配置。

3）仪器

分光光度计：波长范围为360~800nm。圆底烧瓶：1 000、2 000、250mL；容量瓶：200mL；纳氏比色管：20mL。调温电热套或电炉。组织捣碎机。蒸馏液冷凝、接收装置。

4）操作方法

（1）样品处理。将按定性筛选方法要求取得样品，用组织捣碎机捣碎，混合均匀后称取10.00g于250mL圆底烧瓶中，加入20mL蒸馏水，用玻璃棒搅拌混匀，浸泡30min后加10mL磷酸（1+9）溶液后立即通入水蒸气蒸馏。接收管下口事先插入盛有20mL蒸馏水且置于冰浴的蒸馏液接收装置中。收集蒸馏液至200mL，同时做空白对照实验。

（2）甲醛标准储备溶液的标定。精密吸取甲醛标准储备溶液10.00mL置于250mL碘量瓶中，加入25.00mL 0.1mL碘溶液，7.50mL 1mol/L氢氧化钠溶液，放置15min；再加入10.00mL（1+9）硫酸，放置15min；用浓度为0.1 mol/L的硫代硫酸钠标准溶液滴定，当滴至菠黄色时，加入1.00mL 0.5%淀粉指示剂，继续滴定至蓝色消失，记录所用硫代硫酸钠体积（$V_1$）mL。同时用水作试剂空白滴定，记录空白滴定所用硫代硫酸钠体积（$V_0$）mL。

甲醛标准储备液的浓度用下计算：

$$X_1 = \frac{(V_0 - V_1) \times c \times 15 \times 1000}{10}$$

式中　$X_1$——甲醛标准储备溶液中甲醛的浓度，mg/L；

$V_0$——空白滴定消耗硫代硫酸钠标准溶液的体积效，mL；

$V_1$——滴定甲醛消耗硫代硫酸钠标准溶液的体积数，mL；

$c$——硫代硫酸钠溶液准确的摩尔浓度，mol/L；

15——1mL 1mol/L碘相当甲醛的量，mg；

10——所用甲醛标准储备溶液的体积，mL。

（3）标准曲线的绘制。精密吸取 $5\mu g/mL$ 甲醛标准液 0、2.0、4.0、6.0、8.0、10.0mL 于 20mL 纳氏比色管中，加水至 10mL；加入 1mL 乙酰丙酮溶液，混合均匀，置沸水浴中加热 10min，取出用水冷却至室温；以空白液为参比，于波长 413nm 处，以 1cm 比色皿进行比色，测定吸光度，绘制标准曲线。

（4）样品测定。根据样品蒸馏液中甲醛浓度高低，吸取蒸馏液 1～10mL，补充蒸馏水至 10mL，测定过程同标准曲线的绘制，记录吸光度。每个样品应做两个平行测定，以其算术平均值为分析结果。

5）结果计算

试样中甲醛的含量按下式计算，计算结果保留 2 位小数。

$$X_2 = \frac{c_2 \times 10}{m_2 \times V_2} \times 200$$

式中　$X_2$——水产品中甲醛含量，mg/kg；

　　　$c_2$——查曲线结果，$\mu g/mL$；

　　　10——显色溶液的总体积，mL；

　　　$m_2$——样品质量，g；

　　　$V_2$——样品测定保持蒸馏液的体积，mL；

　　　200——蒸馏液总体积，mL。

6）说明与注意事项

（1）回收率：回收率≥60%。

（2）检出限：样品中甲醛的检出限为 0.50mg/kg。

（3）精密度：在重复性条件下获得 2 次独立测定结果：

样品中甲醛含量≤5mg/kg 时，相对偏差≤10%；

样品中甲醛含量＞5mg/kg 时，相对偏差≤5%。

**2. 高效液相色谱法**

1）原理

甲醛在酸性条件下与 2,4-二硝基苯肼在 60℃ 水浴衍生化生成 2,4-二硝基苯腙，经二氯甲烷反复分离提取后，经无水硫酸钠脱水，水浴蒸干，甲醇溶解残渣。ODS-$C_{18}$ 柱分离，紫外检测器 338nm 检测，以保留时间定性，根据峰面积定量，测定甲醛含量，甲醛溶液高效液相色谱图如图 8-2 所示。

2）试剂

甲醇：色谱纯，经过滤、脱气后使用；二氯甲烷；2,4-二硝基苯肼溶液：称取 100mg 2,4-二硝基苯见肼溶解于 24mL 浓盐酸中，加水定容至 100mL；甲醛标准储备溶液：配制及标定分光光度法相应内容，临用时稀释至 $20\mu g/mL$；无水硫酸钠：经 550℃ 高温灼烧，干燥器中储存冷却后使用。

3）仪器

高效液相色谱，附紫外检测器；高速离心机。10mm×150mm 具塞玻璃层析柱；漩涡混合器；移液器：1mL；微量进样器：$20\mu L$；5 mL 具塞比色管；$0.22\mu m$ 滤膜。

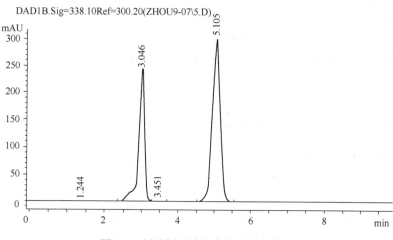

图 8-2 甲醛标准溶液高效液相色谱图

4）操作方法

（1）样品处理：取按分光光度法制备水蒸气蒸馏液 0.1～1.0mL，置于 5mL 具塞比色管中，补充蒸馏水至 1.0mL，加入 0.2mL 2,4-二硝基苯肼溶液，置 60℃ 水浴 15min，然后在流水中快速冷却，加入 2mL 二氯甲烷，漩涡混合器振荡萃取 1min，3 000r/min 离心 2min，取上清液再用 1mL 二氯甲烷萃取 2 次，合并 3 次萃取的下层黄色溶液，将萃取液经无水硫酸钠柱脱水，60℃ 水浴蒸干，放冷，取 1.0mL 色谱纯甲醇溶解残渣，经孔径 0.22μm 滤膜过滤后做液相色谱分析用。

（2）色谱条件：色谱柱，ODS-C$_{18}$柱，5μm，4.6nm×250nm；色谱柱温度，40℃；流动相，甲醇+水（60+40），0.5mL/min；检测器渡长，338nm。

（3）标准曲线的绘制：分别取 20μg/mL 的甲醛应用液 0、0.1、0.25、0.5、0.75、1.0mL（相当于 0、2、5、10、15、20μg）于 5 mL 具塞比色管中，加蒸馏水至 1.0mL，按测定步骤中样品处理方法处理后取 20μL 进样。根据出现时间定性（5.1min），峰面积定量，每个浓度做 2 次，取平均值，用峰面积与甲醛含量做图，绘制标准曲线。取样品处理液 20μL 注入液相色谱测得积分面积后从标准曲线查出相应的浓度。

5）结果计算

样品中甲醛的含量按下式计算，计算结果保留 2 位小数。

$$X_3 = \frac{c_3}{m_3 \times V_3} \times 200$$

式中　$X_3$——水产品中甲醛含量，mg/kg；

　　　$c_3$——查曲线结果，μg/mL；

　　　$m_3$——样品质量，g；

　　　$V_3$——样品测定取蒸馏液的体积，mL；

　　　200——蒸馏液总体积，mL。

6）回收率

样品蒸馏液中添加甲醛标准溶液计算得到的回收率>90%。

7) 精密度

在重复性条件下获得 2 次独立测定结果：

当样品中甲醛含量≤5mg/kg 时，相对偏差≤10%；

当样品中甲醛含量>5mg/kg 时，相对偏差≤5%。

8) 检出限

样品中甲醛的检出限为 0.20mg/kg。

## 五、孔雀石绿残留量的测定

### （一）孔雀石绿简介

孔雀石绿一般有两种：①是天然的矿石（水合碱式碳酸铜，$Cu_2(OH)_2CO_3$ 或 2CuO·CO·$H_2O$），呈翠绿或草绿色的块石，含 71.9% CuO、19.9% $CO_2$、相对密度 3.9～4.03、能溶于酸类；主要用于铜的提炼和供作颜料，一般不在水产养殖中使用；②是一种染料（Malachite Green Dyestuff），又有 Anillne Green、China Green、Victoria Green 等多个名称，是人工合成的有机化合物，属于三苯基甲烷型的绿色染料 Tryphenyl Methane Dyestuffs。作为丝绸、皮革和纸张的染料的第二种物质虽然称作孔雀石绿，但其实它不含有天然孔雀石的成分，只是两者颜色相似而已。结构式见图 8-3。

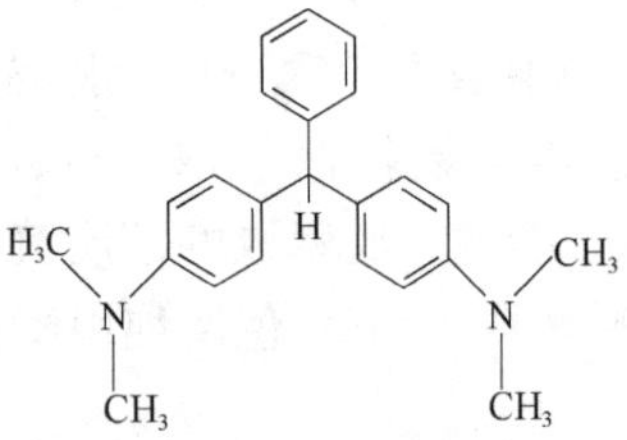

孔雀石绿是消毒类化学品，具有迅速杀灭病原微生物的功效。此类药物对养殖生物易造成损害，只能当做外用；药效会受到药物浓度、使用环境的理化、生物因子变化等限制。

图 8-3　孔雀石绿结构式

作为染料，孔雀石绿是将色素溶于热草酸溶液，冷却后得草酸盐的结晶，或用盐酸中和后，加定量的氯化锌 $ZnCl_2$ 结晶出氯化锌复盐成为绿色碱性染料，用于染羊毛、丝、皮革等。

2002 年 5 月中国农业部已将孔雀石绿列入《食品动物禁用的兽药及其化合物清单》。作为杀菌剂，对脂鲤和鲶鱼等海产来说，孔雀石绿有高度毒性、高残留等副作用，故使用时，通常只下一半分量。它是带有金属光泽的绿色结晶体，可用做治理鱼类或鱼卵的寄生虫、真菌或细菌感染，对渔场的鱼卵易感染的真菌 *Saprolegnia* 有特效。孔雀石绿也常用作处理受寄生虫影响的淡水水产。孔雀石绿中化学功能团三苯甲烷可致癌，很多国家已经禁用，在我国仍有渔民在防治鱼类感染真菌时使用，也有运输和商业中用作消毒剂，以延长鱼类在长途贩运中的存活时间。

孔雀石绿可用做生物染色剂，把细胞或细胞组织染成蓝绿色，方便在显微镜下观察和研究。孔雀石绿具有高毒素、高残留、致癌、致畸、致突变等副作用，有"苏丹红第二"之称，在动物体内能长期残留，通过代谢进入人和动物的机体后，可以通过生物转化，还原代谢成为脂溶性的无色孔雀石绿，引起动物肝、肾、心脏、脾、肺、眼睛、皮肤等脏器和组织中毒。孔雀石绿对妊娠兔子有致畸作用，严重危害人类健康。

测定方法有多种，有紫外可见分光光度法、高效液相色谱法、显微结晶法、液相色谱、串联质谱测定方法等，下面只介绍常用的紫外可见分光光度法和高效液相色谱法。

（二）紫外-可见分光光度法

1. 仪器

PHS-25 型数显酸度计；BS224S 型电子天平；721E 型紫外分光光度计。

2. 药品与试剂

孔雀石绿标准样品；冰醋酸；乙酸铵；二甘醇；盐酸羟胺；对甲苯磺酸；乙腈，以上试剂均为分析纯。鱼样品。

3. 标准溶液的配制

孔雀石绿标准溶液：准确称取孔雀石绿 0.010g，用乙腈溶解，定容于 100mL 容量瓶中，配制成 $10^{-4}$g/mL 的标准溶液，再用蒸馏水稀释成相应浓度的孔雀石绿溶液。

4. 混合提取液的配制

准确称取盐酸羟胺 6.7g，对甲苯磺酸 0.42g，乙酸铵 0.24g，于 250mL 蒸馏水中溶解，并用冰醋酸调节 pH 至 3.0，备用。

5. 样品处理，提取与净化

称取处理好的样品约 40g 置于 500mL 烧杯中，加混合提取溶液 60mL，匀浆 5min，将样品转移到 250mL 容量瓶中，用 30mL 乙腈分 3 次洗涤烧杯，洗涤液合并到容量瓶中，向容量瓶中加入 20g 中性氧化铝吸附样品中油脂，将容量瓶振荡约 10min 后，转移样品至 4 支 50mL 离心管中，以 4000r/min 离心 10min，将离心管中上清液移入 1000mL 分液漏斗中，向离心管内加入 30mL 乙腈，振摇离心管，使样品与乙腈充分混合，如上所述再次离心，合并上清液至分液漏斗中，向分液漏斗中加入 100mL 蒸馏水，50mL 二氯甲烷，另加 5mL 二甘醇用于消除乳化，剧烈振摇分液漏斗，静置分层，用容量瓶收集下层液体后，再往分液漏斗中加入 50mL 二氯甲烷，振摇，静置，待其分层后收集下层液体于同一容量瓶中，将收集液在 50℃下减压旋转蒸发至近干，取下蒸发瓶，用乙腈洗涤蒸发瓶，定容到 2mL，即得样品溶液。

6. 样品测定

室温下在不同的底液下将标准溶液于 1cm 的玻璃比色皿中进样，以相应空白溶液作参比，在 619nm 的波长范围内测定其吸光度。提取的样品溶液，再加入 2.5mL pH 为 3.0 的柠檬酸钠缓冲溶液，其后在 619nm 的波长范围内测定其吸光度。

7. 说明

方法的线性范围为：0.0800～70.0mg/L，摩尔吸光系数 $\varepsilon=1.825\times10^{4}$，检出限为

0.0200 µg/mL，加标回收率为 93.5%～99.0%，相对标准偏差 < 0.35%。

　　水产品中常见离子对孔雀石绿测定的影响：样品中 1000 倍的 $NO_3^-$、800 倍的 $Ca^{2+}$、700 倍的 $K^+$、600 倍的 $Na^+$ 以及 500 倍的 $Mg^{2+}$ 共存离子对测定不产生干扰；任何倍数的 $Cl^-$ 对孔雀石绿测定均无影响。

　　（三）高效液相色谱法

　　1. 原理

　　以乙酸胺盐溶液和乙腈提取样品中的孔雀石绿和无色孔雀石绿后，经过液-液萃取，固相萃取，用接有氧化柱的 $C_{18}$ 柱进行高效液相色谱分析，外标法定量。

　　2. 试剂

　　所有试剂应无干扰峰，应选择优级纯或色谱纯的试剂，分析纯试剂应重蒸。

　　（1）孔雀石绿及无色孔雀石绿标准品（孔雀石绿纯度≥90%，无色孔雀石绿纯度≥90%）。

　　（2）乙腈（色谱纯）。

　　（3）二氯甲烷（分析纯）。

　　（4）盐酸羟胺溶液（0.25g/mL）。

　　（5）二甘醇（分析纯）。

　　（6）乙酸铵溶液（0.1mol/L pH 4.5，0.125mol/L pH 4.5）。

　　（7）对甲苯磺酸溶液（0.05mol/L）。

　　（8）碱性氧化铝（分析纯，粒度 0.071～0.1501mm）。

　　（9）中性氧化铝（分析纯，粒度 0.07～0.150mm）。

　　（10）丙基磺酸阳离子树脂（PRS propylsulfonic acid，40µm）。

　　（11）孔雀石绿标准溶液：准确称取孔雀石绿 0.1000g，用乙腈溶解，定容于 100mL 容量瓶中，使成浓度为 1mg/mL 的标准溶液，再用乙腈稀释成 0.11µg/mL 的工作溶液。该溶液应避光保存。

　　（12）无色孔雀石绿标准溶液：准确称取无色孔雀石绿 0.1000g，用乙腈溶解，定容于 100mL 容量瓶中，使成浓度为 1mg/mL 的标准溶液，再用乙腈稀释成的工作溶液。该溶液应避光保存。

　　（13）二氧化铅（分析纯）。

　　（14）精制工业硅藻土。

　　（15）水，应符合 GB/T 6682 —2008 的要求。

　　3. 仪器

　　（1）高效液相色谱仪：配可变波长检测器。

　　（2）电子天平：感量 0.0001g。

　　（3）匀浆机。

（4）离心机。

（5）振荡器。

（6）旋转蒸发器。

（7）固相萃取柱：PRS 柱，中性氧化铝柱。

（8）色谱柱：C$_{18}$柱。

（9）柱后氧化柱：柱内填料，二氧化铅：硅藻土＝1：1。

4. 操作方法

1）取样

鱼去鳞、皮，沿背脊取肌肉；虾去头、壳，取可食肌肉部分；蟹、甲鱼等取可食部分。所取样品切为不大于 0.5cm×0.5cm×0.5cm 的小块后混匀。称取样品 10～20g（精确到 0.001g），置于匀浆杯中，向杯中依次加 3mL 盐酸羟胺溶液、5mL 对甲苯磺酸溶液和 20mL 0.1mol/L 的乙酸铵溶液，匀浆 2min，转移到 250mL 三角瓶中，用 60mL 乙腈洗涤匀浆杯，洗涤液合并到三角瓶中，加入 20g 碱性氧化铝，用振荡器振荡 5min，转移至 4 支 50mL 离心管内，30mL 乙腈洗涤三角瓶后转移到离心管中，4000 r/min 离心 15min。

2）分离纯化

液-液萃取。将离心管上清液移入分液漏斗中，向离心管中加入乙腈，洗涤，离心（4000 r/min，15min），合并上清液到分液漏斗中，并加入 100mL 水、50mL 二氯甲烷和 2mL 二甘醇，剧烈振摇分液漏斗，静置 1h。用蒸发瓶收集下层液体后，再往分液漏斗加入 50mL 二氯甲烷，振摇，静置约 10min，待其分层后收集下层液体于同一蒸发瓶。将收集液在 35℃下减压旋转蒸发（注意：开始时温度不要直接升到 35℃，以免爆沸）至体积为 2～3mL。

3）固相柱萃取

（1）固相柱制备。采用中性氧化铝（1g）、PRS 填料（0.5g）分别装填 2 只固相萃取柱，按中性氧化铝柱在前、PRS 柱在后的顺序将两柱串联。

（2）上样。使用前用 5mL 乙腈预洗两柱，然后将液-液萃取浓缩液体加入 5mL 乙腈混匀后，缓慢加入中性氧化铝柱内（注意：不要引起柱表面填料浮动）。再用 5mL 乙腈洗涤蒸发瓶 2 次，2 次洗涤液均加入柱内，最后用 5mL 乙腈洗涤两柱。

（3）洗脱收集。弃去中性氧化铝柱，用 2mL 水洗 PRS 柱，洗脱液弃去；加入 0.5mL 乙腈：乙酸铵溶液（0.1mol/L，pH 4.5）＝1：1，洗脱液弃去；再加入 2mL 乙腈：乙酸铵溶液（0.1mol/L，pH 4.5）＝1：1，收集该洗脱组分，定容到 2mL，经聚四氟乙烯膜（孔径 0.45μm）过滤，待上机分析。

5. 色谱测定条件

（1）色谱柱：C$_{18}$柱，250mm×4.6mm；柱后氧化柱：35mm×4.6mm。

（2）流动相：乙腈：乙酸铵溶液（0.125mol/L，pH 4.5）＝80：20；流速：2mL/min。

（3）柱温：35℃。

（4）进样量：50μL。

（5）检测波长：588nm 或 618nm。

### 6. 色谱分析

分别注入 50μL 浓度为 0.1μg/mL 的孔雀石绿溶液、无色孔雀石绿工作溶液及样品提取溶液于液相色谱仪中，按上述色谱条件进行色谱分析，记录峰面积，响应值均应在仪器检测的线性范围之内。根据标准样品的保留时间定性，外标法定量。标准品色谱图如图 8-4 所示。

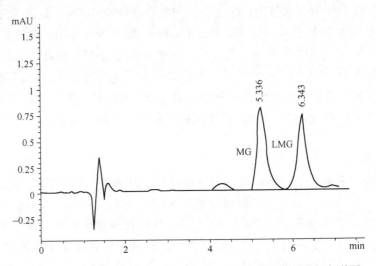

图 8-4　MG：孔雀石绿；LMG：无色孔雀石绿标准品的液相色谱图

### 7. 结果计算

计算样品中孔雀石绿、无色孔雀石绿的含量按下式计算。

$$X = \frac{A \times c_3 \times V}{A_s \times m \times 1000}$$

式中　$X$——样品中孔雀石绿（无色孔雀石绿）含量，μg/kg；

　　　$c_3$——标准溶液中孔雀石绿（无色孔雀石绿）含量，μg/mL；

　　　$A$——试样液中孔雀石绿（无色孔雀石绿）的峰面积；

　　　$V$——样品提取物溶液体积，mL；

　　　$A_s$——标准溶液中孔雀石绿（无色孔雀石绿）的峰面积；

　　　$m$——样品重量，g。

### 8. 说明与注意事项

（1）回收率：≥70%。

（2）检测限：孔雀石绿为 2μg/kg；无色孔雀石绿为 4μg/kg。

（3）批间方法变异系数：≤15%。

（4）方法的线性范围：孔雀石绿标准液 $0.01\sim0.40\mu g/mL$；无色孔雀石绿标准液 $0.02\sim0.40\mu g/mL$。

# 第三节　水产品中其他有害物质的测定

## 一．水产品中黄曲霉毒素的测定

黄曲霉毒素（aflatoxin）简称 AFT，是由黄曲霉和寄生曲霉产生的一类代谢产物，具有极强的毒性和致癌性，是已确定的肝癌致癌物。其基本结构都有二呋喃环和香豆素（氧杂萘邻醌），在紫外光下都有荧光。最早的菌株发现于虹鳟饲料中，水产品中黄曲霉毒素的污染是水产养殖业面临的一个重要和广泛的课题，在各国引起广泛关注。目前已明确结构的有 17 种，其毒性和结构有关，凡二呋喃环末端有双键者毒性较强，并有致癌性。但并非所有的黄曲霉菌株都产毒，产毒菌株大多分布在湿热地区，而寒冷地区产毒菌株少。

目前黄曲霉毒素测定方法有免疫学法、薄层层析法、液相色谱法等。

### （一）免疫学法

免疫化学法是根据免疫学抗原抗体高特异性结合，设计并发展起来的免疫学检测技术。具有重现性好、灵敏度高、选择性强、特异性强、时间短、检测限低等特点，同时又能减少有害试剂的使用，对检测人员健康起一定保护作用，在黄曲霉毒素检测方面取得了很大的应用。具有代表性的主要有免疫层析法（IICA）、放射免疫分析方法（RIA）和酶联免疫法（ELISA）等，它们均可以进行定量测定。

#### 1. 酶联免疫吸附法

酶联免疫吸附法（ELISA）是 20 世纪 60 年代出现的新免疫测定技术，它把抗原抗体免疫反应和酶的高效催化作用原理有机地结合起来。其原理是抗原（或抗体）吸附于载体上的免疫吸附剂和用酶标记的抗体（或抗原）与样品中的待测物（抗体或抗原）起特异的免疫反应然后加入酶底物进行显色反应，通过颜色深浅来判断样品中待测物的含量。

近年来，由于酶联免疫吸附法具有灵敏度高、特异性强、安全性好、操作简便等特点，样品一般不用净化即可加提取液直接测定，因此，利用 ELISA 检测 $AFB_1$ 越来越普遍。

#### 2. 放射免疫法

放射免疫法特异性强、灵敏度高、比较准确快速、操作简单、易于标准化；但其需要特殊的设备和安全防护的缺陷，妨碍了该方法的广泛应用。

#### 3. 免疫亲和柱净化荧光光度法（SFB）

SFB 是新发展起来的一种检测 AFT 的方法，其设备轻便、自动化高、操作简单、检测灵敏、时间短，广泛应用于检测 El 常饲料中 AFT 是否超标。国外公司已经开发出的系列荧光光度计，可以直接读取 AFT 的总量。

### 4. 免疫亲和柱荧光光度法（IAC）

IAC 是美国公职化学家协会（AOAC）检测 AFT 的标准方法。其原理是利用单克隆免疫亲和柱为分离手段，将单克隆抗体与载体蛋白成功偶联，偶联物填柱形成 IAC，并与 AFT 半抗原产生对应的特异性吸附关系。当样品通过柱子时，因抗原只能吸附相应的抗体，所以 IAC 也就只能吸附 AFT，别的杂质因不被吸附而流出柱子。IAC 的优点是在检测过程中，检测人员不用直接接触 AFT，并接触很少试剂就完成整个检测。操作简单、耗时短、灵敏度高且能直接读数，所以应用范围很广。

### （二）薄层法（TLC）

薄层层析（Thin-Layer Chromatography，TLC）是在黄曲霉毒素研究方面应用最广的分离技术。自 1990 年，它被列为 AOAC 标准方法，该方法同时具有定性和定量分析黄曲霉毒素的功能。其原理是样品经过提取、柱层析、洗脱、浓缩、薄层板展开分离后，在 365nm 紫外灯下，$AFB_1$、$AFB_2$、$AFG_1$ 和 $AFG_2$ 分别显示紫色、蓝紫色、绿色和绿色荧光。并根据其在薄层上显示的最低检出量来确定其含量。所用设备简单，费用低廉，容易掌握，适用大量样品的分离、筛选，一般的实验室均可开展，属于定性和半定量检测。

### 1. 普通 TLC 法

普通 TLC 法的原理是以乙醚、丙酮-氯仿（8∶92）为展开剂在室温下双向展开，于 365nm 紫外灯下观察。

1）样品液的制备

取样品 20g，加甲醇-水溶液（55∶45）100mL，再加正己烷 30mL，振摇，过滤，取下层 20mL 于分液漏斗中，加氯仿 20mL，振摇后静置分层，放出氯仿层，经盛有 10g 被氯仿润湿的无水碳酸钠的定量慢速滤纸滤过于蒸发皿中，65℃水浴蒸干，在冰盒上冷却 2～3min，加入苯-乙腈（98∶2）1mL，取上清液备用。

2）验证试验

若样品在标准液相应位置上有蓝紫色荧光点，则怀疑样品污染有 AFT 需加滴三氯乙酸，使产生 AFT 展开后此衍生物的 $R_f$ 值约为 0.1。

3）定量方法

将检出 AFT 的样品按稀释法，根据其强度估计减少滴加微升数或将样液稀释后再滴加不同微升数，直至样液点的荧光强度与 AFT 标准点的最低检出量（本条件下测得为 0.5 ng）的荧光强度一致为止。按下列公式计算每克样品中 AFT 的含量。

$$X = 0.5 \times \frac{V_1 \times D \times 1000}{V_2 \times m}$$

式中　$X$——每克样品中 AFT 的含量，ng/g；

$V_1$——加入苯乙腈混合液的体积，mL；

$V_2$——出现最低荧光时滴加样液的体积，mL；

$D$——样液总稀释倍数；

$m$——加入苯-乙腈混合液溶时相当样品的质量，g。

### 2. 高效薄层法（HPTLC）

HPTLC 主要的特点是采用新的净化方法和优化提取体系。固相萃取（SPE）是目前国际上较常使用的样品处理方法之一。与其他方法（如液-液萃取等）相比，SPE 采用高效、高选择的固定相为填料，可快速完成净化过程，具有快捷、高效、经济等优势。黄曲霉毒素净化柱（MFC）是一种特殊的固相萃取（SPE）柱，它突破传统的工作模式，以极性、非极性及离子交换等几类基因组成填充剂，可选择性吸附样液中的脂类、蛋白质、糖类等各类杂质，待测组分黄曲霉毒素却不被吸附而直接通过，从而一步完成净化过程，且净化效果理想。经典 TLC 大多采用液-液萃取等作为净化方法，不仅耗时长，且由于净化效果不佳，导致展开时需采用双相展开以排除杂质干扰。采用MFC净化后，仅用单相展开即可达到分离测定的目的，不仅节省了工作时间，而且进一步减少了有毒有害溶剂的用量，提高了工作效益。

### （三）高效液相色谱法（HPLC）

HPLC 法是在将样品提取、净化、衍生的基础上，利用荧光检测器测定黄曲霉毒素的方法，具有高分辨率、快速、准确性好、灵敏度高、检测限低等优点，近年越来越多地用于 AFT 的测定。

HPLC 法是当前国内外使用的权威的检测 AFT 方法。反相 HPLC（RPLC）采用填充硅胶颗粒的流动池的荧光检测，灵敏度可以达到 1ng 水平以下。为了加强荧光，一般通过强氧化剂（TFA 等）或卤族元素及衍生物在柱前或者柱后进行衍生处理。

用高效液相色谱法测定黄曲霉毒素，一般分提取、净化、衍生和测定几个步骤。

### 1. 仪器和条件

Waters246 型高效液相色谱仪，U6K 进样阀，420AC 型荧光检测器，$\lambda_{ax}=360nm$，$\lambda_{im}=425nm$，$\phi 8\times 100nm$ uBondapak $C_{10}$ 径向压缩柱，甲醇/水（32：68）流动相，流速1.5mL/min，水为二级蒸馏水。

### 2. 测定

1）AFB$_1$ 标准溶液

将卫生部食品卫生监督检验所提供的安瓶装 1mL 标准（AFB$_1$ 10$\mu$g）用苯/乙腈混合溶剂（98：2）稀释到 50mL 棕色容量瓶中，此标准溶液 1mL 含 0.2$\mu$g AFB$_1$。

2）饱和碘溶液

称取 0.5g 碘，在 100mL 水中搅拌 15min，使其溶解，装入具塞棕色瓶中，暗处保存。

3）样品预处理与衍生化

称取 20g 样品，置于 250mL 具塞锥形瓶中。加 30mL 石油醚和 100mL 甲醇/水溶液（55：45）盖严，振荡 30min。过滤，滤液分层，放出下层的甲醇/水相，取 20mL 此溶液（相当于 4g 样品）于另一分液漏斗中，加 20mL 二氯甲烷，振摇，分层，下层经盛有 10g 先用二氯甲烷润湿过的无水硫酸钠的滤纸过滤。并用同一溶剂洗涤系统。滤液在 65℃水浴上蒸干，加 1mL 甲醇溶解，并加 7mL 水和 2mL 饱和碘液，于沸水浴上碘化反应 40 s，用 0.45$\mu$m 微膜过滤，滤液浓缩，定容 1mL 供色谱分析。

4）色谱分析及结果

在上述色谱条件下一般取 10$\mu$L 经以上处理过的样品液，注入色谱仪进行分析。测量所得谱图的峰面积，按预先制作好的定量校正线获得样品中 AFB$_1$ 的浓度为 $c_x$，按下式进行计算样品中 AFB$_1$ 的含量。

$$X = \frac{c_x \times 1}{20 \times \frac{20}{100}}$$

式中　$X$——样品中 AFB$_1$ 的含量，mg/kg；

　　　$c_x$——样品中 AFB$_1$ 的浓度，$\mu$g/mL。

## 二、水产品中苯并［α］芘的测定

苯并［a］芘即 3,4-苯并芘，为多环芳烃的代表，在自然界中分布极广，但主要存在于煤、石油、焦油和沥青中，也可由一切含碳氢的化合物燃烧产生，造成大气、土壤和水体的污染。由于苯并［a］芘具有致癌性，可诱发胃癌、皮肤癌及肺癌等，所以苯并［a］芘的污染问题引起人们的广泛关注。

水产品中苯并［a］芘的来源有多种渠道。一是重油、煤炭、石油、天然气等有机物燃烧不完全产生的苯并［a］芘污染大气、水源。二是水产品在烟熏、烧烤或烧焦过程中产生的，或者被燃料燃烧时产生的多环芳烃污染。另外，有些细菌、原生动物、淡水藻类和有些高等植物，可以在体内合成苯并［a］芘。我国对不同食品中苯并［a］芘的允许量标准制定相应的数值，其中烟熏鱼≤5$\mu$g/kg。

1. 水产品中苯并［a］芘的测定（咖啡因分配荧光法）原理

样品的石油醚提取液，先以甲酸洗去干扰杂质，再以咖啡因的甲酸溶液萃取，苯并［a］芘以水溶性的咖啡碱复合物分离出来，经乙酰化纸色谱与其他多环芳烃分离，苯并［a］芘在紫外光下呈蓝紫色荧光，荧光强度在一定范围内与含量成正比，可采用目视法与标准斑点比较进行概略定量分析，也可将荧光斑点剪下，以溶剂浸出后用荧光分光光度计测定荧光强度，与标准比较进行精确定量分析。

2. 试剂

（1）石油醚：分析纯（60%～90%），重蒸馏或经氧化铝柱处理，除去荧光。

（2）甲酸：分析纯（88%～90%）。

（3）咖啡因-甲酸提取液（150g/L）：称取咖啡因 15g，溶于甲酸中并定容至 100mL。

（4）甲酸-水（2＋3）溶液。

（5）硫酸钠水溶液（20g/L）：称取 20g 无水硫酸钠，定容至 1000mL。

（6）无水硫酸钠：分析纯，过 20 目筛，130℃ 烘烤 3h。

（7）环己烷：分析纯，重蒸馏。

（8）展开剂：乙醇-二氯甲烷（2＋1）。

（9）苯：分析纯，重蒸馏，或以氧化铝柱处理，除去荧光。

（10）苯并[a]芘标准液：精密称取 10.0mg 苯并[a]芘，用苯溶解后移入 100mL 棕色容量瓶中并稀释至刻度，此溶液 1mL 相当于 100μg 苯并[a]芘。储于冰箱中。

（11）苯并[a]芘标准使用液：用苯并[a]芘标准液稀释成 0.5μ/mL 的标准使用液。冰箱中避光保存。

（12）曲拉通 X-100：非离子表面活性剂（可改变物质的亲水性及细胞的通透性，以便于石油醚直接提取）。

（13）50g/L 曲拉通 X-100 水溶液。

（14）乙酸酐：分析纯。

（15）乙酰化滤纸：取新华牌层析滤纸（中速，3 号）裁成 15cm×15cm，逐张放入盛有 360mL 苯、260mL 乙酸酐、0.2mL 硫酸的混合液中，不断搅拌，使滤纸均匀而充分地浸透溶液，保持温度在 21℃ 以上 6h，静置过夜，次日取出于通风橱中晾干，再于无水乙醇中浸泡 4h，取出晾干，压平，储于塑料袋中保存。

（16）脱脂棉：用石油醚回流提取 4h，晾干，储于磨口瓶中保存。

3. 仪器

（1）荧光分光光度计。

（2）紫外光灯：带有波长 365nm 或 254nm 的滤光片。

（3）振荡器。

（4）层析缸。

（5）微量注射器：25、50、100μL。

（6）K-D 浓缩器。

（7）索氏提取器。

（8）分液漏斗。

（9）具塞锥形瓶。

（10）具塞比色管。

4. 操作方法

1）提取与净化

称取粉碎混匀样品 20g 于烧杯中，加曲拉通 X-100 1g、无水硫酸钠 20g 搅拌均匀，装入滤纸筒中，加 100mL 石油醚索氏提取 6h。将全部提取液转入分液漏斗中，以少量石油醚洗涤脂肪瓶，并入提取液，用甲酸洗 3 次，每次 10~20mL，振荡 2min，静置分层，弃甲酸层。石油醚层以 150g/L 咖啡因-甲酸提取液萃取 3 次，每次 10mL，振荡 3min，待彻底澄清后仔细将咖啡因层分入 300mL 具塞锥形瓶中，加 120mL 20g/L 硫酸钠水溶液稀释，加 50mL 石油醚猛烈振摇提取 3~4min，转入 250mL 分液漏斗中分层，将下层水溶液再转入原锥形瓶中，加 50mL 石油醚重提 1 次，转入原分液漏斗中，合并 2 次石油醚提取液，弃水层。石油醚提取液再以甲酸（2＋3）20mL 洗 1 次，振摇 0.5min，静置分层后分出甲酸，弃之。石油醚提取液通过装有无水硫酸钠的漏斗脱水（以少量脱脂棉垫底，上加无水硫酸钠约 25g，以少量石油醚湿润），转入浓缩器中，减压浓缩至近干，以环己烷定容至 0.2~0.3mL，混匀，密塞，避光冷藏，待测。

2）乙酰化纸色谱分离

取裁好的乙酰化层析滤纸 1 张，在距底边 2cm 处用铅笔画一横线为起始线，并标出点样位置（间距 1cm 以上）。用微量注射器点样 50~100μL。

目视法：每张纸点 4 个样品，3 个标准（分别点 0.5μg/mL 的苯并 [a] 芘标准使用液 5.0、10.0、20.0μL，即相当于苯并 [a] 芘 2.5、5.0、10.0 ng）。

荧光分析法：每张纸点 6 个样品，1 个标准（点 0.5μg/mL 的苯并 [a] 芘标准使用液 40.0μL，即相当于苯并 [a] 芘 20.0 ng）。

点样时可借助吹风机挥散溶剂。点样斑呈 1cm 长、0.2cm 宽的细条。将点好的乙酰化滤纸插入盛有展开剂的层析缸中，密封，避光，展开 13cm，取出晾干，待测。

3）测定

（1）目视法（概略定量分析）：在紫外光灯下（波长 254nm 或 365nm）观察展开分离后的乙酰化滤纸，比较样品与标准品同位置的蓝紫色荧光斑点，找出样品相当于苯并 [a] 芘标准含量。尽量使样品点的荧光强度在 2 个标准点之间。如样品含量过高则需减少取样量重新点样。结果按下式计算：

$$X = \frac{m_2 V_1 \times 1000}{m_1 V_2 \times 1000}$$

式中　$X$——样品中苯并 [a] 芘的含量，μg/kg；

　　　$m_2$——样品斑点相当于苯并 [a] 芘的质量，ng；

　　　$V_1$——样品浓缩后的定容体积，μL；

　　　$V_2$——样品点样体积，μL；

　　　$m_1$——样品质量，g。

（2）荧光分光光度法：

① 定性：将样品与标准斑点剪下，并剪成碎纸，放入 10mL 具塞比色管中，准确加苯 4.0mL，在 65℃水浴中浸提 15~20min，不时振摇，冷却后将苯液倒入 1cm 石英比色杯中，进行荧光分光测定。用激发光 365nm 扫描 395~460nm 的荧光光谱，与标准苯并 [a] 芘的荧光光谱比较，如样品的峰形与标准的峰形一致则为阳性。

② 定量：分别测定试剂空白、样品、标准品于 401、406、411nm 处的荧光强度，按基线法计算出相对荧光强度 $F$。

$$F=F_{406}-\frac{F_{401}+F_{411}}{2}$$

再将 $F$ 带入下式，求出样品中苯并 [a] 芘的含量。

$$X=\frac{m_2\ (F_1-F_2)\ V_1\times1000}{Fm_1V_2\times1000}$$

式中　$X$——样品中苯并 [a] 芘的含量，$\mu g/kg$；

　　　$m_2$——苯并 [a] 芘标准斑点的质量，ng；

　　　$V_1$——样品浓缩后的定容体积，$\mu L$；

　　　$V_2$——样品点样体积，$\mu L$；

　　　$F$——苯并 [a] 芘标准斑点浸出液的荧光强度，格；

　　　$F_1$——样品斑点浸出液的荧光强度，格；

　　　$F_2$——试剂空白浸出液的荧光强度，格；

　　　$m_1$——样品质量，g。

5. 说明与注意事项

（1）本方法最低检出限量为 $0.1\mu g/kg$。

（2）本法优点：

① 简便快捷，分配时不易乳化。

② 不需柱层析净化，避免了大量苯的使用。

③ 经济、低毒、试剂用量小。

④ 精密度高，对高脂类样品具有明显优越性。

（3）曲拉通 X-100 为非离子表面活性剂，在含水量少的样品中（粮食、蔬菜等）加入一定量的曲拉通 X-100 水溶液，可使组织膨胀，增加细胞的通透性，便于石油醚直接提取。对于含水量较多的肉制品，则直接加入曲拉通 X-100 原液，以改变物质的极性，便于石油醚直接提取。而且，加入曲拉通 X-100，分配时不易乳化，仪器便于清洗。

（4）乙酰化滤纸一定要用最厚的（3 号），浸泡均匀，结合酸不低于 26%。

（5）甲酸-咖啡因分配时的注意事项：

① 以甲酸洗杂质时，甲酸的量和清洗次数可适当增减，以甲酸提取液基本无色为止。

② 咖啡因萃取时，严格用量。分离时注意勿使醚层、乳化层混入，否则油性杂质影响点样和分离。

③ 石油醚反萃取时一定要猛烈振荡，否则影响回收率。

（6）浓缩样液时注意不要蒸干，以免损失。

（7）多环芳烃的稀释液对紫外线敏感，极易氧化破坏。所以整个实验要注意避光，样品浓缩、层析时需用黑布遮盖。

## 三、水产品中 N-亚硝胺的测定

N-亚硝基化合物是一类很强的致癌物质。迄今为止，已发现的亚硝胺有 300 多种，其中 90% 左右可以诱发动物不同器官的肿瘤。当食品中存在一定量的亚硝胺（食品中天然形成或生产过程需要添加的）时，这些致癌物可经消化道、呼吸道等途径进入人体；也可通过胎盘向子代传递；甚至在大剂量接触后，经一定潜伏期诱发出肿瘤。

腌制鱼类等水产品时常用到硝酸盐和亚硝酸盐。在腌制过程中加入的硝酸盐和亚硝酸盐可与蛋白质分解产生的胺反应，可形成二甲基亚硝胺、吡咯亚硝胺等 N-亚硝胺类化合物，因此腌制的鱼类水产品中亚硝胺含量一般比较高，如腌制的水产品一旦再烟熏，则 N-亚硝基化合物的含量会更高。未经加工的天然食品存在的亚硝胺含量很少，但广泛存在于食品中的含氮物质，如仲胺、伯胺、氨基酸、肌酸和磷脂等却可在一定的条件下与亚硝酸盐合成亚硝胺，所以称这些物质为亚硝胺的前体。腌制的动物性食品中容易带有较多的亚硝胺。如鱼在腌制时已经不新鲜，其中蛋白质分解产生大量胺，再加上腌制用的粗盐含有杂质亚硝酸盐，这样咸鱼中亚硝胺有时可高达 100μg/kg。

世界食品加工业将亚硝酸盐作为食品添加剂使用已有数十年的历史。为了保证居民的食品安全，1994 年，联合国粮农组织（FAO）和世界卫生组织（WHO）规定，硝酸盐和亚硝酸盐的每日允许摄入量（ADI）分别为 5mg/(kg 体重) 和 0.2mg/(kg 体重)。我国对海产品中 N-二甲基亚硝胺（≤4 μg/kg）和 N-二乙基亚硝胺（≤7 μg/kg）的含量也制定了相应的限量标准。

预防 N-亚硝基化合物对人体健康的危害途径有：① 减少摄入亚硝胺及其前体物硝酸盐及亚硝酸盐的数量；② 阻断亚硝胺在体内的合成。由于合成亚硝胺的几种前体是维持生命活动的必需物质，必须正视这一现实。

### 1. N-亚硝基化合物的气相色谱-质谱测定法原理

样品中的 N-亚硝胺类化合物经水蒸气蒸馏和有机溶剂萃取后，浓缩至一定量，采用气相色谱-质谱联用仪（GC/MS）的高分辨峰匹配法进行确认和定量分析。

### 2. 试剂

（1）二氯甲烷：须用全玻璃蒸馏装置重蒸。

（2）硫酸（1+3）。

（3）无水硫酸钠。

（4）氯化钠（优级纯）。

（5）3mol/L NaOH 溶液。

（6）N-亚硝胺标准溶液：用二氯甲烷溶剂分别配制 N-亚硝基二甲胺、N-亚硝基二乙胺、N-亚硝胺二丙胺、N-亚硝基吡咯烷的标准溶液，使每 1mL 分别相当于 0.5mg N-亚硝胺。

（7）N-亚硝胺标准使用液：在 4 个 10mL 容量瓶中，加入适量二氯甲烷，用微量注射器各吸取 100μL N-亚硝胺标准溶液，分别置于上述 4 个容量瓶中，用二氯甲烷稀释至刻度。此溶液每 1mL 分别相当于 5μg N-亚硝胺。

（8）耐火砖颗粒：将耐火砖破碎，取直径为 1~2mm 的颗粒，分别用乙醇、二氯甲烷清洗后，在高温炉（400℃）灼烧 1h，做助沸石使用。

3. 仪器

（1）水蒸气蒸馏装置。

（2）K-D 浓缩器。

（3）气相色谱-质谱联用仪。

4. 操作方法

（1）水蒸气蒸馏。称取 200g 切碎（或绞碎、粉碎）后的样品，置于水蒸气蒸馏装置的蒸馏瓶中（液体样品直接量取 200mL）加入 100mL 水（液体样品不加水），摇匀。在蒸馏瓶中加入 1209 氯化钠，充分摇动，使氯化钠溶解。将蒸馏瓶与水蒸气发生器及冷凝器连接好，并在锥形接收瓶中加入 40mL 二氯甲烷及少量冰块，收集 400mL 馏出液。

（2）萃取纯化。在锥形接受瓶加入 80g 氯化钠和 3mL 硫酸（1+3），搅拌使氯化钠完全溶解，然后转移到 500mL 分液漏斗中，振荡 5min，静置分层，将二氯甲烷层分至另一锥形瓶中，再用 120mL 二氯甲烷分 3 次提取水层，合并 4 次提取液，总体积为 160mL。对于含有较高浓度乙醇的样品，须用 50mL 3mol/L 氢氧化钠溶液洗有机层两次，以除去乙醇的干扰。

（3）浓缩。将有机层用 10g 无水硫酸钠脱水后，转移至 K-D 浓缩器中，加入一粒耐火砖颗粒，于 50℃水浴上浓缩至 1mL 备用。

（4）测定。

① 色谱条件：

i. 汽化室温度：190℃。

ii. 色谱柱温度：对 N-亚硝基二甲胺、N-亚硝基二乙胺、N-亚硝基二丙胺、N-亚硝基吡咯烷分别为 130、145、130、160℃。

iii. 色谱柱：内径 1.8～3.0mm，长 2m 的玻璃柱，内装涂以 15% PEG20M 固定液和 10g/L 氢氧化钾溶液的 80～100 目 Chromosorb WAW DWCS。

iv. 载气：氦气，流速为 40mL/min。

② 质谱仪条件：

i. 分辨率≥7000。

ii. 离子化电压：70 V。

iii. 离子化电流：300μA。

iv. 离子源温度：180℃。

v. 离子源真空度：1.33×10⁻⁴Pa。

vi. 界面温度：180℃。

③ 测定：采用电子轰击源高分辨峰匹配法，用全氟煤油（PFK）的碎片离子（它们的质荷比为 68.99527、99.9936、130.9920、99.9936）分别监视 N-亚硝基二甲胺、N-亚硝基二乙胺、N-亚硝基二丙胺及 N-亚硝基吡咯烷的分子、离子（它们的质荷比为

74.0480、102.0793、130.1106、100.0636），结合它们的保留时间定性，以示波器上该分子、离子的峰高定量分析。

5. 结果计算

$$X = \frac{h_1 \rho \times 1000}{h_2 m}$$

式中　$X$——样品中某一 $N$-亚硝基化合物的含量，$\mu g/kg$ 或 $\mu g/L$；

　　　$h_1$——浓缩液中该 $N$-亚硝基化合物的峰高，mm；

　　　$h_2$——标准使用液中该 $N$-亚硝基化合物的峰高，mm；

　　　$\rho$——标准使用液中该 $N$-亚硝基化合物的浓度，$\mu g/mL$；

　　　$m$——样品质量（体积），g（mL）。

6. 说明与注意事项

（1）由于质谱灵敏度为 $10^{-10}$ g，当取样量为 200g 进样量为 $1\mu L$ 时，检测下限为 $0.5\mu g/kg$。

（2）回收率：如表 8-1 所示。

表 8-1　$N$-亚硝胺的回收率　　　　　　　　　　单位：%

| 亚硝胺 | 加入量 | | 亚硝胺 | 加入量 | |
| --- | --- | --- | --- | --- | --- |
| | $2\mu g$ | $5\mu g$ | | $2\mu g$ | $5\mu g$ |
| NDMA | 87.86±13.30 | 87.18±13.98 | NDPA | 73.07±12.40 | 71.18±16.55 |
| NDEA | 85.63±13.94 | 86.00±12.70 | NDYR | 75.77±9.68 | 82.27±19.69 |

（3）由于挥发性 $N$-亚硝胺（如 NDMA、NI）EA、NDPA 和 NPYR）在 100% 时都具有一定的蒸气压，可随水蒸气带入气相，在接收瓶中冷凝收集。在待蒸馏的样品中加入氯化钠使之饱和是为了减低 $N$-亚硝胺在水中的溶解度，使之易于蒸发。在接收瓶中加入冰块和二氯甲烷，可利于挥发性 $N$-亚硝胺的冷凝收集，提高回收率。

（4）在水相中加入 3mL 硫酸（1+3）是为了除去碱性杂质。

（5）对含有较高浓度乙醇的样品，可能在馏出液中含有较多的乙醇，在萃取时可转入二氯甲烷层中。为此必须用 50mL 3m/L 氢氧化钠溶液洗涤有机相两次。

（6）浓缩时，如果温度过高（超过 60℃），会使亚硝胺明显损失。

（7）挥发性亚硝胺的分离常用 10%～15% 聚乙二醇 20M（商品名为 PEC 20M 或 Carbowax 20M）。加 10～20g/L 氢氧化钾是为了减少峰的拖尾。

（8）化合物分子流出色谱柱进入质谱离子源后，在电子轰击下电离形成分子、离子，后者在加速电压的作用下，飞出离子源，经电场和磁场聚集被离子倍增管接收，以全氟煤油的碎片离子作为参比离子，在高分辨质谱上用峰匹配单元确保所监视的离子的精确质量，并结合化合物的保留时间来定性分析和确认，用所监视的离子的程度来定量分析。这要求质谱的分辨率 $R \geqslant 7000$，可以消除某些离子，如 $C_3 H_6 O_2^+$ 和 $C_4 H_{10} O^+$ 对

NDMA 测定时的干扰，而采用峰匹配单元可避免因磁场漂移对测定带来的影响。但有时 $^{29}Si(CH_3)_3$ 碎片（来自沸石和气相色谱硅橡胶垫）在保留时间上与 NDMA 极为相似，相对分子质量为 74.0469，在 $R$ 为 7000 时，可能出现假阳性。

## 四、水产品中动物毒素的测定

水产动物中毒素主要是鱼类内源性的毒素和贝类毒素。

鱼类的内源性毒素：主要是指河豚毒素，该毒素会麻痹神经末梢和神经中枢，最后由于呼吸和血管神经中枢麻痹而造成死亡。除河豚外，其他鱼类有些也会引起中毒，主要症状为恶心、呕吐、腹泻、呼吸困难等。

贝类毒素：主要是指腹泻性贝类毒素和麻痹性贝类毒素，麻痹性贝类毒素是一种神经性毒素，存在于贝类的食物——双鞭甲藻中，食用后迅速发生口、舌、唇、指尖麻木，然后延及双臂、颈部，最后导致全身肌肉失调而死亡。

（一）河豚毒素的测定

1. 生物试验法

（1）试剂：甲醇、1%乙酸、无水乙醚。

（2）操作方法：取适量的样品置于圆底烧瓶中，加入适量的甲醇，用 1%的乙酸溶液调 pH 为 4~5，在水浴中回流浸出 20min，取下，离心分离后收集上清液。重复回流提取一次，离心后合并上清液，移入蒸发皿中，在水浴上蒸发至糖浆状，用乙醚分数次洗涤除去脂肪后，加少量水溶解浆状物，过滤。取滤液 0.5mL 注入小白鼠腹腔中，观察 15~30min。若在此时间内发现小白鼠最初出现不安，突然旋动，继之走路蹒跚，深呼吸，最后突然跃起，翻身，四肢痉挛而死，则样品中有此毒素。

（3）说明：供试用小白鼠，应从专一实验动物实验室选购，其体重为 15~20g。

2. 呈色反应法

（1）试剂：甲醇、1%乙酸、无水乙醚、浓硫酸、重铬酸钾。

（2）操作方法：取适量的样品置于圆底烧瓶中，加入适量的甲醇，用 1%的乙酸溶液调 pH 为 4~5，在水浴中回流浸出 20min，取下，离心分离后收集上清液。重复回流提取一次，离心后合并上清液，移入蒸发皿中，在水浴上蒸发至糖浆状，用乙醚分数次洗涤除去脂肪后，将所提取浆状物用浓硫酸溶解后，再加少量重铬酸钾，若呈鲜艳绿色，则说明样品中有河豚毒素存在。

3. 紫外分光光度法

（1）仪器：紫外分光光度计。

（2）试剂：甲醇、1%乙酸、无水乙醚、浓硫酸、重铬酸钾、0.5%乙酸。

（3）操作方法：按上述方法处理样品后得到的浆状物少许溶于 0.5%乙酸 10mL 中，用 1cm 比色皿，于波长 250~300nm 检测吸光度，在波长 270nm 出现最大吸收峰，为河豚毒素特征吸收波长。

（二）贝类毒素测定

**1. 原理**

用丙酮提取贝类中毒素，再转移至乙醚中，经减压浓缩蒸干后，再以 1‰吐温-60 生理盐水溶解残留物，注射小鼠，观察存活情况，计算其毒力。

**2. 试剂**

丙酮（分析纯）、乙醚（分析纯）、1‰吐温-60 生理盐水、体重为 16～20g 的健康 ICR 系雄性小鼠。

**3. 仪器**

旋转蒸发器，均质器。

**4. 操作方法**

（1）检样的制备。生鲜带壳的贝类，用清水彻底洗净贝类外壳，开壳，用清水淋洗内部去除泥沙及其他外来杂质，仔细取出贝肉，切勿割破肉体；收集贝肉，沥水 5min，拣出碎壳等杂物，迅速冷冻，储藏备用；注意不要破坏闭壳肌以外的组织，尤其是中肠腺（又称消化盲囊，组织呈暗绿色或褐绿色）。开壳前不能加热或用麻醉剂。

冷冻贝类，在室温下，使冷冻的样品（带壳或去壳的）呈半冷冻状态，按上述方法清洗、开壳、淋洗、取肉。

可以切取中肠腺的贝类（扇贝、贻贝、牡蛎等），称取 200g 贝肉后，仔细切取全部中肠腺，将中肠腺称重后细切混合作为检样，注意不要使中肠内溶物污染案板。

对于尚未确定部位毒性的贝类及不易切取中肠腺的小型贝肉，可将全部贝肉细切、混合，作为检样。

（2）提取。将检样置于均质杯内，均质 2min。加 3 倍量丙酮，与样品充分搅拌均匀后，用布氏漏斗抽滤并收集提取液。对残渣以检样 2 倍量丙酮再次抽滤 2 次，合并抽滤液。

（3）浓缩。将抽提液移入 500mL 的磨口烧瓶中，减压浓缩（旋转蒸发器 56℃）去除丙酮，直至在液体表面分离出油状物；将浓缩液移入分液漏斗内，以 100～200mL 乙醚和少量的水洗下粘壁部分，轻轻振荡（不能生成乳浊液），静置分层后，去除水层（下层），用相当于乙醚半量的蒸馏水洗乙醚层 2 次，再将乙醚层移入 250mL 的磨口烧瓶中，减压浓缩（旋转蒸发器 35℃）去除乙醚；以少量乙醚将浓缩物移入 100mL 磨口烧瓶中，再次减压浓缩去除乙醚。

（4）稀释。以 1‰吐温-60 生理盐水将全部浓缩物在刻度试管中稀释到 10mL。此时 1mL 试液相当于 20g 去壳贝肉的质量，以此悬浮液作为试验原液；以试验原液注射小鼠，24h 内 3 只均死亡时，需将试验原液进一步稀释，再注射小鼠。稀释前，应先振荡使溶液成均匀悬浮液，再取部分试液以 1‰吐温-60 生理盐水稀释。

（5）小鼠试验。以振荡器使试液或其稀释液成为均匀的悬浮液。将每只小鼠称重，每3只小鼠为一组，分别将1mL试液注射到小鼠腹腔中。同时，另取3只小鼠作为对照组，注射1mL 1‰吐温-60生理盐水于腹腔中。观察自注射开始到24h后的小鼠存活情况，求出一组3只中死亡2只及2只以上的最小注射量。

（6）毒力的计算。使体重16～20g的小鼠在24h死亡的毒力为1个小鼠单位（Mu）。样品中DSP毒力的计算，按表8-2选择24h内死亡2只及2只以上鼠的最小注射量及最大稀释倍数进行计算。

表8-2　注射量与毒力的关系

| 试验液 | 注射量/mL | 检样量/g | 毒力/（Mu/g） |
|---|---|---|---|
| 原液 | 1.0 | 20 | 0.05 |
| 原液 | 0.5 | 10 | 0.1 |
| 2倍稀释液 | 1.0 | 10 | 0.1 |
| 2倍稀释液 | 0.5 | 5 | 0.2 |
| 4倍稀释液 | 1.0 | 5 | 0.2 |
| 4倍稀释液 | 0.5 | 2.5 | 0.4 |
| 8倍稀释液 | 1.0 | 2.5 | 0.4 |
| 8倍稀释液 | 0.5 | 1.25 | 0.8 |
| 16倍稀释液 | 1.0 | 1.25 | 0.8 |
| 16倍稀释液 | 0.5 | 0.625 | 1.6 |

注：以中肠腺为检样时，相当于含有中肠腺的去壳贝肉量。

5. 说明与注意事项

（1）为避免毒素的危害，应戴手套进行检验操作，移液管等用过的器材应在5%的次氯酸钠溶液中浸泡1h以上，以使毒素分解；废弃的提取液等也应用5%的次氯酸钠溶液处理。

（2）小鼠注射腹泻性贝毒后的症状为运动不活泼，大多呼吸异常，致死时间长。

# 复习思考题

1. 有机磷农药有何特点？测定的原理是什么？

2. 食品中有机磷农药残留测定中，为什么样品要处理成无水？怎样检验样品已经无水？

3. 辛硫磷样品的提取净化过程与其他有机磷农药有何不同？

4. 有机氯农药有何特点？测定的方法及原理是什么？

5. 测定有机氯农药中，加入浓硫酸的作用是什么？

6. 测定有机氯农药，气相色谱法和薄层色谱法各有何特点？

7. 氨基甲酸酯类农药有何特点？

8. 为什么说氨基甲酸酯类农药不很适合气相色谱法？如何弥补？

9. 植物性食品中有机磷和氨基甲酸酯类农药多种残留的测定中色谱柱为什么采取程序升温？

10. 气相色谱法和高效液相色谱法测定氨基甲酸酯类农药各有何特点？

11. 拟除虫菊酯农药有何特点？测定的方法及原理是什么？

12. 抗生素测定方法有哪些？高效液相色谱法有何优点？

13. 黄曲霉毒素常在哪些食品中出现？毒素有何特点？

# 第九章 水产品质量检验实验实训项目

## 基 础 训 练
### 项目一 几种常用标准滴定溶液的配制与标定
(依据 GB/T 601—2002 化学试剂 标准滴定溶液的制备)

### 一、氢氧化钠标准滴定溶液

1. 配制

称取 110g 氢氧化钠，溶于 100mL 无二氧化碳的水中，摇匀，注入聚乙烯容器中，密闭放置至溶液清亮。按表 9-1 的规定，用塑料管量取上层清液，用无二氧化碳的水稀释至 1000mL。摇匀。

表 9-1 氢氧化钠标准滴定溶液的配制

| 氢氧化钠标准滴定溶液的浓度 $c_{NaOH}$/ (mol/L) | 氢氧化钠溶液的体积 $V$/mL |
|---|---|
| 1 | 54 |
| 0.5 | 27 |
| 0.1 | 5.4 |

2. 标定

按表9-2 的规定称取于 105～110℃ 电烘箱中干燥至恒重的工作基准试剂邻苯二甲酸氢钾，加无二氧化碳的水溶解，加 2 滴酚酞指示液 (10g/L)，用配制好的氢氧化钠溶液滴定至溶液呈粉红色，并保持 30s。同时做空白试验。

表 9-2 氢氧化钠标准滴定溶液的标定

| 氢氧化钠标准滴定溶液的浓度 $c_{NaOH}$/ (mol/L) | 工作基准试剂 邻苯二甲酸氢钾的质量 $m$/g | 无二氧化碳水的体积 $V$/mL |
|---|---|---|
| 1 | 7.5 | 80 |
| 0.5 | 3.6 | 80 |
| 0.1 | 0.75 | 50 |

3. 计算

氢氧化钠标准滴定溶液的浓度 $c_{NaOH}$(mol/L) 按下式计算：

$$c_{NaOH} = \frac{m \times 1000}{(V_1 - V_2) M}$$

式中　$m$——邻苯二甲酸氢钾的质量的准确数值，g；

　　　$V_1$——氢氧化钠溶液的体积的数值，mL；

　　　$V_2$——空白试验氢氧化钠溶液的体积的数值，mL；

　　　$M$——邻苯二甲酸氢钾的摩尔质量的数值，g/mol（$M_{KHC_8H_4O_4}=204.22$）。

## 二、盐酸标准滴定溶液

### 1. 配制

按表 9-3 的规定量取盐酸，注入 1000mL 水中，摇匀。

表 9-3　盐酸标准滴定溶液的配制

| 盐酸标准滴定溶液的浓度 $c_{HCl}$/（mol/L） | 盐酸的体积 $V$/mL |
| --- | --- |
| 1 | 90 |
| 0.5 | 45 |
| 0.1 | 9 |

### 2. 标定

按表 9-4 的规定称取于 270～300℃高温炉中灼烧至恒重的工作基准试剂无水碳酸钠，溶于 50mL 水中，加 10 滴溴甲酚绿-甲基红指示液，用配制好的盐酸溶液滴定至溶液由绿色变为暗红色，煮沸 2min，冷却后继续滴定至溶液再呈暗红色。同时做空白试验。

表 9-4　盐酸标准滴定溶液的标定

| 盐酸标准滴定溶液的浓度 $c_{HCl}$/（mol/L） | 工作基准试剂无水碳酸钠的质量 $m$/g |
| --- | --- |
| 1 | 1.9 |
| 0.5 | 0.95 |
| 0.1 | 0.2 |

### 3. 计算

盐酸标准滴定溶液的浓度 $c_{HCl}$(mol/L) 按下式计算：

$$c_{HCl}=\frac{m\times1000}{(V_1-V_2)\,M}$$

式中　$m$——无水碳酸钠的质量的准确数值，g；

　　　$V_1$——盐酸溶液的体积的数值，mL；

　　　$V_2$——空白试验盐酸溶液的体积的数值，mL；

　　　$M$——无水碳酸钠的摩尔质量的数值，g/mol（$M_{\frac{1}{2}Na_2CO_3}=52.994$）。

### 三、硫酸标准滴定溶液

1. 配制

按表 9-5 的规定量取硫酸，注入 1000mL 水中，摇匀。

**表 9-5　硫酸标准滴定溶液的配制**

| 硫酸标准滴定溶液的浓度 $c_{\frac{1}{2}H_2SO_4}$ / (mol/L) | 硫酸的体积 $V$/mL |
| --- | --- |
| 1 | 30 |
| 0.5 | 15 |
| 0.1 | 3 |

2. 标定

按表 9-6 的规定称取于 270~300℃高温炉中灼烧至恒重的工作基准试剂无水碳酸钠，溶于 50mL 水中，加 10 滴溴甲酚绿-甲基红指示液，用配制好的硫酸溶液滴定至溶液由绿色变为暗红色，煮沸 2min，冷却后继续滴定至溶液再呈暗红色。同时做空白试验。

**表 9-6　硫酸标准滴定溶液的标定**

| 硫酸标准滴定溶液的浓度 $c_{\frac{1}{2}H_2SO_4}$ / (mol/L) | 工作基准试剂无水碳酸钠的质量 $m$/g |
| --- | --- |
| 1 | 1.9 |
| 0.5 | 0.95 |
| 0.1 | 0.2 |

3. 计算

硫酸标准滴定溶液的浓度 $c_{\frac{1}{2}H_2SO_4}$，数值以 mol/L 表示，按下式计算：

$$c_{\frac{1}{2}H_2SO_4} = \frac{m \times 1000}{(V_1 - V_2) M}$$

式中　$m$——无水碳酸钠的质量的准确数值，g；
　　　$V_1$——硫酸溶液的体积的数值，mL；
　　　$V_2$——空白试验硫酸溶液的体积的数值，mL；
　　　$M$——无水碳酸钠的摩尔质量的数值，g/mol（$M_{\frac{1}{2}Na_2CO_3}$=52.994）。

### 四、硫代硫酸钠标准滴定溶液

配制 $c_{Na_2S_2O_3}$=0.1mol/L。

1. 配制

称取 26g 硫代硫酸钠（$Na_2S_2O_3 \cdot 5H_2O$）（或 16g 无水硫代硫酸钠），加 0.2g 无水

碳酸钠，溶于 1 000mL 水中，缓缓煮沸 10min，冷却。放置 2 周后过滤。

2. 标定

称取 0.18g 于 120℃±2℃ 干燥至恒重的工作基准试剂重铬酸钾，置于碘量瓶中，溶于 25mL 水，加 2g 碘化钾及 20mL 硫酸溶液（20%）。摇匀，于暗处放置 10min。加 150mL 水（15～20℃），用配制好的硫代硫酸钠溶液滴定，近终点时加 2mL 淀粉指示液（10g/L），继续滴定至溶液由蓝色变为亮绿色。同时做空白试验。

3. 结果计算

硫代硫酸钠标准滴定溶液的浓度 $c_{Na_2S_2O_3}$（mol/L）按下式计算：

$$c_{Na_2S_2O_3} = \frac{m \times 1000}{(V_1 - V_2)\ M}$$

式中　$m$——重铬酸钾的质量的准确数值，g；

　　　$V_1$——硫代硫酸钠溶液的体积的数值，mL；

　　　$V_2$——空白试验硫代硫酸钠溶液的体积的数值，mL；

　　　$M$——重铬酸钾的摩尔质量的数值，g/mol（$M_{\frac{1}{6}K_2Cr_2O_7}=49.031$）。

# 基本项目实训
## 项目二　折光法在食品分析中的应用
（软饮料中可溶性固形物含量的测定和油脂折射率的测定）

### 一、实训内容

(1) 用手提式折光仪测定软饮料中可溶性固形物的含量。

(2) 用阿贝折光仪测定食用油的折射率。

### 二、实训目的和要求

(1) 了解折光仪的结构和工作原理。

(2) 掌握用折光仪测定可溶性固形物的方法和操作技能。

(3) 正确、熟练地掌握手提折光仪和阿贝折光仪的使用方法。

### 三、方法原理

当光线从第一种介质射入第二种介质时，由于光线在两种介质中的传播速度不同，光的方向发生改变而产生折射，入射角正弦和折射角正弦之比为折射率。折射率是物质的特征常数，每一种均匀液体物质都有其固有的折射率。折射率的大小决定于入射光的波长、介质的温度和溶液的浓度。对于同一物质，其浓度不同时，折射率也不同。因此，根据折射率可以确定物质的浓度。阿贝折光仪就是根据这样的原理制成的。

手提式折光仪的浓度标度是用纯蔗糖溶液标定的。对于不纯蔗糖溶液，由于盐类、有机酸、蛋白质等物质对折射率的影响，测定结果包括蔗糖和上述物质，所以称为可溶性固形物。

## 四、仪器、试剂和材料

（1）手提式折光仪，见图 9-1 和图 9-2。

（2）阿贝折光仪，见图 9-3。

（3）超级恒温水浴锅。

（4）温度计。

（5）一头烧成圆形的玻璃棒。

（6）镊子。

（7）脱脂棉。

（8）滤纸。

（9）擦镜纸。

图 9-1　手提式折光仪

## 五、操作方法

（一）软饮料中可溶性固形物含量的测定

1. 样品制备

（1）液体饮料：将样品充分混匀，直接测定。

（2）半黏稠软饮料（果酱、菜酱）：将样品充分混匀，用 4 层纱布挤出滤液，弃去最初几滴，收集滤液供测定用。

（3）含悬浮物质饮料（果粒果汁饮料）：将样品置于组织捣碎机中捣碎，用 4 层纱布挤出滤液，弃去最初几滴，收集滤液供测定用。

2. 操作过程

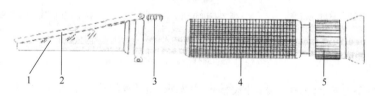

图 9-2　手提式折光仪结构示意图
1. 折光棱镜；2. 盖板；3. 校准螺栓；4. 光学系统管路；5. 目镜（视度调节环）

（1）将折光棱镜 1 对准光亮方向，调节目镜视度环 5，直到标线清晰为止。

（2）调整基准：测定前首先使标准液（纯净水）、仪器及待测液体基于同一温度。掀开盖板 2，然后取 1～2 滴标准液滴于折光棱镜上，并用手轻轻按压盖板 2 得出一条明暗分界线。旋转校准螺栓 3 使目镜视场中的明暗分界线与基准线重合（0）。

（3）掀开盖板 2，用柔软绒布擦净棱镜表面，取 1～2 滴被测溶液滴于折光棱镜上，盖上盖板 2 轻轻按压，读取明暗分界线的相对刻度，即为被测液体可溶性固形物的含量

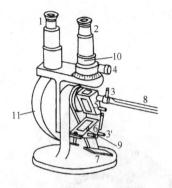

图 9-3　阿贝折光仪结构示意图

1. 读数目镜；2. 测量目镜；

3, 3′. 循环恒温水龙头；

4. 消色散旋柄；5. 测量棱镜；

6. 辅助棱镜；7. 平面反射镜；

8. 温度计；9. 加液槽；

10. 校正螺丝；11. 刻度盘罩

（百分数）。

（4）测量完毕后，直接用潮湿绒布擦去棱镜表面及盖板上的附着物，待干燥后，妥善保存起来。

（5）温度修正：测量样品溶液的温度。

（二）阿贝折光仪测定油脂的折射率

（1）安装仪器。开启超级恒温槽，调节水浴温度为（20±0.1）℃，然后用乳胶管将超级恒温槽与阿贝折射仪的进出水口连接。

（2）仪器清洗。打开辅助棱镜，滴 2～3 滴无水乙醚，合上棱镜，片刻后打开棱镜，用擦镜纸轻轻将乙醚吸干；再改用乙醇重复上述操作 2 次；再改用蒸馏水重复上述操作 2 次。

（3）校正仪器。滴 2～3 滴蒸馏水于镜面上，合上棱镜，转动左侧刻度盘，使读数镜内标尺读数置于蒸馏水在此温度下的折射率（$n_D^{20} = 1.3330$）。调节反射镜，使测量望远镜中的视场最亮，调节测量目镜，使视场最清晰。转动消色散手柄，消除色散。再调节校正螺丝，使明暗交界线和视场中的×线中心对齐（图 9-4）。

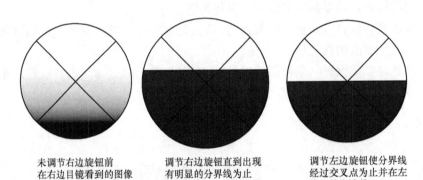

未调节右边旋钮前在右边目镜看到的图像此时颜色是色散的　　调节右边旋钮直到出现有明显的分界线为止　　调节左边旋钮使分界线经过交叉点为止并在左边目镜中读数

图 9-4　折光仪测量目镜视场变化情况

（4）测定溶液的折射率。打开棱镜，用无水乙醇液清洗镜面 2 次。干燥后滴加 1～2 滴油脂，闭合棱镜。转动刻度盘，直至在测量望远镜中观测到的视场出现半明半暗视野。转动消色散手柄，使视场内呈现一个清晰的明暗分线，消除色散。再次小心转动刻度盘使明暗分界线正好处在×线交点上。

（5）从读数目镜中读出折射率值。重复测定 2 次，读数差值不能超过±0.0002。

（6）打开棱镜，用水、乙醇或乙醚擦净棱镜表面及其他各机件。在测定水溶性样品后，用脱脂棉吸水洗净，若为油类样品，须用乙醇或乙醚、二甲苯等擦拭。

## 六、分析结果

（1）将实验数据记录在表 9-7 和表 9-8。

**表 9-7　食品理化检验原始记录**

| 基本信息 | 样品名称 | | 样品编号 | |
|---|---|---|---|---|
| | 检测项目 | 可溶性固形物 | 检测日期 | |
| 检测环境 | 温 度/℃ | | 湿 度/% | |
| 检测数据 | 使用仪器 | | | |
| | 样品温度/℃ | | | |
| | 平行测定 | 1 | | 2 |
| | 标尺读数 | | | |
| | 校正值 | | | |
| 结果计算 | 平均校正值 | | | |

**表 9-8　食品理化检验原始记录**

| 基本信息 | 样品名称 | | 样品编号 | |
|---|---|---|---|---|
| | 检测项目 | 折光率 | 检测日期 | |
| 检测环境 | 温 度/℃ | | 湿 度/% | |
| 检测数据 | 使用仪器 | | | |
| | 样品温度/℃ | | | |
| | 平行测定 | 1 | | 2 |
| | 标尺读数 | | | |
| | 校正值 | | | |
| 结果计算 | 平均校正值 | | | |

（2）分析结果表述。对于固形物含量的测定，若温度不在标准温度（20℃），查温度修正表进行修正。（温度修正表见附表 5）。

对于折射率的测定，标尺读数即为测定温度条件下的折射率值。若温度不在标准温度（20℃），必须按下列公式换算为 20℃时的折射率（$n_{20}$）：

$$n_{20} = n_t + 0.0038 \times (t - 20)$$

式中　$n_{20}$——样品在 20℃时的折射率；

$n_t$——样品在 $t$℃时的折射率；

$t$——测定折射率时的油脂的温度；

0.0038——油脂温度在 10～30℃范围内每差 1℃时折射率的校正系数。

## 七、注意事项

（1）阿贝折射仪的校正，对于低刻度值部分，可在一定温度下用蒸馏水校正；对于高刻度值部分，可用带有已知折光率的标准玻片来校正。

（2）阿贝折射仪不能用来测定酸性、碱性和具有腐蚀性的液体。并应防止阳光曝晒,放置于干燥、通风的室内,防止受潮。应保持仪器的清洁,尤其是棱镜部位,在利用滴管加液时,不能让滴管碰到棱镜面上,以免划伤。

(3) 阿贝折射仪量程是1.3000~1.7000,精密度为±0.0001。

(4) 使用完毕后,严禁用自来水直接冲洗,避免光学系统管路进水。

## 八、思考题

(1) 查阅资料,了解油脂脂肪酸组成和结构变化与折射率的关系。

(2) 影响折射率测定的因素有哪些?

# 项目三　液态食品相对密度值的测定

## 一、实训内容

用相对密度计法测定液体试样的相对密度。

## 二、实训目的和要求

掌握相对密度计的测定原理和操作方法。

## 三、方法原理

相对密度计是根据阿基米德定律制成的。浸在液体里的物体受到向上的浮力,浮力的大小等于物体排开液体的质量。相对密度计的质量一定,液体的种类不同,浓度大小不同,相对密度计上浮或下沉的程度不同。相对密度计的种类很多。各种相对密度计的刻度是利用各种相对密度不同的液体标度的,所以从相对密度计上的刻度就可以直接读取相对密度的数值或某种溶质的百分含量。

## 四、仪器、试剂和材料

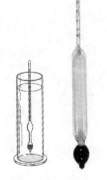

图 9-5　相对密度计

(1) 相对密度计,见图 9-5。

(2) 温度计。

(3) 恒温水浴锅。

(4) 量筒。

## 五、操作方法

(1) 将被测液体倒入 200~500mL 的干燥量筒中,至量筒体积的 3/4 左右,待气泡消失后,用温度计测定样品溶液的温度。

(2) 将所选用的相对密度计(或专用相对密度计)洗净擦干,缓缓放入待测样品溶液中,待其静止后,再轻轻按下少许,然后使其自然上升。

(3) 静置至无气泡冒出后,从水平位置观察与液面相交处的刻度，即为试样的相对密度（或专用相对密度计读数，如波美度、糖锤度等）。

参见图 9-6 示意图。

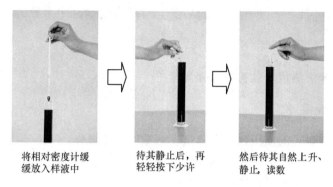

将相对密度计缓
缓放入样液中 　　待其静止后，再
轻轻按下少许 　　然后待其自然上升、
静止，读数

图 9-6　相对密度测定示意图

## 六、分析结果

将实验数据记录在表 9-9 中。

表 9-9　食品理化检验原始记录

| 基本信息 | 样品名称 | | 样品编号 | |
| --- | --- | --- | --- | --- |
| | 检测项目 | 相对密度 | 检测日期 | |
| 检测环境 | 温 度/℃ | | 湿 度/% | |
| 检测数据 | 使用仪器 | | | |
| | 样品温度/℃ | | | |
| | 平行测定 | 1 | | 2 |
| | 读数 | | | |
| | 校正值 | | | |
| 结果计算 | 平均校正值 | | | |

## 七、注意事项

（1）测定中注入样液时不可产生气泡。

（2）要根据被测液体的相对密度大小选用合适刻度范围的相对密度计，否则相对密度计在溶液中过于上浮或下沉时可能撞击量筒底部而造成损坏。

（3）样液温度如果不是 20℃，需进行温度校正。

## 八、思考题

糖锤度计、酒精计和乳稠计分别是以何种液体物质标度的？它们测定液体物质的何种物理性质？

# 项目四　鱼粉中水分含量的测定——直接干燥法

（依据 GB 5009.3—2010 食品安全国家标准 食品中水分的测定）

## 一、实训内容

采用直接干燥法测定豆乳粉中水分含量。

## 二、实训目的和要求

（1）熟练掌握烘箱的使用、天平称量、恒重等基本操作。

（2）掌握直接干燥法的操作技术和注意事项。

（3）了解影响测定准确性的因素。

## 三、方法原理

利用食品中水分的物理性质，在 101.3kPa（1atm）、101～105℃下采用挥发方法测定样品中干燥减失的重量，包括吸湿水、部分结晶水和该条件下能挥发的物质，再通过干燥前后的称量数值计算出水分的含量。

## 四、仪器、试剂和材料

（1）盐酸：优级纯。

（2）氢氧化钠（NaOH）：优级纯。

（3）盐酸溶液（6mol/L）：量取 50mL 盐酸，加水稀释至 100mL。

（4）氢氧化钠溶液（6mol/L）：称取 24g 氢氧化钠，加水溶解并稀释至 100mL。

（5）海砂：取用水洗去泥土的海砂或河砂，先用盐酸（6mol/L）煮沸 0.5h，用水洗至中性，再用氢氧化钠溶液（6mol/L）煮沸 0.5h，用水洗至中性，经 105℃干燥备用。

（6）扁形铝制或玻璃制称量瓶。

（7）电热恒温干燥箱（参见图 9-7、图 9-8）。

图 9-7　电热鼓风干燥箱　　　　　　　图 9-8　真空干燥箱

（8）干燥器：内附有效干燥剂。

（9）天平：感量为 0.1mg。

## 五、操作方法

### 1. 固体试样

取洁净铝制或玻璃制的扁形称量瓶，置于 101～105℃ 干燥箱中，瓶盖斜支于瓶边，加热 1.0h，取出盖好，置干燥器内冷却 0.5h，称量，并重复干燥至前后 2 次质量差不超过 2mg，即为恒重。将混合均匀的试样迅速磨细至颗粒小于 2mm，不易研磨的样品应尽可能切碎，称取 2～10g 试样（精确至 0.0001g），放入此称量瓶中，试样厚度不超过 5mm，如为疏松试样，厚度不超过 10mm，加盖，精密称量后，置 101～105℃ 干燥箱中，瓶盖斜支于瓶边，干燥 2～4h 后，盖好取出，放入干燥器内冷却 0.5h 后称量。然后再放入 101～105℃ 干燥箱中干燥 1h 左右，取出，放入干燥器内冷却 0.5h 后再称量。并重复以上操作至前后 2 次质量差不超过 2mg，即为恒重（注：2 次恒重值在最后计算中，取最后一次的称量值）。

### 2. 半固体或液体试样

取洁净的称量瓶，内加 10g 海砂及一根小玻璃棒，置于 101～105℃ 干燥箱中，干燥 1.0h 后取出，放入干燥器内冷却 0.5h 后称量，并重复干燥至恒重。然后称取 5～10g 试样（精确至 0.0001g），置于蒸发皿中，用小玻璃棒搅匀放在沸水浴上蒸干，并随时搅拌，擦去皿底的水滴，置 101～105℃ 干燥箱中干燥 4h 后盖好取出，放入干燥器内冷却 0.5h 后称量。以下按上述"固体试样"自"然后再放入 101～105℃ 干燥箱中干燥 1h 左右……"起依法操作。

## 六、分析结果

（1）将实验数据记录在表 9-10。

### 表 9-10　食品理化检验原始记录

| 基本信息 | 样品名称 | | 样品编号 | |
| --- | --- | --- | --- | --- |
| | 检测项目 | 水分含量 | 检测日期 | |
| | 检测依据 | | 检测方法 | |
| 检测环境 | 温度/℃ | | 湿度/% | |
| 检测数据（1） | （样品＋称量瓶＋玻璃棒＋砂）/g | | | |
| | （称量瓶＋玻璃棒＋砂）/g | | | |
| | 样品质量/g | | | |
| | 称量/次数 | 1/2 | 3/4 | 5/6 | 7/恒重 |
| | 干燥后：（样品＋称量瓶＋玻璃棒＋砂）/g | | | |
| 检测数据（2） | （样品＋称量瓶＋玻璃棒＋砂）/g | | | |
| | （称量瓶＋玻璃棒＋砂）/g | | | |
| | 样品质量/g | | | |

续表

| 基本信息 | 样品名称 | | | 样品编号 | |
|---|---|---|---|---|---|
| | 检测项目 | 水分含量 | | 检测日期 | |
| | 检测依据 | | | 检测方法 | |
| 检测环境 | 温度/℃ | | | 湿度/% | |
| 检测数据（2） | 称量/次数 | 1/2 | 3/4 | 5/6 | 7/恒重 |
| | 干燥后：（样品＋称量瓶＋玻璃棒＋砂）/g | | | | |
| 检测结果 | 计算结果 | 第一次 | | | |
| | | 第二次 | | | |
| | | 平均值 | | | |
| | 精密度/% | | | | |

（2）分析结果表述。试样中的水分的含量按下列式进行计算。

$$X = \frac{m_1 - m_2}{m_1 - m_3} \times 100$$

式中    $X$ ——试样中水分的含量，g/100g；

   $m_1$ ——称量瓶（加海砂、玻璃棒）和试样的质量，g；

   $m_2$ ——称量瓶（加海砂、玻璃棒）和试样干燥后的质量，g；

   $m_3$ ——称量瓶（加海砂、玻璃棒）的质量，g。

水分含量≥1g/100g 时，计算结果保留三位有效数字；水分含量＜1g/100g 时，结果保留 2 位有效数字。

（3）精密度要求。在重复性条件下获得的两次独立测定结果的绝对差值不得超过算术平均值的 5 %。

## 七、注意事项

（1）本法适用于在 101～105℃下，不含或含其他挥发性物质甚微的谷物及其制品、水产品、豆制品、乳制品、肉制品及卤菜制品等食品中水分的测定，不适用于水分含量小于 0.5g/100g 的样品。

（2）经加热干燥的称量瓶要迅速放到干燥器中冷却；干燥器内一般采用硅胶作为干燥剂，当其颜色由蓝色减退或变成红色时，应及时更换，变色的硅胶于 135℃下烘干 2～3h 后，可再重新使用。

## 八、思考题

（1）干燥器有何作用？怎样正确的使用和维护干燥器？

（2）为什么经加热干燥的称量瓶要迅速放到干燥器内？为什么要冷却后再称量？

（3）在下列情况下，水分测定的结果是偏高还是偏低？

①样品粉碎不充分；②样品中含较多挥发性成分；③脂肪的氧化；④样品的吸湿性较强；⑤样品表面结了硬皮；⑥装有样品的干燥器未密封好；⑦干燥器中的硅胶已受潮失效。

# 项目五　鱼粉中灰分含量的测定

（依据 GB 5009.4—2010 食品安全国家标准　食品中灰分的测定）

## 一、实训内容

测定鱼粉中总灰分含量。

## 二、实训目的和要求

（1）掌握灰分测定原理和操作要点。

（2）熟练掌握高温电炉的使用方法、坩埚的处理、样品炭化、灰化、恒重等基本操作技能。

## 三、方法原理

食品经灼烧后所残留的无机物质称为灰分。灰分数值系用灼烧、称重后计算得出。

## 四、仪器、试剂和材料

（1）马弗炉：温度≥600℃。

（2）天平：感量为 0.1mg。

（3）石英坩埚或瓷坩埚（图 9-9）。

（4）干燥器：内附有效干燥剂。

（5）电热板或高温电炉（图 9-10）。

图 9-9　瓷坩埚　　　　图 9-10　高温电阻炉（马弗炉）

## 五、操作方法

### 1. 瓷坩埚的准备

取大小适宜的瓷坩埚，将坩埚用体积分数为 20% 的盐酸煮 1～2h，洗净晾干后，用三氯化铁与蓝墨水的混合液在坩埚外壁及盖上写上编号，置马弗炉中，在 550℃±25℃下灼烧 0.5h，冷却至 200℃左右，取出，放入干燥器中冷却 30min，准确称量。重复灼烧至前后 2 次称量相差不超过 0.5mg 为恒重。

2. 称样

灰分大于 10g/100g 的试样称取 2～3g（精确至 0.0001g）；灰分小于 10g/100g 的试样称取 3～10g（精确至 0.0001g）。

3. 测定

液体和半固体试样应先在沸水浴上蒸干。固体或蒸干后的试样，先在电热板上以小火加热使试样充分炭化至无烟，然后置于马弗炉中，在 550℃±25℃灼烧 4h。冷却至 200℃左右，取出，放入干燥器中冷却 30min，称量前如发现灼烧残渣有炭粒时，应向试样中滴入少许水湿润，使结块松散，蒸干水分再次灼烧至无炭粒即表示灰化完全，方可称量。重复灼烧至前后 2 次称量相差不超过 0.5mg 为恒重。

## 六、分析结果

（1）将实验数据记录在表 9-11。

**表 9-11　食品理化检验原始记录**

| 基本信息 | 样品名称 | | | 样品编号 | |
| --- | --- | --- | --- | --- | --- |
| | 检测项目 | | 灰分含量 | 检测日期 | |
| | 检测依据 | | | 检测方法 | |
| 检测环境 | 温度/℃ | | | 湿度/% | |
| 检测数据（1） | 坩埚质量 /g | | | | |
| | 样品质量 /g | | | | |
| | 称量 /次数 | 1/2 | 3/4 | 5/6 | 7/恒重 |
| | （坩埚＋灰分）/g | | | | |
| 检测数据（2） | 坩埚质量 /g | | | | |
| | 样品质量 /g | | | | |
| | 称量 /次数 | 1/2 | 3/4 | 5/6 | 7/恒重 |
| | （坩埚＋灰分）/g | | | | |
| 检测结果 | 计算结果 | 第一次 | | | |
| | | 第二次 | | | |
| | | 平均值 | | | |
| | 精密度/% | | | | |

（2）分析结果表述。试样中灰分按下列式计算。

$$X_1 = \frac{m_1 - m_2}{m_3 - m_2} \times 100$$

式中　$X_1$——试样中灰分的含量，g/100g；

$m_1$——坩埚和灰分的质量，g；

$m_2$——坩埚的质量，g；

$m_3$——坩埚和试样的质量，g。

试样中灰分含量≥10g/100g 时，保留 3 位有效数字；试样中灰分含量＜10g/100g 时，保留 2 位有效数字。

（3）精密度要求。在重复性条件下获得的 2 次独立测定结果的绝对差值不得超过算术平均值的 5 ％。

## 七、注意事项

（1）本法适用于除淀粉及其衍生物之外的食品中灰分含量的测定。

（2）样品炭化时要注意热源强度，防止产生大量泡沫溢出坩埚；只有炭化完全，即不冒烟后才能放入高温电炉中。灼烧空坩埚与灼烧样品的条件应尽量一致，以消除去系统误差。

（3）把坩埚放入高温炉或从炉中取出时，要在炉口停留片刻，使坩埚预热或冷却。防止因温度剧变而使坩埚破裂。

（4）灼烧后的坩埚应冷却到 200℃ 以下再移入干燥器中，否则因过热产生对流作用，易造成残灰飞散；且冷却速度慢，冷却后干燥器内形成较大真空，盖子不易打开。

（5）对于含糖分、淀粉、蛋白质较高的样品，为防止其发泡溢出，炭化前可加数滴纯植物油。

（6）新坩埚在使用前须在体积分数为 20％ 的盐酸溶液中煮沸 1～2h，然后用自来水和蒸馏水分别冲洗干净并烘干。用过的旧坩埚经初步清洗后，可用废盐酸浸泡 20min 左右，再用水冲洗干净。

（7）反复灼烧至恒重是判断灰化是否完全最可靠的方法。因为有些样品即使灰化完全，残留也不一定是白色或灰白色。例如铁含量高的食品，残灰呈褐色；锰、铜含量高的食品，残灰呈蓝绿色；而有时即使灰的表面呈白色或灰白色，但内部仍有炭粒存留。

（8）灼烧温度不能超过 600℃，否则会造成钾、钠、氯等易挥发成分的损失。

## 八、思考题

（1）为什么样品在高温灼烧前，要先炭化至无烟？

（2）样品经长时间灼烧后，灰分中仍有炭粒遗留的主要原因是什么？如何处理？

（3）如何判断样品是否灰化完全？

# 项目六　海藻饮料总酸及有效酸度的测定

（依据 GB/T 12456—2008 食品中总酸的测定）

## 一、实训内容

酸碱滴定法测定海藻饮料的总酸度，电位法测定海藻饮料的有效酸度。

## 二、实训目的和要求

(1) 了解酸碱滴定法测定总酸和电位法测定有效酸度的原理及操作要点。

(2) 掌握果汁饮料的总酸度和有效酸度的测定方法和操作技能。

(3) 学会使用 pH 计，懂得电极的维护和使用方法。

## 三、方法原理

根据酸碱中和原理，用碱液滴定试液中的酸。以酚酞为指示剂滴定终点。按碱液的消耗量计算食品中的总酸含量。

利用 pH 计测定浸没在果汁饮料中的玻璃电极和参比电极之间的电位差。

## 四、仪器、试剂和材料

(1) 试剂和分析用水：所有试剂均使用分析纯试剂；分析用水应符合 GB/T 6682—2008 规定的二级水规格或蒸馏水，使用前应经煮沸、冷却。

图 9-11　酸度计

(2) 0.1mol/L 氢氧化钠标准滴定溶液。

(3) 1% 酚酞溶液：称取 1g 酚酞，溶于 60mL 95% 乙醇中，用水稀释至 100mL。

(4) pH 为 4.01 的标准缓冲溶液。

(5) pH 为 6.86 的标准缓冲溶液。

(6) 组织捣碎机。

(7) 酸度计（图 9-11）。

(8) pH 复合电极。

(9) 水浴锅。

(10) 研钵。

(11) 冷凝管。

## 五、操作步骤

(一) 总酸度的测定

1. 试样的制备

1) 液体样品

(1) 不含二氧化碳的样品：充分混合均匀，置于密闭玻璃容器内。

(2) 含二氧化碳的样品：至少取 200g 样品于 500mL 烧杯中，置于电炉上，边搅拌边加热至微沸腾，保持 2min 称量，用煮沸过的水补充至煮沸前的质量，置于密闭玻璃容器内。

2) 固体样品

取有代表性的样品至少 200g，置于研钵或组织捣碎机中，加入与样品等量的煮沸过的水，用研钵研碎，或用组织捣碎机捣碎，混匀后置于密闭玻璃容器内。

3）固、液样品

按样品的固、液体比例至少取 200g 用研钵研碎，或用组织捣碎机捣碎，混匀后置于密闭玻璃容器内。

### 2. 试液的制备

1）总酸含量小于或等于 4g/kg 的试样

将试样用快速滤纸过滤，收集滤液，用于测定。

2）总酸含量大于 4g/kg 的试样

称取 10～50g 的试样，精确至 0.001g，置于 100mL 烧杯中，用约 80℃煮沸过的水将烧杯中的内容物转移到 250mL 容量瓶中（总体积约 150mL）。置于沸水中煮沸 30min（摇动 2～3 次，使试样中的有机酸全部溶解于溶液中），取出，冷却至室温（约 20℃），用煮沸过的水定容至 250mL。用快速滤纸过滤。收集滤液，用于测定。

3）分析测定

（1）称取 25.000～50.000g 试液 2，使至含 0.035～0.070g 酸，置于 250mL 三角瓶中。加 40～60mL 水及 0.2mL 1%酚酞指示剂，用 0.1mol/L 氢氧化钠标准滴定溶液（如样品酸度较低，可用 0.01mol/L 或 0.05mol/L 氢氧化钠标准滴定溶液）滴定至微红色 30s 不退色，记录消耗 0.1mol/L 氢氧化钠标准滴定溶液的体积的数值（$V_1$）。

同一被测样品应测定 2 次。

（2）空白试验：用水代替试液，按 3）（1）中步骤操作。记录消耗 0.1mol/L 氢氧化钠标准滴定溶液的体积的数值（$V_2$）。

（二）有效酸度（pH）的测定

### 1. 酸度计校正

（1）酸度计功能开关拨至 pH 位置，开启电源，预热 30min。

（2）将电极插入 pH6.86 标准缓冲溶液（第一种）中，平衡一段时间，待读数稳定后，调节定位调节器，使仪器显示 6.86。

（3）用蒸馏水冲洗电极并用吸水纸擦干后，插入 pH4.01 标准缓冲溶液（第二种）中，待读数稳定后，调节斜率调节器，使仪器显示 4.01。仪器就校正完毕。

（4）为了保证精度建议以上 2，3 两个标定步骤重复一、二次。一旦仪器校正完毕。"定位"和"斜率"调节器不得有任何变动。

### 2. 样液 pH 的测定

（1）用无 $CO_2$ 蒸馏水淋洗电极，并用滤纸吸干，再用待测样液冲洗电极。

（2）根据样液温度调节酸度计温度补偿旋钮，将电极插入待测样液中，稳定约 1min，酸度计所指 pH 即为待测样液 pH，记录数据。

（3）测定完毕，清洗电极。

## 六、分析结果

（1）将实验数据记录在表 9-12 和表 9-13。

表 9-12　食品理化检验原始记录

| 基本信息 | 样品名称 | | 样品编号 | | |
|---|---|---|---|---|---|
| | 检测项目 | 总酸度 | 检测日期 | | |
| | 检测依据 | | 检测方法 | | |
| 检测环境 | 温 度/℃ | | 湿 度/% | | |
| 检测数据 | 标准溶液 | | 标液浓度 | mol/L | |
| | 平行测定 | 1 | 2 | 3 | 空白 |
| | 样品用量 | | | | |
| | 试液用量 | | | | |
| | 初始读数/mL | | | | |
| | 终点读数/mL | | | | |
| | 标准溶液消耗量/mL | | | | |
| 结果计算 | 计算结果 | | | | |
| | 平均值 | | | | |

表 9-13　食品理化检验原始记录

| 基本信息 | 样品名称 | | 样品编号 | |
|---|---|---|---|---|
| | 检测项目 | 有效酸度（pH） | 检测日期 | |
| | 检测依据 | | 检测方法 | |
| 检测环境 | 温 度/℃ | | 湿 度/% | |
| 检测数据 | 平行测定 | 1 | | 2 |
| | pH | | | |
| 结果计算 | 平均值 | | | |

（2）分析结果表述。食品中总酸的含量以质量分数 $X$ 计，数值以 g/kg 表示，按下列式计算：

$$X = \frac{c(V_1 - V_2) \times K \times F}{m} \times 1000$$

式中　$c$——氢氧化钠标准滴定溶液的浓度，mol/L；

　　　$V_1$——滴定试液时消耗氢氧化钠标准滴定溶液的体积，mL；

　　　$V_2$——空白试验时消耗氢氧化钠标准滴定溶液的体积，mL；

　　　$K$——酸的换算系数：苹果酸，0.067；乙酸，0.060；酒石酸，0.075；柠檬酸，0.064；柠檬酸，0.070（含 1 分子结晶水）；乳酸，0.090；盐酸，0.036；磷酸，0.049；

　　　$F$——试液的稀释倍数；

　　　$m$——试样的质量，g。

计算结果表示到小数点后 2 位。

（3）允许误差要求。同一样品的 2 次测定值之差，不得超过 2 次测定平均值的 2%。

## 七、注意事项

（1）样品浸泡，稀释用的蒸馏水中应不含 $CO_2$，因为它溶于水生成酸性的 $H_2CO_3$，影响滴定终点时酚酞的颜色变化，一般的做法是分析前将蒸馏水煮沸并迅速冷却，以除去水中的 $CO_2$。样品中若含有 $CO_2$ 也有影响，所以对含有 $CO_2$ 的饮料样品，在测定前须除掉 $CO_2$。

（2）样品在稀释用水时应根据样品中酸的含量来定，为了使误差在允许的范围内，一般要求滴定时消耗 0.1mol/L NaOH 不小于 5mL，最好应在 10～15mL。

（3）由于食品中含有的酸为弱酸，在用强碱滴定时，其滴定终点偏碱性，一般 pH 在 8.2 左右，所以用酚酞作终点指示剂。

## 八、思考题

（1）如何配制 0.1、0.05、0.01mol/L 的氢氧化钠标准滴定溶液？

（2）酸换算系数 $K$ 的意义？

（3）对于颜色较深的样品，测定总酸度是终点不易观察，如何处理？

# 项目七　鱼粉中脂肪的测定（索氏提取法）

（依据 GB/T 14772—2008 食品中粗脂肪的测定）

## 一、实训内容

采用索氏提取法测定饼干中的脂肪含量。

## 二、实训目的和要求

（1）学习索氏提取法测定脂肪的原理和方法。

（2）掌握学习索氏提取法基本操作技能。

## 三、方法原理

试样经干燥后用无水乙醚或石油醚提取，除去乙醚或石油醚，所得残留物即为粗脂肪。

## 四、仪器、试剂和材料

（1）无水乙醚：分析纯，不含过氧化物。

（2）石油醚：分析纯，沸程 30～60℃。

（3）海砂：直径 0.65～0.85mm，二氧化硅含量不低于 99%。

（4）索氏提取器（图 9-12）。

（5）脂肪测定仪（图 9-13）。

（6）电热鼓风干燥箱，温控 103℃±2℃。

（7）分析天平；感量 0.1mg。

(8) 称量皿：铝质或玻璃质，内径 60～65mm，高 25～30mm。

(9) 绞肉机：箅孔径不超过 4mm。

(10) 组织捣碎机。

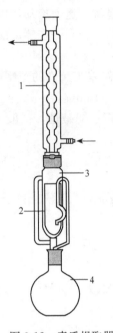

图 9-12　索氏提取器

1. 冷凝管；2. 滤纸筒；
3. 抽提筒；4. 脂肪烧瓶

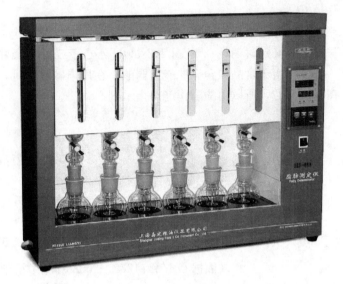

图 9-13　脂肪测定仪

## 五、操作方法

### 1. 试样的制备

(1) 固体样品。取有代表性的样品至少 200g，用研钵捣碎、研细、混合均匀，置于密闭玻璃容器内；不易捣碎、研细的样品，应切（剪）成细粒，置于密闭玻璃容器内。

(2) 粉状样品。取有代表性的样品至少 200g（如粉粒较大也应用研钵研细），混合均匀，置于密闭玻璃容器内。

(3) 糊状样品。取有代表性的样品至少 200g，混合均匀，置于密闭玻璃容器内。

(4) 固、液体样品。按固、液体比例，取有代表性的样品至少 200g；用组织捣碎机捣碎，混合均匀，置于密闭玻璃容器内。

(5) 肉制品。取去除不可食部分、具有代表性的样品至少 200g，用绞肉机至少绞 2次，混合均匀，置于密闭玻璃容器内。

### 2. 索氏提取器的清洗

将索氏提取器各部位充分洗涤并用蒸馏水清洗、烘干。底瓶在 103℃±2℃ 的电热鼓风干燥箱内干燥至恒重（前后 2 次称量差不超过 0.002g）。

3. 称样、干燥

（1）用洁净称量皿称取约 5g 试样，精确至 0.001g。

（2）含水量约 40% 以上的试样，加入适量海砂（约 20g），置沸水浴上蒸发水分。用一端扁平的玻璃棒不断搅拌，直至松散状；含水量约 40% 以下的试样，加适量海砂，充分搅匀。

（3）将上述拌有海砂的试样全部移入滤纸筒内，用沾有无水乙醚或石油醚的脱脂棉擦净称量皿和玻璃棒，一并放入滤纸筒内。滤纸筒上方塞添少量脱脂棉。

（4）将盛有试样的滤纸筒移入电热鼓风干燥箱内，在 103℃±2℃ 下烘干 2h。西式糕点应在 90℃±2℃ 烘干 2h。

4. 提取

将干燥后盛有试样的滤纸筒放入索氏提取筒内，连接已干燥至恒重的底瓶，注入无水乙醚或石油醚至虹吸管高度以上。待提取液流净后，再加提取液至虹吸管高度的 $\frac{1}{3}$ 处。连接回流冷凝管。将底瓶放在水浴锅上加热。用少量脱脂棉塞入冷凝管上口。

水浴温度应控制在使提取液每 6～8min 回流一次。肉制品、豆制品、谷物油炸制品、糕点等食品提取 6～12h，坚果制品提取约 16h。提取结束时，用磨砂玻璃接取 1 滴提取液，磨砂玻璃上无油斑表明提取完毕。

5. 烘干、称量

提取完毕后，回收提取液。取下底瓶，在水浴上蒸干并除尽残余的无水乙醚或石油醚。用脱脂滤纸擦净底瓶外部，在 103℃±2℃ 的干燥箱内干燥 1h，取出，置于干燥器内冷却至室温，称量。重复干燥 0.5h 的操作，冷却，称量，直至前后 2 次称量差不超过 0.002g。

## 六、分析结果

（1）将实验数据记录在表 9-14。

表 9-14　食品理化检验原始记录

| 基本信息 | 样品名称 | | | 样品编号 | |
|---|---|---|---|---|---|
| | 检测项目 | 粗脂肪含量 | | 检测日期 | |
| | 检测依据 | | | 检测方法 | |
| 检测环境 | 温 度/℃ | | | 湿 度/% | |
| 检测数据（1） | 样品质量/g | | | 提脂瓶质量/g | |
| | 称量 | 1 | 2 | 3 | 恒重 |
| | 提脂瓶＋脂肪/g | | | | |

续表

| 检测数据（2） | 样品质量/g | | | 提脂瓶质量/g | |
|---|---|---|---|---|---|
| | 称量 | 1 | 2 | 3 | 恒重 |
| | 提脂瓶＋脂肪 /g | | | | |
| 结果计算 | 第一次 | | | | |
| | 第二次 | | | | |
| | 平均值 | | | | |
| | 精密度/% | | | | |

（2）分析结果表述。食品中粗脂肪含量以质量分数 $X$ 计，数值以％表示，按下式计算：

$$X = \frac{m_2 - m_1}{m} \times 100$$

式中　$m_1$——底瓶的质量的数值，g；

　　　$m_2$——底瓶和粗脂肪的质量的数值，g；

　　　$m$——试样的质量的数值，g。

计算结果表示到小数点后一位。

（3）允许误差要求。同一样品的 2 次测定值之差，不得超过 2 次测定平均值的 5％。

## 七、注意事项

（1）本方法适用于肉制品、豆制品、坚果制品、谷物油炸制品、糕点等食品中粗脂肪的测定。

（2）抽提剂乙醚是易燃，易爆物质，应注意通风并且不能有火源。

（3）样品滤纸色的高度不能超过虹吸管，否则上部脂肪不能提尽而造成误差。

（4）样品和醚浸出物在烘箱中干燥时，时间不能过长，以防止不饱和的脂肪酸受热氧化而增加质量。

（5）脂肪烧瓶在烘箱中干燥时，瓶口侧放，以利空气流通。而且先不要关上烘箱门，于 90℃ 以下鼓风干燥 10～20min，驱尽残余溶剂后再将烘箱门关紧，升至所需温度。

（6）乙醚若放置时间过长，会产生过氧化物。过氧化物不稳定，当蒸馏或干燥时会发生爆炸，故使用前应严格检查，并除去过氧化物。

① 检查方法：取 5mL 乙醚于试管中，加 KI（100g/L）溶液 1mL，充分振摇 1min。静置分层。若有过氧化物则放出游离碘，水层是黄色（或加 4 滴 5g/L 淀粉指示剂显蓝色），则该乙醚需处理后使用。

② 去除过氧化物的方法：将乙醚倒入蒸馏瓶中加一段无锈铁丝或铝丝，收集重蒸馏乙醚。

（7）反复加热可能会因脂类氧化而增重，质量增加时，以增重前的质量为恒重。

## 八、思考题

（1）潮湿的样品可否采用乙醚直接提取？

（2）使用乙醚作脂肪提取溶剂时，应注意的事项有哪些？

# 项目八　还原糖的测定（直接滴定法）

（依据 GB/T 5009.7—2008 食品中还原糖的测定）

## 一、实训内容

采用直接滴定法测定硬糖中还原糖的量。

## 二、实训目的和要求

（1）理解还原糖测定的原理和操作要点。

（2）掌握食品中还原糖测定的操作操作。

（3）通过对实验结果的分析，了解影响测定准确性的因素。

## 三、方法原理

试样经除去蛋白质后，在加热条件下，以亚甲蓝作指示剂，滴定标定过的碱性酒石酸铜溶液（用还原糖标准溶液标定），根据样品液消耗体积计算还原糖含量。

## 四、仪器、试剂和材料

（1）碱性酒石酸铜甲液：称取 15g 硫酸铜（$CuSO_4 \cdot 5H_2O$）及 0.05g 亚甲蓝，溶于水中并稀释至 1000mL。

（2）碱性酒石酸铜乙液：称取 50g 酒石酸钾钠、75g 氢氧化钠，溶于水中，再加入 4g 亚铁氰化钾，完全溶解后，用水稀释至 1000mL，储存于橡胶玻璃瓶内。

（3）盐酸溶液（1+1）：量取 50mL 盐酸，加水稀释至 100mL。

（4）葡萄糖标准溶液：称取 1g（精确至 0.0001g）经过 98～100℃ 干燥 2h 的葡萄糖，加水溶解后加入 5mL 盐酸，并以水稀释至 1000mL。此溶液每毫升相当于 1.0mg 葡萄糖。

（5）酸式滴定管：25mL。

（6）可调电炉：带石棉板。

## 五、操作方法

1. 试样处理

准确称取 1g 样品置于 250mL 容量瓶中加水溶解定容，摇匀，即为样液。

2. 标定碱性酒石酸铜溶液

吸取 5.0mL 碱性酒石酸铜甲液及 5.0mL 碱性酒石酸铜乙液，置于 150mL 锥形瓶中，加水 10mL，加入玻璃珠两粒，从滴定管滴加约 9mL 葡萄糖或其他还原糖标准溶液，控制在 2min 内加热至沸，趁热以 1 滴/2s 的速度继续滴加葡萄糖或其他还原糖标准溶液，直至溶液蓝色刚好退去为终点，记录消耗葡萄糖或其他还原糖标准溶液的总体积，同时平行操作 3 份，取其平均值，计算每 10mL（甲、乙液各 5mL）碱性酒石酸铜溶液相当于葡萄糖的质量（mg）。

　　3. 试样溶液预测

吸取 5.0mL 碱性酒石酸铜甲液及 5.0mL 碱性酒石酸铜乙液，置于 150mL 锥形瓶中，加水 10mL，加入玻璃珠 2 粒，控制在 2min 内加热至沸，保持沸腾以先快后慢的速度，从滴定管中滴加试样溶液，并保持溶液沸腾状态，待溶液颜色变浅时，以 1 滴/2s 的速度滴定，直至溶液蓝色刚好退去为终点，记录样液消耗体积。当样液中还原糖浓度过高时，应适当稀释后再进行正式测定，使每次滴定消耗样液的体积控制在与标定碱性酒石酸铜溶液时所消耗的还原糖标准溶液的体积相近，约 10mL 左右，结果按式（1）计算。

　　4. 试样溶液测定

吸取 5.0mL 碱性酒石酸铜甲液及 5.0mL 碱性酒石酸铜乙液，置于 150mL 锥形瓶中，加水 10mL，加入玻璃珠 2 粒，从滴定管滴加比预测体积少 1mL 的试样溶液至锥形瓶中，使在 2min 内加热至沸，保持沸腾继续以 1 滴/2s 的速度滴定，直至蓝色刚好退去为终点，记录样液消耗体积，同法平行操作 3 份，得出平均消耗体积。

## 六、分析结果

（1）将实验数据记录在表 9-15 和表 9-16。

表 9-15　碱性酒石酸铜溶液标定

| 基本信息 | 项目名称 | 碱性酒石酸铜溶液标定 | | |
| --- | --- | --- | --- | --- |
| | 标准溶液 | 葡萄糖标准溶液（1.0mg/mL） | | |
| 基本数据 | 平行测定 | 1 | 2 | 3 |
| | 碱性酒石酸铜溶液 | 10.0mL | 10.0mL | 10.0mL |
| | 滴定管初始读数 /mL | | | |
| | 滴定管终点读数 /mL | | | |
| | 葡萄糖标准溶液消耗量/mL | | | |
| | 葡萄糖标准溶液消耗量平均值/mL | | | |
| 结果计算 | 10.0mL 碱性酒石酸铜溶液相当于葡萄糖的质量 /mg | | | |

**表 9-16　食品理化检验原始记录**

| 基本信息 | 样品名称 | | 样品编号 | |
|---|---|---|---|---|
| | 检测项目 | 还原糖含量 | 检测日期 | |
| | 检测依据 | | 检测方法 | |
| 检测环境 | 温 度/℃ | | 湿 度/% | |
| 试样质量/g | | | | |
| 检测数据 | 碱性酒石酸铜溶液 | 10mL | 相当还原糖量 | mg |
| | 平行测定 | 1 | 2 | 3 |
| | 初始读数 /mL | | | |
| | 终点读数 /mL | | | |
| | 试样溶液消耗量/mL | | | |
| | 试样溶液消耗量平均值 /mL | | | |
| 结果计算 | 样品中还原糖含量/(g/100g) | | | |

（2）分析结果表述。试样中还原糖的含量按下列式进行计算：

$$X = \frac{m_1}{m \times \dfrac{V}{250} \times 1000} \times 100$$

式中　$X$——试样中还原糖的含量（以某种还原糖计），g/100g；

　　　$m_1$——10mL 碱性酒石酸铜溶液（甲、乙液各半）相当于某种还原糖的质量，mg；

　　　$m$——试样质量，g；

　　　$V$——测定时平均消耗试样溶液体积，mL。

　　　250——样品处理液的总体积，mL。

（3）精密度。在重复性条件下获得的 2 次独立测定结果的绝对差值不得超过算术平均值的 10%。

# 七、注意事项

（1）碱性酒石酸铜甲液和碱性酒石酸铜乙液应分别储存，用时才混合，否则酒石酸钾钠铜络合物长期在碱性条件下会慢慢分解析出氧化亚铜沉淀，使试剂有效浓度降低。

（2）滴定必须是在沸腾条件下进行，其原因一是加快还原糖与 $Cu^{2+}$ 的反应速度；二是亚甲基蓝的变色反应是可逆的，还原型的亚甲基蓝遇空气中的氧时会再被氧化为氧化型。此外，氧化亚铜也极不稳定，易被空气中的氧所氧化。保持反应液沸腾可防止空气进入，避免亚甲基蓝和氧化亚铜被氧化而增加消耗量。

（3）实验中的加热温度、时间及滴定时间对测定结果有很大影响，在碱性酒石酸铜溶液标定和样品滴定时，应严格遵守实验条件，力求一致。

（4）加热温度应使溶液在 2min 内沸腾，若煮沸的时间过长会导致耗糖量增加。滴定时不能随意摇动锥形瓶，更不能把锥形瓶从热源上取下来滴定，使上升的蒸汽阻止空气进入溶液，以免影响滴定终点的判断。

(5) 滴定速度应尽量控制在 2s 加 1 滴，滴定速度快，耗糖增多；滴速慢，耗糖减少。滴定时间应在 1min 内，滴定时间延长，耗糖量减少。因此预加糖液的量应使继续滴定时耗糖量在 $0.5\sim1.0$mL。

(6) 本法对样品溶液中还原糖浓度有一定要求，应尽量使每次滴定消耗样品溶液体积与标定时所消耗的还原糖标准溶液体积相近，所以当样品溶解浓度过低时，可直接吸取 10mL 样品液代替 10mL 水加入到碱性酒石酸铜溶液中，再用标准葡萄糖溶液或其他还原糖标准液直接滴定至终点。这时每百克样品中还原糖含量可以计算出来。

(7) 预测定与正式测定的检测条件应一致。平行试验中消耗液量应不超过 0.1mL。

## 八、思考题

(1) 查阅资料，说明当样品中还原糖含量过低时，如何进行测定？

(2) 根据测定步骤，正确完成实验的操作要点是什么？

(3) 为什么要进行预备滴定？

(4) 为什么滴定过程要保持沸腾？

(5) 滴定至终点，蓝色消失，溶液呈淡黄色，过后又重新变为蓝紫色的原因是什么？

# 项目九　鱼粉中蛋白质含量的测定（凯氏定氮法）

（依据 GB/T 5009.5—2010 食品安全国家标准 食品中蛋白质的测定）

## 一、实训内容

用改良式微量定氮法测定乳粉中蛋白质含量。

## 二、实训目的和要求

(1) 理解掌握改良式微量定氮法的原理和操作要点。

(2) 掌握凯氏定氮法测定蛋白质含量方法中消化、蒸馏、吸收、滴定等基本操作。

(3) 进一步理解凯氏定氮法测定食品中蛋白质含量的原理。

## 三、方法原理

鱼粉中的蛋白质在催化加热条件下被分解，产生的氨与硫酸结合生成硫酸铵。碱化蒸馏使氨游离，用硼酸吸收后以硫酸或盐酸标准滴定溶液滴定，根据酸的消耗量乘以换算系数，即为蛋白质的含量。

## 四、仪器、试剂和材料

(1) 硫酸铜（$CuSO_4 \cdot 5H_2O$）。

(2) 硫酸钾（$K_2SO_4$）。

(3) 硫酸（$H_2SO_4$，密度为 1.8419g/L）。

（4）95％乙醇（$C_2H_5OH$）。

（5）硼酸溶液（20g/L）：称取 20g 硼酸，加水溶解后并稀释至 1000mL。

（6）氢氧化钠溶液（400g/L）：称取 40g 氢氧化钠加水溶解后，放冷，并稀释至 100mL。

（7）盐酸标准滴定溶液（0.0500mol/L）。

（8）甲基红乙醇溶液（1g/L）：称取 0.1g 甲基红，溶于 95％乙醇，用 95％乙醇稀释至 100mL。

（9）溴甲酚绿乙醇溶液（1g/L）：称取 0.1g 溴甲酚绿，溶于 95％乙醇，用 95％乙醇稀释至 100mL。

（10）混合指示液：1 份甲基红乙醇溶液（1g/L）与 5 份溴甲酚绿乙醇溶液（1g/L）临用时混合。

（11）天平：感量为 1mg。

（12）消化装置：如图 9-14 所示。

（13）微量定氮蒸馏装置：如图 9-15 所示。

（14）改良式微量定氮装置：如图 9-16 所示。

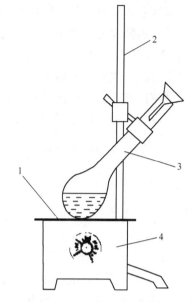

图 9-14　消化装置

1. 石棉网；2. 铁支架；3. 凯氏烧瓶；4. 电炉

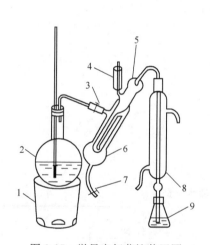

图 9-15　微量定氮蒸馏装置图

1. 电炉；2. 水蒸气发生器（2 L 烧瓶）；3. 螺旋夹；
4. 小玻杯及棒状玻塞；5. 反应室；6. 反应室外层；
7. 橡皮管及螺旋夹；8. 冷凝管；9. 蒸馏液接收瓶

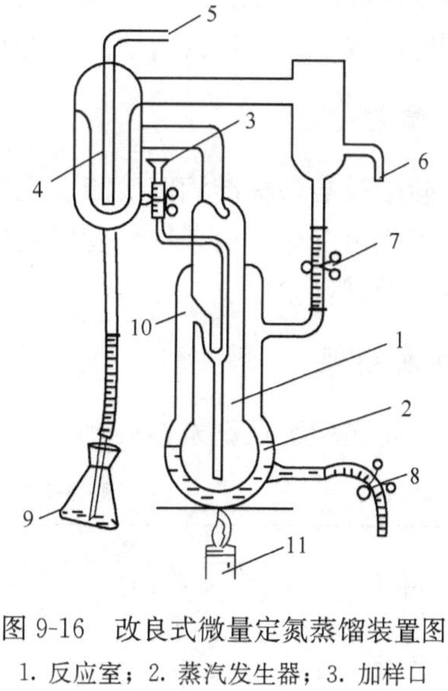

图 9-16　改良式微量定氮蒸馏装置图

1. 反应室；2. 蒸汽发生器；3. 加样口
（小漏斗）并附夹子；4. 冷凝器；5. 冷凝水入口；
6. 冷凝水出口；7. 夹子；8. 夹子（废液排出口）；
9. 锥形瓶；10. 出样口；11. 酒精灯

## 五、操作方法

1. 消化

准确称取乳粉 0.3g，精确至 0.001g，移入干燥的 100mL 定氮瓶中，加入 0.2g 硫酸铜、6g 硫酸钾及 20mL 浓硫酸，轻摇后于瓶口放一小漏斗，将瓶以 45°角斜支于有小孔的石棉网上。在通风橱中加热消化，开始时用低温加热，待内容物全部炭化，泡沫完全停止后，加强火力，并保持瓶内液体微沸，至液体呈蓝绿色并澄清透明后，再继续加热 0.5~1h。取下放冷，小心加入 20mL 水。放冷后，移入 100mL 容量瓶中，并用少量水洗定氮瓶，洗液并入容量瓶中，再加水至刻度，混匀备用。

试剂空白实验：取与样品消化相同的硫酸铜、硫酸钾、浓硫酸，按以上同样方法进行消化，冷却，加水定容至 100mL，得试剂空白消化液。

2. 定氮装置的检查与洗涤

按要求装好改良式微量定氮装置，并洗涤 2~3 次。

3. 碱化蒸馏与吸收

装好改良式微量定氮装置，准确吸取消化稀释液 10mL 于反应室内，经漏斗再加入 10mL 400g/L NaOH 溶液使呈强碱性，用少量蒸馏水洗漏斗数次，夹好漏斗夹，用少量蒸馏水液封。量取硼酸试剂 10mL 于三角瓶中，加入混合指示剂 2~3 滴，并使冷凝管的下端插入硼酸液面下，用电炉加热蒸馏。蒸馏至吸收液中所加的混合指示剂变为蓝绿色开始计时，继续蒸馏 10min，移动接收瓶，液面离开凝管下端，再蒸馏 2min。然后用少量水冲洗冷凝管下端外部，取下三角瓶，准备滴定。

同时吸取 10.0mL 试剂空白消化液按上法蒸馏操作。

4. 滴定

以硫酸或盐酸标准滴定溶液滴定蒸出液至终点。
终点颜色变化：由紫红色变成灰色，pH 5.4。
同时做试剂空白。

## 六、分析结果

(1) 将实验数据记录在表 9-17。

表 9-17 食品理化检验原始记录

| 基本信息 | 样品名称 | | 样品编号 | | |
| | 检测项目 | 蛋白质含量 | 检测日期 | | |
| | 检测依据 | | 检测方法 | | |
| 检测环境 | 温 度/℃ | | 湿 度/% | | |
| 试样质量/g | | | | | |
| 检测数据 | 标准溶液 | | 标液浓度 | | mol/L |
| | 平行测定 | 1 | 2 | 3 | 空白 |
| | 消化稀释液量/mL | | | | |
| | 滴定管初始读数/mL | | | | |
| | 滴定管终点读数/mL | | | | |
| | 标准溶液消耗量/mL | | | | |
| 结果计算 | 样品中蛋白质含量/(g/100g) | | | | |
| | 样品中蛋白质含量平均值/(g/100g) | | | | |

（2）分析结果表述。试样中蛋白质的含量按下列式进行计算：

$$X = \frac{(V_1 - V_2) \times c \times 0.0140}{\dfrac{m \times V_3}{100}} \times F \times 100$$

式中　　$X$——试样中蛋白质的含量，g/100g；

　　　　$V_1$——试液消耗硫酸或盐酸标准滴定液的体积，mL；

　　　　$V_2$——试剂空白消耗硫酸或盐酸标准滴定液的体积，mL；

　　　　$V_3$——吸取消化液的体积，mL；

　　　　$c$——硫酸或盐酸标准滴定溶液浓度，mol/L；

　　　　0.0140——盐酸 $[c_{HCl} = 1.000mol/L]$ 标准滴定溶液相当的氮的质量，g；

　　　　$m$——试样的质量，g；

　　　　$F$——氮换算为蛋白质的系数。一般食物为 6.25；纯乳与纯乳制品为 6.38；面粉为 5.70；玉米、高粱为 6.24；花生为 5.46；大米为 5.95；大豆及其粗加工制品为 5.71；大豆蛋白制品为 6.25；肉与肉制品为 6.25；大麦、小米、燕麦、裸麦为 5.83；芝麻、向日葵为 5.30；复合配方食品为 6.25。

蛋白质含量≥1g/100g 时，结果保留 3 位有效数字；蛋白质含量<1g/100g 时，结果保留 2 位有效数字。

（3）精密度。在重复性条件下获得的两次独立测定结果的绝对差值不得超过算术平均值的 10%。

## 七、注意事项

（1）本法也适用于半固体试样以及液体样品检测。半固体试样一般取样范围为 2.00～5.00g；液体样品取样 10.0～25.0g（相当氮 30～40mg）。

（2）消化时，若样品含糖高或含脂及较多时，注意控制加热温度，以免大量泡沫喷出凯氏烧瓶，造成样品损失。可加入少量辛醇或液体石蜡，或硅消泡剂减少泡沫产生。

（3）消化时应注意旋转凯氏烧瓶，将附在瓶壁上的炭粒冲下，对样品彻底消化。若样品不易消化至澄清透明，可将凯氏烧瓶中溶液冷却，加入数滴过氧化氢后，再继续加热消化至完全。

（4）硼酸吸收液的温度不应超过 40℃，否则氨吸收减弱，造成检测结果偏低。可把接收瓶置于冷水浴中。

## 八、思考题

（1）蒸馏时为什么要加入氢氧化钠溶液？加入量对测定结果有何影响？

（2）是说明定氮蒸馏装置和改良式微量定氮装置的工作原理。

（3）实验操作过程中，影响测定准确性的因素有哪些？

（4）试讨论凯氏定氮法测定食品中的蛋白质含量有何缺点？2008 年发生的三聚氰胺牛奶事件是否和该检测方法有关？还有哪些方法可检测食品中的蛋白质含量？

# 项目十　鱼露中氨基酸态氮含量的测定（电位滴定法）

## 一、实训内容

用电位滴定法测定鱼露（或者蚝油、虾油等）中氨基酸态氮的含量。

## 二、实训目的和要求

（1）掌握电位滴定法测氨基酸态氮的基本原理及操作要点。
（2）掌握电位滴定法的基本操作技能。

## 三、方法原理

氨基酸含有羧基和氨基，利用氨基酸的两性作用，加入甲醛固定氨基的碱性，使羧

基显示出酸性，用氢氧化钠标准溶液滴定后进行定量，以酸度计测定终点。

## 四、仪器、试剂和材料

（1）甲醛（36%）：应不含有聚合物。
（2）0.050mol/LNaOH 标准溶液。
（3）酸度计，见图 9-17。
（4）磁力搅拌器，见图 9-18。
（5）10mL 微量滴定管，见图 9-19。

图 9-17　酸度计

图 9-18　磁力搅拌器

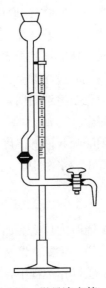

图 9-19　微量滴定管

## 五、分析步骤

吸取 5.0mL 试样，置于 100mL 容量瓶中，加水至刻度，混匀后吸取 20.0mL，置于 200mL 烧杯中，加 60mL 水，开动磁力搅拌器，用氢氧化钠标准溶液滴定至酸度计指示 pH8.2，记下消耗氢氧化钠标准滴定溶液的体积（按总酸计算公式，可计算总酸含量）。

加入 10.0mL 甲醛溶液，混匀。再用氢氧化钠标准滴定溶液继续滴定至 pH9.2，记下消耗氢氧化钠标准滴定溶液的体积。

同时取 80mL 水，先用氢氧化钠溶液调节至 pH 为 8.2，再加入 10.0mL 甲醛溶液，用氢氧化钠标准滴定溶液滴定至 pH9.2，同时做试剂空白实验。

## 六、分析结果

（1）将实验数据记录在表 9-18。

**表 9-18　食品理化检验原始记录**

| 基本信息 | 样品名称 | | | 样品编号 | |
|---|---|---|---|---|---|
| | 检测项目 | 氨基酸态氮含量 | | 检测日期 | |
| | 检测依据 | | | 检测方法 | |
| 检测环境 | 温 度/℃ | | | 湿 度/% | |
| 检测数据 | 标准溶液 | | | 标液浓度 | mol/L |
| | 平行测定 | 1 | 2 | 3 | 空白 |
| | 样品稀释液量/mL | | | | |
| | 滴定管初始读数 /mL | | | | |
| | 滴定管终点读数 /mL | | | | |
| | 标准溶液消耗量/mL | | | | |
| 结果计算 | 样品中氨基酸态氮含量/（g/100g） | | | | |
| | 样品中氨基酸态氮含量平均值/（g/100g） | | | | |

（2）分析结果表述。试样中氨基酸态氮的含量按下列式进行计算。

$$X = \frac{(V_1 - V_2) \times c \times 0.014}{\dfrac{5 \times V_3}{100}} \times 100$$

式中　$X$——试样中氨基酸态氮的含量，g/100mL；

$V_1$——测定用试样稀释液加入甲醛后消耗氢氧化钠标准滴定溶液的体积，mL；

$V_2$——试剂空白试验加入甲醛后消耗氢氧化钠标准溶液的体积，mL；

$V_3$——试样稀释液取用量，mL；

$c$——氢氧化钠标准滴定溶液浓度，mol/L；

0.014——与 1.00mL 氢氧化钠标准滴定溶液（$c_{NaOH} = 1.000mol/L$）相当的氮的
　　　　质量，g。

计算结果保留 2 位有效数字。

（3）精密度。在重复性条件下获得的两次独立测定结果的绝对差值不得超过算术平
均值的 10%。

## 七、注意事项

（1）氨基酸是某些发酵食品如鱼露的质量指标，也是保健食品及酒类饮料中的质量
指标。

（2）本法快速准确，可用于各类样品中游离氨基酸含量的测定。

（3）本法对于混浊和色深的样液可不经处理而直接测定。

（4）36% 中性甲醛试剂应避光存放，不含有聚合物。

（5）样品中如含有铵盐会使氨基酸态氮测定结果偏高。

## 八、思考题

（1）测定鱼露中的氨基酸态氮有何意义？

（2）鱼露中铵盐的存在对测定结果有何影响？应如何减小该影响？

# 项目十一　鱼肉香肠中亚硝酸盐含量的测定（盐酸萘乙二胺法）

（依据 GB/T 5009.33—2008 食品中亚硝酸盐与硝酸盐的测定）

## 一、实训内容

用盐酸萘乙二胺法测定鱼肉香肠中亚硝酸盐的含量。

## 二、实训目的和要求

（1）熟练掌握样品制备、提取的基本操作技能。

（2）进一步学习并熟练地掌握分光光度计的使用方法和技能。

（3）学习盐酸萘乙二胺比色法测定亚硝酸盐的原理及操作要点。

## 三、方法原理

样品经沉淀蛋白质，除去脂肪后，在弱酸条件下硝酸盐与对氨基苯磺酸重氮化后，
生成的重氮化合物再与萘基盐酸二氨乙烯偶联成紫红色的重氮染料，与标准比较定量，
测得亚硝酸盐含量。

## 四、仪器、试剂和材料

（1）水：二级实验室用水或去离子水。

（2）对氨基苯磺酸：分析纯。

（3）盐酸萘乙二胺溶液：分析纯。

（4）亚铁氰化钾溶液（106g/L）：称取 106.0g 亚铁氰化钾，溶于水后，稀释至 1000mL。

（5）乙酸锌溶液（220g/L）：称取 220.0g 乙酸锌，加 30mL 冰乙酸溶于水，并稀释至 1000mL。

（6）饱和硼砂溶液（50g/L）：称取 5g 硼酸钠，溶于 100mL 热水中，冷却后备用。

（7）氨缓冲溶液（pH9.6～9.7）：量取 30mL 盐酸（密度 1.19g/mL），加 100mL水，混匀后加 65mL 氨水（25%），再加水稀释至 1000mL，混匀，调节 pH 至 9.6～9.7。

（8）稀氨缓冲液：量取 50mL 氨缓冲溶液，加水稀释至 500mL，混匀。

（9）盐酸溶液（0.1mol/L）：吸取 5mL 盐酸，用水稀释至 600mL。

（10）对氨基苯磺酸溶液（4g/L）：称取 0.4g 对氨基苯磺酸，溶于 100mL20% 的盐酸中，置棕色瓶中混匀，避光保存。

（11）盐酸萘乙二胺溶液（2g/L）：称取 0.2g 盐酸萘乙二胺，溶于 100mL 水中，混匀后，置棕色瓶中，避光保存。

（12）亚硝酸钠标准溶液：准确称取 0.1000g 于 110～120℃干燥恒重的亚硝酸钠，加水溶解移入 500mL 容量瓶中，并稀释至刻度。此溶液每毫升相当于 200μg 亚硝酸钠。

（13）亚硝酸钠标准使用液：临用前，吸取亚硝酸钠标准溶液 2.50mL，置于100mL 容量瓶中，加水稀释至刻度，此溶液每毫升相当于 5μg 亚硝酸钠。

（14）组织捣碎机（图 9-20）。

（15）超声波清洗器。

（16）恒温干燥箱。

（17）分光光度计（图 9-21）。

图 9-20　组织捣碎机

图 9-21　分光光度计

## 五、分析步骤

1. 试样预处理

用四分法取适量或取全部，用组织捣碎机制成匀浆备用。

2. 提取

称取 5g（精确到 0.001g）制成匀浆的试样（如制备过程中加水，应按加水量折算），置于 50mL 烧杯中，加入 12.5mL 硼砂饱和液，搅拌均匀，以 70℃ 左右的水约 300mL 将试样全部洗入 500mL 容量瓶中，置沸水浴中加热 15min，取出后置冷水浴中冷却，并放置至室温。

3. 提取液净化

在上述提取液中，一边转动，一边加入 5mL 亚铁氰化钾溶液，摇匀，再加入 5mL 乙酸锌溶液以沉淀蛋白质，加水至刻度，混匀，放置 0.5h，除去上层脂肪，清液用滤纸过滤弃去初滤液 30mL，滤液备用。

4. 亚硝酸盐的测定

吸取 40.0mL 上述滤液于 50mL 带塞比色管中，另吸取 0.00、0.20、0.40、0.60、0.80、1.00、1.50、2.00、2.50mL 亚硝酸钠标准使用液（相当于 0.0、1.0、2.0、3.0、4.0、5.0、7.5、10.0、12.5$\mu$g 亚硝酸钠），分别置于 50mL 带塞比色管中，于标准与样品管中分别加入 2mL 对氨基苯磺酸溶液（4g/L），混匀，静置 3～5min 后各加入 1mL 盐酸萘乙二胺溶液（2g/L），加水至刻度，混匀，静置 15min，用 2cm 比色杯，以零管调节零点，于波长 538nm 处测吸光度，绘制标准曲线比较。同时做试剂空白。

# 六、分析结果

（1）将实验数据记录在表 9-19。

**表 9-19　食品理化检验原始记录**

| 基本信息 | 样品名称 | | 样品编号 | |
|---|---|---|---|---|
| | 检测项目 | 亚硝酸盐含量 | 检测日期 | |
| | 检测依据 | | 检测方法 | |
| 检测环境 | 温 度/℃ | | 湿 度/% | |
| 试样质量/g | | | | |
| 检测数据 | 测 定 | | 吸取标液体积/mL | 亚硝酸钠质量/$\mu$g | 吸光度 A |
| | 标准系列溶液 | 1 | | | |
| | | 2 | | | |
| | | 3 | | | |
| | | 4 | | | |
| | | 5 | | | |
| | | 6 | | | |
| | | 7 | | | |
| | | 8 | | | |
| | | 9 | | | |
| | 样品溶液 | | | | |
| 结果计算 | 样品中亚硝酸盐含量 /(mg/kg) | | | | |

（2）分析结果表述。根据吸光度值绘制标准曲线。亚硝酸盐（以亚硝酸钠计）的含量按下列式进行计算。

$$X = \frac{m_1 \times 1000}{m \times \frac{V_1}{V_0} \times 1000}$$

式中　$X$——试样中亚硝酸钠的含量，mg/kg；

$m_1$——测定用样液中亚硝酸钠的质量，$\mu$g；

$m$——试样质量，g；

$V_1$——测定用样液体积，mL；

$V_0$——试样处理液总体积，mL。

计算结果保留 2 位有效数字。

（3）精密度。在重复性条件下获得的 2 次独立测定结果的绝对差值不得超过算术平均值的 10%。

## 七、注意事项

（1）对氨基苯磺酸可用对氨基磺酰胺代替。重氮化反应需要在一定酸度溶液中进行，配制该试剂时已经加入足量的盐酸，显色时不再另外加酸。

（2）亚硝酸盐容易氧化为硝酸盐，样品处理时，加热的温度和时间均要控制。配制标准溶液的固体亚硝酸钠可长期保存在硅胶干燥器中，若有必要，可在 80℃烘去水分后称重。配制的标准储备液不宜久储。

（3）亚硫酸盐干扰测定，可在重氮化反应前加入 2mL50g/L 甲醛溶液，使与亚硝酸盐生成稳定的甲醛加成物，消除其干扰。

（4）亚铁氰化钾和乙酸锌溶液作为蛋白质沉淀剂，使产生的亚铁氰化锌沉淀与蛋白质产生共沉淀。蛋白质沉淀剂也可采用硫酸锌（30%）溶液。饱和硼砂溶液的作用是作为亚硝酸盐提取剂，同时可作为蛋白质沉淀剂。

## 八、思考题

（1）测定鱼肉香肠中亚硝酸盐含量的目的是什么？

（2）样品处理时加入亚铁氰化钾和乙酸锌的作用是什么？

（3）若亚硝酸盐含量高，会有什么影响？应如何消除？

# 项目十二　海藻饮料中合成色素的测定（高效液相色谱法）

（依据 GB/T 5009.35—2003 食品中合成着色剂的测定）

## 一、实训内容

利用高效液相色谱法测定海藻饮料中人工合成酸性色素的含量。

## 二、实训目的和要求

（1）了解人工合成色素的测定原理及方法。

（2）理解和熟悉高效液相色谱仪的工作原理及操作要点。

（3）掌握高效液相色谱技术测定人工合成色素的方法。

（4）进一步学习识别色谱图。

## 三、方法原理

食品中人工合成着色剂用聚酰胺吸附法或液-液分配法提取，制成水溶液，注入高效液相色谱仪，经反相色谱分离，根据保留时间定性和与峰面积比较进行定量。

## 四、仪器、试剂和材料

（1）正己烷。

（2）盐酸。

（3）乙酸。

（4）甲醇：经 $0.5\mu m$ 滤膜过滤。

（5）聚酰胺粉（尼龙6）：过200目筛。

（6）乙酸铵溶液（0.02mol/L）：称取 1.54g 乙酸铵，加水至1000mL，溶解，经 $0.45\mu m$ 滤膜过滤。

（7）氨水：量取氨水 2mL，加水至 100mL，混匀。

（8）氨水-乙酸铵溶液（0.02mol/L）：量取氨水 0.5mL，加乙酸铵溶液（0.02mol/L）至 1000mL 混匀。

（9）甲醇-甲酸（6+4）溶液：量取甲醇 60mL，甲酸 40mL，混匀。

（10）柠檬酸溶液：称取 20g 柠檬酸（$C_6H_8O_7 \cdot H_2O$），加水至 100m，溶解混匀。

（11）无水乙醇-氨水-水（7+2+1）溶液：量取无水乙醇 70mL、氨水 20mL、水 10mL，混匀。

（12）三正辛胺正丁醇溶液（5%）：量取三正辛胺 5mL，加正丁醇至 100mL，混匀。

（13）饱和硫酸钠溶液（2g/L）。

（14）硫酸钠溶液（2g/L）。

（15）pH 6 的水：水加柠檬酸溶液调 pH 到 6。

（16）合成着色剂标准溶液：准确称取按其纯度折算为 100% 质量的柠檬黄、日落黄、苋菜红、胭脂红、新红、赤藓红、亮蓝、靛蓝各 0.100g，置 100mL 容量瓶中，加 pH6 的水到刻度，配成水溶液（1.00mg/mL）。

（17）合成着色剂标准使用液：临用时上述溶液加水稀释 20 倍，经 $0.45\mu m$ 滤膜过滤，配成每毫升相当于 $50.0\mu g$ 的合成着色剂。

（18）高效液相色谱仪，带紫外检测器，254nm 波长。参见图 9-22。

## 五、操作方法

1. 试样处理

海藻饮料或者橘子汁、果味水、果子露汽水等：称取 20.0～40.0g，放入 100mL

烧杯中，含二氧化碳试样加热驱除二氧化碳。

### 2. 色素提取

聚酰胺吸附法：试样溶液加柠檬酸溶液调 pH 到 6，加热至 60℃，将 1g 聚酰胺粉加少许水调成粥状，倒入试样溶液中，搅拌片刻，以 $G_3$ 垂融漏斗抽滤，用 60℃ pH4 的水洗涤 3~5 次，然后用甲醇-甲酸混合溶液洗涤 3~5 次（含赤藓红的试样用液-液分配法处理），再用水洗至中性，

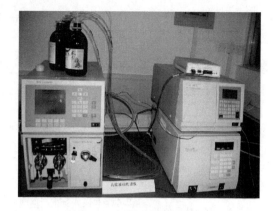

图 9-22　高效液相色谱仪

用乙醇-氨水-水混合溶液解吸 3~5 次，每次 5mL，收集解吸液，加乙酸中和，蒸发至近干，加水溶解，定容至 5mL。经 0.45μm 滤膜过滤，取 10μL 进高效液相色谱仪。

液-液分配法（适用于含赤藓红的试样）：将制备好的试样放入分液漏斗中，加 2mL 盐酸，三正辛胺正丁醇溶液（5%）10~20mL，振摇提取，分取有机相，重复提取至有机相无色，合并有机相，用饱和硫酸钠溶液洗 2 次，每次 10mL，分取有机相，放蒸发皿中，水浴加热浓缩至 10mL，转移至分液漏斗中，加 60mL 正己烷，混匀，加氨水提取 2~3 次，每次 5mL，合并氨水溶液层（含水溶性酸性色素），用正己烷洗 2 次，氨水层加乙酸调成中性，水浴加热蒸发至近干，加水定容至 5mL。经滤膜 0.45μm 滤膜过滤，取 10μL 进高效液相色谱仪。

### 3. 高效液相色谱参考条件

（1）柱：YWG-C$_{18}$10μm 不锈钢柱 4.6mm（i. d）×250mm。
（2）流动相：甲醇：乙酸铵溶液（pH4，0.02mol/L）。
（3）梯度洗脱：甲醇：20%~35%，3%/min；35%~98%，9%/min；98% 继续 6min。
（4）流速：1mL/min。
（5）紫外检测器，254nm 波长。

### 4. 测定

取相同体积样液和合成着色剂标准使用液分别注入高效液相色谱仪，根据保留时间定性，外标峰面积法定量。

## 六、分析结果

（1）根据保留时间定性。
（2）将实验数据记录在表 9-20（表格可根据测定实际自行添加）。

**表 9-20 食品理化检验原始记录**

| 基本信息 | 样品名称 | | 样品编号 | |
| --- | --- | --- | --- | --- |
| | 检测项目 | 合成色素含量 | 检测日期 | |
| | 检测依据 | | 检测方法 | |
| 检测环境 | 温 度/℃ | | 湿 度/% | |
| 试样质量/g | | | | |
| 检测数据及结果 | 标准溶液 | | 标液浓度 | μg/mL |
| | | | 待测液 | |
| | 着色剂名称 | 标准溶液峰面积 | 峰面积 | 浓度/(mg/mL) | 样品中着色剂含量/(g/kg) |
| | 1 | | | | |
| | 2 | | | | |
| | 3 | | | | |

（3）分析结果表述。试样中着色剂的含量按下列式进行计算：

$$X = \frac{m_1 \times 1000}{m \times V_2/V_1 \times 1000 \times 1000}$$

式中　$X$——样品中着色剂的含量，g/kg；

　　　$m_1$——样液中着色剂的质量，μg；

　　　$V_2$——进样体积，mL；

　　　$V_1$——试样稀释总体积，mL；

　　　$m$——试样质量，g。

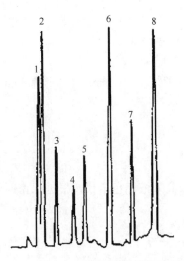

图 9-23　八种着色剂色谱分离图

1. 新红；2. 柠檬黄；3. 苋菜红；4. 靛蓝；
5. 胭脂红；6. 日落黄；7. 亮蓝；8. 赤藓红

计算结果保留 2 位有效数字。

（4）精密度。在重复性条件下获得的 2 次独立测定结果的绝对差值不得超过算术平均值的 10%。

## 七、注意事项

该法的最小检出量（图 9-23），新红 5ng、柠檬黄 4ng、苋菜红 6ng、胭脂红 8ng、日落黄 7ng、赤藓红 18ng、亮蓝 26ng。

## 八、思考题

（1）简述高效液相色谱法测定食品中合成色素的原理。

（2）简述高效液相色谱法测定食品中合成色素的色谱参考条件。

# 项目十三　牡蛎干制品中锌的测定（火焰原子吸收法）

（依据 GB/T 5009.14—2003 食品中锌的测定）

## 一、实训内容

采用火焰原子吸收法测定牡蛎干制品中锌的含量。

## 二、实训目的和要求

（1）理解掌握原子吸收分光光度法的基本原理。

（2）掌握原子吸收分光光度计的使用方法。

（3）掌握原子吸收分光光度法测定中样品处理技术及测定基本操作技术。

## 三、方法原理

样品经处理后，导入原子吸收分光光度计中，原子化以后，吸收 213.8nm 共振线，其吸收值与锌含量成正比，与标准系列比较定量。

## 四、仪器、试剂和材料

（1）混合酸：硝酸＋高氯酸（3＋1）。

（2）盐酸（1＋11）：量取 10mL 盐酸，加到适量水中，再稀释至 120mL。

（3）锌标准溶液：准确称取 0.500g 金属锌（99.99%），溶于 10mL 盐酸中，然后在水浴上蒸发至近干，用少量水溶解后移入 1000mL 容量瓶中，以水稀释至刻度，储于聚乙烯瓶中，此溶液每毫升相当于 0.50mg 锌。

（4）锌标准使用液：吸取 10.0mL 锌标准溶液，置于 50mL 容量瓶中，以盐酸（0.1mol/L）稀释至刻度，此溶液每毫升相当于 100.0μg 锌。

（5）原子吸收分光光度计。

（6）电热板（或电炉）。

（7）瓷坩埚（50mL）。

## 五、操作方法

1. 试样处理

（1）谷类：去杂物及尘土，磨碎，过 40 目筛，混匀。称取 5.00～10.00g 置于 50mL 瓷坩埚中，小火炭化至无烟后移入马弗炉中，500℃±25℃灰化约 8h 后，取出坩埚，放冷后再加入少量混合酸，小火加热，不使干涸，必要时加少许混合酸，如此反复处理，直至残渣中无炭粒，待坩埚稍冷，加 10mL 盐酸（1＋11），溶解残渣并移入 50mL 容量瓶中，再用盐酸（1＋11）反复洗涤坩埚，洗液并入容量瓶中，并稀释至刻度，混匀备用。

取与样品处理相同量的混合酸和盐酸，按同一操作方法做试剂空白试验。

（2）禽、蛋、水产、及乳制品：取可食部分充分混匀。称取 5.00～10.00g 置于瓷坩埚中，小火炭化，以下按 1（1）中"小火炭化至无烟后移入马弗炉中……"起依法操作。

2. 测定

吸取 0，0.10，0.20，0.40，0.80mL 锌标准使用液，分别置于 50mL 容量瓶中，以盐酸（1mol/L）稀释至刻度，混匀（各容量瓶中每毫升相当于 0、0.2、0.4、0.8、1.6μg 锌）。

将处理后的样液、试剂空白液和各容量瓶中锌标准溶液分别导入调至最佳条件的火焰原子化器进行测定。

参考测定条件：灯电流 6mA，波长 213.8nm，狭缝 0.38nm，空气流量 10L/min，乙炔流量 2.3L/min，灯头高度 3mm，氘灯背景校正。

## 六、分析结果

（1）将实验数据记录在表 9-21。

**表 9-21　食品理化检验原始记录**

| 基本信息 | 样品名称 | | 样品编号 | |
| --- | --- | --- | --- | --- |
| | 检测项目 | 锌含量 | 检测日期 | |
| | 检测依据 | | 检测方法 | |
| 检测环境 | 温度/℃ | | 湿度/% | |
| 试样质量/g | | | | |
| 灰化后定容体积/mL | | | | |
| 检测数据 | 测定 | | 浓度/(μg /mL) | 吸光度 A |
| | 标准系列溶液 | 1 | 0.0 | |
| | | 2 | 0.2 | |
| | | 3 | 0.4 | |
| | | 4 | 0.8 | |
| | | 5 | 1.6 | |
| | 样品溶液 | | | |
| 结果计算 | 样品中锌含量/(mg/kg) | | | |

（2）分析结果表述。以锌含量对应吸光值，绘制标准曲线或计算直线回归方程，样品吸光值与曲线比较或代入方程求出含量。

试样中锌的含量按下列式进行计算：

$$X = \frac{(A_1 - A_2) \times V \times 1000}{m \times 1000}$$

式中　$X$——试样中锌的含量，mg/kg 或 mg/L；

　　　$A_1$——测定试液中锌的含量，μg/mL；

$A_2$——试剂空白液中锌的含量，$\mu g/mL$；

$m$——试样质量或体积，g 或 mL；

$V$——试样处理液的总体积，mL；

计算结果保留 2 位有效数字。

（3）精密度。在重复性条件下获得的 2 次独立测定结果的绝对差值不得超过算术平均值的 10%。

## 七、注意事项

（1）测定中试剂、蒸馏水、容器可能被锌污染，在测定时要等空白稳定后才进行标准曲线和样品测定。所用器皿用硝酸（1+5）浸泡过夜，用水冲洗后，再用去离子水冲洗干净。

（2）样品灰化时要注意灰化完全。

## 八、思考题

（1）样品灰化的注意事项有哪些？

（2）样品处理是否还有其他方法？如何进行？

（3）锌的测定还有哪些方法？各自的优缺点？使用范围？

# 项目十四　水产品中挥发性盐基氮的测定

（依据 SC/T 3032—2007 水产品中挥发性盐基氮的测定）

## 一、实训内容

采用半微量定氮法检测水产品中的挥发性盐基氮，以判断水产品新鲜程度和品质好坏。

## 二、实训目的和要求

（1）理解水产品中挥发性盐基氮含量与产品品质好坏关系的基本原理。

（2）学习掌握鲜（冻）肉、鱼、禽等肉与肉制品的新鲜程度与判别。

（3）掌握半微量定氮法测定挥发性盐基氮的操作技能。

## 三、方法原理

挥发性盐基氮是指水产品在腐败过程中，由于酶和细菌的作用使蛋白质分解后产生氨和胺类等碱性含氮物质，如伯胺、仲胺及叔胺等。此类物质具有挥发性，使用高氯酸溶液浸提，在碱性溶液中蒸出后，用硼酸吸收液吸收，再用标准盐酸溶液滴定计算含量。

## 四、仪器、试剂和材料

（1）高氯酸溶液（0.6mol/L）：取 50mL 高氯酸加水定容至 1000mL。

（2）氢氧化钠溶液（30g/L）：称取 30g 氢氧化钠加水溶解后，放冷，并稀释到 1000mL。

（3）盐酸标准溶液：0.01mol/L。

（4）硼酸吸收液（30g/L）：称取 30g 硼酸溶于 1000mL 水中。

（5）酚酞指示剂（10g/L）：称取 1g 酚酞指示剂溶解于 100mL 的 95%乙醇中。

（6）混合指示剂：将 1 份 2g/L 甲基红乙醇溶液与 1 份 1g/L 次甲基蓝乙醇溶液临用时混合。

（7）均质机。

（8）硅油消泡剂。

（9）离心机。

（10）半微量定氮器。

（11）微量酸式滴定管：最小分度值为 0.01mL。

## 五、操作方法

### 1. 样品处理

鱼，去鳞、去皮，沿背脊取肌肉；虾，去头、去壳，取可食肌肉部分；蟹、甲鱼等（其他水产品）取可食部分；将样品切碎备用，取与样品处理相同量的混合酸和盐酸，按同一操作方法做试剂空白试验。

### 2. 样品制备

取 5.1 的试样 10g（精确到 0.01g）于均质杯中，再加入 90mL 高氯酸溶液（0.6mol/L），均质 2min，用滤纸过滤或离心分离，滤液与 2～6℃ 的环境下储存，可保存 2d。

### 3. 蒸馏

吸取 10mL 硼酸吸收液（30g/L）注入锥形瓶内，再加 2～3 滴混合指示剂，并将锥形瓶置于半微量定氮器蒸馏冷凝管下端，使其下端插入硼酸吸收液的液面下。

准确吸取 5.0mL 样品溶液注入半微量定氮器反应室内，分别加入 1～2 滴酚酞指示剂、1～2 滴硅油防泡剂、5mL 氢氧化钠溶液（30g/L），然后迅速盖塞，并加水以防漏气。

通入蒸气，蒸馏 5min 后将冷凝管末端移离锥形瓶中吸收液的液面，再蒸馏 1min，用少量水冲洗冷凝管末端，洗入锥形瓶中。

### 4. 滴定

锥形瓶中吸收液用盐酸标准溶液（0.01mol/L）滴定至溶液显蓝紫色为终点。

同时用 5.0mL 高氯酸（0.6mol/L）代替样品溶液进行空白试验。

## 六、分析结果

（1）将实验数据记录在表 9-22。

表 9-22　食品理化检验原始记录

| 基本信息 | 样品名称 | | 样品编号 | | |
|---|---|---|---|---|---|
| | 检测项目 | 挥发性盐基氮 | 检测日期 | | |
| | 检测依据 | | 检测方法 | | |
| 检测环境 | 温　度/℃ | | 湿　度/% | | |
| 试样质量/g | | | | | |
| 检测数据 | 标准溶液 | | 标液浓度 | | mol/L |
| | 平行测定 | 1 | 2 | 3 | 空白 |
| | 提取液体积/mL | 5.0 | 5.0 | 5.0 | |
| | 滴定管初始读数 /mL | | | | |
| | 滴定管终点读数 /mL | | | | |
| | 标准溶液消耗量/mL | | | | |
| 结果计算 | 样品中挥发性盐基氮含量/（mg/100g） | | | | |
| | 样品中挥发性盐基氮含量平均值/（mg/100g） | | | | |

（2）分析结果表述。样品中挥发性盐基氮含量按下列式进行计算：

$$X = \frac{(V_1 - V_2) \times c \times 14}{\dfrac{m \times 5}{100}} \times 100$$

式中　$X$——样品中挥发性盐基氮的含量，mg/100g；

　　　$V_1$——测定用样液消耗盐酸标准溶液体积，mL；

　　　$V_2$——试剂空白消耗盐酸标准溶液体积，mL；

　　　$c$——盐酸标准溶液的实际浓度，mol/L

　　　14——与 1.00mL 盐酸标准滴定溶液（$c_{NaOH} = 1.00$mol/L）相当的氮的毫克数，mg；

　　　$m$——样品质量，g；

计算结果保留 3 位有效数字。

（3）精密度。在重复性条件下获得的两次独立测定结果的绝对差值不得超过算术平均值的 10%。

## 七、注意事项

同蛋白质的测定。

## 八、思考题

(1) 挥发性盐基氮是如何产生的?

(2) 挥发性盐基氮的测定还有哪些方法? 试说明原理。

# 项目十五　胆碱酯酶抑制法测定有机磷农药残留（快速检测法）

（依据 GB/T 5009.199—2003 蔬菜中有机磷和氨基甲酸酯类农药残留量的快速检测）

## 一、实训内容

掌握胆碱酯酶抑制法快速测定蔬菜中有机磷类农药残留。

## 二、实训目的和要求

(1) 理解胆碱酯酶抑制法测定有机磷类农药残留的基本原理。

(2) 学习掌握食品中有机磷农药残留量的快速检测法。

## 三、方法原理

在一定条件下，有机磷和氨基甲酸脂类农药对胆碱酯酶正常功能有抑制作用，其抑制率与农药的浓度呈正相关。正常情况下酶催化神经传导代谢产物（2-酰胆碱）水解，其水解产物与显色剂反应，产生黄色物质，用分光光度计在 412nm 处测定吸光度随时间的变化值，可计算出抑制率，通过抑制率可以判断出试样中是否有高剂量有机磷农药。

## 四、仪器、试剂和材料

(1) 分别取 11.9g 无水磷酸氢二钾与 3.2g 磷酸二氢钾，用 1000mL 蒸馏水溶解。

(2) 显色剂：取 160mg 二硫代二硝基苯甲酸（DTNB）和 15.6mg 碳酸氢钠，用 20mL 缓冲溶液溶解，4℃冰箱中保存。

(3) 底物：取 25.0mg 硫代乙酰胆碱，加 3.0mL 蒸馏水溶解，摇匀后置 4℃冰箱中保存备用，保存期不超过 2 周。

(4) 根据酶的活性情况，用缓冲溶液溶解，3min 的吸光度变化 $\Delta A_0$ 值应控制在 0.3 以上。摇匀后置 4℃冰箱中保存备用，保存期不超过 4d。

(5) GNSPR-8D 农药残留快速测试仪。

(6) 快速移液器：100$\mu$L、1～5mL。

## 五、操作方法

### 1. 样品处理

选取有代表性的蔬菜样品，冲洗掉表面泥土，剪成 1cm 左右见方碎片，取样品 1g，放入烧杯或提取瓶中，加入 5mL 缓冲溶液，振荡 1～2min，倒出提取液，静置 3～

5min，待用。

### 2. 对照溶液测试

2.5mL 缓冲液，再分别加入 $100\mu L$ 显色剂和酶液，混匀，于 $37℃$ 静置反应 15min 以上（每批样品的控制时间应一致）。加入 $100\mu L$ 底物摇匀，此时检液开始显色反应，应立即放入仪器比色池中，记录 3min 的吸光度变化值 $\Delta A_0$。

### 3. 样品测试

先于专用试管成反应瓶中加入 2.5mL 待测样品，其他操作与对照溶液测试相同，记录反应 3min 的吸光度值 $\Delta A_1$。

## 六、分析结果

（1）将实验数据记录在表 9-23。

**表 9-23　食品理化检验原始记录**

| 基本信息 | 样品名称 | | 样品编号 | |
| --- | --- | --- | --- | --- |
| | 检测项目 | 有机磷农药残留 | 检测日期 | |
| | 检测依据 | | 检测方法 | |
| 检测环境 | 温 度/℃ | | 湿 度/% | |
| 检测数据 | 测定样品 | | | |
| | 酶抑制率 | | | |
| 结果判断 | | | | |

（2）结果计算

$$I=\frac{\Delta A_0 - \Delta A_t}{\Delta A_0}\times 100$$

式中　$I$——酶抑制率；

　　　$\Delta A_0$——对照溶液吸光度随时间的变化值；

　　　$\Delta A_t$——样品溶液吸光度随时间的变化值。

（3）测试结果的判读。结果以酶被抑制的程度（抑制率）表示。当蔬菜样品提取液对酶的抑制率≥50%时，表示蔬菜中有高剂量有机磷或氨基甲酸酯类农药存在，样品为阳性结果。阳性结果的样品需要重复检验 2 次以上。对阳性结果的样品，可用其他方法进一步确定具体农药品种和含量。

## 七、注意事项

（1）葱、蒜、萝卜、韭菜、芹菜、香菜、茭白、蘑菇及番茄汁液中，含有对酶有影响的植物次生物质，容易产生假阳性。处理这类样品时，可采取整株（体）蔬菜浸提。对一些含叶绿素较高的蔬菜，也可采取整株（体）蔬菜浸提的方法，减少色素的干扰。

（2）当温度条件低于 37℃，酶反应的速度随之放慢，加入酶液和显色剂后放置反应的时间应相对延长，延长时间的确定，应以胆碱酯酶空白对照测试 3min 的吸光度变化 $\Delta A_0$ 值在 0.3 以上，即可往下操作。注意样品放置时间应与空白对照溶液放置时间一致才有可比性。胆碱酯酶空白对照溶液 3min 的吸光度变化 $\Delta A_0$ 值<0.3 的原因：一是酶的活性不够，二是温度太低。

# 综 合 实 训
## 项目十六　鱼糜制品的质量检验

### 一、实训内容

检验以鲜（冻）鱼为主要原料，添加辅料，经一定工艺加工制成的鱼糜制品的质量。

（1）水分的测定。
（2）食盐含量的测定。
（3）蛋白质含量的测定。
（4）总磷的测定。
（5）硼酸（砂）的定性分析。

### 二、实训目的和要求

（1）初步学会通过检索文献资料，设计实验方案。
（2）进一步掌握分光光度计的正确使用，标准曲线绘制。
（3）编制规范的实验报告。

### 三、实训过程开展

（1）检索文献资料（书籍、杂志、报纸、论文、专利、标准等）。
（2）拟定可行的实验方案（方法与原理、材料与设备、技术路线）。
（3）小组方案论证（小组讨论，确定实验方案）。
（4）方案实施（分小组开展实验）。
（5）实验结果报告与评价。

### 四、实验报告内容要求

（1）实验原理。
（2）仪器和试剂。
（3）测定过程（样品处理、样品测定）。
（4）实验数据及数据处理。

（5）结论。

（6）分析与讨论。

## 五、提交材料

（1）小组提交"实验设计方案"一份。

（2）个人提交"实验报告"一份。

# 附　　录

**附表 1　氧化亚铜质量相当于葡萄糖、果糖、乳糖、转化糖的质量表**　　　　　单位：mg

| 氧化亚铜 | 葡萄糖 | 果糖 | 乳糖（含水） | 转化糖 | 氧化亚铜 | 葡萄糖 | 果糖 | 乳糖（含水） | 转化糖 |
|---|---|---|---|---|---|---|---|---|---|
| 11.3 | 4.6 | 5.1 | 7.7 | 5.2 | 47.3 | 20.1 | 22.2 | 32.2 | 21.4 |
| 12.4 | 5.1 | 5.6 | 8.5 | 5.7 | 48.4 | 20.6 | 22.8 | 32.9 | 21.9 |
| 13.5 | 5.6 | 6.1 | 9.3 | 6.2 | 49.5 | 21.1 | 23.3 | 33.7 | 22.4 |
| 14.6 | 6.0 | 6.7 | 10.0 | 6.7 | 50.7 | 21.6 | 23.8 | 34.5 | 22.9 |
| 15.8 | 6.5 | 7.2 | 10.8 | 7.2 | 51.8 | 22.1 | 24.4 | 35.2 | 23.5 |
| 16.9 | 7.0 | 7.7 | 11.5 | 7.7 | 52.9 | 22.6 | 24.9 | 36.0 | 24.0 |
| 18.0 | 7.5 | 8.3 | 12.3 | 8.2 | 54.0 | 23.1 | 25.4 | 36.8 | 24.5 |
| 19.1 | 8.0 | 8.8 | 13.1 | 8.7 | 55.2 | 23.6 | 26.0 | 37.5 | 25.0 |
| 20.3 | 8.5 | 9.3 | 13.8 | 9.2 | 56.3 | 24.1 | 26.5 | 38.3 | 25.5 |
| 21.4 | 8.9 | 9.9 | 14.6 | 9.7 | 57.4 | 24.6 | 27.1 | 39.1 | 26.0 |
| 22.5 | 9.4 | 10.4 | 15.4 | 10.2 | 58.5 | 25.1 | 27.6 | 39.8 | 26.5 |
| 23.6 | 9.9 | 10.9 | 16.1 | 10.7 | 59.7 | 25.6 | 28.2 | 40.6 | 27.0 |
| 24.8 | 10.4 | 11.5 | 16.9 | 11.2 | 60.8 | 26.1 | 28.7 | 41.4 | 27.6 |
| 25.9 | 10.9 | 12.0 | 17.7 | 11.7 | 61.9 | 26.5 | 29.2 | 42.1 | 28.1 |
| 27.0 | 11.4 | 12.5 | 18.4 | 12.3 | 63.0 | 27.0 | 29.8 | 42.9 | 28.6 |
| 28.1 | 11.9 | 13.1 | 19.2 | 12.8 | 64.2 | 27.5 | 30.3 | 43.7 | 29.1 |
| 29.3 | 12.3 | 13.6 | 19.9 | 13.3 | 65.3 | 28.0 | 30.9 | 44.4 | 29.6 |
| 30.4 | 12.8 | 14.2 | 20.7 | 13.8 | 66.4 | 28.5 | 31.4 | 45.2 | 30.1 |
| 31.5 | 13.3 | 14.7 | 21.5 | 14.3 | 67.6 | 29.0 | 31.9 | 46.0 | 30.6 |
| 32.6 | 13.8 | 15.2 | 22.2 | 14.8 | 68.7 | 29.5 | 32.5 | 46.7 | 31.2 |
| 33.8 | 14.3 | 15.8 | 23.0 | 15.3 | 69.8 | 30.0 | 33.0 | 47.5 | 31.7 |
| 34.9 | 14.8 | 16.3 | 23.8 | 15.8 | 70.9 | 30.5 | 33.6 | 48.3 | 32.2 |
| 36.0 | 15.3 | 16.8 | 24.5 | 16.3 | 72.1 | 31.0 | 34.1 | 49.0 | 32.7 |
| 37.2 | 15.7 | 17.4 | 25.3 | 16.6 | 73.2 | 31.5 | 34.7 | 49.8 | 33.2 |
| 38.3 | 16.2 | 17.9 | 26.1 | 17.3 | 74.3 | 32.0 | 35.2 | 50.6 | 33.7 |
| 39.4 | 16.7 | 18.4 | 26.8 | 17.8 | 75.4 | 32.5 | 35.8 | 51.3 | 34.3 |
| 40.5 | 17.2 | 19.0 | 27.6 | 18.3 | 76.6 | 33.0 | 36.3 | 52.1 | 34.8 |
| 41.7 | 17.7 | 19.5 | 28.4 | 18.9 | 77.7 | 33.5 | 36.8 | 52.9 | 35.3 |
| 42.8 | 18.2 | 20.1 | 29.1 | 19.4 | 78.8 | 34.0 | 37.4 | 53.6 | 35.8 |
| 43.9 | 18.7 | 20.6 | 29.9 | 19.9 | 79.9 | 34.5 | 37.9 | 54.4 | 36.3 |
| 45.0 | 19.2 | 21.1 | 30.6 | 20.4 | 81.1 | 35.0 | 38.5 | 55.2 | 36.8 |
| 46.2 | 19.7 | 21.7 | 31.4 | 20.9 | 82.2 | 35.5 | 39.0 | 55.9 | 37.4 |

续表

| 氧化亚铜 | 葡萄糖 | 果糖 | 乳糖<br>（含水） | 转化糖 | 氧化亚铜 | 葡萄糖 | 果糖 | 乳糖<br>（含水） | 转化糖 |
|---|---|---|---|---|---|---|---|---|---|
| 83.3 | 36.0 | 39.6 | 56.7 | 37.9 | 119.3 | 52.1 | 57.1 | 81.3 | 54.6 |
| 84.4 | 36.5 | 40.1 | 57.5 | 38.4 | 120.5 | 52.6 | 57.7 | 82.1 | 55.2 |
| 85.6 | 37.0 | 40.7 | 58.2 | 38.9 | 121.6 | 53.1 | 58.2 | 82.8 | 55.7 |
| 86.7 | 37.5 | 41.2 | 59.0 | 39.4 | 122.7 | 53.6 | 58.8 | 83.6 | 56.2 |
| 87.8 | 38.0 | 41.7 | 59.8 | 40.0 | 123.8 | 54.1 | 59.3 | 84.4 | 56.7 |
| 88.9 | 38.5 | 42.3 | 60.5 | 40.5 | 125.0 | 54.6 | 59.9 | 85.1 | 57.3 |
| 90.1 | 39.0 | 42.8 | 61.3 | 41.0 | 126.1 | 55.1 | 60.4 | 85.9 | 57.8 |
| 91.2 | 39.5 | 43.4 | 62.1 | 41.5 | 127.2 | 55.6 | 61.0 | 86.7 | 58.3 |
| 92.3 | 40.0 | 43.9 | 62.8 | 42.0 | 128.3 | 56.1 | 61.6 | 87.4 | 58.9 |
| 93.4 | 40.5 | 44.5 | 63.6 | 42.6 | 129.5 | 56.7 | 62.1 | 88.2 | 59.4 |
| 94.6 | 41.0 | 45.0 | 64.4 | 43.1 | 130.6 | 57.2 | 62.7 | 89.0 | 59.9 |
| 95.7 | 41.5 | 45.6 | 65.1 | 43.6 | 131.7 | 57.7 | 63.2 | 89.8 | 60.4 |
| 96.8 | 42.0 | 46.1 | 65.9 | 44.1 | 132.8 | 58.2 | 63.8 | 90.5 | 61.0 |
| 97.9 | 42.5 | 46.7 | 66.7 | 44.7 | 134.0 | 58.7 | 64.3 | 91.3 | 61.5 |
| 99.1 | 43.0 | 47.2 | 67.4 | 45.2 | 135.1 | 59.2 | 64.9 | 92.1 | 62.0 |
| 100.1 | 43.5 | 47.8 | 68.2 | 45.7 | 136.2 | 59.7 | 65.4 | 92.8 | 62.6 |
| 101.3 | 44.0 | 48.3 | 69.0 | 46.2 | 137.4 | 60.2 | 66.0 | 93.6 | 63.1 |
| 102.5 | 44.5 | 48.9 | 69.7 | 46.7 | 138.5 | 60.7 | 66.5 | 94.4 | 63.6 |
| 103.6 | 45.0 | 49.4 | 70.5 | 47.3 | 139.6 | 61.3 | 67.1 | 95.2 | 64.2 |
| 104.7 | 45.5 | 50.0 | 71.3 | 47.8 | 140.7 | 61.8 | 67.7 | 95.9 | 64.7 |
| 105.8 | 46.0 | 50.5 | 72.1 | 48.3 | 141.9 | 62.2 | 68.2 | 96.7 | 65.2 |
| 107.0 | 46.5 | 51.1 | 72.8 | 48.8 | 143.0 | 62.8 | 68.8 | 97.5 | 65.8 |
| 108.1 | 47.0 | 51.6 | 73.6 | 49.4 | 144.1 | 63.3 | 69.3 | 98.2 | 66.3 |
| 109.2 | 47.5 | 52.2 | 74.4 | 49.9 | 145.2 | 63.8 | 69.9 | 99.0 | 66.8 |
| 110.3 | 48.0 | 52.7 | 75.1 | 5.4 | 146.4 | 64.3 | 70.4 | 99.8 | 67.4 |
| 111.5 | 48.5 | 53.3 | 75.9 | 50.9 | 147.5 | 64.9 | 71.0 | 100.6 | 67.9 |
| 112.6 | 49.0 | 53.8 | 76.7 | 51.5 | 148.6 | 65.4 | 71.6 | 101.3 | 68.4 |
| 113.7 | 49.5 | 54.4 | 77.4 | 52.0 | 149.7 | 65.9 | 72.1 | 102.1 | 69.0 |
| 114.8 | 50.0 | 54.9 | 78.2 | 52.5 | 150.9 | 66.4 | 72.7 | 102.9 | 69.5 |
| 116.0 | 50.6 | 55.5 | 79.0 | 53.0 | 152.0 | 66.9 | 73.2 | 103.6 | 70.0 |
| 117.1 | 51.1 | 56.0 | 79.7 | 53.6 | 153.1 | 67.4 | 73.8 | 104.4 | 70.6 |
| 118.2 | 51.6 | 56.6 | 80.5 | 54.1 | 154.2 | 68.0 | 74.3 | 105.2 | 71.1 |

| 氧化亚铜 | 葡萄糖 | 果糖 | 乳糖（含水） | 转化糖 | 氧化亚铜 | 葡萄糖 | 果糖 | 乳糖（含水） | 转化糖 |
|---|---|---|---|---|---|---|---|---|---|
| 155.4 | 68.5 | 74.9 | 106.0 | 71.6 | 191.4 | 85.2 | 92.9 | 130.7 | 88.9 |
| 156.5 | 69.0 | 75.5 | 106.7 | 72.2 | 192.5 | 85.7 | 93.5 | 131.5 | 89.5 |
| 157.6 | 69.5 | 76.0 | 107.5 | 72.7 | 193.6 | 86.2 | 94.0 | 132.2 | 90.0 |
| 158.7 | 70.0 | 76.6 | 108.3 | 73.2 | 194.8 | 86.7 | 94.6 | 133.0 | 90.6 |
| 159.9 | 70.5 | 77.1 | 109.0 | 73.8 | 195.9 | 87.3 | 95.2 | 133.8 | 91.1 |
| 161.0 | 71.1 | 77.7 | 109.8 | 74.3 | 197.0 | 87.8 | 95.7 | 134.6 | 91.7 |
| 162.1 | 71.6 | 78.3 | 110.6 | 74.9 | 198.1 | 8.3 | 96.3 | 135.3 | 92.2 |
| 163.2 | 72.1 | 78.8 | 111.4 | 75.4 | 199.3 | 88.9 | 96.9 | 136.1 | 92.8 |
| 164.4 | 72.6 | 79.4 | 112.1 | 75.9 | 200.4 | 89.4 | 97.4 | 136.9 | 93.3 |
| 165.5 | 73.1 | 80.0 | 112.9 | 76.5 | 201.5 | 89.9 | 98.0 | 137.7 | 93.8 |
| 166.6 | 73.7 | 80.5 | 113.7 | 77.0 | 202.7 | 90.4 | 98.6 | 138.4 | 94.4 |
| 167.8 | 74.2 | 81.1 | 114.4 | 77.6 | 203.8 | 91.0 | 99.2 | 139.2 | 94.9 |
| 168.9 | 74.7 | 81.6 | 115.2 | 78.1 | 204.9 | 91.5 | 99.7 | 140.0 | 95.5 |
| 170.0 | 75.2 | 82.2 | 116.0 | 78.6 | 206.0 | 92.0 | 100.3 | 140.8 | 96.0 |
| 171.1 | 75.7 | 82.8 | 116.8 | 79.2 | 207.2 | 92.6 | 100.9 | 141.5 | 96.6 |
| 172.3 | 76.3 | 83.3 | 117.5 | 79.7 | 208.3 | 93.1 | 101.4 | 142.3 | 97.1 |
| 173.4 | 76.8 | 83.9 | 118.3 | 80.3 | 209.4 | 93.6 | 102.0 | 143.1 | 97.7 |
| 174.5 | 77.3 | 84.4 | 119.1 | 80.8 | 210.5 | 94.2 | 102.6 | 143.9 | 98.2 |
| 175.6 | 77.8 | 85.0 | 119.9 | 81.3 | 211.7 | 94.7 | 103.1 | 144.6 | 98.8 |
| 176.8 | 78.3 | 85.6 | 120.6 | 81.9 | 212.8 | 95.2 | 103.7 | 145.4 | 99.3 |
| 177.9 | 78.9 | 86.1 | 121.4 | 82.4 | 213.9 | 95.7 | 104.3 | 146.2 | 99.9 |
| 179.0 | 79.4 | 86.7 | 122.2 | 83.0 | 215.0 | 96.3 | 104.8 | 147.0 | 100.4 |
| 180.1 | 79.9 | 87.3 | 122.9 | 83.5 | 216.2 | 96.8 | 105.4 | 147.7 | 101.0 |
| 181.3 | 80.4 | 87.8 | 123.7 | 84.0 | 217.3 | 97.3 | 106.0 | 148.5 | 101.5 |
| 182.4 | 81.0 | 88.4 | 124.5 | 84.6 | 218.4 | 97.9 | 106.6 | 149.3 | 102.1 |
| 183.5 | 81.5 | 89.0 | 125.3 | 85.1 | 219.5 | 98.4 | 107.1 | 150.1 | 102.6 |
| 184.5 | 82.0 | 89.5 | 126.0 | 85.7 | 220.7 | 98.9 | 107.7 | 150.8 | 103.2 |
| 185.8 | 82.5 | 90.1 | 126.8 | 86.2 | 221.8 | 99.5 | 108.3 | 151.6 | 103.7 |
| 186.9 | 83.1 | 90.6 | 127.6 | 86.8 | 222.9 | 100.0 | 108.8 | 152.4 | 104.3 |
| 188.0 | 83.6 | 91.2 | 128.4 | 87.3 | 224.0 | 100.5 | 109.4 | 153.2 | 104.8 |
| 189.1 | 84.1 | 91.8 | 129.1 | 87.8 | 225.2 | 101.1 | 110.0 | 153.9 | 105.4 |
| 190.3 | 84.6 | 92.3 | 129.9 | 88.4 | 226.3 | 101.6 | 110.6 | 154.7 | 106.0 |

续表

| 氧化亚铜 | 葡萄糖 | 果糖 | 乳糖（含水） | 转化糖 | 氧化亚铜 | 葡萄糖 | 果糖 | 乳糖（含水） | 转化糖 |
|---|---|---|---|---|---|---|---|---|---|
| 227.4 | 102.2 | 111.1 | 155.5 | 106.5 | 263.4 | 119.5 | 129.6 | 180.4 | 124.4 |
| 228.5 | 102.7 | 111.7 | 156.3 | 107.1 | 264.6 | 120.0 | 130.2 | 181.2 | 124.9 |
| 229.7 | 103.2 | 112.3 | 157.0 | 107.6 | 265.7 | 120.6 | 130.8 | 181.9 | 125.5 |
| 230.8 | 103.8 | 112.9 | 157.8 | 108.2 | 266.8 | 121.1 | 131.3 | 182.7 | 126.1 |
| 231.9 | 104.3 | 113.4 | 158.6 | 108.7 | 268.0 | 121.7 | 131.9 | 183.5 | 126.6 |
| 233.1 | 104.8 | 114.0 | 159.4 | 109.3 | 269.1 | 122.2 | 132.5 | 184.3 | 127.2 |
| 234.2 | 105.4 | 114.6 | 160.2 | 109.8 | 270.2 | 122.7 | 133.1 | 185.1 | 127.8 |
| 235.3 | 105.9 | 115.2 | 160.9 | 110.4 | 271.3 | 123.3 | 133.7 | 185.8 | 128.3 |
| 236.4 | 106.5 | 115.7 | 161.7 | 110.9 | 272.5 | 123.8 | 134.2 | 186.6 | 128.9 |
| 237.6 | 107.0 | 116.3 | 162.5 | 111.5 | 273.6 | 124.4 | 134.8 | 187.4 | 129.5 |
| 238.7 | 107.5 | 116.9 | 163.3 | 112.1 | 274.7 | 124.9 | 135.4 | 188.2 | 130.0 |
| 239.8 | 108.1 | 117.5 | 164.0 | 112.6 | 275.8 | 125.5 | 136.0 | 189.0 | 130.6 |
| 240.9 | 108.6 | 118.0 | 164.8 | 113.2 | 277.0 | 126.0 | 136.6 | 189.7 | 131.2 |
| 242.1 | 109.2 | 118.6 | 165.6 | 113.7 | 278.1 | 126.6 | 137.2 | 190.5 | 131.7 |
| 243.1 | 109.7 | 119.2 | 166.4 | 114.3 | 279.2 | 127.1 | 137.7 | 191.3 | 132.3 |
| 244.3 | 110.2 | 119.8 | 167.1 | 114.9 | 280.3 | 127.7 | 138.3 | 192.1 | 132.9 |
| 245.4 | 110.8 | 120.3 | 167.9 | 115.4 | 281.5 | 128.2 | 138.9 | 192.9 | 133.4 |
| 246.6 | 111.3 | 120.9 | 168.7 | 116.0 | 282.6 | 128.8 | 139.5 | 193.6 | 134.0 |
| 247.7 | 111.9 | 121.5 | 169.5 | 116.5 | 283.7 | 129.3 | 140.1 | 194.4 | 134.6 |
| 248.8 | 112.4 | 122.1 | 170.3 | 117.1 | 284.8 | 129.9 | 140.7 | 195.2 | 135.1 |
| 249.9 | 112.9 | 122.6 | 171.0 | 117.6 | 286.0 | 130.4 | 141.3 | 196.0 | 135.7 |
| 251.1 | 113.5 | 123.2 | 171.8 | 118.2 | 287.1 | 131.2 | 141.8 | 196.8 | 136.3 |
| 252.2 | 114.0 | 123.8 | 172.6 | 118.8 | 288.2 | 131.6 | 142.4 | 197.5 | 136.8 |
| 253.3 | 114.6 | 124.4 | 173.4 | 119.3 | 289.3 | 132.1 | 143.0 | 198.3 | 137.4 |
| 254.4 | 115.1 | 125.0 | 174.2 | 119.9 | 290.5 | 132.7 | 143.6 | 199.1 | 138.0 |
| 255.6 | 115.7 | 125.5 | 174.9 | 120.4 | 291.6 | 133.2 | 144.2 | 199.9 | 138.6 |
| 256.7 | 116.2 | 126.1 | 175.7 | 121.0 | 292.7 | 133.8 | 144.8 | 200.7 | 139.1 |
| 257.8 | 116.7 | 126.7 | 176.5 | 121.6 | 293.8 | 134.3 | 145.4 | 201.4 | 139.7 |
| 258.9 | 117.3 | 127.3 | 177.3 | 122.1 | 295.0 | 134.9 | 145.9 | 202.2 | 140.3 |
| 260.1 | 117.8 | 127.9 | 178.1 | 122.7 | 296.1 | 135.4 | 146.5 | 203.2 | 140.8 |
| 261.2 | 118.4 | 128.4 | 178.8 | 123.3 | 297.2 | 136.0 | 147.1 | 203.8 | 141.4 |
| 262.3 | 118.9 | 129.0 | 179.6 | 123.8 | 298.3 | 136.5 | 147.7 | 204.6 | 142.0 |

| 氧化亚铜 | 葡萄糖 | 果糖 | 乳糖（含水） | 转化糖 | 氧化亚铜 | 葡萄糖 | 果糖 | 乳糖（含水） | 转化糖 |
|---|---|---|---|---|---|---|---|---|---|
| 299.5 | 137.1 | 148.3 | 205.3 | 142.6 | 335.5 | 155.1 | 167.2 | 230.4 | 161.0 |
| 300.6 | 137.7 | 148.9 | 206.1 | 143.1 | 336.6 | 155.6 | 167.8 | 231.2 | 161.6 |
| 301.7 | 138.2 | 149.5 | 206.9 | 143.7 | 337.8 | 156.2 | 168.4 | 232.0 | 162.2 |
| 302.9 | 138.8 | 150.1 | 207.7 | 144.3 | 338.9 | 156.8 | 169.0 | 232.7 | 162.8 |
| 304.0 | 139.3 | 150.6 | 208.5 | 144.8 | 340.0 | 157.3 | 169.6 | 233.5 | 163.4 |
| 305.1 | 139.9 | 151.2 | 209.2 | 145.4 | 341.1 | 157.9 | 170.2 | 234.3 | 164.0 |
| 306.2 | 140.4 | 151.8 | 210.0 | 146.0 | 342.3 | 158.5 | 170.8 | 235.1 | 164.5 |
| 307.4 | 141.0 | 152.4 | 210.8 | 146.6 | 343.4 | 159.0 | 171.4 | 235.9 | 165.1 |
| 308.5 | 141.6 | 153.0 | 211.6 | 147.1 | 344.5 | 159.6 | 172.0 | 236.7 | 165.7 |
| 309.6 | 142.1 | 153.6 | 212.4 | 147.7 | 345.6 | 160.2 | 172.6 | 237.4 | 166.3 |
| 310.7 | 142.7 | 154.2 | 213.2 | 148.3 | 346.8 | 160.7 | 173.2 | 238.2 | 166.9 |
| 311.9 | 143.2 | 154.8 | 214.0 | 148.9 | 347.9 | 161.3 | 173.8 | 239.0 | 167.5 |
| 313.0 | 143.8 | 155.4 | 214.7 | 149.4 | 349.0 | 161.9 | 174.4 | 239.8 | 168.0 |
| 314.1 | 144.4 | 156.0 | 215.5 | 149.0 | 350.1 | 162.5 | 175.0 | 240.6 | 168.6 |
| 315.2 | 144.9 | 156.5 | 216.3 | 150.6 | 351.3 | 163.0 | 175.6 | 241.4 | 169.2 |
| 316.4 | 145.5 | 157.1 | 217.1 | 151.2 | 352.4 | 163.6 | 176.2 | 242.2 | 169.8 |
| 317.5 | 146.0 | 157.7 | 217.9 | 151.8 | 353.5 | 164.2 | 176.8 | 243.0 | 170.4 |
| 318.6 | 146.6 | 158.3 | 218.7 | 152.3 | 354.6 | 164.7 | 177.4 | 243.7 | 171.0 |
| 319.7 | 147.2 | 158.9 | 219.4 | 152.9 | 355.8 | 165.5 | 178.0 | 244.5 | 171.6 |
| 320.9 | 147.7 | 159.5 | 220.2 | 153.5 | 356.9 | 165.9 | 178.6 | 245.3 | 172.2 |
| 322.2 | 148.3 | 160.1 | 221.0 | 154.1 | 358.0 | 166.5 | 179.2 | 246.1 | 172.8 |
| 323.1 | 148.8 | 160.7 | 221.8 | 154.6 | 359.1 | 167.0 | 179.8 | 246.9 | 173.3 |
| 324.2 | 149.4 | 161.3 | 222.6 | 155.2 | 360.3 | 167.6 | 180.4 | 247.7 | 173.9 |
| 325.4 | 150.0 | 161.9 | 223.3 | 155.8 | 361.4 | 168.2 | 181.0 | 248.5 | 174.8 |
| 326.5 | 150.5 | 162.5 | 224.1 | 156.4 | 362.5 | 168.8 | 181.6 | 249.2 | 175.1 |
| 327.6 | 151.1 | 163.1 | 224.9 | 157.0 | 363.6 | 169.3 | 182.2 | 250.2 | 175.7 |
| 328.7 | 151.7 | 163.7 | 225.7 | 157.5 | 364.8 | 169.9 | 182.8 | 250.8 | 176.3 |
| 329.9 | 152.2 | 164.3 | 226.5 | 158.1 | 365.9 | 170.5 | 183.4 | 251.6 | 176.9 |
| 331.0 | 152.8 | 164.9 | 227.3 | 158.7 | 367.0 | 171.1 | 184.0 | 252.4 | 177.8 |
| 332.1 | 153.4 | 165.4 | 228.0 | 159.3 | 368.2 | 171.6 | 184.6 | 253.2 | 178.1 |
| 333.3 | 153.9 | 166.0 | 228.8 | 159.9 | 369.3 | 172.2 | 185.2 | 253.9 | 178.7 |
| 334.4 | 154.5 | 166.6 | 229.6 | 160.5 | 370.4 | 172.8 | 185.8 | 254.7 | 179.2 |

| 氧化亚铜 | 葡萄糖 | 果糖 | 乳糖（含水） | 转化糖 | 氧化亚铜 | 葡萄糖 | 果糖 | 乳糖（含水） | 转化糖 |
|---|---|---|---|---|---|---|---|---|---|
| 371.5 | 173.4 | 186.4 | 255.5 | 179.8 | 407.6 | 192.0 | 205.9 | 280.8 | 199.0 |
| 372.7 | 173.9 | 187.0 | 256.3 | 180.4 | 408.7 | 192.6 | 206.5 | 281.6 | 199.6 |
| 373.8 | 174.5 | 187.6 | 257.1 | 181.0 | 409.8 | 193.2 | 207.1 | 282.4 | 200.2 |
| 374.9 | 175.1 | 188.2 | 257.9 | 181.6 | 410.9 | 193.8 | 207.7 | 283.2 | 200.8 |
| 376.0 | 175.7 | 188.8 | 258.7 | 182.2 | 412.1 | 194.4 | 208.3 | 284.0 | 201.4 |
| 377.2 | 176.3 | 189.4 | 259.4 | 182.8 | 413.2 | 195.0 | 209.0 | 284.8 | 202.0 |
| 378.3 | 176.8 | 190.1 | 260.2 | 183.4 | 414.3 | 195.6 | 209.6 | 285.6 | 202.6 |
| 379.4 | 177.4 | 190.7 | 261.0 | 184.0 | 415.4 | 196.2 | 210.2 | 286.3 | 203.2 |
| 380.5 | 178.0 | 191.3 | 261.8 | 184.6 | 416.6 | 196.8 | 210.8 | 287.1 | 203.8 |
| 381.7 | 178.6 | 191.9 | 262.6 | 185.2 | 417.7 | 197.4 | 211.4 | 287.9 | 204.4 |
| 382.8 | 179.2 | 192.5 | 263.4 | 185.8 | 418.8 | 198.0 | 212.0 | 288.7 | 205.0 |
| 883.9 | 179.7 | 193.1 | 264.2 | 186.4 | 419.9 | 198.5 | 212.6 | 289.5 | 205.7 |
| 385.0 | 180.3 | 193.7 | 265.0 | 187.0 | 421.1 | 199.1 | 213.3 | 290.3 | 206.3 |
| 386.2 | 180.9 | 194.3 | 265.8 | 187.6 | 422.2 | 199.7 | 213.9 | 291.1 | 206.9 |
| 387.3 | 181.5 | 194.9 | 266.6 | 188.2 | 423.3 | 200.3 | 214.5 | 291.9 | 207.5 |
| 388.4 | 182.1 | 195.5 | 267.4 | 188.8 | 424.4 | 200.9 | 215.1 | 292.7 | 208.1 |
| 389.5 | 182.7 | 196.1 | 268.1 | 189.4 | 425.6 | 201.5 | 215.7 | 293.5 | 208.7 |
| 390.7 | 183.2 | 196.7 | 268.9 | 190.0 | 426.7 | 202.1 | 216.3 | 294.3 | 209.3 |
| 391.8 | 183.8 | 197.3 | 269.7 | 190.6 | 427.8 | 202.7 | 217.0 | 295.0 | 209.9 |
| 392.9 | 184.4 | 197.9 | 270.5 | 191.2 | 428.9 | 203.3 | 217.6 | 295.8 | 210.5 |
| 394.0 | 185.0 | 198.5 | 271.3 | 191.8 | 430.1 | 203.9 | 218.2 | 296.6 | 211.1 |
| 395.2 | 185.6 | 199.2 | 272.1 | 192.4 | 431.2 | 204.5 | 218.8 | 297.4 | 211.8 |
| 396.3 | 186.2 | 199.8 | 272.9 | 193.0 | 432.3 | 205.1 | 219.5 | 298.2 | 212.4 |
| 397.4 | 186.8 | 200.4 | 273.7 | 193.0 | 433.5 | 205.7 | 220.1 | 299.0 | 213.0 |
| 398.5 | 187.3 | 201.0 | 274.4 | 194.2 | 434.6 | 206.3 | 220.7 | 299.8 | 213.6 |
| 399.7 | 187.9 | 201.6 | 275.2 | 194.8 | 435.7 | 206.9 | 221.3 | 300.6 | 214.2 |
| 400.8 | 188.5 | 202.2 | 276.0 | 195.4 | 436.8 | 207.5 | 221.9 | 301.4 | 214.8 |
| 401.9 | 189.1 | 202.8 | 276.8 | 196.0 | 438.0 | 208.1 | 222.6 | 302.2 | 215.4 |
| 403.1 | 189.7 | 203.4 | 277.6 | 196.6 | 439.1 | 208.7 | 223.2 | 303.0 | 216.0 |
| 404.2 | 190.3 | 204.0 | 278.4 | 197.2 | 440.2 | 209.3 | 223.8 | 303.8 | 216.7 |
| 405.3 | 190.9 | 204.7 | 279.2 | 197.8 | 441.3 | 209.9 | 224.4 | 304.6 | 217.3 |
| 406.4 | 191.5 | 205.3 | 280.0 | 198.4 | 442.5 | 210.5 | 225.1 | 305.4 | 217.9 |

| 氧化亚铜 | 葡萄糖 | 果糖 | 乳糖（含水） | 转化糖 | 氧化亚铜 | 葡萄糖 | 果糖 | 乳糖（含水） | 转化糖 |
|---|---|---|---|---|---|---|---|---|---|
| 443.6 | 211.1 | 225.7 | 306.2 | 218.5 | 467.2 | 223.9 | 239.0 | 323.2 | 231.7 |
| 444.7 | 211.7 | 226.3 | 307.0 | 219.1 | 468.4 | 224.5 | 239.7 | 324.0 | 232.3 |
| 445.8 | 212.3 | 226.9 | 307.8 | 219.8 | 469.5 | 225.1 | 240.3 | 324.9 | 232.9 |
| 447.0 | 212.9 | 227.0 | 308.6 | 220.4 | 470.6 | 225.7 | 241.0 | 325.7 | 233.6 |
| 448.1 | 213.5 | 228.2 | 309.4 | 221.0 | 471.7 | 226.3 | 241.6 | 326.5 | 234.2 |
| 449.2 | 214.1 | 228.8 | 310.2 | 221.6 | 472.9 | 227.0 | 242.2 | 327.4 | 234.8 |
| 450.3 | 214.7 | 229.4 | 311.0 | 222.2 | 474.0 | 227.6 | 242.9 | 328.2 | 235.5 |
| 451.5 | 215.3 | 230.1 | 311.8 | 222.9 | 475.1 | 228.2 | 243.6 | 329.1 | 236.1 |
| 452.6 | 215.9 | 230.7 | 312.6 | 223.5 | 476.2 | 228.8 | 244.3 | 329.9 | 236.8 |
| 453.7 | 216.5 | 231.3 | 313.4 | 224.1 | 477.4 | 229.5 | 244.9 | 330.8 | 237.5 |
| 454.8 | 217.1 | 232.0 | 314.2 | 224.7 | 478.5 | 230.1 | 245.6 | 331.7 | 238.1 |
| 456.0 | 217.8 | 232.6 | 315.0 | 225.4 | 479.6 | 230.7 | 246.3 | 332.6 | 238.8 |
| 457.1 | 218.4 | 233.2 | 315.9 | 226.0 | 480.7 | 231.4 | 247.0 | 333.5 | 239.5 |
| 458.2 | 219.0 | 233.9 | 316.7 | 226.6 | 481.9 | 231.0 | 247.8 | 334.4 | 240.2 |
| 459.3 | 219.6 | 234.5 | 317.5 | 227.2 | 483.0 | 232.7 | 248.5 | 335.3 | 240.8 |
| 460.5 | 220.2 | 235.1 | 318.3 | 227.9 | 484.1 | 233.3 | 249.2 | 336.3 | 241.5 |
| 461.6 | 220.8 | 235.8 | 319.1 | 228.5 | 485.2 | 234.0 | 250.0 | 337.3 | 242.3 |
| 462.7 | 221.4 | 236.4 | 319.9 | 229.1 | 486.4 | 234.7 | 250.8 | 338.3 | 243.0 |
| 463.8 | 222.0 | 237.1 | 320.7 | 229.7 | 487.5 | 235.3 | 251.6 | 339.4 | 243.8 |
| 465.0 | 222.6 | 237.7 | 321.6 | 230.4 | 488.6 | 236.1 | 252.7 | 340.7 | 244.7 |
| 466.1 | 223.3 | 238.4 | 322.4 | 231.0 | 489.7 | 236.9 | 253.7 | 342.0 | 245.8 |

**附表 2　观测锤度温度校正表（标准温度 20℃）**

观测锤度

……温度低于 20℃ 时读数应减之数……

| 温度/℃ | 0 | 1 | 2 | 3 | 4 | 5 | 6 | 7 | 8 | 9 | 10 | 11 | 12 | 13 | 14 | 15 | 16 | 17 | 18 | 19 | 20 | 21 | 22 | 23 | 24 | 25 | 30 |
|---|---|---|---|---|---|---|---|---|---|---|---|---|---|---|---|---|---|---|---|---|---|---|---|---|---|---|---|
| 0 | 0.30 | 0.34 | 0.36 | 0.41 | 0.45 | 0.49 | 0.52 | 0.55 | 0.59 | 0.62 | 0.65 | 0.67 | 0.70 | 0.72 | 0.75 | 0.77 | 0.79 | 0.82 | 0.84 | 0.87 | 0.89 | 0.91 | 0.93 | 0.95 | 0.97 | 0.99 | 1.08 |
| 5 | 0.36 | 0.38 | 0.40 | 0.43 | 0.45 | 0.47 | 0.49 | 0.51 | 0.52 | 0.54 | 0.56 | 0.58 | 0.60 | 0.61 | 0.63 | 0.65 | 0.67 | 0.68 | 0.70 | 0.71 | 0.73 | 0.74 | 0.75 | 0.76 | 0.77 | 0.80 | 0.86 |
| 10 | 0.32 | 0.33 | 0.34 | 0.36 | 0.37 | 0.38 | 0.39 | 0.40 | 0.41 | 0.42 | 0.43 | 0.44 | 0.45 | 0.46 | 0.47 | 0.48 | 0.49 | 0.50 | 0.50 | 0.51 | 0.52 | 0.53 | 0.54 | 0.55 | 0.56 | 0.57 | 0.60 |
| 1/2 | 0.31 | 0.32 | 0.33 | 0.34 | 0.35 | 0.36 | 0.37 | 0.38 | 0.39 | 0.40 | 0.41 | 0.42 | 0.43 | 0.44 | 0.45 | 0.46 | 0.47 | 0.48 | 0.48 | 0.49 | 0.50 | 0.51 | 0.52 | 0.52 | 0.53 | 0.54 | 0.57 |
| 11 | 0.31 | 0.32 | 0.33 | 0.33 | 0.35 | 0.36 | 0.37 | 0.38 | 0.39 | 0.40 | 0.41 | 0.42 | 0.43 | 0.44 | 0.46 | 0.46 | 0.47 | 0.48 | 0.48 | 0.49 | 0.49 | 0.51 | 0.52 | 0.52 | 0.53 | 0.54 | 0.55 |
| 1/2 | 0.31 | 0.32 | 0.33 | 0.33 | 0.35 | 0.36 | 0.37 | 0.38 | 0.39 | 0.40 | 0.41 | 0.42 | 0.43 | 0.44 | 0.45 | 0.46 | 0.47 | 0.46 | 0.46 | 0.47 | 0.48 | 0.49 | 0.49 | 0.50 | 0.50 | 0.51 | 0.52 |
| 12 | 0.30 | 0.31 | 0.31 | 0.32 | 0.32 | 0.33 | 0.34 | 0.35 | 0.36 | 0.37 | 0.38 | 0.39 | 0.40 | 0.40 | 0.41 | 0.42 | 0.43 | 0.43 | 0.44 | 0.44 | 0.45 | 0.46 | 0.46 | 0.47 | 0.47 | 0.48 | 0.50 |
| 1/2 | 0.29 | 0.30 | 0.30 | 0.31 | 0.31 | 0.32 | 0.33 | 0.34 | 0.34 | 0.35 | 0.36 | 0.37 | 0.38 | 0.38 | 0.39 | 0.40 | 0.41 | 0.41 | 0.42 | 0.42 | 0.43 | 0.44 | 0.44 | 0.45 | 0.45 | 0.46 | 0.47 |
| 13 | 0.27 | 0.28 | 0.28 | 0.29 | 0.29 | 0.30 | 0.31 | 0.32 | 0.32 | 0.33 | 0.34 | 0.35 | 0.36 | 0.36 | 0.37 | 0.37 | 0.38 | 0.38 | 0.39 | 0.39 | 0.40 | 0.41 | 0.41 | 0.42 | 0.42 | 0.43 | 0.44 |
| 1/2 | 0.26 | 0.27 | 0.27 | 0.28 | 0.28 | 0.29 | 0.30 | 0.30 | 0.31 | 0.31 | 0.32 | 0.33 | 0.34 | 0.34 | 0.35 | 0.35 | 0.36 | 0.36 | 0.37 | 0.37 | 0.38 | 0.39 | 0.39 | 0.40 | 0.40 | 0.41 | 0.41 |
| 14 | 0.25 | 0.25 | 0.25 | 0.25 | 0.26 | 0.27 | 0.28 | 0.28 | 0.29 | 0.29 | 0.30 | 0.31 | 0.31 | 0.32 | 0.32 | 0.33 | 0.34 | 0.34 | 0.35 | 0.35 | 0.36 | 0.36 | 0.37 | 0.37 | 0.38 | 0.38 | 0.38 |
| 1/2 | 0.24 | 0.24 | 0.24 | 0.25 | 0.25 | 0.26 | 0.27 | 0.27 | 0.28 | 0.28 | 0.29 | 0.29 | 0.30 | 0.30 | 0.31 | 0.31 | 0.32 | 0.32 | 0.33 | 0.33 | 0.34 | 0.34 | 0.35 | 0.35 | 0.36 | 0.36 | 0.35 |
| 15 | 0.22 | 0.22 | 0.22 | 0.22 | 0.23 | 0.24 | 0.24 | 0.25 | 0.25 | 0.26 | 0.26 | 0.26 | 0.27 | 0.27 | 0.28 | 0.28 | 0.29 | 0.29 | 0.30 | 0.30 | 0.31 | 0.31 | 0.32 | 0.32 | 0.33 | 0.33 | 0.32 |
| 1/2 | 0.20 | 0.20 | 0.20 | 0.20 | 0.21 | 0.22 | 0.22 | 0.23 | 0.23 | 0.24 | 0.24 | 0.24 | 0.25 | 0.25 | 0.26 | 0.26 | 0.27 | 0.27 | 0.27 | 0.28 | 0.28 | 0.28 | 0.29 | 0.29 | 0.30 | 0.30 | 0.29 |
| 16 | 0.17 | 0.17 | 0.18 | 0.18 | 0.18 | 0.18 | 0.19 | 0.19 | 0.20 | 0.20 | 0.22 | 0.22 | 0.21 | 0.21 | 0.22 | 0.22 | 0.24 | 0.24 | 0.23 | 0.23 | 0.23 | 0.23 | 0.24 | 0.24 | 0.25 | 0.25 | 0.26 |

续表

观 测 锤 度（……温度低于20℃时读数应减之数……）

| 温度/℃ | 0 | 1 | 2 | 3 | 4 | 5 | 6 | 7 | 8 | 9 | 10 | 11 | 12 | 13 | 14 | 15 | 16 | 17 | 18 | 19 | 20 | 21 | 22 | 23 | 24 | 25 | 30 |
|---|---|---|---|---|---|---|---|---|---|---|---|---|---|---|---|---|---|---|---|---|---|---|---|---|---|---|---|
| 1/2 | 0.15 | 0.15 | 0.15 | 0.16 | 0.16 | 0.16 | 0.16 | 0.16 | 0.17 | 0.17 | 0.17 | 0.17 | 0.18 | 0.18 | 0.19 | 0.19 | 0.19 | 0.19 | 0.20 | 0.20 | 0.20 | 0.20 | 0.21 | 0.21 | 0.22 | 0.22 | 0.23 |
| 17 | 0.13 | 0.13 | 0.15 | 0.14 | 0.14 | 0.14 | 0.14 | 0.14 | 0.15 | 0.15 | 0.15 | 0.15 | 0.16 | 0.16 | 0.16 | 0.16 | 0.16 | 0.16 | 0.17 | 0.17 | 0.18 | 0.18 | 0.18 | 0.18 | 0.19 | 0.19 | 0.20 |
| 1/2 | 0.11 | 0.11 | 0.13 | 0.12 | 0.12 | 0.12 | 0.12 | 0.12 | 0.12 | 0.12 | 0.12 | 0.12 | 0.12 | 0.13 | 0.13 | 0.13 | 0.13 | 0.13 | 0.14 | 0.14 | 0.15 | 0.15 | 0.15 | 0.16 | 0.16 | 0.16 | 0.16 |
| 18 | 0.09 | 0.09 | 0.11 | 0.10 | 0.10 | 0.10 | 0.10 | 0.10 | 0.10 | 0.10 | 0.10 | 0.10 | 0.10 | 0.11 | 0.11 | 0.11 | 0.11 | 0.11 | 0.12 | 0.12 | 0.12 | 0.12 | 0.12 | 0.12 | 0.13 | 0.13 | 0.13 |
| 1/2 | 0.07 | 0.07 | 0.09 | 0.07 | 0.07 | 0.07 | 0.07 | 0.07 | 0.07 | 0.07 | 0.07 | 0.07 | 0.07 | 0.08 | 0.08 | 0.08 | 0.08 | 0.08 | 0.09 | 0.09 | 0.09 | 0.09 | 0.09 | 0.09 | 0.09 | 0.09 | 0.10 |
| 19 | 0.05 | 0.05 | 0.07 | 0.05 | 0.05 | 0.05 | 0.05 | 0.05 | 0.05 | 0.05 | 0.05 | 0.05 | 0.05 | 0.06 | 0.06 | 0.06 | 0.06 | 0.06 | 0.06 | 0.06 | 0.06 | 0.06 | 0.06 | 0.06 | 0.06 | 0.06 | 0.07 |
| 1/2 | 0.03 | 0.03 | 0.05 | 0.03 | 0.03 | 0.03 | 0.03 | 0.03 | 0.03 | 0.03 | 0.03 | 0.03 | 0.03 | 0.03 | 0.03 | 0.03 | 0.03 | 0.03 | 0.03 | 0.03 | 0.03 | 0.03 | 0.03 | 0.03 | 0.03 | 0.03 | 0.04 |
| 20 | 0 | 0 | 0 | 0 | 0 | 0 | 0 | 0 | 0 | 0 | 0 | 0 | 0 | 0 | 0 | 0 | 0 | 0 | 0 | 0 | 0 | 0 | 0 | 0 | 0 | 0 | 0 |
| 1/2 | 0.02 | 0.02 | 0.03 | 0.03 | 0.03 | 0.03 | 0.03 | 0.03 | 0.03 | 0.03 | 0.03 | 0.03 | 0.03 | 0.03 | 0.03 | 0.03 | 0.03 | 0.03 | 0.03 | 0.03 | 0.03 | 0.03 | 0.03 | 0.03 | 0.04 | 0.04 | 0.04 |
| 21 | 0.04 | 0.04 | 0.05 | 0.05 | 0.05 | 0.05 | 0.05 | 0.05 | 0.06 | 0.06 | 0.06 | 0.06 | 0.06 | 0.06 | 0.06 | 0.06 | 0.06 | 0.06 | 0.06 | 0.06 | 0.06 | 0.06 | 0.06 | 0.07 | 0.07 | 0.07 | 0.07 |
| 1/2 | 0.07 | 0.07 | 0.08 | 0.08 | 0.08 | 0.08 | 0.08 | 0.08 | 0.09 | 0.09 | 0.09 | 0.09 | 0.09 | 0.09 | 0.09 | 0.09 | 0.09 | 0.09 | 0.09 | 0.09 | 0.09 | 0.09 | 0.09 | 0.10 | 0.10 | 0.10 | 0.11 |
| 22 | 0.10 | 0.10 | 0.10 | 0.10 | 0.10 | 0.10 | 0.10 | 0.10 | 0.11 | 0.11 | 0.11 | 0.11 | 0.11 | 0.12 | 0.12 | 0.12 | 0.12 | 0.12 | 0.12 | 0.12 | 0.12 | 0.12 | 0.12 | 0.13 | 0.13 | 0.13 | 0.14 |
| 1/2 | 0.13 | 0.13 | 0.13 | 0.13 | 0.13 | 0.13 | 0.13 | 0.13 | 0.14 | 0.14 | 0.14 | 0.14 | 0.14 | 0.15 | 0.15 | 0.15 | 0.15 | 0.15 | 0.16 | 0.16 | 0.16 | 0.16 | 0.16 | 0.17 | 0.17 | 0.17 | 0.18 |
| 23 | 0.16 | 0.16 | 0.16 | 0.16 | 0.16 | 0.16 | 0.16 | 0.16 | 0.17 | 0.17 | 0.17 | 0.17 | 0.17 | 0.17 | 0.17 | 0.17 | 0.17 | 0.18 | 0.18 | 0.19 | 0.19 | 0.19 | 0.19 | 0.20 | 0.20 | 0.20 | 0.21 |

续表

……温度高于20℃时读数应加之数……

| 温度/℃ | 观测锤度 | | | | | | | | | | | | | | | | | | | | | | | | | | |
|---|---|---|---|---|---|---|---|---|---|---|---|---|---|---|---|---|---|---|---|---|---|---|---|---|---|---|---|
| | 0 | 1 | 2 | 3 | 4 | 5 | 6 | 7 | 8 | 9 | 10 | 11 | 12 | 13 | 14 | 15 | 16 | 17 | 18 | 19 | 20 | 21 | 22 | 23 | 24 | 25 | 30 |
| 1/2 | 0.19 | 0.19 | 0.19 | 0.19 | 0.19 | 0.19 | 0.19 | 0.19 | 0.20 | 0.20 | 0.20 | 0.20 | 0.20 | 0.21 | 0.21 | 0.21 | 0.21 | 0.22 | 0.22 | 0.23 | 0.23 | 0.23 | 0.23 | 0.24 | 0.24 | 0.24 | 0.25 |
| 24 | 0.21 | 0.21 | 0.21 | 0.22 | 0.22 | 0.22 | 0.22 | 0.22 | 0.23 | 0.23 | 0.23 | 0.23 | 0.23 | 0.24 | 0.24 | 0.24 | 0.24 | 0.25 | 0.25 | 0.26 | 0.26 | 0.26 | 0.26 | 0.27 | 0.27 | 0.27 | 0.28 |
| 1/2 | 0.24 | 0.24 | 0.24 | 0.25 | 0.25 | 0.25 | 0.26 | 0.26 | 0.26 | 0.27 | 0.27 | 0.27 | 0.27 | 0.28 | 0.28 | 0.28 | 0.28 | 0.28 | 0.29 | 0.29 | 0.29 | 0.29 | 0.30 | 0.30 | 0.31 | 0.31 | 0.32 |
| 25 | 0.27 | 0.27 | 0.27 | 0.28 | 0.28 | 0.28 | 0.28 | 0.29 | 0.29 | 0.30 | 0.30 | 0.30 | 0.30 | 0.31 | 0.31 | 0.31 | 0.31 | 0.31 | 0.32 | 0.32 | 0.32 | 0.32 | 0.33 | 0.33 | 0.34 | 0.34 | 0.35 |
| 1/2 | 0.30 | 0.30 | 0.30 | 0.31 | 0.31 | 0.31 | 0.31 | 0.32 | 0.32 | 0.33 | 0.33 | 0.33 | 0.33 | 0.34 | 0.34 | 0.34 | 0.34 | 0.35 | 0.35 | 0.36 | 0.36 | 0.36 | 0.36 | 0.37 | 0.37 | 0.37 | 0.39 |
| 26 | 0.33 | 0.33 | 0.33 | 0.34 | 0.34 | 0.34 | 0.34 | 0.35 | 0.35 | 0.36 | 0.36 | 0.36 | 0.36 | 0.37 | 0.37 | 0.37 | 0.38 | 0.38 | 0.39 | 0.39 | 0.40 | 0.40 | 0.40 | 0.40 | 0.40 | 0.40 | 0.42 |
| 1/2 | 0.37 | 0.37 | 0.37 | 0.38 | 0.38 | 0.38 | 0.38 | 0.38 | 0.39 | 0.39 | 0.39 | 0.39 | 0.40 | 0.40 | 0.41 | 0.41 | 0.41 | 0.42 | 0.42 | 0.43 | 0.43 | 0.43 | 0.43 | 0.44 | 0.44 | 0.44 | 0.46 |
| 27 | 0.40 | 0.40 | 0.40 | 0.41 | 0.41 | 0.41 | 0.41 | 0.41 | 0.42 | 0.42 | 0.42 | 0.42 | 0.43 | 0.43 | 0.44 | 0.44 | 0.44 | 0.45 | 0.45 | 0.46 | 0.46 | 0.46 | 0.47 | 0.47 | 0.48 | 0.48 | 0.50 |
| 1/2 | 0.43 | 0.43 | 0.44 | 0.44 | 0.44 | 0.44 | 0.44 | 0.45 | 0.45 | 0.46 | 0.46 | 0.46 | 0.47 | 0.47 | 0.48 | 0.48 | 0.48 | 0.49 | 0.49 | 0.50 | 0.50 | 0.50 | 0.51 | 0.51 | 0.52 | 0.52 | 0.54 |
| 28 | 0.46 | 0.46 | 0.46 | 0.47 | 0.47 | 0.47 | 0.47 | 0.48 | 0.48 | 0.49 | 0.49 | 0.49 | 0.50 | 0.50 | 0.51 | 0.51 | 0.52 | 0.52 | 0.53 | 0.53 | 0.54 | 0.54 | 0.55 | 0.55 | 0.56 | 0.56 | 0.58 |
| 1/2 | 0.50 | 0.50 | 0.50 | 0.51 | 0.51 | 0.51 | 0.51 | 0.52 | 0.52 | 0.53 | 0.53 | 0.53 | 0.54 | 0.54 | 0.55 | 0.55 | 0.56 | 0.56 | 0.57 | 0.57 | 0.58 | 0.58 | 0.59 | 0.59 | 0.60 | 0.60 | 0.62 |
| 29 | 0.54 | 0.54 | 0.54 | 0.55 | 0.55 | 0.55 | 0.55 | 0.55 | 0.56 | 0.56 | 0.56 | 0.57 | 0.57 | 0.58 | 0.58 | 0.59 | 0.59 | 0.60 | 0.60 | 0.61 | 0.61 | 0.61 | 0.62 | 0.62 | 0.63 | 0.63 | 0.66 |
| 1/2 | 0.58 | 0.58 | 0.58 | 0.59 | 0.59 | 0.59 | 0.59 | 0.59 | 0.60 | 0.60 | 0.60 | 0.61 | 0.61 | 0.62 | 0.62 | 0.63 | 0.63 | 0.64 | 0.64 | 0.65 | 0.65 | 0.65 | 0.66 | 0.66 | 0.67 | 0.67 | 0.70 |

续表

观 测 锤 度

……温度高于20℃时读数应加之数……

| 温度/℃ | 0 | 1 | 2 | 3 | 4 | 5 | 6 | 7 | 8 | 9 | 10 | 11 | 12 | 13 | 14 | 15 | 16 | 17 | 18 | 19 | 20 | 21 | 22 | 23 | 24 | 25 | 30 |
|---|---|---|---|---|---|---|---|---|---|---|---|---|---|---|---|---|---|---|---|---|---|---|---|---|---|---|---|
| 30 | 0.61 | 0.61 | 0.61 | 0.62 | 0.62 | 0.62 | 0.62 | 0.62 | 0.63 | 0.63 | 0.63 | 0.64 | 0.64 | 0.65 | 0.65 | 0.66 | 0.66 | 0.67 | 0.67 | 0.68 | 0.68 | 0.68 | 0.69 | 0.69 | 0.70 | 0.70 | 0.73 |
| 1/2 | 0.65 | 0.65 | 0.65 | 0.66 | 0.66 | 0.66 | 0.66 | 0.66 | 0.67 | 0.67 | 0.67 | 0.68 | 0.68 | 0.69 | 0.69 | 0.70 | 0.70 | 0.71 | 0.71 | 0.72 | 0.72 | 0.73 | 0.73 | 0.74 | 0.74 | 0.75 | 0.78 |
| 31 | 0.69 | 0.69 | 0.66 | 0.70 | 0.60 | 0.70 | 0.70 | 0.70 | 0.71 | 0.71 | 0.71 | 0.72 | 0.72 | 0.73 | 0.73 | 0.74 | 0.74 | 0.75 | 0.75 | 0.76 | 0.76 | 0.77 | 0.77 | 0.78 | 0.78 | 0.79 | 0.82 |
| 1/2 | 0.73 | 0.73 | 0.73 | 0.74 | 0.74 | 0.74 | 0.74 | 0.74 | 0.75 | 0.75 | 0.75 | 0.76 | 0.76 | 0.77 | 0.77 | 0.78 | 0.79 | 0.79 | 0.80 | 0.80 | 0.81 | 0.81 | 0.82 | 0.82 | 0.83 | 0.83 | 0.86 |
| 32 | 0.76 | 0.76 | 0.77 | 0.77 | 0.78 | 0.78 | 0.78 | 0.78 | 0.79 | 0.79 | 0.79 | 0.80 | 0.80 | 0.81 | 0.81 | 0.82 | 0.83 | 0.83 | 0.84 | 0.84 | 0.85 | 0.85 | 0.86 | 0.86 | 0.87 | 0.87 | 0.90 |
| 1/2 | 0.80 | 0.80 | 0.81 | 0.81 | 0.82 | 0.82 | 0.82 | 0.83 | 0.83 | 0.83 | 0.83 | 0.84 | 0.84 | 0.85 | 0.85 | 0.86 | 0.87 | 0.87 | 0.88 | 0.88 | 0.89 | 0.90 | 0.90 | 0.91 | 0.91 | 0.92 | 0.95 |
| 33 | 0.84 | 0.84 | 0.85 | 0.85 | 0.85 | 0.85 | 0.85 | 0.86 | 0.86 | 0.86 | 0.86 | 0.87 | 0.88 | 0.88 | 0.89 | 0.90 | 0.91 | 0.91 | 0.92 | 0.92 | 0.93 | 0.94 | 0.94 | 0.95 | 0.95 | 0.96 | 0.99 |
| 1/2 | 0.88 | 0.88 | 0.88 | 0.89 | 0.89 | 0.89 | 0.89 | 0.89 | 0.90 | 0.90 | 0.90 | 0.91 | 0.92 | 0.92 | 0.93 | 0.94 | 0.95 | 0.95 | 0.96 | 0.97 | 0.98 | 0.98 | 0.99 | 0.99 | 1.00 | 1.00 | 1.03 |
| 34 | 0.91 | 0.91 | 0.92 | 0.92 | 0.93 | 0.93 | 0.93 | 0.93 | 0.94 | 0.94 | 0.94 | 0.95 | 0.96 | 0.96 | 0.97 | 0.98 | 0.99 | 1.00 | 1.00 | 1.01 | 1.02 | 1.02 | 1.03 | 1.03 | 1.04 | 1.04 | 1.07 |
| 1/2 | 0.95 | 0.95 | 0.96 | 0.96 | 0.97 | 0.97 | 0.97 | 0.97 | 0.98 | 0.98 | 0.98 | 0.99 | 0.99 | 1.00 | 1.01 | 1.02 | 1.03 | 1.04 | 1.04 | 1.05 | 1.06 | 1.07 | 1.07 | 1.08 | 1.08 | 1.09 | 1.12 |
| 35 | 0.99 | 0.99 | 1.00 | 1.00 | 1.01 | 1.01 | 1.01 | 1.01 | 1.02 | 1.02 | 1.02 | 1.03 | 1.04 | 1.05 | 1.05 | 1.06 | 1.07 | 1.08 | 1.08 | 1.09 | 1.10 | 1.11 | 1.11 | 1.12 | 1.12 | 1.13 | 1.16 |
| 40 | 1.42 | 1.43 | 1.43 | 1.44 | 1.44 | 1.45 | 1.45 | 1.46 | 1.47 | 1.47 | 1.47 | 1.48 | 1.49 | 1.50 | 1.50 | 1.51 | 1.52 | 1.53 | 1.53 | 1.54 | 1.54 | 1.55 | 1.55 | 1.56 | 1.56 | 1.57 | 1.62 |

**附表3　酒精计温度浓度换算表**

酒精计示值（温度＋20℃时用体积分数表示乙醇浓度）

| 溶液温度/℃ | 26 | 27 | 28 | 29 | 30 | 31 | 32 | 33 | 34 | 35 | 36 | 37 | 38 | 39 | 40 | 41 | 42 | 43 | 44 | 45 | 46 | 47 | 48 | 49 | 50 |
|---|---|---|---|---|---|---|---|---|---|---|---|---|---|---|---|---|---|---|---|---|---|---|---|---|---|
| 35 | 20.4 | 21.3 | 22.3 | 23.2 | 24.2 | 25.0 | 26.0 | 26.8 | 27.8 | 28.8 | 30.0 | 31.0 | 32.0 | 33.0 | 34.0 | 35.0 | 46.0 | 37.0 | 38.1 | 39.0 | 40.2 | 41.2 | 42.3 | 43.3 | 44.3 |
| 34 | 20.8 | 21.7 | 22.7 | 23.5 | 24.5 | 25.4 | 26.4 | 27.3 | 28.3 | 29.3 | 30.4 | 31.4 | 32.4 | 33.4 | 34.4 | 35.4 | 36.4 | 37.4 | 38.5 | 39.5 | 40.5 | 41.5 | 42.7 | 43.7 | 44.7 |
| 33 | 21.2 | 22.0 | 23.1 | 23.9 | 24.9 | 25.8 | 26.8 | 27.7 | 28.7 | 29.7 | 30.8 | 31.8 | 32.8 | 33.8 | 34.8 | 35.8 | 36.8 | 37.8 | 38.9 | 39.9 | 40.9 | 41.9 | 43.1 | 44.1 | 45.0 |
| 32 | 21.4 | 22.4 | 23.4 | 24.3 | 25.3 | 26.2 | 27.2 | 28.1 | 29.1 | 30.1 | 31.2 | 32.2 | 33.2 | 34.2 | 35.2 | 36.2 | 37.2 | 38.2 | 39.3 | 40.3 | 41.3 | 42.3 | 43.4 | 44.4 | 45.4 |
| 31 | 21.9 | 22.8 | 23.8 | 24.7 | 25.7 | 26.6 | 27.6 | 28.5 | 29.5 | 30.5 | 31.6 | 32.6 | 33.6 | 34.6 | 35.6 | 36.6 | 37.6 | 38.6 | 39.7 | 40.7 | 41.7 | 42.7 | 43.8 | 44.8 | 45.8 |
| 30 | 22.3 | 23.2 | 24.2 | 25.1 | 26.1 | 27.0 | 28.0 | 28.9 | 29.9 | 30.9 | 32.0 | 33.0 | 34.0 | 35.0 | 36.0 | 37.0 | 38.0 | 39.0 | 40.1 | 41.0 | 42.1 | 43.1 | 44.2 | 45.2 | 46.2 |
| 29 | 22.7 | 23.6 | 24.6 | 25.5 | 26.4 | 27.4 | 28.4 | 29.4 | 30.3 | 31.3 | 32.4 | 33.4 | 34.4 | 35.4 | 36.4 | 37.4 | 38.4 | 39.4 | 40.4 | 41.5 | 42.5 | 43.5 | 44.5 | 45.6 | 46.6 |
| 28 | 23.0 | 24.0 | 24.9 | 25.9 | 26.8 | 27.8 | 28.8 | 29.7 | 30.7 | 31.7 | 32.8 | 33.8 | 34.8 | 35.8 | 36.8 | 37.8 | 38.8 | 39.8 | 40.8 | 41.9 | 42.9 | 43.9 | 44.9 | 45.9 | 47.0 |
| 27 | 23.4 | 24.4 | 25.3 | 26.3 | 27.2 | 28.2 | 29.2 | 30.2 | 31.2 | 32.2 | 33.2 | 34.2 | 35.2 | 36.2 | 37.2 | 38.2 | 39.2 | 40.2 | 41.2 | 42.3 | 43.3 | 44.3 | 45.3 | 46.3 | 47.3 |
| 26 | 23.8 | 24.7 | 25.7 | 26.6 | 27.6 | 28.6 | 29.6 | 30.6 | 31.6 | 32.6 | 33.6 | 34.6 | 35.6 | 36.6 | 37.6 | 38.6 | 39.6 | 40.6 | 41.6 | 42.7 | 43.7 | 44.7 | 45.7 | 46.7 | 47.7 |
| 25 | 24.1 | 25.1 | 26.1 | 27.0 | 28.0 | 29.0 | 30.0 | 31.0 | 32.0 | 33.0 | 34.0 | 35.0 | 36.0 | 37.0 | 38.0 | 39.0 | 40.0 | 41.0 | 42.0 | 43.0 | 44.1 | 45.1 | 46.1 | 47.1 | 48.1 |
| 24 | 24.5 | 25.5 | 26.4 | 27.4 | 28.4 | 29.4 | 30.4 | 31.4 | 32.4 | 33.4 | 34.4 | 35.4 | 36.4 | 37.4 | 38.4 | 39.4 | 40.4 | 41.4 | 42.4 | 43.4 | 44.4 | 45.4 | 46.4 | 47.5 | 48.5 |
| 23 | 24.9 | 25.8 | 26.8 | 27.8 | 28.8 | 29.8 | 30.8 | 31.8 | 32.8 | 33.8 | 34.8 | 35.8 | 36.8 | 37.8 | 38.8 | 39.8 | 40.8 | 41.8 | 42.8 | 43.8 | 44.8 | 45.8 | 46.8 | 47.8 | 48.9 |
| 22 | 25.3 | 26.2 | 27.2 | 28.2 | 29.2 | 30.2 | 31.2 | 32.2 | 33.2 | 34.2 | 35.2 | 36.2 | 37.2 | 38.2 | 39.2 | 40.2 | 41.2 | 42.3 | 43.2 | 44.2 | 45.2 | 46.2 | 47.2 | 48.2 | 49.2 |
| 21 | 25.6 | 26.6 | 27.6 | 28.6 | 29.6 | 30.6 | 31.6 | 32.6 | 33.6 | 34.6 | 35.6 | 36.6 | 37.6 | 38.6 | 39.6 | 40.6 | 41.6 | 42.6 | 43.6 | 44.6 | 45.6 | 46.6 | 47.6 | 48.6 | 49.6 |
| 20 | 26.0 | 27.0 | 28.0 | 29.0 | 30.0 | 31.0 | 32.0 | 33.0 | 34.0 | 35.0 | 36.0 | 37.0 | 38.0 | 39.0 | 40.0 | 41.0 | 42.0 | 43.0 | 44.0 | 45.0 | 46.0 | 47.0 | 48.0 | 49.0 | 50.0 |
| 19 | 26.4 | 27.4 | 28.4 | 29.4 | 30.4 | 31.4 | 32.4 | 33.4 | 34.4 | 35.4 | 36.4 | 37.4 | 38.4 | 39.4 | 40.4 | 41.4 | 42.4 | 43.4 | 44.4 | 45.4 | 46.4 | 47.4 | 48.4 | 49.4 | 50.4 |
| 18 | 26.7 | 27.8 | 28.8 | 29.8 | 30.8 | 31.8 | 32.8 | 33.8 | 34.8 | 35.8 | 36.8 | 37.8 | 38.8 | 39.8 | 40.8 | 41.8 | 42.8 | 43.8 | 44.8 | 45.8 | 46.8 | 47.8 | 48.8 | 49.8 | 50.7 |
| 17 | 27.1 | 28.1 | 29.2 | 30.2 | 31.2 | 32.2 | 33.2 | 34.2 | 35.2 | 36.2 | 37.2 | 38.2 | 39.2 | 40.2 | 41.2 | 42.2 | 43.2 | 44.6 | 45.2 | 46.2 | 47.2 | 48.2 | 49.2 | 50.1 | 51.1 |
| 16 | 27.5 | 28.5 | 29.5 | 30.6 | 31.6 | 32.6 | 33.6 | 34.6 | 35.6 | 36.6 | 37.6 | 38.6 | 39.6 | 40.6 | 41.6 | 42.6 | 43.6 | 45.0 | 45.6 | 46.6 | 47.6 | 48.6 | 49.5 | 50.5 | 51.5 |
| 15 | 27.9 | 28.9 | 29.9 | 31.0 | 32.0 | 33.0 | 34.0 | 35.0 | 36.0 | 37.0 | 38.0 | 39.0 | 40.0 | 41.0 | 42.0 | 43.0 | 44.0 | 45.4 | 46.0 | 47.0 | 47.9 | 48.9 | 49.9 | 50.9 | 51.9 |
| 14 | 28.3 | 29.3 | 30.4 | 31.4 | 32.4 | 33.5 | 34.4 | 35.5 | 36.4 | 37.4 | 38.4 | 39.4 | 40.4 | 41.4 | 42.4 | 43.4 | 44.4 | 45.8 | 46.4 | 47.3 | 48.3 | 49.3 | 50.3 | 51.3 | 52.2 |
| 13 | 28.7 | 29.7 | 30.8 | 31.8 | 32.8 | 33.9 | 34.9 | 35.9 | 36.8 | 37.8 | 38.8 | 39.8 | 40.8 | 41.8 | 42.8 | 43.8 | 44.8 | 46.1 | 46.7 | 47.7 | 48.7 | 49.7 | 50.7 | 51.6 | 52.6 |
| 12 | 29.1 | 30.2 | 31.2 | 32.2 | 33.3 | 34.3 | 35.3 | 36.3 | 37.3 | 38.2 | 39.2 | 40.2 | 41.2 | 42.2 | 43.2 | 44.2 | 45.2 | 46.5 | 47.1 | 48.1 | 49.1 | 50.1 | 51.0 | 52.0 | 53.0 |
| 11 | 29.5 | 30.6 | 31.6 | 32.7 | 33.7 | 34.7 | 35.7 | 36.7 | 37.7 | 38.7 | 39.6 | 40.6 | 41.6 | 42.6 | 43.6 | 44.6 | 45.6 | 46.5 | 47.5 | 48.5 | 49.5 | 50.4 | 51.4 | 52.4 | 53.4 |
| 10 | 29.9 | 31.0 | 32.0 | 33.1 | 34.1 | 35.1 | 36.1 | 37.1 | 38.1 | 39.1 | 40.1 | 41.0 | 42.0 | 43.0 | 44.0 | 45.0 | 46.0 | 46.9 | 47.9 | 48.9 | 49.8 | 50.8 | 51.8 | 52.8 | 53.7 |

续表

酒精计示值（温度+20℃时用体积分数表示乙醇浓度）

| 溶液温度/℃ | 1 | 2 | 3 | 4 | 5 | 6 | 7 | 8 | 9 | 10 | 11 | 12 | 13 | 14 | 15 | 16 | 17 | 18 | 19 | 20 | 21 | 22 | 23 | 24 | 25 |
|---|---|---|---|---|---|---|---|---|---|---|---|---|---|---|---|---|---|---|---|---|---|---|---|---|---|
| 35 |  |  | 0.6 | 1.6 | 2.4 | 3.3 | 4.3 | 5.2 | 6.0 | 6.8 | 7.9 | 8.7 | 9.6 | 10.4 | 11.2 | 12.1 | 12.8 | 13.6 | 14.5 | 15.2 | 16.0 | 16.9 | 17.9 | 18.8 | 19.6 |
| 34 |  |  | 0.8 | 1.8 | 2.6 | 3.5 | 4.5 | 5.3 | 6.2 | 7.1 | 8.1 | 8.9 | 9.8 | 10.6 | 11.5 | 12.4 | 13.1 | 13.9 | 14.8 | 15.5 | 16.4 | 17.2 | 18.2 | 19.1 | 20.0 |
| 33 |  |  | 0.9 | 1.9 | 2.8 | 3.7 | 4.7 | 5.5 | 6.4 | 7.3 | 8.3 | 9.1 | 10.0 | 10.9 | 11.8 | 12.6 | 13.4 | 14.2 | 15.1 | 15.8 | 16.7 | 17.6 | 18.6 | 19.4 | 20.3 |
| 32 |  | 0.1 | 1.1 | 2.1 | 3.0 | 3.8 | 4.8 | 5.7 | 6.6 | 7.5 | 8.5 | 9.4 | 10.2 | 11.0 | 12.0 | 12.9 | 13.6 | 14.5 | 15.4 | 16.2 | 17.0 | 17.9 | 18.9 | 19.8 | 20.7 |
| 31 |  | 0.2 | 1.2 | 2.2 | 3.1 | 4.0 | 5.0 | 5.9 | 6.8 | 7.7 | 8.7 | 9.6 | 10.5 | 11.4 | 12.2 | 13.1 | 13.9 | 14.8 | 15.7 | 16.5 | 17.4 | 18.3 | 19.3 | 20.2 | 21.0 |
| 30 |  | 0.4 | 1.4 | 2.4 | 3.3 | 4.2 | 5.2 | 6.1 | 7.0 | 7.9 | 8.9 | 9.8 | 10.7 | 11.6 | 12.5 | 13.4 | 14.2 | 15.1 | 16.0 | 16.8 | 17.7 | 18.6 | 19.6 | 20.5 | 21.4 |
| 29 |  | 0.6 | 1.6 | 2.5 | 3.5 | 4.4 | 5.4 | 6.3 | 7.2 | 8.2 | 9.1 | 10.0 | 10.9 | 11.8 | 12.7 | 13.6 | 14.5 | 15.4 | 16.3 | 17.2 | 18.0 | 19.0 | 19.9 | 20.8 | 21.8 |
| 28 |  | 0.8 | 1.8 | 2.7 | 3.7 | 4.6 | 5.6 | 6.5 | 7.5 | 8.4 | 9.3 | 10.3 | 11.2 | 12.1 | 13.0 | 13.9 | 14.8 | 15.7 | 16.6 | 17.5 | 18.4 | 19.3 | 20.2 | 21.2 | 22.1 |
| 27 | 0.1 | 1.0 | 1.9 | 2.9 | 3.9 | 4.8 | 5.8 | 6.7 | 7.7 | 8.6 | 9.5 | 10.5 | 11.4 | 12.3 | 13.2 | 14.2 | 15.1 | 16.0 | 16.9 | 17.8 | 18.7 | 19.6 | 20.6 | 21.5 | 22.5 |
| 26 | 0.3 | 1.1 | 2.1 | 3.1 | 4.0 | 5.0 | 6.0 | 6.9 | 7.9 | 8.8 | 9.8 | 10.7 | 11.7 | 12.6 | 13.5 | 14.4 | 15.4 | 16.3 | 17.2 | 18.1 | 19.0 | 20.0 | 20.9 | 21.9 | 22.8 |
| 25 | 0.4 | 1.3 | 2.3 | 3.2 | 4.2 | 5.2 | 6.2 | 7.1 | 8.1 | 9.0 | 10.0 | 10.9 | 11.9 | 12.8 | 13.8 | 14.7 | 15.6 | 16.6 | 17.5 | 18.4 | 19.4 | 20.3 | 21.3 | 22.2 | 23.2 |
| 24 | 0.6 | 1.4 | 2.4 | 3.4 | 4.4 | 5.4 | 6.3 | 7.3 | 8.3 | 9.2 | 10.2 | 11.2 | 12.1 | 13.1 | 14.0 | 15.0 | 15.9 | 16.9 | 17.8 | 18.7 | 19.7 | 20.7 | 21.6 | 22.6 | 23.5 |
| 23 | 0.7 | 1.6 | 2.6 | 3.6 | 4.6 | 5.5 | 6.5 | 7.5 | 8.4 | 9.4 | 10.4 | 11.4 | 12.3 | 13.3 | 14.3 | 15.2 | 16.2 | 17.1 | 18.1 | 19.0 | 20.0 | 21.0 | 22.0 | 22.9 | 23.9 |
| 22 | 0.9 | 1.7 | 2.7 | 3.7 | 4.7 | 5.7 | 6.7 | 7.7 | 8.6 | 9.6 | 10.6 | 11.6 | 12.6 | 13.6 | 14.5 | 15.5 | 16.5 | 17.4 | 18.4 | 19.4 | 20.4 | 21.3 | 22.3 | 23.3 | 24.3 |
| 21 | 1.0 | 1.9 | 2.9 | 3.9 | 4.8 | 5.8 | 6.8 | 7.8 | 8.8 | 9.8 | 10.8 | 11.8 | 12.8 | 13.8 | 14.8 | 15.7 | 16.7 | 17.7 | 18.7 | 19.7 | 20.7 | 21.7 | 22.6 | 23.6 | 24.6 |
| 20 | 1.1 | 2.0 | 3.0 | 4.0 | 5.0 | 6.0 | 7.0 | 8.0 | 9.0 | 10.0 | 11.0 | 12.0 | 13.0 | 14.0 | 15.0 | 16.0 | 17.0 | 18.0 | 19.0 | 20.0 | 21.0 | 22.0 | 23.0 | 24.0 | 25.0 |
| 19 | 1.2 | 2.1 | 3.1 | 4.1 | 5.1 | 6.1 | 7.2 | 8.2 | 9.2 | 10.2 | 11.2 | 12.2 | 13.2 | 14.2 | 15.2 | 16.3 | 17.3 | 18.3 | 19.3 | 20.3 | 21.3 | 22.3 | 23.3 | 24.4 | 25.4 |
| 18 | 1.3 | 2.2 | 3.2 | 4.2 | 5.3 | 6.3 | 7.3 | 8.3 | 9.3 | 10.4 | 11.4 | 12.4 | 13.4 | 14.4 | 15.5 | 16.5 | 17.6 | 18.6 | 19.6 | 20.6 | 21.6 | 22.6 | 23.7 | 24.7 | 25.7 |
| 17 | 1.4 | 2.3 | 3.4 | 4.4 | 5.4 | 6.4 | 7.4 | 8.5 | 9.5 | 10.5 | 11.5 | 12.6 | 13.6 | 14.7 | 15.7 | 16.8 | 17.9 | 18.9 | 19.9 | 20.9 | 22.0 | 23.0 | 24.0 | 25.1 | 26.1 |
| 16 | 1.5 | 2.4 | 3.4 | 4.5 | 5.5 | 6.5 | 7.6 | 8.6 | 9.6 | 10.7 | 11.7 | 12.8 | 13.8 | 14.9 | 15.9 | 17.0 | 18.1 | 19.2 | 20.2 | 21.2 | 22.3 | 23.3 | 24.4 | 25.4 | 26.5 |
| 15 | 1.6 | 2.5 | 3.6 | 4.6 | 5.6 | 6.6 | 7.7 | 8.8 | 9.8 | 10.8 | 11.9 | 12.9 | 14.0 | 15.1 | 16.1 | 17.2 | 18.3 | 19.4 | 20.5 | 21.6 | 22.6 | 23.7 | 24.7 | 25.8 | 26.8 |
| 14 | 1.7 | 2.6 | 3.6 | 4.7 | 5.7 | 6.7 | 7.8 | 8.9 | 9.9 | 11.0 | 12.0 | 13.1 | 14.2 | 15.3 | 16.4 | 17.5 | 18.6 | 19.7 | 20.8 | 21.9 | 23.0 | 24.0 | 25.1 | 26.2 | 27.2 |
| 13 | 1.8 | 2.7 | 3.7 | 4.8 | 5.8 | 6.8 | 7.9 | 9.0 | 10.0 | 11.1 | 12.2 | 13.2 | 14.4 | 15.5 | 16.6 | 17.7 | 18.8 | 20.0 | 21.1 | 22.2 | 23.3 | 24.4 | 25.4 | 26.5 | 27.6 |
| 12 | 1.8 | 2.8 | 3.8 | 4.8 | 5.9 | 6.9 | 8.0 | 9.1 | 10.1 | 11.2 | 12.3 | 13.4 | 14.5 | 15.7 | 16.8 | 18.0 | 19.1 | 20.2 | 21.4 | 22.5 | 23.6 | 24.7 | 25.8 | 26.9 | 28.0 |
| 11 | 1.8 | 2.8 | 3.9 | 4.9 | 6.0 | 7.0 | 8.1 | 9.2 | 10.2 | 11.3 | 12.4 | 13.6 | 14.7 | 15.8 | 17.0 | 18.2 | 19.4 | 20.5 | 21.7 | 22.8 | 23.9 | 25.0 | 26.2 | 27.3 | 28.4 |
| 10 |  | 2.9 | 3.9 | 5.0 | 6.0 | 7.1 | 8.2 | 9.3 | 10.3 | 11.4 | 12.6 | 13.7 | 14.9 | 16.0 | 17.2 | 18.4 | 19.6 | 20.8 | 22.0 | 23.1 | 24.3 | 25.4 | 26.6 | 27.7 | 28.8 |

## 附表 4　酒精计温度浓度换算表

酒精计示值（温度+20℃时用体积百分数表示乙醇浓度）

| 溶液温度/℃ | 26 | 27 | 28 | 29 | 30 | 31 | 32 | 33 | 34 | 35 | 36 | 37 | 38 | 39 | 40 | 41 | 42 | 43 | 44 | 45 | 46 | 47 | 48 | 49 | 50 |
|---|---|---|---|---|---|---|---|---|---|---|---|---|---|---|---|---|---|---|---|---|---|---|---|---|---|
| 35 | 20.4 | 21.3 | 22.3 | 23.2 | 24.2 | 25.0 | 26.0 | 26.8 | 27.8 | 28.8 | 30.0 | 31.0 | 32.0 | 33.0 | 34.0 | 35.0 | 46.0 | 37.0 | 38.1 | 39.0 | 40.2 | 41.2 | 42.3 | 43.3 | 44.3 |
| 34 | 20.8 | 21.7 | 22.7 | 23.5 | 24.5 | 25.4 | 26.4 | 27.3 | 28.3 | 29.3 | 30.4 | 31.4 | 32.4 | 33.4 | 34.4 | 35.4 | 36.4 | 37.4 | 38.5 | 39.5 | 40.5 | 41.5 | 42.7 | 43.7 | 44.7 |
| 33 | 21.2 | 22.0 | 23.1 | 23.9 | 24.9 | 25.8 | 26.8 | 27.7 | 28.7 | 29.7 | 30.8 | 31.8 | 32.8 | 33.8 | 34.8 | 35.8 | 36.8 | 37.8 | 38.9 | 39.9 | 40.9 | 41.9 | 43.1 | 44.1 | 45.0 |
| 32 | 21.4 | 22.4 | 23.4 | 24.3 | 25.3 | 26.2 | 27.2 | 28.1 | 29.1 | 30.1 | 31.2 | 32.2 | 33.2 | 34.2 | 35.2 | 36.2 | 37.2 | 38.2 | 39.3 | 40.3 | 41.3 | 42.3 | 43.4 | 44.4 | 45.4 |
| 31 | 21.9 | 22.8 | 23.8 | 24.7 | 25.7 | 26.6 | 27.6 | 28.5 | 29.5 | 30.5 | 31.6 | 32.6 | 33.6 | 34.6 | 35.6 | 36.6 | 37.6 | 38.6 | 39.7 | 40.7 | 41.7 | 42.7 | 43.8 | 44.8 | 45.8 |
| 30 | 22.3 | 23.2 | 24.2 | 25.1 | 26.1 | 27.0 | 28.0 | 28.9 | 29.9 | 30.9 | 32.0 | 33.0 | 34.0 | 35.0 | 36.0 | 37.0 | 38.0 | 39.0 | 40.1 | 41.0 | 42.1 | 43.1 | 44.2 | 45.2 | 46.2 |
| 29 | 22.7 | 23.6 | 24.6 | 25.5 | 26.4 | 27.4 | 28.4 | 29.4 | 30.3 | 31.3 | 32.4 | 33.4 | 34.4 | 35.4 | 36.4 | 37.4 | 38.4 | 39.4 | 40.4 | 41.5 | 42.5 | 43.5 | 44.5 | 45.6 | 46.6 |
| 28 | 23.0 | 24.0 | 24.9 | 25.9 | 26.8 | 27.8 | 28.8 | 29.7 | 30.7 | 31.7 | 32.8 | 33.8 | 34.8 | 35.8 | 36.8 | 37.8 | 38.8 | 39.8 | 40.8 | 41.9 | 42.9 | 43.9 | 44.9 | 45.9 | 47.0 |
| 27 | 23.4 | 24.4 | 25.3 | 26.3 | 27.2 | 28.2 | 29.2 | 30.2 | 31.2 | 32.2 | 33.2 | 34.2 | 35.2 | 36.2 | 37.2 | 38.2 | 39.2 | 40.2 | 41.2 | 42.3 | 43.3 | 44.3 | 45.3 | 46.3 | 47.3 |
| 26 | 23.8 | 24.7 | 25.7 | 26.6 | 27.6 | 28.6 | 29.6 | 30.6 | 31.6 | 32.6 | 33.6 | 34.6 | 35.6 | 36.6 | 37.6 | 38.6 | 39.6 | 40.6 | 41.6 | 42.7 | 43.7 | 44.7 | 45.7 | 46.7 | 47.7 |
| 25 | 24.1 | 25.1 | 26.1 | 27.0 | 28.0 | 29.0 | 30.0 | 31.0 | 32.0 | 33.0 | 34.0 | 35.0 | 36.0 | 37.0 | 38.0 | 39.0 | 40.0 | 41.0 | 42.0 | 43.0 | 44.1 | 45.1 | 46.1 | 47.1 | 48.1 |
| 24 | 24.5 | 25.5 | 26.4 | 27.4 | 28.4 | 29.4 | 30.4 | 31.4 | 32.4 | 33.4 | 34.4 | 35.4 | 36.4 | 37.4 | 38.4 | 39.4 | 40.4 | 41.4 | 42.4 | 43.5 | 44.4 | 45.4 | 46.4 | 47.5 | 48.5 |
| 23 | 24.9 | 25.8 | 26.8 | 27.8 | 28.8 | 29.8 | 30.8 | 31.8 | 32.8 | 33.8 | 34.8 | 35.8 | 36.8 | 37.8 | 38.8 | 39.8 | 40.8 | 41.8 | 42.8 | 43.8 | 44.8 | 45.8 | 46.8 | 47.8 | 48.9 |
| 22 | 25.3 | 26.2 | 27.2 | 28.2 | 29.2 | 30.2 | 31.2 | 32.2 | 33.2 | 34.2 | 35.2 | 36.2 | 37.2 | 38.2 | 39.2 | 40.2 | 41.2 | 42.3 | 43.2 | 44.2 | 45.2 | 46.2 | 47.2 | 48.2 | 49.2 |
| 21 | 25.6 | 26.6 | 27.6 | 28.6 | 29.6 | 30.6 | 31.6 | 32.6 | 33.6 | 34.6 | 35.6 | 36.6 | 37.6 | 38.6 | 39.6 | 40.6 | 41.6 | 42.6 | 43.6 | 44.6 | 45.6 | 46.6 | 47.6 | 48.6 | 49.6 |
| 20 | 26.0 | 27.0 | 28.0 | 29.0 | 30.0 | 31.0 | 32.0 | 33.0 | 34.0 | 35.0 | 36.0 | 37.0 | 38.0 | 39.0 | 40.0 | 41.0 | 42.0 | 43.0 | 44.0 | 45.0 | 46.0 | 47.0 | 48.0 | 49.0 | 50.0 |
| 19 | 26.4 | 27.4 | 28.4 | 29.4 | 30.4 | 31.4 | 32.4 | 33.4 | 34.4 | 35.4 | 36.4 | 37.4 | 38.4 | 39.4 | 40.4 | 41.4 | 42.4 | 43.4 | 44.4 | 45.4 | 46.4 | 47.4 | 48.4 | 49.4 | 50.4 |
| 18 | 26.7 | 27.8 | 28.8 | 29.8 | 30.8 | 31.8 | 32.8 | 33.8 | 34.8 | 35.8 | 36.8 | 37.8 | 38.8 | 39.8 | 40.8 | 41.8 | 42.8 | 43.8 | 44.8 | 45.8 | 46.8 | 47.8 | 48.8 | 49.8 | 50.7 |
| 17 | 27.1 | 28.1 | 29.2 | 30.2 | 31.2 | 32.2 | 33.2 | 34.2 | 35.2 | 36.2 | 37.2 | 38.2 | 39.2 | 40.2 | 41.2 | 42.2 | 43.2 | 44.2 | 45.2 | 46.2 | 47.2 | 48.2 | 49.2 | 50.1 | 51.1 |
| 16 | 27.5 | 28.5 | 29.5 | 30.6 | 31.6 | 32.6 | 33.6 | 34.6 | 35.6 | 36.6 | 37.6 | 38.6 | 39.6 | 40.6 | 41.6 | 42.6 | 43.6 | 44.6 | 45.6 | 46.6 | 47.6 | 48.6 | 49.5 | 50.5 | 51.5 |
| 15 | 27.9 | 28.9 | 29.9 | 31.0 | 32.0 | 33.0 | 34.0 | 35.0 | 36.0 | 37.0 | 38.0 | 39.0 | 40.0 | 41.0 | 42.0 | 43.0 | 44.0 | 45.0 | 46.0 | 47.0 | 47.9 | 48.9 | 49.9 | 50.9 | 51.9 |
| 14 | 28.3 | 29.3 | 30.4 | 31.4 | 32.4 | 33.5 | 34.4 | 35.5 | 36.4 | 37.4 | 38.4 | 39.4 | 40.4 | 41.4 | 42.4 | 43.4 | 44.4 | 45.4 | 46.4 | 47.3 | 48.3 | 49.3 | 50.3 | 51.3 | 52.2 |
| 13 | 28.7 | 29.7 | 30.8 | 31.8 | 32.8 | 33.9 | 34.9 | 35.9 | 36.8 | 37.8 | 38.8 | 39.8 | 40.8 | 41.8 | 42.8 | 43.8 | 44.8 | 45.8 | 46.7 | 47.7 | 48.7 | 49.7 | 50.7 | 51.6 | 52.6 |
| 12 | 29.1 | 30.2 | 31.2 | 32.2 | 33.3 | 34.3 | 35.3 | 36.3 | 37.3 | 38.2 | 39.2 | 40.2 | 41.2 | 42.2 | 43.2 | 44.2 | 45.2 | 46.1 | 47.1 | 48.1 | 49.1 | 50.1 | 51.0 | 52.0 | 53.0 |
| 11 | 29.5 | 30.6 | 31.6 | 32.7 | 33.7 | 34.7 | 35.7 | 36.7 | 37.7 | 38.7 | 39.6 | 40.6 | 41.6 | 42.6 | 43.6 | 44.6 | 45.6 | 46.5 | 47.5 | 48.5 | 49.5 | 50.4 | 51.4 | 52.4 | 53.4 |
| 10 | 29.9 | 31.0 | 32.0 | 33.1 | 34.1 | 35.1 | 36.1 | 37.1 | 38.1 | 39.1 | 40.1 | 41.0 | 42.0 | 43.0 | 44.0 | 45.0 | 46.0 | 46.9 | 47.9 | 48.9 | 49.8 | 50.8 | 51.8 | 52.8 | 53.7 |

续表

酒精计示值　温度+20℃时用体积百分数表示乙醇浓度

| 溶液温度/℃ | 1 | 2 | 3 | 4 | 5 | 6 | 7 | 8 | 9 | 10 | 11 | 12 | 13 | 14 | 15 | 16 | 17 | 18 | 19 | 20 | 21 | 22 | 23 | 24 | 25 |
|---|---|---|---|---|---|---|---|---|---|---|---|---|---|---|---|---|---|---|---|---|---|---|---|---|---|
| 35 |  |  | 0.6 | 1.6 | 2.4 | 3.3 | 4.3 | 5.2 | 6.0 | 6.8 | 7.9 | 8.7 | 9.6 | 10.4 | 11.2 | 12.1 | 12.8 | 13.6 | 14.5 | 15.2 | 16.0 | 16.9 | 17.9 | 18.8 | 19.6 |
| 34 |  |  | 0.8 | 1.8 | 2.6 | 3.5 | 4.5 | 5.3 | 6.2 | 7.1 | 8.1 | 8.9 | 9.8 | 10.6 | 11.5 | 12.4 | 13.1 | 13.9 | 14.8 | 15.5 | 16.4 | 17.2 | 18.2 | 19.1 | 20.0 |
| 33 |  |  | 0.9 | 1.9 | 2.8 | 3.7 | 4.7 | 5.5 | 6.4 | 7.3 | 8.3 | 9.1 | 10.0 | 10.9 | 11.8 | 12.6 | 13.4 | 14.2 | 15.1 | 15.8 | 16.7 | 17.6 | 18.6 | 19.4 | 20.3 |
| 32 |  | 0.1 | 1.1 | 2.1 | 3.0 | 3.8 | 4.8 | 5.7 | 6.6 | 7.5 | 8.5 | 9.4 | 10.2 | 11.0 | 12.0 | 12.9 | 13.6 | 14.5 | 15.4 | 16.2 | 17.0 | 17.9 | 18.9 | 19.8 | 20.7 |
| 31 |  | 0.2 | 1.2 | 2.2 | 3.1 | 4.0 | 5.0 | 5.9 | 6.8 | 7.7 | 8.7 | 9.6 | 10.5 | 11.4 | 12.2 | 13.1 | 13.9 | 14.8 | 15.7 | 16.5 | 17.4 | 18.3 | 19.3 | 20.2 | 21.0 |
| 30 |  | 0.4 | 1.4 | 2.4 | 3.3 | 4.2 | 5.2 | 6.1 | 7.0 | 7.9 | 8.9 | 9.8 | 10.7 | 11.6 | 12.5 | 13.4 | 14.2 | 15.1 | 16.0 | 16.8 | 17.7 | 18.6 | 19.6 | 20.5 | 21.4 |
| 29 |  | 0.6 | 1.6 | 2.5 | 3.5 | 4.4 | 5.4 | 6.3 | 7.2 | 8.2 | 9.1 | 10.0 | 10.9 | 11.8 | 12.7 | 13.6 | 14.5 | 15.4 | 16.3 | 17.2 | 18.0 | 19.0 | 19.9 | 20.8 | 21.8 |
| 28 |  | 0.8 | 1.8 | 2.7 | 3.7 | 4.6 | 5.6 | 6.5 | 7.5 | 8.4 | 9.3 | 10.3 | 11.2 | 12.1 | 13.0 | 13.9 | 14.8 | 15.7 | 16.6 | 17.5 | 18.4 | 19.3 | 20.2 | 21.2 | 22.1 |
| 27 |  | 1.0 | 1.9 | 2.9 | 3.9 | 4.8 | 5.8 | 6.7 | 7.7 | 8.6 | 9.5 | 10.5 | 11.4 | 12.3 | 13.2 | 14.2 | 15.1 | 16.0 | 16.9 | 17.8 | 18.7 | 19.6 | 20.6 | 21.5 | 22.5 |
| 26 | 0.1 | 1.1 | 2.1 | 3.1 | 4.0 | 5.0 | 6.0 | 6.9 | 7.9 | 8.8 | 9.8 | 10.7 | 11.7 | 12.6 | 13.5 | 14.4 | 15.4 | 16.3 | 17.2 | 18.1 | 19.0 | 20.0 | 20.9 | 21.9 | 22.8 |
| 25 | 0.3 | 1.3 | 2.3 | 3.2 | 4.2 | 5.2 | 6.2 | 7.1 | 8.1 | 9.0 | 10.0 | 10.9 | 11.9 | 12.8 | 13.8 | 14.7 | 15.6 | 16.6 | 17.5 | 18.4 | 19.4 | 20.3 | 21.3 | 22.2 | 23.2 |
| 24 | 0.4 | 1.4 | 2.4 | 3.4 | 4.4 | 5.4 | 6.3 | 7.3 | 8.3 | 9.2 | 10.2 | 11.1 | 12.1 | 13.1 | 14.0 | 15.0 | 15.9 | 16.9 | 17.8 | 18.7 | 19.7 | 20.7 | 21.6 | 22.6 | 23.5 |
| 23 | 0.6 | 1.6 | 2.6 | 3.6 | 4.6 | 5.5 | 6.5 | 7.5 | 8.4 | 9.4 | 10.4 | 11.4 | 12.3 | 13.3 | 14.3 | 15.2 | 16.2 | 17.1 | 18.1 | 19.0 | 20.0 | 21.0 | 22.0 | 22.9 | 23.9 |
| 22 | 0.7 | 1.7 | 2.7 | 3.7 | 4.7 | 5.7 | 6.7 | 7.7 | 8.6 | 9.6 | 10.6 | 11.6 | 12.6 | 13.6 | 14.5 | 15.5 | 16.5 | 17.4 | 18.4 | 19.4 | 20.4 | 21.3 | 22.3 | 23.3 | 24.3 |
| 21 | 0.9 | 1.9 | 2.9 | 3.9 | 4.8 | 5.8 | 6.8 | 7.8 | 8.8 | 9.8 | 10.8 | 11.8 | 12.8 | 13.8 | 14.8 | 15.7 | 16.7 | 17.7 | 18.7 | 19.7 | 20.7 | 21.7 | 22.6 | 23.6 | 24.6 |
| 20 | 1.0 | 2.0 | 3.0 | 4.0 | 5.0 | 6.0 | 7.0 | 8.0 | 9.0 | 10.0 | 11.0 | 12.0 | 13.0 | 14.0 | 15.0 | 16.0 | 17.0 | 18.0 | 19.0 | 20.0 | 21.0 | 22.0 | 23.0 | 24.0 | 25.0 |
| 19 | 1.1 | 2.1 | 3.1 | 4.1 | 5.1 | 6.1 | 7.2 | 8.2 | 9.2 | 10.2 | 11.2 | 12.2 | 13.2 | 14.2 | 15.2 | 16.3 | 17.3 | 18.3 | 19.3 | 20.3 | 21.3 | 22.3 | 23.3 | 24.4 | 25.4 |
| 18 | 1.2 | 2.2 | 3.2 | 4.2 | 5.3 | 6.3 | 7.3 | 8.3 | 9.3 | 10.4 | 11.4 | 12.4 | 13.4 | 14.4 | 15.5 | 16.5 | 17.6 | 18.6 | 19.6 | 20.6 | 21.6 | 22.6 | 23.7 | 24.7 | 25.7 |
| 17 | 1.3 | 2.3 | 3.4 | 4.4 | 5.4 | 6.4 | 7.4 | 8.5 | 9.5 | 10.5 | 11.5 | 12.6 | 13.6 | 14.7 | 15.7 | 16.8 | 17.9 | 18.9 | 19.9 | 20.9 | 22.0 | 23.0 | 24.0 | 25.1 | 26.1 |
| 16 | 1.4 | 2.4 | 3.4 | 4.5 | 5.5 | 6.5 | 7.6 | 8.6 | 9.6 | 10.7 | 11.7 | 12.8 | 13.8 | 14.9 | 15.9 | 17.0 | 18.1 | 19.2 | 20.2 | 21.2 | 22.3 | 23.3 | 24.4 | 25.4 | 26.5 |
| 15 | 1.5 | 2.5 | 3.6 | 4.6 | 5.6 | 6.6 | 7.7 | 8.8 | 9.8 | 10.8 | 11.9 | 12.9 | 14.0 | 15.1 | 16.2 | 17.2 | 18.3 | 19.4 | 20.5 | 21.6 | 22.6 | 23.7 | 24.7 | 25.8 | 26.8 |
| 14 | 1.6 | 2.6 | 3.6 | 4.7 | 5.7 | 6.7 | 7.8 | 8.9 | 9.8 | 11.0 | 12.0 | 13.1 | 14.2 | 15.3 | 16.4 | 17.5 | 18.6 | 19.7 | 20.8 | 21.9 | 23.0 | 24.0 | 25.1 | 26.2 | 27.2 |
| 13 | 1.7 | 2.7 | 3.7 | 4.8 | 5.8 | 6.8 | 7.9 | 9.0 | 10.0 | 11.1 | 12.2 | 13.2 | 14.4 | 15.5 | 16.6 | 17.7 | 18.8 | 20.0 | 21.1 | 22.2 | 23.3 | 24.4 | 25.4 | 26.5 | 27.6 |
| 12 | 1.8 | 2.8 | 3.8 | 4.8 | 5.9 | 6.9 | 8.0 | 9.1 | 10.1 | 11.2 | 12.3 | 13.4 | 14.5 | 15.7 | 16.8 | 18.0 | 19.1 | 20.2 | 21.4 | 22.5 | 23.6 | 24.7 | 25.8 | 26.9 | 28.0 |
| 11 | 1.8 | 2.8 | 3.9 | 4.9 | 6.0 | 7.0 | 8.1 | 9.2 | 10.2 | 11.3 | 12.4 | 13.6 | 14.7 | 15.8 | 17.0 | 18.2 | 19.4 | 20.5 | 21.7 | 22.8 | 23.9 | 25.0 | 26.2 | 27.3 | 28.4 |
| 10 | 1.8 | 2.9 | 3.9 | 5.0 | 6.0 | 7.1 | 8.2 | 9.3 | 10.3 | 11.4 | 12.6 | 13.7 | 14.9 | 16.0 | 17.2 | 18.4 | 19.6 | 20.8 | 22.0 | 23.1 | 24.3 | 25.4 | 26.6 | 27.7 | 28.8 |

### 附表 5　可溶性固形物对温度校正表

| 温度/℃ | 5 | 10 | 15 | 20 | 25 | 30 | 40 | 50 | 60 | 70 |
|---|---|---|---|---|---|---|---|---|---|---|
| | 减校正值 | | | | | | | | | |
| 15 | 0.29 | 0.31 | 0.33 | 0.34 | 0.34 | 0.35 | 0.37 | 0.38 | 0.39 | 0.40 |
| 16 | 0.24 | 0.25 | 0.26 | 0.27 | 0.28 | 0.28 | 0.30 | 0.30 | 0.31 | 0.32 |
| 17 | 0.18 | 0.19 | 0.20 | 0.21 | 0.21 | 0.22 | 0.23 | 0.23 | 0.23 | 0.24 |
| 18 | 0.13 | 0.13 | 0.14 | 0.14 | 0.14 | 0.14 | 0.15 | 0.15 | 0.16 | 0.16 |
| 19 | 0.06 | 0.06 | 0.07 | 0.07 | 0.07 | 0.07 | 0.08 | 0.08 | 0.08 | 0.08 |
| | 加校正值 | | | | | | | | | |
| 21 | 0.07 | 0.07 | 0.07 | 0.07 | 0.08 | 0.08 | 0.08 | 0.08 | 0.08 | 0.08 |
| 22 | 0.13 | 0.14 | 0.14 | 0.15 | 0.15 | 0.15 | 0.15 | 0.16 | 0.16 | 0.16 |
| 23 | 0.20 | 0.21 | 0.22 | 0.22 | 0.23 | 0.23 | 0.23 | 0.24 | 0.24 | 0.24 |
| 24 | 0.27 | 0.28 | 0.29 | 0.30 | 0.30 | 0.31 | 0.31 | 0.31 | 0.32 | 0.32 |
| 25 | 0.35 | 0.36 | 0.37 | 0.38 | 0.38 | 0.39 | 0.40 | 0.40 | 0.40 | 0.40 |

### 附表 6　折光率与可溶性固形物换算表

| 折光率 $N_D^{20}$ | 可溶性固形物含量 % | 折光率 $N_D^{20}$ | 可溶性固形物含量 % | 折光率 $N_D^{20}$ | 可溶性固形物含量 % | 折光率 $N_D^{20}$ | 可溶性固形物含量 % |
|---|---|---|---|---|---|---|---|
| 1.3330 | 0 | 1.3672 | 22 | 1.4076 | 44 | 1.4558 | 66 |
| 1.3344 | 1 | 1.3689 | 23 | 1.4096 | 45 | 1.4582 | 67 |
| 1.3359 | 2 | 1.3706 | 24 | 1.4117 | 46 | 1.4606 | 68 |
| 1.3373 | 3 | 1.3723 | 25 | 1.4137 | 47 | 1.4630 | 69 |
| 1.3388 | 4 | 1.3740 | 26 | 1.4158 | 48 | 1.4654 | 70 |
| 1.3403 | 5 | 1.3758 | 27 | 1.4179 | 49 | 1.4679 | 71 |
| 1.3418 | 6 | 1.3775 | 28 | 1.4301 | 50 | 1.4703 | 72 |
| 1.3433 | 7 | 1.3793 | 29 | 1.4222 | 51 | 1.4728 | 73 |
| 1.3448 | 8 | 1.3811 | 30 | 1.4243 | 52 | 1.4753 | 74 |
| 1.3463 | 9 | 1.3829 | 31 | 1.4265 | 53 | 1.4778 | 75 |
| 1.3478 | 10 | 1.3847 | 32 | 1.4286 | 54 | 1.4803 | 76 |
| 1.3494 | 11 | 1.3865 | 33 | 1.4308 | 55 | 1.4829 | 77 |
| 1.3509 | 12 | 1.3883 | 34 | 1.4330 | 56 | 1.4854 | 78 |
| 1.3525 | 13 | 1.3902 | 35 | 1.4352 | 57 | 1.4880 | 79 |
| 1.3541 | 14 | 1.3920 | 36 | 1.4374 | 58 | 1.4906 | 80 |
| 1.3557 | 15 | 1.3939 | 37 | 1.4397 | 59 | 1.4933 | 81 |
| 1.3573 | 16 | 1.3958 | 38 | 1.4419 | 60 | 1.4959 | 82 |
| 1.3589 | 17 | 1.3978 | 39 | 1.4442 | 61 | 1.4985 | 83 |
| 1.3605 | 18 | 1.3997 | 40 | 1.4465 | 62 | 1.5012 | 84 |
| 1.3622 | 19 | 1.4016 | 41 | 1.4488 | 63 | 1.5039 | 85 |
| 1.3638 | 20 | 1.4036 | 42 | 1.4511 | 64 | — | — |
| 1.3655 | 21 | 1.4056 | 43 | 1.4535 | 65 | — | — |

附表 7　纯水在 10~30℃ 下的折射率

| 温度/℃ | 纯水的折射率 | 温度/℃ | 纯水的折射率 |
|---|---|---|---|
| 10 | 1.33371 | 21 | 1.33290 |
| 11 | 1.33363 | 22 | 1.33281 |
| 12 | 1.33359 | 23 | 1.33272 |
| 13 | 1.33353 | 24 | 1.33263 |
| 14 | 1.33346 | 25 | 1.33253 |
| 15 | 1.33339 | 26 | 1.33242 |
| 16 | 1.33332 | 27 | 1.33231 |
| 17 | 1.33324 | 28 | 1.33220 |
| 18 | 1.33316 | 29 | 1.33208 |
| 19 | 1.33307 | 30 | 1.33196 |
| 20 | 1.33299 | — | — |

# 主要参考文献

车文毅，蔡宝亮. 2009. 水产品质量检验. 北京：中国计量出版社.

冯有胜，丁晓雯，冯叙桥. 1994. 食品分析检验原理与技术. 成都：成都科技大学出版社.

耿艳红. 2009. 药品分析检验技术. 北京：中国轻工业出版社.

顾平. 2009. 药品检验技术. 北京：化学工业出版社.

国家食品药品监督管理局. 2008. 国际食品法典标准汇编. 北京：科学出版社.

李玉环，徐波. 2011. 水产品加工技术. 北京：中国轻工业出版社.

刘长春. 2006. 水产品检验工（高级）. 北京：机械工业出版社.

刘长春. 2010. 食品检验工（高级）. 北京：机械工业出版社.

骆巨新. 2003. 分析实验室装备手册. 北京：化学工业出版社.

毛红艳. 2007. 化学实验员简明手册（实验室基础篇）. 北京：中国纺织出版社.

孟宪军，李新华，等. 2005. 食品检验工. 北京：中国农业出版社.

邱澄宇. 2011. 水产品加工新技术与营销. 北京：金盾出版社.

施昌彦，虞惠霞. 2006. 实验室质量管理. 北京：化学工业出版社.

谭洪治. 1987. 微生物学. 北京：高等教育出版社.

王燕. 2008. 食品检验技术（理化部分）. 北京：中国轻工业出版社.

王一凡. 2009. 食品检验综合技能实训. 北京：化学工业出版社.

魏广东. 2005. 水产品质量安全检验手册. 北京：中国标准出版社.

无锡轻工业学院，天津轻工业学院. 1985. 食品微生物学. 北京：轻工业出版社.

吴云辉. 2009. 水产品加工技术. 北京：化学工业出版社.

武汉医学院. 1986. 营养与食品卫生学. 北京：人民卫生出版社.

杨康. 1984. 微生物学. 北京：高等教育出版社.

杨爱萍. 2009. 化验室组织与管理. 北京：中国轻工业出版社.

张水华，等. 2006. 水产品感官分析与实验. 北京：化学工业出版社.

张玉廷，张彩华. 2011. 农产品检验技术. 北京：中国化学工业出版社.

郑鹏然，等. 1985. 食品卫生工作手册. 北京：人民卫生出版社.